"十三五"国家重点出版物出版规划项目
面向可持续发展的土建类工程教育丛书
普通高等教育工程造价类专业系列教材

工程招投标与合同管理

第2版

沈中友 编著
任 宏 主审

机械工业出版社

本书依据现行的相关法律、法规和合同示范文本，结合全国造价工程师、全国监理工程师、一级建造师等执业资格考试相关内容，根据编者20余年从事工程招投标与合同管理课程教学和工程实践经验编著而成。

本书主要内容包括工程招投标概述、建设工程招标、建设工程投标、开标、评标与定标、工程招投标案例分析、工程合同管理概述、建设工程施工合同管理、工程建设相关合同管理、工程索赔与争执解决、工程合同管理案例分析。书中除第5章第10章，每章都有导入案例，章末都配有习题（多为历年执业资格考试真题），书后还附有课程设计任务书、工程招标文件实例。书中有机融入了课程思政元素。

本书可作为大学本科工程管理、工程造价、土木工程等专业的教材，也可供工程招投标、合同管理方面的专业技术人员参考。

本书配有电子课件、课后习题参考答案，免费提供给选用本书作为教材的教师。需要者请登录机械工业出版社教育服务网（www.cmpedu.com）注册后免费下载。

本书每章后附有二维码形式的章后习题（选择题和试题），读者可以使用微信扫描二维码自行做题，提交后可查看答案。

图书在版编目（CIP）数据

工程招投标与合同管理/沈中友编著. —2版. —北京：机械工业出版社，2021.3（2025.7重印）
（面向可持续发展的土建类工程教育丛书）
"十三五"国家重点出版物出版规划项目　普通高等教育工程造价类专业系列教材
ISBN 978-7-111-67494-8

Ⅰ.①工⋯　Ⅱ.①沈⋯　Ⅲ.①建筑工程-招标-高等学校-教材 ②建筑工程-投标-高等学校-教材 ③建筑工程-经济合同-管理-高等学校-教材　Ⅳ.①TU723

中国版本图书馆CIP数据核字（2021）第024744号

机械工业出版社（北京市百万庄大街22号　邮政编码100037）
策划编辑：刘　涛　责任编辑：刘　涛　於　薇
责任校对：梁　倩　封面设计：马精明
责任印制：任维东
河北宝昌佳彩印刷有限公司印刷
2025年7月第2版第11次印刷
184mm×260mm・21.5印张・534千字
标准书号：ISBN 978-7-111-67494-8
定价：63.80元

电话服务　　　　　　　　网络服务
客服电话：010-88361066　　机　工　官　网：www.cmpbook.com
　　　　　010-88379833　　机　工　官　博：weibo.com/cmp1952
　　　　　010-68326294　　金　书　网：www.golden-book.com
封底无防伪标均为盗版　　　机工教育服务网：www.cmpedu.com

前　言

党的二十大报告指出"构建高水平社会主义市场经济体制。坚持和完善社会主义基本经济制度，毫不动摇巩固和发展公有制经济，毫不动摇鼓励、支持、引导非公有制经济发展，充分发挥市场在资源配置中的决定性作用，更好发挥政府作用。"

工程招投标是工程项目在建筑市场交易的一种主要形式，为了更好地落实二十大精神，贯彻新发展理念，引领和实现招标投标领域高质量发展是当务之急。培养具备信息化、数字化的工程招投标操作能力和合同管理能力的新时代应用型人才，已迫在眉睫。

本书以时代发展趋势为引领，依据最新法律法规和行业发展全新修订。在收集现行的《民法典》（2020年）、《建设项目工程总承包合同（示范文本）》（GF-2020-0216）、《建筑法》（2019年修订）、《招标投标法实施条例》（2018年修订）、《招标公告和公示信息发布管理办法》（2018年）、《必须招标的工程项目规定》（2018年）、《招标投标法》（2017年修订）、《建设工程施工合同（示范文本）》（GF-2017-0201）、《标准材料采购招标文件》（2017年）、《标准设备采购招标文件》（2017年）、《标准勘察招标文件》（2017年）、《标准设计招标文件》（2017年）等最新法律法规基础上，结合编者20余年的教学科研及招标、投标、评标、合同管理等工作实践经验编写而成。

本书在总结吸收第1版精华的基础上，突出内容的实践性，具有以下特点：

一、深入学习贯彻党的二十大精神。坚持为党育人、为国育才，落实立德树人根本任务。本书内容每章开篇以一个"导入案例"导入学习，介绍了国家体育场（鸟巢）、黄河小浪底等国家重大工程，教育和引导学生要明白：国家要强大、民族要复兴，必须靠我们自己砥砺奋进、不懈奋斗。

二、以执业资格为导向。全书紧密结合学生毕业后将参加造价工程师、监理工程师、建造师等资格考试要求，融入了执业资格考试考点密切相关内容和综合案例分析，以培养学生适应岗位能力。

三、以工学结合为指引。本书选取了一个完整的工程招标文件实例，使学生对实际工程招标文件有更为直观且感性的认识。书后附有工程招投标课程设计，以培养技术型人才为目标，突出实际技能训练和动手能力训练，较好地体现了培养应用人才的特色。

四、配套有互联网教育资源。基于"互联网+教育"等教学理念，课程资源在"学银在线"上线，满足线上线下教学需要，并开发了在线习题测试系统，通过安装"学习通"APP，加入编者主讲的本课程学习，即可对相关知识点进行在线测试，便于学生及时巩固所学知识，也便于教师对教学质量的把握。

本书由重庆文理学院沈中友教授编写。在编写过程中，参考了有关标准、规范和教材，在此一并致谢。

由于编者水平有限，书中难免存在错误和疏漏之处，敬请读者批评指正，并提出修改意见。修改意见或教学需求可发送至 47898001@qq.com，以便联系和修订完善。

编　者

目 录

前 言
第1章 工程招投标概述 ... 1
学习目标 ... 1
导入案例 ... 1
1.1 工程招投标的概念、作用和特点 ... 3
1.1.1 工程招投标及相关概念 ... 3
1.1.2 工程招投标的作用 ... 3
1.1.3 工程招投标的特点 ... 4
1.2 建筑市场的基本知识 ... 5
1.2.1 建筑市场的概念及特征 ... 5
1.2.2 建筑市场及招投标的管理 ... 6
1.2.3 建筑市场的主体和客体 ... 8
1.2.4 公共资源交易平台 ... 9
1.3 工程招标的分类、方式和范围 ... 11
1.3.1 工程招标的分类 ... 11
1.3.2 工程招标的方式 ... 13
1.3.3 工程招标的范围 ... 14
1.4 自行招标与委托招标代理 ... 16
1.4.1 自行招标的条件 ... 17
1.4.2 委托招标代理 ... 17
1.4.3 招标代理机构 ... 17
1.5 工程招投标制度的演变和发展趋势 ... 19
1.5.1 工程招投标制度的演变 ... 19
1.5.2 工程招投标制度的发展趋势 ... 20
习题（含二维码形式选择题） ... 21
第2章 建设工程招标 ... 24
学习目标 ... 24
导入案例 ... 24
2.1 招标前的准备工作 ... 25
2.1.1 工程招标应当具备的条件 ... 25
2.1.2 招标工程标段的划分 ... 26
2.1.3 承发包模式的策划 ... 28
2.1.4 编制标底或最高投标限价 ... 29
2.2 建设工程招标文件 ... 31
2.2.1 标准施工招标文件简介 ... 31
2.2.2 工程招标文件的编制内容 ... 33
2.2.3 招标工程量清单的编制内容 ... 35
2.2.4 编写招标文件应注意的问题 ... 38
2.2.5 招标文件的风险与防范 ... 38
2.3 资格审查 ... 40
2.3.1 资格审查的原则、办法和程序 ... 40
2.3.2 资格审查的要素 ... 42
2.3.3 招标公告或资格预审公告 ... 44
2.3.4 资格预审文件 ... 49
2.3.5 资格审查的程序和注意事项 ... 53
习题（含二维码形式选择题） ... 56
第3章 建设工程投标 ... 58
学习目标 ... 58
导入案例 ... 58
3.1 投标前的准备工作 ... 59
3.1.1 招标信息的来源及分析 ... 59
3.1.2 接受资格预审 ... 60
3.1.3 投标工作的分工 ... 60
3.1.4 研究招标文件 ... 61
3.1.5 投标报价的准备工作 ... 62

3.2 投标文件……………………………… 64
 3.2.1 投标文件的组成 …………… 64
 3.2.2 投标函及其附录 …………… 64
 3.2.3 法定代表人身份证明或其授权委托书 …………………………… 66
 3.2.4 联合体协议书 ……………… 67
 3.2.5 投标保证金 ………………… 70
 3.2.6 已标价工程量清单 ………… 71
 3.2.7 施工组织设计 ……………… 72
 3.2.8 项目管理机构和拟分包项目情况表 …………………………… 74
 3.2.9 投标文件的编制与递交 …… 75
3.3 投标报价策略与技巧 ………………… 77
 3.3.1 投标报价策略的定义 ……… 77
 3.3.2 投标报价策略的分类 ……… 77
 3.3.3 投标报价的技巧 …………… 78
习题（含二维码形式选择题）…………… 82

第4章 开标、评标与定标 …………… 84
学习目标 …………………………………… 84
导入案例 …………………………………… 84
4.1 开标 …………………………………… 85
 4.1.1 开标准备工作 ……………… 85
 4.1.2 开标会程序 ………………… 86
 4.1.3 开标注意事项 ……………… 86
4.2 评标 …………………………………… 87
 4.2.1 评标准备工作 ……………… 87
 4.2.2 组建评标委员会 …………… 87
 4.2.3 评标原则、工作要求与纪律 … 89
 4.2.4 评标方法 …………………… 90
 4.2.5 初步评审 …………………… 91
 4.2.6 详细评审 …………………… 96
 4.2.7 投标文件的澄清、说明和补正 …………………………… 101
 4.2.8 评标报告 …………………… 101
4.3 定标 …………………………………… 102
 4.3.1 推荐中标候选人的原则 …… 102
 4.3.2 确定中标人的步骤 ………… 102
 4.3.3 中标通知书与招标备案 …… 102
 4.3.4 签订合同及提交履约担保 … 104
习题（含二维码形式选择题）…………… 106

第5章 工程招投标案例分析 ………… 108
学习目标 …………………………………… 108
5.1 工程招投标工作相关知识 …………… 108
 [案例5-1] 投标邀请书至签订合同的若干问题 …………………… 108
 [案例5-2] 投标截止日期之前的问题 …………………………… 110
 [案例5-3] 招投标过程中若干时限规定 …………………………… 112
 [案例5-4] 投标有关时限与开标有关事项 …………………………… 113
5.2 投标报价技巧与策略 ………………… 114
 [案例5-5] 多方案报价法的运用 … 114
 [案例5-6] 不平衡报价法的运用 … 116
5.3 评标方法及应用 ……………………… 118
 [案例5-7] 总价与单价相结合的评标方法 …………………… 118
 [案例5-8] 两阶段评标方法的运用 …………………………… 120
5.4 工程量清单计价方式招标 …………… 124
 [案例5-9] 招标控制价的应用 …… 124
 [案例5-10] 招投标的造价典型事件 …………………………… 125
 [案例5-11] 国际公开招投标 ……… 127
习题（含二维码形式试题）……………… 129

第6章 工程合同管理概述 …………… 132
学习目标 …………………………………… 132
导入案例 …………………………………… 132
6.1 工程合同的概念、作用及生命 ……… 133
 6.1.1 工程合同的概念 …………… 133

| 6.1.2 工程合同的作用 …………… 133
| 6.1.3 工程合同的生命周期 ………… 134
| 6.2 工程合同管理的法律基础 ………… 134
| 6.2.1 合同法律基础的作用 ………… 134
| 6.2.2 工程合同法系的分类 ………… 135
| 6.2.3 工程合同适用的法律 ………… 136
| 6.3 工程合同关系及合同体系 ………… 137
| 6.3.1 业主的主要合同关系 ………… 137
| 6.3.2 承包商的主要合同关系 ……… 138
| 6.3.3 工程其他相关合同关系 ……… 139
| 6.3.4 工程合同体系的组成 ………… 139
| 6.3.5 合同体系协调的内容 ………… 140
| 6.4 工程合同管理的基本原理 ………… 142
| 6.4.1 工程合同管理的概念与目标 …… 142
| 6.4.2 工程合同管理的特点 ………… 142
| 6.4.3 工程合同管理的主要工作 …… 143
| 6.4.4 工程合同管理的基本方法 …… 146
| 习题（含二维码形式选择题）………… 147
| 第7章 建设工程施工合同管理 ……… 148
| 学习目标 ……………………………… 148
| 导入案例 ……………………………… 148
| 7.1 建设工程施工合同概述 …………… 149
| 7.1.1 建设工程施工合同的概念和
| 特点 ………………………… 149
| 7.1.2 建设工程施工合同示范文本
| 简介 ………………………… 150
| 7.1.3 施工合同示范文本的组成 …… 150
| 7.1.4 合同当事人及其他相关方 …… 151
| 7.1.5 合同文件 ………………………… 153
| 7.2 建设工程施工合同的订立 ………… 154
| 7.2.1 明确当事人双方的义务 ……… 154
| 7.2.2 合同种类与价格调整 ………… 156
| 7.2.3 工期和期限 ……………………… 158
| 7.2.4 保险 ……………………………… 159
| 7.3 施工准备阶段的合同管理 ………… 160

7.3.1 图样和承包人文件 …………… 160
7.3.2 施工组织设计 ………………… 161
7.3.3 施工准备 ……………………… 161
7.3.4 开工准备与开工通知 ………… 162
7.3.5 工程的分包 …………………… 162
7.3.6 工程预付款的支付 …………… 163
7.4 施工过程的合同管理 ……………… 163
   7.4.1 工程材料与设备的管理 ……… 163
   7.4.2 工程质量的监督管理 ………… 166
   7.4.3 取样、试验与检验 …………… 168
   7.4.4 施工进度管理 ………………… 168
   7.4.5 变更管理 ……………………… 171
   7.4.6 工程计量 ……………………… 174
   7.4.7 工程款支付管理 ……………… 174
   7.4.8 不可抗力 ……………………… 176
   7.4.9 安全文明施工 ………………… 177
   7.4.10 职业健康和环境保护 ……… 179
7.5 竣工阶段的合同管理 ……………… 180
   7.5.1 工程试车 ……………………… 180
   7.5.2 验收 …………………………… 181
   7.5.3 施工期运行和竣工退场 ……… 182
   7.5.4 缺陷责任与保修 ……………… 183
   7.5.5 竣工结算 ……………………… 185
   7.5.6 发包人违约 …………………… 186
   7.5.7 承包人违约 …………………… 187
习题（含二维码形式选择题）………… 188
第8章 工程建设相关合同管理 ……… 191
学习目标 ……………………………… 191
导入案例 ……………………………… 191
8.1 工程设计合同管理 ………………… 192
   8.1.1 工程设计合同示范文本 ……… 192
   8.1.2 工程设计合同的订立 ………… 193
   8.1.3 工程设计合同的履行 ………… 195
8.2 工程监理合同管理 ………………… 197
   8.2.1 工程监理合同示范文本 ……… 197

8.2.2 工程监理合同的订立 …………… 198
8.2.3 工程监理合同的履行 …………… 200
8.3 工程造价咨询合同管理 ……………… 203
8.3.1 工程造价咨询合同示范文本 …… 203
8.3.2 语言、适用法律与词语定义 …… 206
8.3.3 双方的义务 ……………………… 207
8.3.4 合同的变更、解除与终止 ……… 209
8.3.5 违约责任与争议解决 …………… 210
8.3.6 合同其他约定 …………………… 211
8.4 国际工程常用合同条件简介 ………… 212
8.4.1 国际工程常用合同条件概述 …… 212
8.4.2 FIDIC 合同条件简介 …………… 213
8.4.3 英国 NEC 合同条件简介 ……… 215
8.4.4 美国 AIA 合同条件简介 ……… 216
习题（含二维码形式选择题） …………… 216
第9章 工程索赔与争执解决 ……………… 219
学习目标 …………………………………… 219
导入案例 …………………………………… 219
9.1 工程索赔概述 ………………………… 220
9.1.1 工程索赔的概念、原因和
分类 ……………………………… 220
9.1.2 索赔的依据 ……………………… 222
9.1.3 工程索赔文件的编写 …………… 224
9.1.4 索赔的要求与成立条件 ………… 225
9.2 索赔程序与处理原则 ………………… 226
9.2.1 承包人索赔程序的规定 ………… 226
9.2.2 发包人索赔程序的规定 ………… 227
9.2.3 索赔的处理原则 ………………… 228
9.3 工期索赔与费用索赔 ………………… 231
9.3.1 索赔的方式与合同规定 ………… 231
9.3.2 工期索赔的处理原则 …………… 233

9.3.3 工期索赔的计算方法 …………… 233
9.3.4 索赔费用的构成 ………………… 235
9.3.5 索赔费用的计算方法 …………… 239
9.4 争执解决 ……………………………… 245
9.4.1 合同争执概述 …………………… 245
9.4.2 工程索赔争执解决的程序 ……… 245
9.4.3 合同争执的解决途径 …………… 246
习题（含二维码形式选择题） …………… 250
第10章 工程合同管理案例分析 ………… 252
学习目标 …………………………………… 252
10.1 合同纠纷的处理 ……………………… 252
［案例10-1］ 工程造价的鉴定 ………… 252
［案例10-2］ 施工合同条款的若干
问题 …………………… 254
［案例10-3］ 合同计量与变更价款
的原则运用 …………… 257
［案例10-4］ 工程合同纠纷的处理 … 258
10.2 工程索赔的处理 ……………………… 260
［案例10-5］ 索赔计算书的编审 …… 260
［案例10-6］ 共同延误多事件索赔 … 262
［案例10-7］ 索赔责任事件的判断 … 264
［案例10-8］ 网路图分析与索赔
结合 …………………… 266
［案例10-9］ 多工序共用一台设备 … 268
10.3 工程签证的处理 ……………………… 271
［案例10-10］ 现场签证单的管理 …… 271
习题（含二维码形式试题） ……………… 274
附录 ………………………………………… 276
附录A 课程设计任务书 ………………… 276
附录B 某工程招标文件实例 …………… 277
参考文献 …………………………………… 336

第 1 章
工程招投标概述

> **学习目标**
> 1. 掌握工程招投标的概念、作用和特点。
> 2. 熟悉建筑市场的基本知识。
> 3. 掌握工程招标的分类、方式和范围。
> 4. 熟悉自行招标与委托招标代理。
> 5. 了解工程招投标制度的演变和发展趋势。

导入案例

公开招标在国家体育场（鸟巢）PPP 项目的应用

PPP 即英文"Public Private Partnership"的缩写，译为"公共私营合作制"。PPP 模式通常被定义为政府公共部门与私人企业组织之间，为合作建设城市基础设施项目或者为提供某种公共物品和服务，以特许权协议为基础，彼此之间形成一种伙伴式的合作关系。

2003 年启动的国家体育场（鸟巢）PPP 项目，是我国首个采取公开招标的典型的 PPP 项目。国家体育场（鸟巢）是北京 2008 年奥运会的主体育场，是标志性建筑，是最具国际先进水平的多功能体育场，可承担各类比赛项目，能容纳观众十万人。参照国内外先进经验，为降低项目的融资成本和运营成本、提高运营效率，北京市政府决定引进市场化机制，采用公开招标方式选择项目法人合作方（PPP）。投资人与代表市政府的北京市国有资产公司签订合作经营合同，双方共同组建项目公司，负责 PPP 项目的设计、融资、投资、建设、运营及移交等全面工作。

1. 项目总体情况

（1）招标情况

1）项目名称：国家体育场项目法人合作方招标（PPP 项目）。

2）招 标 人：北京市人民政府。

3）咨询服务及招标机构：国信招标集团（原名为"国信招标有限责任公司"）。

4）资格预审公告：在中国采购与招标网、《人民日报》和《中国日报》等媒体发布。

5) 发标时间：2003 年 4 月 21 日。
6) 开标时间：2003 年 6 月 30 日。
7) 招标方式：公开招标，"一次招标、两步进行"。

第一步招商，先进行资格预审和意向征集，对全球 39 家申请人的投标资格、建设方案设想、融资计划思路、运营方案意向等进行评估，确定 5 家投标入围者。

第二步招标，对投标人递交的优化设计方案、建设方案、融资方案、运营方案以及移交方案等进行综合评审，最终确定项目法人合作方。

8) 中标单位：中国中信集团联合体。投标单位有中国中信集团联合体、北京建工集团联合体、筑巢国际联合体、MAX BOEGL 联合体（德国）等四家单位。
9) 签约仪式：2003 年 8 月 9 日上午，在人民大会堂举行，北京奥组委常务副主席、北京市副市长刘敬民、国信招标集团董事长叶青和中标人代表参加签约仪式。

（2）特许经营期 2008 年奥运会后 30 年。

（3）融资情况

1) 招标控制价：中标人出资不得超过 49%（政府投资比例不得低于 51%）。
2) 融资比例：中标人出资 42%（政府出资 58%）。

北京市政府的投资部分注入项目公司，委托北京市国有资产公司作为出资人代表。

（4）相关权利 政府按出资比例拥有项目所有权、决策权、监管权，但不参与项目的收益分配；中标人有经营权、收益权，但没有项目的处置权。经营期满，项目公司向北京市政府移交全部资产。

2. 鸟巢 PPP 项目的贡献

北京 2008 年奥运会的成功举办，以及十多年的建设、运营经验证明，通过公开招标的国家体育场（鸟巢）PPP 项目贡献突出。

（1）拓展了融资渠道，解决了建设资金 国家体育场（鸟巢）PPP 项目，既降低了北京市政府的投资额度（社会融资 42%，政府投资 58%），减轻了政府的投资压力；通过引入社会资本，又全面提高了资金利用效率，因而，节省了项目总投资，节约了社会总体资源。

（2）提高了建设和运营的整体效率 既避免了政府对项目设施后期维修及更改费用的投入，又避免了政府对项目设施运营的补贴，使政府免于背负长期的财务负担，节省了政府的后期投入。

（3）分散了政府投资风险 由于项目的每一个阶段均由政府和投资人共同完成，也分担了投资人的部分风险。政府和投资人真正整合成为战略合作伙伴，共同参与设施项目的建设和运营，实现了风险共担、利益共享的长期目标。

（4）探索出了政府进行投融资体制改革的新模式 为北京后来的市场化融资积累了丰富的经验，为我国 PPP 模式发展奠定了基础、树立了榜样。

【评析】 公开招标是法定的竞争方式，市场竞争能实现 PPP 项目资源优化配置，公开招标能在 PPP 项目实施过程中形成充分竞争。PPP 项目公开招标，其竞争性强、透明度高，既体现了"公平、公正、公开"的原则，又能选择最满足招标文件要求的投资人。公开招标具有如下优势：

1) 公开招标能发现投资人。通过国家指定的中国采购与招标网等"三报一网"公开发布项目信息，其权威性高、聚焦性强，能广泛引起投资人关注，吸引国内外投资人参与竞争。因此，公开招标能发现更多、更强的投资人。

2) 公开招标能发现价值。公开招标能实现资源优化配置、实现PPP项目的"物有所值"。通过公平竞争，防止垄断；避免信息不对称给政府造成的损失；促使投资人保证质量、改善服务、降低费用、提高效率，创造合理的利益回报。因此，公开招标能找到合理价格，从而发现价值。

3) 公开招标能在阳光下操作，让公众广泛参与并监督，以利于防范PPP项目实施过程中的舞弊现象和滋生腐败。

——资料来源：李长军，高存红. PPP模式在国家体育场（鸟巢）项目的应用分析 [J]. 招标采购管理，2014，(11)：19-24.

https://wenku.baidu.com/view/c4e8be1348d7c1c709a14504.html

1.1 工程招投标的概念、作用和特点

1.1.1 工程招投标及相关概念

1. 工程的概念

根据《中华人民共和国招标投标法实施条例》（以下简称《招标投标法实施条例》）第二条的规定，工程招投标中的"工程"是指建设工程，包括工程以及与工程建设有关的货物、服务。

建设工程是指包括建筑物和构筑物的新建、改建、扩建及其相关的装修、拆除、修缮等；工程建设有关的货物是指构成工程不可分割的组成部分，且为实现工程基本功能所必需的设备、材料等；工程建设有关的服务是指为完成工程所需的勘察、设计、监理等服务。

2. 招投标的概念

招投标是招标投标的简称，招标投标是招标与投标两者的统称。招投标是指由交易活动的发起方在一定范围内公布标的特征和部分交易条件，按照依法确定的规则和程序，对多个响应方提交的报价及方案进行评审，择优选择交易主体并确定全部交易条件的一种交易方式。

3. 工程招投标的概念

工程招投标是指在货物、工程和服务的采购行为中，招标人通过事先公布采购和要求，吸引众多的投标人按照招标文件进行平等竞争，按照规定程序并组织技术和经济等方面的专家对众多的投标人进行综合评审，从中择优选定项目的中标人的行为过程。

工程招投标是一种有序的建筑市场竞争交易方式，也是规范选择交易主体、订立交易合同的法律程序，其实质是以较低的价格获得最优的货物、工程和服务。

1.1.2 工程招投标的作用

1. 提高经济效益和社会效益

我国社会主义市场经济的基本特点是要充分发挥竞争机制的作用，使市场主体在平等条

件下公平竞争，优胜劣汰，从而实现资源的优化配置。招投标是市场竞争的一种重要方式，通过招标采购，让众多投标人进行公平竞争，以最低或较低的价格获得最优的货物、工程或服务，从而达到提高经济效益和社会效益、提高招标项目的质量、推动各行业管理体制改革的目的。

2. 提升企业竞争力

促进企业转变经营机制，提高企业的创新活力，积极引进先进技术和管理，提高企业生产、服务的质量和效率，不断提升企业的市场信誉和竞争力。

3. 健全建筑市场经济体系

维护和规范建筑市场竞争秩序，保护当事人的合法权益，提高建筑市场交易的公平、满意和可信程度，促进社会和企业的法治、信用建设，促进政府转变职能，提高行政效率，建立健全现代市场经济体系。

4. 打击贪污腐败

有利于保护国家和社会公共利益，保障合理、有效使用国有资金和其他公共资金，防止其浪费和流失，构建从源头预防腐败交易的社会监督制约体系。在世界各国的公共采购制度建设初期，招投标制度由于其程序的规范性和公开性，往往能对打击贪污腐败起到立竿见影的作用。

1.1.3 工程招投标的特点

1. 竞争性

工程招投标的核心是竞争，按规定每一次招标必须有 3 家以上的投标者，这就形成了投标者之间的竞争，他们要以各自的实力、信誉、服务、质量、报价等优势，战胜其他的投标者。竞争是市场经济的本质要求，也是招投标的根本特点。

2. 程序性

招投标活动必须遵循严密规范的法律程序。《中华人民共和国招标投标法》（以下简称《招标投标法》）及相关法律政策，对招标人从确定招标范围、招标方式、招标组织形式直至选择中标人并签订合同的招投标全过程每一环节的时间、顺序都有严格、规范的限定，不能随意改变。任何违反法律程序的招投标行为，都可能侵害其他当事人的权益，必须承担相应的法律后果。

3. 规范性

《招标投标法》《招标投标法实施条例》等相关法律政策，对招投标各个环节的工作条件、内容、范围、形式、标准以及参与主体的资格、行为和责任都做出了严格的规定。

4. 一次性

一次性特点表现为三层意思：第一层意思是"一标一投"，同一个工程，每一个投标人只能递交一份投标文件，不允许递交多份投标文件；第二层意思是"一次性报价"，双方不得在招投标过程中就实质性内容进行协商谈判，讨价还价，这也是与询价采购、谈判采购以及拍卖竞价的主要区别；第三层意思是招标成功后，不得重新招标或二次招标，确定中标人后，招标人和中标人应及时签订合同，不允许反悔或放弃、剥夺中标权利。

5. 技术经济性

工程招投标都具有不同程度的技术性，包括标的使用功能和技术标准、建造、生产和服务过程的技术及管理要求等，特别是招标文件中与工程计价相关的术语和内容都需要工程造价专业人员草拟或掌控。工程招投标的经济性则体现在中标价格是招标人预期投资目标和投标人竞争期望值的综合平衡。

1.2 建筑市场的基本知识

1.2.1 建筑市场的概念及特征

1. 建筑市场的概念

由市场的一般概念可知，建筑市场可从广义和狭义两个方面来理解。狭义的建筑市场一般是指有形建筑市场，有固定的交易场所。广义的建筑市场包括有形市场和无形市场，是指与建筑产品有关的一切供求关系的总和。具体来说它是一个市场体系，包括勘察设计市场、建筑产品市场、生产资料市场、劳动力市场、资金市场、技术市场等，即广义的建筑市场除建筑产品市场外，还包括与建筑产品有关的勘察设计、中间产品和要素市场。

2. 建筑市场的特征

建筑市场是整个国民经济大市场的有机组成部分，与一般市场相比较，建筑市场有许多特征，主要表现在以下几个方面：

（1）建筑市场交易的直接性　这一特点是由建筑产品的特点所决定的。在一般工业产品市场中，由于交换的产品具有间接性、可替换性和可移动性，如电冰箱、洗衣机等，供给者可以预先进行生产然后通过批发、零售环节进入市场。建筑产品则不同，只能按照客户的具体要求，在指定的地点为其建造某种特定的建筑物，因此，建筑市场上的交易只能由需求者和供给者直接见面，进行预先订货式的交易，先成交，后生产，无法经过中间环节。

（2）建筑产品的交易过程持续时间长　众所周知，一般商品的交易基本上是"一手交钱，一手交货"，除去建立交易条件的时间外，实际交易过程较短。建筑产品的交易则不然，由于不是以具有实物形态的建筑产品作为交易对象，无法进行"一手交钱，一手交货"的交易方式；而且，由于建筑产品的周期长，价值巨大，供给者也无法以足够资金投入生产，大多采用分阶段按实施进度付款，待交货后再结清全部款项。因此，双方在确立交易条件时，重要的是关于分期付款与分期交货的条件。从这点来看，建筑产品的交易过程就表现出一个很长的过程。

（3）建筑市场有着显著的地区性　这一特点是由建筑产品的地域特性所决定的。建筑产品无论是作为生产资料，还是作为消费资料，建在哪里，就只能在哪里发挥功能。对于建筑产品的供给者来说，它无权选择特定建筑产品的具体生产地点，但它可以选择自己的经营在地理上的范围。由于大规模的流动势必造成生产成本增加，因而建筑产品的生产经营通常总是相对集中于一个相对稳定的地理区域内。这使得供给者和需求者之间的选择存在一定的局限性，通常只能在一定范围内确定相互之间的交易关系。

（4）建筑市场的风险较大　不仅对供给者有风险，而且对需求者也有风险。从建筑产品供给者方面来看，建筑产品的市场风险主要表现在以下方面：

1）定价风险。由于建筑市场中的供给方面的可替代性很大，故市场的竞争主要表现为价格的竞争，定价过高就招揽不到生产任务；定价过低则导致企业亏损，甚至破产。

2) 建筑产品是先价格，后生产，生产周期长，不确定因素多，如气候、地质、环境的变化，需求者的支付能力，以及国家的宏观经济形势等，都可能对建筑产品的生产产生不利的影响，甚至是严重的不利影响。

3) 需求者支付能力的风险。建筑产品的价值巨大，其生产过程中的干扰因素可能使生产成本和价格升高，从而超过需求者的支付能力；或因贷款条件而使需求者筹措资金发生困难，甚至有可能需求者一开始就不具备足够的支付能力。凡此多种因素，都有可能出现需求者对生产者已完成的阶段产品或部分产品拖延支付，甚至中断支付的情况。

（5）建筑市场竞争激烈　由于建筑业生产要素的集中程度远远低于资金、技术密集型产业，使其不可能采取生产要素高度集中的生产方式，而是采用生产要素相对分散的生产方式，致使大型企业的市场占有率较低。因此，在建筑市场中，建筑产品生产者之间的竞争较为激烈。而且，由于建筑产品的不可替代性，生产者基本上是被动地去适应需求者的要求，需求者相对而言处于主导地位，甚至处于相对垄断地位，这自然加剧了建筑市场竞争的激烈程度。建筑产品生产者之间的竞争首先表现为价格上的竞争。由于不同的生产者在专业特长、管理和科技水平、生产组织的具体方式、对建筑产品所在地各方面情况的了解和市场熟练程度以及竞争策略等方面存在较大的差异，因而他们之间的生产价格会有较大的差异，从而使价格竞争更加剧烈。

1.2.2　建筑市场及招投标的管理

建筑活动的专业性、技术性都很强，而且建设工程投资大、周期长，一旦发生问题，将给社会和人民的生命财产安全造成极大的损失。因此，为保证建设工程的质量和安全，对从事建设活动的单位和专业技术人员必须实行从业资格审查，即资质管理制度。

建设工程市场中的资质管理包括两类：一类是对从业企业的资质管理；另一类是对专业人士的资格管理。在资质管理上，我国和欧美等发达国家有很大差别。我国侧重对从业企业的资质管理，发达国家则侧重对专业人士的从业资格管理。近年来，对专业人士的从业资格管理在我国开始得到重视。

1. 从业企业资质管理

在建筑市场中，围绕工程建设活动的主体主要有三方，即发包人、承包人（包括供应商）和工程咨询人（包括勘察设计）。《中华人民共和国建筑法》（以下简称《建筑法》）规定，对从事建筑活动的施工企业、勘察单位、设计单位和工程监理单位实行资质管理。

（1）承包人的资质管理　对于承包人资质的管理，亚洲国家和地区以及欧美国家的做法不大相同。日本、韩国、新加坡等亚洲国家以及我国的香港、台湾地区均对承包人资质的评定有着严格的规定。按照其拥有注册资本、专业技术人员、技术装备和已完成建筑工程的业绩等资质条件，将承包人按工程专业划分为不同的资质等级。承包人承担工程必须与其评审的资质等级和专业范围相一致。例如，日本将承包人分为总承包商和分包商两个等级，对总承包商只分为两个专业，即建筑工程和土木工程；对分包商则划分了几十个专业；而在欧美国家则没有对承包人资质的评定制度，在工程发包时由发包人对承包人的承包能力进行审查。

我国《建筑法》对资质等级评定的基本条件明确为企业注册资本、专业技术人员、技术装备和工程业绩四项内容,并由建设行政主管部门对不同等级的资质条件做出具体划分标准。

> **延展阅读**
>
> **建设工程施工企业资质分类与业务范围**
>
> 建设工程施工企业是指从事土木工程、建筑工程、线路管道设备安装工程的新建、扩建、改建等施工活动的企业,其资质分为综合资质、施工总承包资质、专业承包资质三个序列。其中综合资质不分等级,施工总承包设有13个类别,分为甲、乙两个等级;专业承包设有18个类别,其中,通用专业承包、预拌混凝土专业承包、模板专业承包不分等级,其余15种专业承包分为甲、乙两个等级。
>
> 1)施工总承包工程应由取得相应施工总承包资质的企业承担。取得施工总承包资质的企业可以对所承接的施工总承包工程内各专业工程全部自行施工,也可以将专业工程依法进行分包。对设有资质的专业工程进行分包时,应分包给具有相应专业承包资质的企业。
>
> 2)设有专业承包资质的专业工程单独发包时,应由取得相应专业承包资质的企业承担。取得专业承包资质的企业可以承接具有施工总承包资质的企业依法分包的专业工程或建设单位依法发包的专业工程。取得专业承包资质的企业应对所承接的专业工程全部自行组织施工,专业作业可以分包,但应分包给具有施工专业承包资质的企业。
>
> 3)取得施工专业承包资质的企业可以承接具有施工总承包资质分包的专业作业。
>
> 4)取得施工总承包资质的企业,可以从事资质证书许可范围内的相应工程总承包、工程项目管理等业务。

(2)工程咨询单位的资质管理 发达国家的工程咨询单位具有民营化、专业化、小规模的特点,许多工程咨询单位都是以专业人士个人名义进行注册的。由于发达国家的工程咨询单位一般规模较小,很难承担咨询错误造成的经济风险,所以国际上通行的做法是让其购买专项责任保险,在管理上则是通过实行专业人士执业制度实现对工程咨询从业人员的管理,一般不对咨询单位实行资质管理制度。

工程咨询单位的资质评定条件包括注册资金、专业技术人员和业绩三方面的内容,不同资质等级的标准均有具体规定。目前,已明确资质等级评定条件的有勘察设计、工程监理、工程造价、招标代理等咨询专业。例如,工程监理企业分为综合资质、专业资质和事务所资质。综合资质可以承担所有专业工程类别的工程监理业务,专业资质分为甲、乙、丙三个等级,按工程类别分别可以承担一级及以下、二级及以下、三级工程监理业务。

2. 专业人士资格管理

在建筑市场中,具有从事工程咨询资格的专业工程师被称为专业人士。专业人士在建筑市场管理中起着非常重要的作用。由于他们的工作水平对工程项目建设成败具有重要的影响,对专业人士的资格条件要求很高。从某种意义上说,政府对建筑市场的管理,一方面要靠完善的建筑法规，另一方面要靠专业人士。我国香港特别行政区将经过注册的专业人士称作"注册授权人"。英国、德国、日本、新加坡等国家的法规甚至规定，业主和承包人向政府申报建筑许可、施工许可、使用许可等手续，必须由专业人士提出。申报手续除应符合有关法律规定外，还要有相应资格的专业人士签章。专业人士在建筑市场中的作用由此可见一斑。

由于各国情况不同，专业人士的资格有的由学会或协会负责（以欧洲一些国家为代表）授予和管理，有的国家由政府负责确认和管理。我国专业人士制度是20多年前从发达国家引入的，目前有建筑师、结构工程师、监理工程师、造价工程师、咨询工程师和建造师。

3. 对工程招投标的管理

《招标投标法》将招标与投标的过程纳入法制管理的轨道，主要内容包括：①通常的招投标程序；②招标人和投标人应遵循的基本规则；③任何违反法律规定应承担的后果责任等。该法的基本宗旨是，招投标活动属于当事人在法律规定的范围内自主进行的市场行为，但必须受政府行政主管部门的监督和管理。

（1）依法核查必须采用的招标方式　《招标投标法》规定，任何单位和个人不得将必须进行招标的项目化整为零或者以其他任何方式规避招标。如果发生此类情况，有权责令改正，可以暂停项目执行或者暂停资金拨付，并对单位责任人或者其他直接责任人依法给予行政处分或纪律处分。

（2）对项目招标条件的监督　工程项目的建设应当按照建设管理程序进行。当工程项目满足招标条件时，招标单位应向建设行政主管部门提出申请，获得批准后才可以进行招标。为了保证工程项目的建设符合国家或地方总体发展规划，以及能使招标工作顺利进行，不同工程的招标均需满足相应的条件。如前期准备应满足的要求、对招标人的招标能力要求、招标代理机构的资质条件审查等。

（3）对招标有关文件的检查备案　招标人有权依据工程项目特点编写与招标有关的各类文件，但内容不得违反法律规范的相关规定。建设行政主管部门有权依法对招标文件实施核查，特别是对投标人资格条件进行核查。

（4）对招标文件的核查　主要包括：①核查招标文件的组成是否包括招标项目所有实质性要求和条件，以及拟签订合同的主要条款能否使投标人明确承包工作范围和责任，并能够合理预见风险，编制投标文件；②核查招标项目需要划分标段时，承包工作范围的合同界限是否合理；③核查招标文件是否有限制公平竞争的条件。

（5）对投标活动的监督　建设行政主管部门派人参加开标、评标、定标的活动，监督招标人按照法定程序选择中标人。所派人员不作为评标委员会的成员，也不得以任何形式影响或干涉招标人依法选择中标人的活动。

（6）查处招投标活动中的违法行为　《招标投标法》明确指出，有关行政监督部门有权依法对招投标活动中的违法行为进行查处。视情节和对招标的影响程度承担责任，承担责任的形式可以为：①判定招标无效，责令改正后重新招标；②对单位负责人和直接责任人给予行政或纪律处分；③没收非法所得，并处以罚金；④构成犯罪的，依法追究刑事责任。

1.2.3　建筑市场的主体和客体

建筑市场的主体包括发包工程的政府部门、企事业单位、房地产开发公司和个人组成的发包人，承担工程勘察设计、施工任务的建筑企业组成的承包人，为市场主体服务的各种中介机构。建筑市场的客体则为建筑市场的交易对象，即建筑产品，包括有形的建筑产品和无形的建筑产品（如咨询、监理等智力型服务）。

1. 建筑市场的主体

（1）发包人　发包人是既有进行某项工程建设的需求，又具有该项工程建设相应的建设资金和各种准建手续，在建筑市场中发包工程建设的咨询、设计、施工监理任务，并最终得到建筑产品的所有权的政府部门、企事业单位和个人。他们可以是各级政府、专业部门、政府委托的资产管理部门，可以是学校、医院、工厂、房地产开发公司等企事业单位，也可以是个人和个人合伙。在我国工程建设中，过去一般称之为建设单位或甲方，国际工程承包中通常称作业主。他们在发包工程和组织工程建设时进入建筑市场，成为建筑市场的主体。

（2）承包人　承包人是指有一定生产能力、机械设备、流动资金，具有承包工程建设任务的营业资格，在建筑市场中能够按照发包人的要求，提供不同形态的建筑产品，并最终得到相应的工程价款的建筑业企业。按照生产的主要形式，它们主要分为勘察、设计单位，建筑安装企业，混凝土配件及非标准预制件等生产厂家，商品混凝土供应、建筑机械租赁单位，以及专门提供建筑劳务的企业等。它们的生产经营活动是在建筑市场中进行的，它们是建筑市场主体中的主要成分。

（3）建筑市场中的中介服务组织　中介服务组织是指具有相应的专业服务能力，在建筑市场中受承包方、发包方或政府管理机构的委托，对工程建设进行估算测量、咨询代理、建设监理等高智力服务，并取得服务费用的咨询服务机构和其他建设专业中介服务组织。在市场经济运行中，中介组织作为政府、市场、企业之间联系的纽带，具有政府行政管理不可替代的作用。而发达的中介组织又是市场体系成熟和市场经济发达的重要表现。

2. 建筑市场的客体

建筑市场的客体，一般称为建筑产品，是建筑市场交易的对象，既包括有形建筑产品，也包括无形建筑产品。因为建筑产品本身及其生产过程的特殊性，其产品具有与其他工业产品不同的特点。在不同的生产交易阶段，建筑产品表现为不同的形态。它可以是咨询公司提供的咨询报告、咨询意见或其他服务；也可以是勘察设计单位提供的设计方案、施工图、勘察报告；可以是生产厂家提供的混凝土构件；当然还可以是承包人生产的各类建筑物和构筑物。

1.2.4　公共资源交易平台

1. 公共资源交易平台的概念

公共资源交易平台是指实施统一的制度和标准、具备开放共享的公共资源交易电子服务系统和规范透明的运行机制为市场主体、社会公众、行政监督管理部门等提供公共资源交易综合服务的体系。其中，公共资源交易是指涉及公共利益、公众安全的具有公有性、公益性的资源交易活动。

2. 公共资源交易平台的运行原则

公共资源交易平台应当立足公共服务职能定位，坚持电子化平台的发展方向，遵循应进必进、统一规范、公开透明、服务高效的运行服务原则。

（1）应进必进原则　推动各类公共资源交易纳入平台。依法必须招标的工程建设项目招标投标、国有土地使用权和矿业权出让、国有产权交易、政府采购等应当纳入公共资源交易平台。对于应该或可以通过市场化方式配置的公共资源，建立交易目录清单，加快推进清单内公共资源平台交易全覆盖，做到"平台之外无交易"。

（2）统一规范原则　推动平台整合和互联共享。在政府主导下，进一步整合规范公共资源交易平台，不断完善分类统一的交易制度规则、技术标准和数据规范，促进平台互联互通和信息充分共享。

（3）公开透明原则　推动公共资源阳光交易。实行公共资源交易全过程信息公开，保证各类交易行为动态留痕、可追溯。大力推进部门协同监管、信用监管和智慧监管，充分发挥市场主体、行业组织、社会公众、新闻媒体的外部监督作用，确保监督到位。

（4）服务高效原则　推动平台利企便民。深化"放管服"改革，突出公共资源交易平台的公共服务职能定位，进一步精简办事流程，推行网上办理，降低制度性交易成本，推动公共资源交易从依托有形场所向以电子化平台为主转变。

为贯彻落实《国务院办公厅关于印发整合建立统一的公共资源交易平台工作方案的通知》（国办发［2015］63号），规范公共资源交易平台运行、服务和监督管理，国家发展改革委等14部委局联合制定了《公共资源交易平台管理暂行办法》，自2016年8月1日起施行。

延展阅读

电子招投标交易平台

电子招投标系统由电子招投标交易平台、电子招投标公共服务平台、电子招投标行政监督平台三个部分组成。三个平台的主要功能和架构关系如图1-1所示。

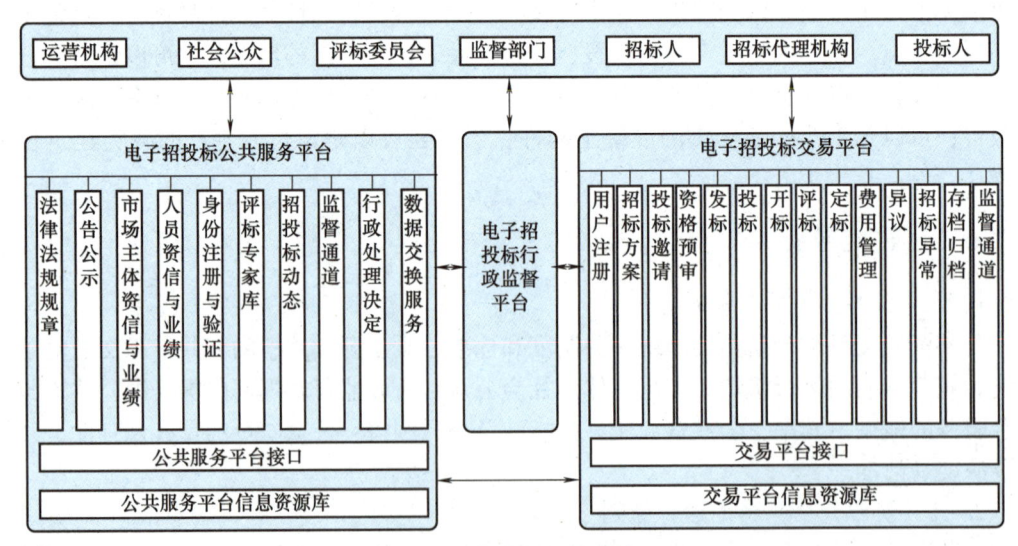

图1-1　电子招投标系统

电子招投标交易平台由基本功能、信息资源库、技术支撑与保障、公共服务接口、行政监督接口、专业工具接口、投标文件制作软件等构成，并通过接口与公共服务平台和行政监督平台相连接，其基本功能结构如图1-2所示。

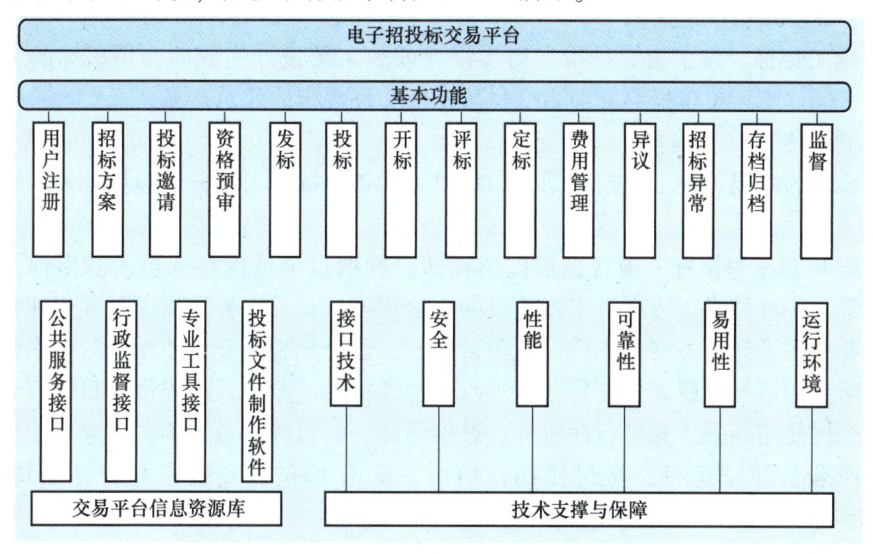

图1-2 电子招投标交易平台的基本功能结构

1.3 工程招标的分类、方式和范围

1.3.1 工程招标的分类

工程招标多种多样，按照不同的标准可以进行不同的分类。常见的分类方法有以下四种：

1. 按照建设程序分类

按照建设程序，可以将工程招标分为前期咨询招标、勘察设计招标、材料设备采购招标和施工招标。

（1）前期咨询招标 前期咨询招标是指对建设项目的可行性研究任务进行的招标。投标方一般为工程咨询企业，中标的承包方要根据招标文件的要求，向发包方提供拟建工程的可行性研究报告，并对其结论的准确性负责。项目投资者有的缺乏建设管理经验，通过招标选择项目咨询者及建设管理者，即工程投资方在缺乏工程实施管理经验时，通过招标方式选择具有专业管理经验的工程咨询单位，为其制订科学、合理的投资开发建设方案，并组织控制方案的实施。

（2）勘察设计招标 勘察设计招标是指根据批准的可行性研究报告，择优选择勘察设计单位的招标。勘察和设计是两种不同性质的工作，可由勘察单位和设计单位分别完成。勘察单位最终提供包含施工现场的地理位置、地形、地貌、地质、水文等内容在内的勘察报告。设计单位最终提供设计图和成本预算结果。设计招标还可以进一步分为建筑方案设计招标、施工图设计招标。

(3) 材料设备采购招标　材料设备采购招标是指在项目实施阶段，对项目所需的建筑材料和设备（如电梯、供配电系统、空调系统等）采购任务进行的招标。投标方通常为材料供应商、成套设备供应商。

(4) 施工招标　施工招标是指在初步设计或施工图设计完成后，用招标的方式选择施工单位的招标。施工单位最终向业主交付按招标文件规定的建筑产品。

2. 按照承包的范围分类

按照承包的范围可将工程招标划分为项目总承包招标、工程分承包招标及专项工程承包招标。

(1) 项目总承包招标　项目总承包招标即选择项目全过程总承包人的招标，其又可分为两种类型：一种是指工程项目实施阶段的全过程招标；另一种是指工程项目建设全过程的招标。前者是在设计任务书完成后，从项目勘察、设计到施工交付使用进行一次性招标；后者则是从项目的可行性研究到交付使用进行一次性招标，业主只需提供项目投资和使用要求及竣工、交付使用期限，其可行性研究、勘察设计、材料和设备采购、土建施工设备安装及调试、生产准备和试运行、交付使用，均由一个总承包人负责承包，即所谓"交钥匙工程"。

(2) 工程分承包招标　工程分承包招标是指中标的工程总承包人作为其中标范围内的工程任务的招标人，将其中标范围内的工程任务，通过招投标的方式，分包给具有相应资质的分承包人，中标的分承包人只对招标的总承包人负责。

(3) 专项工程承包招标　专项工程承包招标是指在工程承包招标中，对其中某项比较复杂或专业性强、施工和制作要求特殊的单项工程进行单独招标。

3. 按照专业类别分类

按照专业类别划分，可将工程招标分为土建工程招标、勘察设计招标、货物或设备招标、安装工程招标、建筑装饰工程招标、生产工艺技术转让招标、工程造价咨询和监理招标等。

(1) 土建工程招标　土建工程招标是指对建设工程中土建工程施工任务进行的招标。

(2) 勘察设计招标　勘察设计招标是指对建设项目的勘察、设计任务进行的招标。

(3) 货物或设备招标　货物或设备招标是指对建设项目所需的建筑材料和设备采购任务进行的招标。

(4) 安装工程招标　安装工程招标是指对建设项目的设备安装任务进行的招标。

(5) 建筑装饰工程招标　建筑装饰工程招标是指对建设项目的建筑装饰装修的施工任务进行的招标。

(6) 生产工艺技术转让招标　生产工艺技术转让招标是指对建设工程生产工艺技术转让进行的招标。

(7) 工程造价咨询和监理招标　工程造价咨询和监理招标是指对工程造价咨询、工程监理任务进行的招标。

4. 按照是否涉外分类

按照工程是否具有涉外因素，可将工程招标分为国内工程招标和国际工程招标两种。

(1) 国内工程招标　国内工程招标是指对本国没有涉外因素的建设工程进行的招标。

(2) 国际工程招标　国际工程招标是指对有不同国家或国际组织参与的建设工程进行

的招标。国际工程招标，包括本国的国际工程（习惯上称涉外工程）招标和国外的国际工程招标两部分。

国内工程招标和国际工程招标的基本原则是一致的，但在具体做法上有差异。随着国际接轨的深化，做法上的差异已越来越小。

1.3.2 工程招标的方式

1. 招标方式的分类

按照竞争开放程度，招标方式分为公开招标和邀请招标两种方式。招标项目应依据法律规定条件，项目的规模、技术、管理特点要求，投标人的选择空间以及实施的紧迫程度等因素选择合适的招标方式。依法必须招标项目一般应采用公开招标，如符合条件，确实需要采用邀请招标方式的，须经有关行政主管部门核准。

（1）公开招标　公开招标属于非限制性竞争招标，是招标人以招标公告的方式邀请不特定的符合公开招标资格条件的法人或其他组织参加投标，按照法律程序和招标文件公开的评标方法、标准选择中标人的招标方式。

公开招标方式的优点：招标人可以在较广的范围内选择承包人，投标公平且竞争激烈，择优率更高，有利于招标人将工程项目交予可靠的承包人实施，并获得有竞争性的商业报价，同时，大大降低串标、抬标和其他不正当交易的可能性。因此，国际上政府采购通常采用这种方式。

公开招标方式的缺点：准备招标、对投标申请者进行资格预审和评标的工作量大，招标时间长、费用高。同时，参加竞争的投标者越多，中标的机会就越小；投标风险越大，损失的费用也就越多，而这种费用的损失必然会反映在标价中，最终会由招标人承担，故这种方式在一些国家较少采用。

（2）邀请招标　邀请招标属于有限竞争性招标，也称选择性招标，是指招标人选择若干供应商或承包人，向其发出投标邀请书，由被邀请的供应商、承包人投标竞争，从中选定中标人的招标方式。

邀请招标方式的优点：不必发布招标公告或招标资格预审文件，但应组织必要的资格审查，且投标人不应少于3个。不进行资格审核简化了招标程序，因而节约了招标费用，缩短了招标时间。而且由于招标人比较了解投标人以往的业绩和履约能力，从而减少了合同履行过程中承包人违约的风险。

邀请招标方式的缺点：由于投标竞争的激烈程度较差，有可能会提高中标合同价；也有可能会排除某些在技术上或报价上有竞争力的承包人参与投标。

延展阅读

公开招标与邀请招标区别

1）发布信息的方式不同。依法必须招标项目采用公开招标应当按照《招标投标法》的规定在指定的媒体发布招标公告，邀请招标采用投标邀请书的形式发布。

2）选择的范围不同。公开招标是招标人可以有最大可能的选择范围，是一切潜在的对招标项目感兴趣的法人或其他组织，招标人事先不知道投标人的数量；邀请招标是针对已经了解的法人或其他组织，而且事先已经知道投标者的数量。

3）竞争的范围不同。公开招标是最具有竞争性的招标方式，竞争性体现得也比较充分，容易获得最佳招标效果；邀请招标中投标人的数量有限，竞争的范围有限，有可能将某些在技术上或报价上更有竞争力的承包人漏掉。

4）公开的程度不同。公开招标中，所有的活动都必须严格按照预先规定并为大家所知的程序和标准公开进行，大大减少了作弊的可能；邀请招标的公开程度要逊色一些，产生不法行为的机会也就多一些。

5）时间和费用不同。邀请招标不需发布招标公告，招标文件只发给几家投标人，缩短了整个招投标时间，其费用相对减少。公开招标的程序复杂，耗时较长，费用也比较高。

2. 招标方式的核准和变更

（1）招标方式的核准　《招标投标法实施条例》第七条规定，按照国家有关规定需要履行项目审批、核准手续的依法必须进行招标的项目，其招标范围、招标方式、招标组织形式应当报项目审批、核准部门审批、核准。项目审批、核准部门应当及时将审批、核准确定的招标范围、招标方式、招标组织形式通报有关行政监督部门。

（2）招标方式的变更　公开招标方式一旦确定就不应更改，但在某些情况下，如果公开招标失败，不能满足招标人的期望，就需要变更招标方式。在目前的操作实践中，各地关于招标方式有比较严格的规定。例如，有的地方就严格规定，只有在公开招标失败两次以后，才能改变招标方式，并且对重新招标（第二次招标）的合格投标人的家数做了调整，不需要满足3家合格投标人的限制要求。

1.3.3　工程招标的范围

1. 必须招标的范围

按照《招标投标法》第三条的规定，以下工程建设项目，包括项目的勘察、设计、施工、监理以及与工程建设有关的重要设备、材料等的采购，必须进行招标。国家发展和改革委员会对必须招标项目的范围做出了新的调整，2018年6月1日起实施。

（1）大型基础设施、公用事业等关系社会公共利益、公众安全的项目　具体范围为：

1）煤炭、石油、天然气、电力、新能源等能源基础设施项目。

2）铁路、公路、管道、水运，以及公共航空和A1级通用机场等交通运输基础设施项目。

3）电信枢纽、通信信息网络等通信基础设施项目。

4）防洪、灌溉、排涝、引（供）水等水利基础设施项目。

5）城市轨道交通等城建项目。

（2）全部或者部分使用国有资金投资或者国家融资的项目　具体范围为：

1）使用预算资金200万元人民币以上，并且该资金占投资额10%以上的项目。

2）使用国有企业事业单位资金，并且该资金占控股或者主导地位的项目。

(3) 使用国际组织或者外国政府贷款、援助资金的项目　具体范围为：
1) 使用世界银行、亚洲开发银行等国际组织贷款、援助资金的项目。
2) 使用外国政府及其机构贷款、援助资金的项目。

延展阅读

工程建设项目招标规模标准规定

必须招标的各类工程建设项目，包括项目的勘察、设计、施工、监理以及与工程建设有关的重要设备、材料等的采购 达到下列标准之一的，必须招标：
1) 施工单项合同估算价在 400 万元人民币以上。
2) 重要设备、材料等货物的采购，单项合同估算价在 200 万元人民币以上。
3) 勘察、设计、监理等服务的采购，单项合同估算价在 100 万元人民币以上。

同一项目中可以合并进行的勘察、设计、施工、监理以及与工程建设有关的重要设备、材料等的采购，合同估算价合计达到第 1) 2) 3) 项规定标准的，必须招标。

2. 邀请招标的范围

根据《招标投标法实施条例》《工程建设项目施工招标投标办法》（2013 年修改）的规定，国有资金占控股或者主导地位的依法必须进行招标的项目，应当公开招标；依法必须进行公开招标的项目，有下列情形之一的，可以邀请招标：
1) 项目技术复杂或有特殊要求，或者受自然地域环境限制，只有少量潜在投标人可供选择。
2) 涉及国家安全、国家秘密或者抢险救灾，适宜招标但不宜公开招标。
3) 采用公开招标方式的费用占项目合同金额的比例过大。

邀请招标中的第 3) 种情形，由项目审批、核准部门在审批、核准项目时做出认定；其他项目由招标人申请有关行政监督部门做出认定。

全部使用国有资金投资或者国有资金投资占控股或者主导地位并需要审批的工程建设项目的邀请招标，应当经项目审批部门批准，但项目审批部门只审批立项的，由有关行政监督部门批准。

3. 可以不招标的情形

根据《招标投标法实施条例》《工程建设项目施工招标投标办法》的规定，有下列情形之一的，可以不进行招标：
1) 涉及国家安全、国家秘密、抢险救灾或者属于利用扶贫资金实行以工代赈需要使用农民工等特殊情况，不适宜进行招标。
2) 施工主要技术采用不可替代的专利或者专有技术。
3) 已通过招标方式选定的特许经营项目投资人依法能够自行建设。
4) 采购人依法能够自行建设。
5) 在建工程追加的附属小型工程或者主体加层工程，原中标人仍具备承包能力，并且其他人承担将影响施工或者功能配套要求。
6) 国家规定的其他情形。

招标人为适用以上情形规定弄虚作假的，属于《招标投标法》规定的规避招标。

> **延展阅读**
>
> 规避招标的手法
>
> （1）肢解工程来进行规避招标。建设单位将造价高的单项工程肢解为各种子项工程，各子项工程的造价低于招标限额，从而规避招标。例如，某单位将办公楼装修工程肢解为楼地面装修、吊顶等项目对外单独发包。
>
> （2）以"大吨小标"的方式进行招标。这种做法比较隐蔽，主要是想办法将工程造价降低到招标限额以下，确定施工单位后，再进行项目调整，最后按实结算。例如，某单位一开始连设计过程都没有进行，直接以一张"草图"进行议标，确定施工单位后再重新进行设计，最后工程结算造价也大大超过投标限额。
>
> （3）利用项目的时间差来规避招标。例如，某单位先将操场跑道拿出来议标，确定施工单位后，再明确工作内容不仅仅是操场跑道，同时还会增加篮球场工程，当然造价也就相应提高了。
>
> （4）在信息发布上做文章。要么限制信息发布范围，要么不公开发布信息，规避公开招投标。
>
> （5）部分施工单位多头挂靠搞围标。例如，一家施工单位（包工头）挂靠数家施工企业参加投标，通过编制不同的投标方案拦网围标，从而将其他投标人排挤出局；在有的工程招投标中，甚至所有的投标单位均为一家挂靠，严重破坏了建筑市场的公平竞争。

4. 重新招标的情形

重新招标是指招标人对招标项目招标失败后依法对招标项目进行重新招标。在下列情况下，招标人应当重新招标：

1）资格预审合格的潜在投标人不足3个的。
2）在投标截止时间前提交投标文件的投标人少于3个的。
3）所有投标均被废标处理或被否决的。
4）评标委员会界定为不合格标或废标后，因有效投标不足3个使得投标明显缺乏竞争，评标委员会决定否决全部投标的。
5）同意延长投标有效期的投标人少于3个的。

招标人重新招标后，发生以上5种情形之一的，属于按照国家规定需要政府审批的项目，报经原项目审批部门批准后可以不再进行招标；其他工程建设项目，招标人可自行决定不再进行招标。

1.4 自行招标与委托招标代理

招标组织形式分为自行招标和委托招标。具备自行招标能力的招标人，按规定向有关行政监督部门备案后可以自行组织招标；依法必须招标的项目，招标人有权自行选择招标代理机构，委托其办理招标事宜，任何单位和个人不得以任何方式为招标人指定招标代理机构。

1.4.1 自行招标的条件

自行招标是指招标人自身具有编制招标文件和组织评标能力，依法可以自行办理招标。招标人的能力是指具有与招标项目规模和复杂程度相适应的技术、经济等方面的专业人员。同时，《招标投标法》还规定应当向有关行政监督部门备案。

招标人自行办理招标事宜所应当具备的具体条件：
1) 具有项目法人资格（或者法人资格）。
2) 具有与招标项目规模和复杂程度相适应的工程技术、工程造价、财务和工程管理等方面的专业技术力量。
3) 有从事同类工程建设项目招标的经验。
4) 拥有 3 名以上取得招标职业资格的专职招标业务人员。
5) 熟悉和掌握《招标投标法》及有关法规规章。

1.4.2 委托招标代理

1. 委托招标代理的概念

委托招标代理就是招标人委托招标代理机构，在招标代理权限范围内，以招标人的名义组织招标工作。作为一种民事法律行为，委托招标属于委托代理的范畴。其中，招标人为委托人，招标代理机构为受托人。这种委托代理关系的法律意义在于，招标代理机构的代理行为以双方约定的代理权限为限，招标人因此将对招标代理机构的代理行为及其法律后果承担民事责任。

2. 委托招标代理的程序

1) 确定招标代理机构。招标人根据自愿原则，对业内招标代理机构的资格予以确认，在此基础上根据项目情况选择确定一家招标代理机构为受托人。目前的惯例是招标代理公司在公共资源交易中心入库备案，招标人在监督机构监督下对符合条件的代理公司在资源库中进行随机抽取。

2) 招标人与选定的招标代理机构按照自愿、平等、协商的原则，签订委托招标的代理协议，明确委托方和受托方各自的权利义务、工作对象和工作方法、职权范围、服务标准、违约责任以及其他需要确定的事项。

3) 在招标代理机构按照委托代理协议组织招标的过程中，招标人可以依法在不影响受托人工作的前提下，对受托人的工作进行监督。如果发现存在违法或者违约的行为，招标人有权要求其立即予以更正或停止。如果该违法或违约行为对招标人产生了损害后果，招标人还有权要求招标代理机构予以赔偿。

1.4.3 招标代理机构

招标代理机构是依法设立、从事招标代理业务并提供相关服务的社会中介组织。其性质不是一级行政机关，而是从事生产经营的企业。招标代理机构可以以多种组织形式存在，如有限责任公司、合伙企业等。

> ### 延展阅读
>
> #### 我国第一家招标代理公司
>
> 我国是从 20 世纪 80 年代初开始进行招投标招商代理活动的,最初主要是利用世界银行贷款进行的项目招标。由于一些项目单位对招投标知之甚少,缺乏专门人才和技能,一批专门从事招标业务的机构便产生了。1984 年成立的中国技术进出口总公司国际金融组织和外国政府贷款项目招标公司(后改为中技国际招标公司)是我国第一家招标代理公司。随着招投标事业的不断发展,国际金融组织和外国政府贷款项目招标等行业都成立了专职的招标代理公司,在招投标活动中发挥了积极的作用。

1. 设立条件

1)招标代理机构都必须有固定的营业场所和相应资金,以便开展招标代理业务。

2)有与其所代理的招标业务相适应的能够独立编制有关招标文件、有效组织评标活动的专业队伍和技术设施,包括有熟悉招标业务所在领域的专业人员、有提供行业技术信息的情报手段及有一定的从事招标代理业务的经验等。

2. 资格认定

工程招标代理机构资格分为甲级、乙级和暂定级。甲级工程招标代理机构可以承担各类工程的招标代理业务。乙级工程招标代理机构只能承担工程总投资 1 亿元人民币以下的工程招标代理业务。暂定级工程招标代理机构,只能承担工程总投资 6 000 万元人民币以下的工程招标代理业务。

为深入推进工程建设领域"放管服"改革,自 2017 年 12 月 28 日起,住房和城乡建设部发文"叫停"工程招标代理机构资格认定,招标代理机构自愿向工商注册所在地省级建筑市场监管平台报送基本信息,并对报送信息的真实性和准确性负责。

3. 业务范围

招标代理机构的具体业务活动包括帮助招标人或受其委托拟定招标文件,依据招标文件的规定,审查投标人的资质,组织评标、定标等;提供与招标代理业务相关的服务,即提供与招标活动有关的咨询、代书及其他服务性工作。

4. 法律责任

招标代理机构在所代理的招标项目中投标、代理投标或者向该项目投标人提供咨询的,接受委托编制标底的中介机构参加受托编制标底项目的投标或者为该项目的投标人编制投标文件、提供咨询的,依照《招标投标法》第五十条的规定追究法律责任。

> ### 延展阅读
>
> #### 《招标投标法》第五十条
>
> 《招标投标法》第五十条规定:招标代理机构违反本法规定,泄露应当保密的与招

标投标活动有关的情况和资料的，或者与招标人、投标人串通损害国家利益、社会公共利益或者他人合法权益的，处 5 万元以上 25 万元以下的罚款，对单位直接负责的主管人员和其他直接责任人员处单位罚款数额 5% 以上 10% 以下的罚款；有违法所得的，并处没收违法所得；情节严重的，禁止其一年至二年内代理依法必须进行招标的项目，并予以公告，直至由工商行政管理机关吊销营业执照；构成犯罪的，依法追究刑事责任。给他人造成损失的，依法承担赔偿责任。

1.5 工程招投标制度的演变和发展趋势

1.5.1 工程招投标制度的演变

经过近 30 年的发展，我国工程招投标法律体系初步形成，工程招投标建筑市场不断扩大。工程招投标制度的演变可以划分为以下四个阶段：

1. 探索阶段

追随改革开放的步伐，1980 年，国务院首次提出"对一些适于承包的生产建设项目和经营项目，可以试行招标投标的办法"。1981 年，深圳特区和吉林市率先试行工程招投标，揭开了招投标工作的序幕。施工招投标开始逐步在全国推广。1983 年 6 月 7 日，城乡建设环境保护部印发《建筑安装工程招标投标试行办法》，这是建设工程招投标的第一个部门规章，是我国第一个较详尽的招投标办法。1984 年 9 月 18 日，国务院颁布《关于改革建筑业和基本建设管理体制若干问题的暂行规定》，提出"全面推行建设项目投资包干责任制"，"大力推行工程招标投标暂行规定"，"要改变单纯用行政手段分配建设任务的老办法，实行招标投标"。1984 年 11 月，国家计划委员会制定了《建设工程招标投标暂行规定》，从此全面拉开了建立招投标制度的序幕。

2. 立法阶段

1999 年 8 月 30 日，第九届全国人民代表大会常务委员会第十一次会议审议通过了《招标投标法》，自 2000 年 1 月 1 日起施行。《招标投标法》是我国专门规范招投标活动的基本法律，其制定和颁布标志着我国招投标事业步入法制化轨道。

3. 完善阶段

规范相关主体的行为。2007 年 5 月 13 日，国务院办公厅发布《关于加快推进行业协会商会改革和发展的若干意见》（国办发〔2007〕36 号），明确要求"加快推进行业协会的改革和发展"，"行业协会改革与政府职能转变相协调"，"各级人民政府及其部门要进一步转变职能，把适宜于行业协会行使的职能委托或转移给行业协会"。

2008 年 6 月 18 日，为贯彻《国务院办公厅关于进一步规范招投标活动的若干意见》（国办发〔2004〕56 号），促进招投标信用体系建设，健全招投标失信惩戒机制，规范招投标当事人行为，国家发展和改革委员会（以下简称国家发展改革委）、工业和信息化部、监察部等十部委联合发布《关于印发〈招标投标违法行为记录公告暂行办法〉的通知》（发改法规〔2008〕1531 号），自 2009 年 1 月 1 日起实行。

4. 成就阶段

2011年11月30日,国务院第183次常务会议通过了《招标投标法实施条例》。认真总结了我国招投标实践过程中的各种问题,对工程建设项目的概念、招投标监管、具体操作等方面的问题进行了细化,更具备可操作性。

2013年2月4日,国家发展改革委等八部委联合发布《电子招标投标办法》及其附件《电子招标投标系统技术规范》,自2013年5月1日起施行。推行电子招投标,是中央惩防体系规划、工程专项治理,以及《招标投标法实施条例》明确要求的一项重要任务,对于提高采购透明度、节约资源和交易成本、促进政府职能转变具有非常重要的意义,特别是在利用技术手段解决弄虚作假、暗箱操作、串通投标、限制排斥潜在投标人等招投标领域突出问题方面,有着独特优势。

1.5.2 工程招投标制度的发展趋势

21世纪是经济全球化、信息化的时代,工程招投标全面信息化是必然的发展趋势,招投标全面信息化应当是参与各方通过计算机网络完成招投标的所有活动,即实行网上招投标。网上招投标是利用网络实现招投标,即招标、投标、开标、评标、中标签约等程序都在网上进行。计算机与网络技术的不断发展,推动社会各行业的信息化步伐加快,但招投标信息化程度还相对较低。

电子招投标将是工程招投标工作发展的主导方向,其意义主要有以下四个方面:

1. 解决招投标领域突出问题

推行电子招投标,为充分利用信息技术手段解决招投标领域突出问题创造了条件。例如,通过匿名下载招标文件,使招标人和投标人在投标截止前难以知晓潜在投标人的名称、数量,有助于防止围标、串标;通过网络终端直接登录电子招投标系统,不仅方便了投标人,还有利于防止通过投标报名排斥潜在投标人,增强招投标活动的竞争性。此外,由于电子招投标具有整合信息、提高透明度、如实记载交易过程等优势,有利于建立健全信用惩戒机制、防止暗箱操作、有效查处违法行为。

2. 建立信息共享机制

由于没有统一的交易规则和技术标准,各电子招投标数据格式不同,也没有标准的数据交互接口,使得电子招投标信息无法交互和共享,甚至形成新的技术壁垒,影响了统一开放、竞争有序的招投标大市场的形成。因此,电子招投标应为招投标信息共享提供必要的制度和技术保障。

3. 转变行政监督方式

与传统纸质招标的现场监督、查阅纸质文件等方式相比,电子招投标的行政监督方式有了很大变化,其最大区别在于利用信息技术,可以实现网络化、无纸化的全面、实时和透明监督。

4. 降低招投标成本

普通招投标采用传统的会议、电话、传真等方式,而网络招投标利用高速且低廉的互联网,极大降低了通信及交通成本,还提高了通信效率。过去常见的招标大会、开标大会可改在网络上举行或者改为其他形式,特别是电子招投标的无纸化,减少了大量的纸质投标文件,这都有利于降低成本,保护生态环境。

延展阅读

《电子招标投标办法》总则

第一条　为了规范电子招标投标活动，促进电子招标投标健康发展，根据《中华人民共和国招标投标法》《中华人民共和国招标投标法实施条例》（以下分别简称招标投标法、招标投标法实施条例），制定本办法。

第二条　在中华人民共和国境内进行电子招标投标活动，适用本办法。

本办法所称电子招标投标活动是指以数据电文形式，依托电子招标投标系统完成的全部或者部分招标投标交易、公共服务和行政监督活动。

数据电文形式与纸质形式的招标投标活动具有同等法律效力。

第三条　电子招标投标系统根据功能的不同，分为交易平台、公共服务平台和行政监督平台。

交易平台是以数据电文形式完成招标投标交易活动的信息平台。公共服务平台是满足交易平台之间信息交换、资源共享需要，并为市场主体、行政监督部门和社会公众提供信息服务的信息平台。行政监督平台是行政监督部门和监察机关在线监督电子招标投标活动的信息平台。

电子招标投标系统的开发、检测、认证、运营应当遵守本办法及所附《电子招标投标系统技术规范》（以下简称技术规范）。

第四条　国务院发展改革部门负责指导协调全国电子招标投标活动，各级地方人民政府发展改革部门负责指导协调本行政区域内电子招标投标活动。各级人民政府发展改革、工业和信息化、住房城乡建设、交通运输、铁道、水利、商务等部门，按照规定的职责分工，对电子招标投标活动实施监督，依法查处电子招标投标活动中的违法行为。

依法设立的招标投标交易场所的监管机构负责督促、指导招标投标交易场所推进电子招标投标工作，配合有关部门对电子招标投标活动实施监督。

省级以上人民政府有关部门对本行政区域内电子招标投标系统的建设、运营，以及相关检测、认证活动实施监督。

监察机关依法对与电子招标投标活动有关的监察对象实施监察。

习题

一、单项选择题

1. 根据《工程建设项目施工招标投标办法》，对于应当招标的工程建设项目，经批准可以不采用招标发包的情形是（　　）。
   A. 招标费用与项目价值相比，不值得招标
   B. 当地投标企业较少

C. 施工主要技术采用特定专利或专有技术
D. 军队建设项目

2. 与邀请招标相比，公开招标的特点是（　　）。
A. 竞争程度低　　　B. 评标量小　　　C. 招标时间长　　　D. 费用低

3. 处理招投标异议的主体是（　　）。
A. 有管辖权的行政监督部门　　　B. 招标人或其委托的招标代理机构
C. 有管辖权的人民法院　　　D. 行政监督部门的同级人民政府

4. 在招投标的特性中，根本特性是（　　）。
A. 竞争性　　　B. 程序性　　　C. 规范性　　　D. 技术经济性

5. 关于工程建设项目是否必须招标的说法，正确的是（　　）。
A. 使用国有企业单位自有资金的工程建设项目必须进行招标
B. 施工单项合同估算价为人民币 300 万元的工程建设项目必须进行招标
C. 利用扶贫资金实行以工代赈、需要使用农民工的建设工程项目可以不进行招标
D. 需要采用专利或者专有技术的建设工程项目可以不进行招标

6. 下列关于招标代理的说法，正确的是（　　）。
A．招标人若要委托招标代理机构办理招标事宜，需要经过有关行政主管部门批准
B．招标人不可以自行选择招标代理机构，必须由有关行政主管部门指定
C．如果招标人委托了招标代理机构，则招标代理机构有权办理招标工作的一切事宜
D．招标代理机构应当在招标人委托的范围内办理招标事宜

二、多项选择题

1. 根据《招标投标法实施条例》，下列关于招投标的说法，正确的有（　　）。
A. 采购人依法能够自行建设、生产的项目，可以不进行招标
B. 招标费用占合同金额比例过大的项目，可以不进行招标
C. 招标人发售招标文件收取的费用应当限于编制招标文件所投入的成本支出
D. 潜在投标人对招标文件有异议的，应当在投标截止时间 10 日前提出
E. 招标人采用资格后审办法的，应当在开标后 15 日内由评标委员会公布审查结果

2. 根据《招标投标法》的规定，下列各类项目中，必须进行招标的有（　　）。
A. 大型基础设施建设项目　　　B. 涉及国家安全的保密工程项目
C. 国家融资的工程项目　　　D. 世界银行贷款项目
E. 采用特定专有技术施工的项目

3. 招标方式中，邀请招标与公开招标比较，其缺点主要有（　　）等。
A. 选择面窄，排斥了某些有竞争实力的潜在投标人
B. 竞争的激烈程度相对较差
C. 招标时间长
D. 招标费用高
E. 评标工作量较大

4. 按照《招标投标法》的规定，（　　）可以不进行招标，采用直接发包的方式委托建设任务。
A. 施工单项合同估算价 300 万元人民币
B. 重要设备的采购，单项合同估算价 250 万元人民币
C. 监理合同，单项合同估算价 150 万元人民币
D. 设计合同，单项合同估算价 120 万元人民币
E. 工程造价咨询合同，单项合同估算价 80 万元人民币

三、思考题

1. 什么是建筑市场？其具体含义是什么？
2. 什么是公共资源交易平台？公共资源交易平台的运行原则是什么？
3. 工程招标分为哪几种类型？
4. 简述工程招投标的特点、作用。
5. 重新招标有哪几种情形？
6. 我国招投标制度经历了哪些发展阶段？

第 2 章
建设工程招标

学习目标

1. 了解工程招标应当具备的条件。
2. 熟悉标段的划分和确定发包范围应考虑的因素。
3. 掌握招标文件的主要内容和编制方法。
4. 掌握资格审查的办法和要素。

导入案例

某水库工程招标案险致国家损失 7 000 万元

2008 年年底至 2009 年年初，某水库工程是某电站移民的重点工程，作为国家 4 万亿元拉动内需投资中的首批项目，总投资超过 8 亿元，其中首部枢纽工程的概算近 3 亿元。某水库首部枢纽工程招投标过程中，从业主代表到中介机构、评标专家和竞标企业的代表，几乎所有的参与者都在表演一场"串通招投标"的把戏，让严肃的公平竞争制度变成了荒唐可笑的闹剧，差一点给国家造成约 7 000 万元的经济损失。

作为招标工程业主代表，某县副县长、某水库管理局局长兰某本该严守招投标法律法规，维护国家利益，但他却将这次招投标看作了千载难逢的致富良机，先后从招标代理中介和投标企业收受贿赂 58 万多元。打着"谁中吃谁"的如意算盘，兰某与所有想来投标的企业展开了"车轮式"的密谈。为了获得兰某的"关照"，参与投标的企业纷纷许诺"事成重谢"，价码从中标总价的 1%涨到 3%，兰某的暴富梦也一度膨胀到 800 万元。

对于许诺给自己好处的企业，兰某将工程招标报名情况、投标企业业绩要求、中标方式等秘密信息一一泄露，甚至安排下属将主体工程项目初设方案的详细资料交给投标企业。

按照有关规定，招标文件一旦上报主管部门备案，没有经过批准不得擅自修改。但兰某对与自己有利益勾结的企业"有求必应"，私自篡改已上报备案的招标文件，降低业绩门槛帮助投标企业入围。

为了方便投标企业进行非法操作，兰某又将主观操作空间较小的"合理低价"评标办法，改为"综合打分"评标办法，甚至与招标代理中介一起为投标企业出谋划策。

【评析】 从本案可以看出，工程招标失败极容易给国家造成巨大的损失。招标失败的主要原因出在招标文件上，而招标文件的核心是评标办法的设置。因此，编制高质量的招标文件，设置合理的评标办法，是编制文件的关键工作。高质量的招标文件不仅可以提高投资效益，还可以减少因工程招标而引起的犯罪频繁发生。

——资料来源：四川雅安水库工程招标案险致国家损失 7000 万. 中国新闻网，2009-09-07. http://www.chinanews.com.cn/gn/news/2009/09-07/1853688.shtml

2.1 招标前的准备工作

在正式招标前，招标人首先要做一系列准备工作，做好招标策划。招标策划得好坏关系到招标的成败，还直接影响到投标人的报价乃至后期工程项目实施是否顺利进行。主要的准备工作有招标资格与备案、成立招标机构、招标策划、编制标底或最高投标限价、编制招标文件等。其中，标段的划分和承发包模式的策划是合同总体策划前期的两项重要工作。

2.1.1 工程招标应当具备的条件

根据《招标投标法》《招标投标法实施条例》和《工程建设项目施工招标投标办法》的相关规定，依法必须招标的工程建设项目，应当具备下列条件才能进行施工招标：

1. 招标人已经依法成立

1）招标人是招标的主体，必须是法人或其他组织，自然人不能成为招标人。

2）招标人必须是提出招标项目、进行招标的人。招标人通常为该项工程的投资人，即项目业主；国家投资的工程建设项目，招标人通常为依法设立的项目法人（就经营性建设项目而言）或者项目的建设单位（就非经营性建设项目而言）。

2. 已履行必要的审批、核准或者备案手续

1）初步设计及概算应当履行审批手续的，已经批准。

2）按照国家有关规定需要履行项目审批、核准手续的依法必须进行施工招标的工程建设项目，其招标范围、招标方式、招标组织形式应当报项目审批部门审批、核准。项目审批、核准部门应当及时将审批、核准确定的招标内容通报有关行政监督部门。

依据国家有关规定应批准而未经批准的项目，或违反审批权限批准的项目，均不得进行招标。在项目审批前擅自开始招标工作，因项目未被批准而造成损失的，招标人应当自行承担法律责任。

3. 招标项目资金或资金来源已经落实

1）招标人应当有进行招标项目的相应资金或者有确定的资金来源，这是招标人对项目进行招标并最终完成该项目的物质保证。招标项目所需的资金是否落实，不仅关系到招标项目能否顺利实施，而且与投标人的利益关系重大。

2）招标人在招标时，必须确实拥有相应的资金或者有能证明其资金来源已经落实的合法性文件作为保证，并应当将资金数额和资金来源在招标文件中如实载明。招投标活动作为一种民事活动，必须坚持诚实信用原则，招标文件所载内容必须真实，招标人不得做假。

3）资金来源已经落实是指资金虽然没有到位，但其来源已经落实，如银行已承诺贷款，在招标文件中如实载明，是为了让投标人了解掌握这方面的真实情况，作为是否允许其参加投标的决策依据。

4. 有招标所需的设计图及技术资料

即有满足施工招标需要的设计文件及其他技术资料。大型复杂工程初步设计完成后即可开始招标，以便缩短建设周期，但要求前期所需的单位工程施工图设计已完成并经过审批。

除上述4个条件外，法律、法规、规章规定的其他条件也应满足。为使投标人能够合理地预见合同履行过程中的风险，制订施工方案、进行投标报价，以及签订合同后能够及时开工，招标人还应完成建设用地的征用和拆迁工作。施工现场的前期准备工作如果不包括在承包范围内，则应满足"三通一平"的开工条件。

2.1.2 招标工程标段的划分

一些招标项目，特别是大型、复杂的建设工程项目通常需要划分不同的标段，由不同的承包人进行承包。招标项目需要划分标段、确定工期的，招标人应当合理划分标段、确定工期，并在招标文件中载明。

1. 标段划分的限制

1）根据《招标投标法实施条例》第二十四条的规定，招标人对招标项目划分标段的，应当遵守《招标投标法》的有关规定，不得利用划分标段限制或者排斥潜在投标人。依法必须进行招标的项目的招标人不得利用划分标段"化整为零、规避招标"。

2）根据《工程建设项目施工招标投标办法》第二十七条的规定，施工招标项目需要划分标段、确定工期的，招标人应当合理划分标段、确定工期，并在招标文件中载明。对工程技术上紧密相连、不可分割的单位工程不得分割标段。

3）根据《招标投标法》第四十九条的规定，将必须进行招标的项目化整为零或者以其他任何方式规避招标的，责令限期改正，可以处项目合同金额5‰以上10‰以下的罚款；对全部或者部分使用国有资金的项目，可以暂停项目执行或者暂停资金拨付；对单位直接负责的主管人员和其他直接责任人员依法给予处分。

2. 分标段招标的利弊分析

（1）分标段招标的优点

1）分标段招标施工可以缩短工期。由于分标段实施是选择不同的施工承包单位同时进行施工，可投入足够的人力、物力、财力，为缩短工期提供了保证。

2）分标段施工有利于竞争。由于施工现场有多个施工承包单位进行施工，建设单位对各标段的工程质量、施工进度、安全文明及总包的组织管理水平、协调组织能力等有较直观的比较，也为各施工承包单位创造了公平竞争的机会。

3）分期分标段招标可以缓解企业的资金压力。

（2）分标段招标的弊端

1）分标段招标施工过程中，由于现场有多个独立的施工企业，会增加临时生产生活设施、材料堆场，容易造成对现场场地使用产生交叉干扰。

2）分标段招标施工会增添建设单位在管理上的工作量，且招标的工作量也增大。由于管理对象的增多，现场各标段间的组织协调工作也会随之增加。

3) 分标段招标施工会造成投资的相应增加。由于有多个施工企业分标段施工，所以会造成进场费、临时设施费、措施费的增加。

3. 标段划分的影响因素

招标人应当合理地划分标段、确定工期必须符合项目施工的科学流程，以节约资金、保证质量为基本前提条件，划分标段时主要应考虑以下几方面影响因素：

（1）招标项目的专业要求 如果招标项目的各部分内容专业要求接近，则该项目可以考虑作为一个整体进行招标。如果该项目的各部分内容专业要求相距甚远，则应当考虑划分为不同的标段分别招标。例如，一个项目中的土建和设备安装两部分内容就应当分别发包。

（2）对工程投资的影响 通常情况下，一项工程由一家施工单位总承包易于管理，同时便于劳动力、材料、设备的调配，因而可得到较低造价。但对于大型、复杂的工程项目，对承包单位的施工能力、施工经验、施工设备等有较高要求。在这种情况下，如果不划分标段，就可能使有资格参加投标的承包单位大大减少。竞争对手的减少，必然会导致工程报价的上涨，反而得不到较为合理的报价。

（3）工程各项工作的衔接 在划分标段时，既要考虑不会产生各承包单位施工的交叉干扰，又要注意各承包单位之间在空间和时间上的衔接。应当避免产生平面或者立面交接工作责任的不清楚。如果建设项目各项工作的衔接、交叉和配合少，责任清楚，则可考虑分别发包；反之，则应考虑将项目作为一个整体发包给一个承包人，因为，此时由一个承包人进行协调管理较容易做好衔接工作。

（4）招标项目的管理要求 从工地现场管理的角度看，分标时应考虑两方面问题：一是工程进度的衔接，二是工地现场的布置和干扰。工程进度的衔接很重要，特别是工程网络计划中关键线路上的项目，一定要选择施工水平高、能力强、信誉好的承包单位，以防止影响其他承包单位的进度。从现场布置的角度看，承包单位越少越好布置。分标时，要对几个承包单位在现场的施工场地进行细致周密的安排。

（5）其他因素 除上述因素外，还有许多其他因素影响施工标段的划分，如建设资金、设计图供应等。资金不足，设计图分期供应时，可将先施工部分招标。

总之，标段的划分是选择招标方式和编制招标文件前的一项非常重要的工作，需要考虑上述因素综合分析后确定。

延展阅读

常见分标段招标的工程

1）体量较大的群体工程。由于其具有建筑单体多、占地面积大、平面分割容易的特点，若由一个施工企业承担施工任务，会受到施工机械、劳动力及管理力量的限制，所以建议分标段实施。这样做虽然会造成投资的相对增加，但是可以缩短工期，加快资金周转，做到提前受益，而且整体建设成本可以得到控制。例如，某市配套商品房工程，共有28幢单体建筑及一个地下车库，总建设面积17万 m^2。根据现场占地情况、单体建筑的分布情况、建筑规模等，将整个园区划分成三个独立的标段，每个标段的建筑面积在 5 万 m² 左右，三个标段同时招标，同时施工。这样做，不仅工程管理要求基本相同，而且施工工期可由 20 个月缩短为 14 个月。

2) 大体量的精装修工程，可建议建设单位根据楼层位置及使用功能的不同，进行分标段实施。因为这样做，既可根据功能的不同，发挥各个精装修单位的专长，同时又能促进相互竞争，进一步缩短工期。例如，某银行数据处理中心项目，该工程共由不同功能的七个单体组成。在精装修招标策划时，根据使用功能的不同，对标段进行了划分，每个标段的造价在 1 500 万元左右，装修工期为 4 个月，施工同步进行，为业主实现进度、质量等建设目标创造了有利条件。

3) 根据资金的运作计划，市政道路工程也往往可分标段实施。

4) 园区大型绿化工程，因其与主体工程施工的联系较少，专业特点明显，且计价依据也有所不同，所以可建议与主体工程分标段实施。

2.1.3 承发包模式的策划

工程承发包模式的策划取决于工程技术复杂程度、建设工期的要求以及设计图的深度，目前主要采用的承发包模式及相应的适用特点如下：

1. 平行发包模式

平行发包模式是指业主方在总体统筹规划的前提下，将整个工程划分为若干个可独立发包的单元，形成相对独立的标段，并分别进行招标发包，在平行发包模式中，各施工单位之间是独立和平行的，不存在从属关系或者管理与被管理的关系。这种发包模式的特点是，业主方可以根据设计进度，结合其他施工发包条件的落实情况，进行施工招标和签订合同，因而组织方式较灵活。但业主方要组织多次招标，招标工作量大，成本也高，而且在施工过程中，各施工单位之间的组织、协调工作需要由业主方来承担，要实现对整个项目的进度、质量和投资的有效控制，这种模式适用于业主有很强的技术管理力量的情况。

2. 施工总承包模式

施工总承包模式是指业主方把一个项目的全部施工任务发包给一家资质符合要求的施工总承包单位，作为总承包人，再由该承包单位将部分施工任务分包给其他施工企业。这种模式的特点是业主方日常管理的工作量会有所减少。但由于增加了中间管理层次，业主方对整个项目的管理力度和管理效率将会降低，有时会出现指挥不动或反应迟缓的情况。

对于工程规模大、专业复杂的工程项目，业主的管理能力有限时，应考虑采用施工总承包模式选择施工队伍。这样，有利于减少各专业之间因配合不当造成的窝工、返工、索赔等风险。

3. 总包+特别认可分包模式

总包+特别认可分包模式是指业主方把一个建设工程项目发包给一家资质符合要求的施工单位总包方，其项目的主体结构由该总包方负责施工；部分重要专业工程及系统设备的采购（或采购+安装）则由业主方特别认可分包，并纳入总包方的管理范畴。这种发包模式的特点是，整个项目的质量、进度由总包方向业主方负责，对整个项目的进度、质量的投资控制是比较有利的，因而在履约过程中，业主方的直接管理工作也不会像平行发包模式那样多，这也是一些大型建设项目较多采用这一模式的根本原因所在。这种发包模式实际上是前面所述的"平行发包模式"与"施工总承包模式"的结合，在招标策划时应注意以下三方面：

1) 在总包招标时，必须就总包的施工承包范围、总包自行施工的内容、业主方特别认可的分包工程的内容及业主方另行发包的工程内容在招标文件中明确告知，以便投标单位据此编制施工方案、合理报价。

2) 某些专业工程及重要系统设备的采购（或采购+安装）分包是由业主方特别认可的，在施工配合过程中可能会出现一些矛盾，一旦工程中出现质量、进度问题，尽管在总包合同中约定将由总包方就整个项目的质量、进度对业主方负责，但有时在总包方与分包人之间还是会发生相互扯皮和推卸责任的现象。为了尽量避免发生这类情况，就必须在总包与分包的招标文件中明确各自的施工界面，事先约定相互之间的协调配合关系，明确各自的工作职责，并将这些内容分别纳入各自的合同中去。需要特别说明的是，在专业分包工程招标时，必须在招标文件中将总包合同中约定的相关违约条款明确告知各投标单位，且在签订分包合同时也应当响应。

3) 在工程实施过程中，总包方需要承担起对业主方特别认可的分包单位的协调管理职能（包括人员、设备及材料进场，前后工序的搭接，临时供水、供电以及现场安全与文明施工的统一管理等），而且为了节约费用，各指定分包人在履行自己的合同义务时，还会不同程度地使用总包方现成的垂直运输机械和脚手架等设施，所以在招标文件中，必须明确总包单位对业主特别认可的分包工程收取总包管理费及配合费的计价原则、付款方式及管理要求。

4. 设计施工一体化的发包模式

设计施工一体化的发包模式是指业主方把项目或某一标段的建设任务委托给一家既承担（深化）设计又承担施工的承包单位。这一承包单位可以是临时性的设计、施工联合体，也可以是永久性的综合承包单位。这种模式的特点是，评标难度较大，对承发包双方来说风险也相应增大。这种模式适用于较特殊的专业工程。例如，某垃圾焚烧厂渗沥水工程的承包范围从设计到施工全过程以及调试、工程竣工验收、试运行、交付使用直至工程使用后保修期结束，实行一揽子承包，中标单位对本工程实行"五包"，即按批准的初步设计文件包建设规模、包技术标准、包工程质量、包合同工期、包工程造价，这样就能为控制工期、质量和造价提供保证。

2.1.4 编制标底或最高投标限价

1. 概念与区别

（1）标底的概念　标底即招标项目的底价，是招标人购买工程、货物、服务的预算。

（2）最高投标限价的概念　最高投标限价又称招标控制价，是招标人根据国家或省级行业建设主管部门颁发的有关计价依据和办法，以及拟定的招标文件和招标工程量清单，结合工程具体情况编制的招标工程的最高投标限价。

（3）标底与最高投标限价的区别　两个概念的主要区别是是否需要保密，标底需保密，最高投标限价不需要保密，因此标底在招标人开标时公布，最高投标限价则在招标文件中公布。

2. 标底的相关规定

1）招标人可根据项目特点决定是否编制标底，招标项目可以不设标底，进行无标底招标；任何单位和个人不得强制招标人编制或报审标底，或干预其确定标底。

2）编制标底时，标底编制过程和标底在开标前必须保密。编制人员应在保密的环境中编制标底，完成之后需送审的，应将其密封送审。标底经审定后应及时封存，直至开标。在整个招标活动过程中，所有接触过标底的人员都有对其保密的义务。

3）标底只能作为评标的参考，不得以投标报价是否接近标底作为中标条件，也不得以投标报价超过标底上下浮动范围作为否决投标的条件。

4）招标项目编制标底时，应根据批准的初步设计、投资概算，依据有关计价办法，参照有关工程计价定额，结合市场供求状况，综合考虑投资、工期和质量等方面的因素合理确定，并且一个招标项目只能有一个标底。

5）标底由招标人自行编制或委托中介机构编制；接受委托编制标底的中介机构不得参加受托编制标底项目的投标，也不得为该项目的投标人编制投标文件或者提供咨询。

延展阅读

泄露标底的法律责任

泄露标底的，应承担以下法律责任：

（1）警告。对于招标人泄露标底的行为，行政执法机关给予警告，责成招标人改正这类行为，尽量弥补其所产生的后果。

（2）罚款。行政执法机关在给予招标人警告的同时，可以并处招标人1万元以上10万元以下的罚款。

（3）给予处分。对单位直接负责的主管人员和其他直接责任人员依法给予处分。

（4）构成犯罪的，依法追究刑事责任。追究刑事责任主要是指需要依照《中华人民共和国刑法》（以下简称《刑法》）第二百一十九条、第二百二十条追究侵犯商业秘密的犯罪。招标人透露的应当是投标人的商业秘密。如果招标人透露投标人的商业秘密符合《中华人民共和国反不正当竞争法》和《刑法》的相关规定，则可追究其相应的刑事责任。

（5）中标无效。招标人向他人透露已获取招标文件的潜在投标人的名称、数量或者可能影响公平竞争的有关招投标的其他情况或者泄露标底影响中标结果的，中标无效。因中标无效给其他投标人造成损失的，招标人应当承担赔偿责任。

3. 最高投标限价的作用与相关规定

（1）最高投标限价的作用

1）招标人通过最高投标限价，可以消除投标人间合谋超额利益的可能性，有效遏制围标、串标行为。

2）投标人通过最高投标限价，可以避免投标决策的盲目性，增强投标活动的选择性和经济性。

3）最高投标限价与经评审的合理最低价评标配合，能促使投标人加快技术革新和提高管理水平。

(2) 最高投标限价的相关规定

1）国有资金投资的建设工程招标，招标人必须编制最高投标限价。

2）最高投标限价应由具有编制能力的招标人或受其委托具有相应资质的工程造价咨询人编制和复核。

3）工程造价咨询人接受招标人委托编制最高投标限价，不得再就同一工程接受投标人委托编制投标报价。

4）最高投标限价按照国家计价规范规定编制，不应上调或下浮。

5）最高投标限价超过批准的概算时，招标人应将其报原概算审批部门审核。

6）最高投标限价及有关资料报送工程所在地（或有该工程管辖权的行业管理部门）工程造价管理机构备查。

7）招标人设有最高投标限价的，应当在招标文件中明确最高投标限价或者最高投标限价的计算方法。招标人不得规定最低投标限价。

(3) 最高投标限价的投诉　若发现最高投标限价编制过低、最高投标限价编制不符合工程实际情况，以及最高投标限价未按规定编制等问题，投标人可以按照以下规定投诉：

1）投标人经复核认为招标人公布的最高投标限价未按照《建设工程工程量清单计价规范》（GB 50500—2013）的规定进行编制的，应当在最高投标限价公布后5天内向招投标监督机构和工程造价管理机构投诉。

2）当最高投标限价复查结论与原公布的最高投标限价误差>±3%的，应当责成招标人改正。

3）招标人根据最高投标限价复查结论，需要重新公布最高投标限价的，其最终公布的时间至招标文件要求提交投标文件截止时间不足15天的，应相应延长投标文件的截止时间。

2.2　建设工程招标文件

2.2.1　标准施工招标文件简介

1. 标准施工招标文件

2007年11月1日，国家发展改革委、财政部、建设部、铁道部、交通部、信息产业部、水利部、中国民用航空总局、国家广播电影电视总局9部委联合制定了《〈标准施工招标资格预审文件〉和〈标准施工招标文件〉试行规定》，自2008年5月1日起施行。《标准施工招标文件》以下简称《标准文件》。

2013年3月11日，国家发展改革委、工业和信息化部、财政部、住房和城乡建设部、交通运输部、铁道部、水利部、国家广播电影电视总局、中国民用航空局等9部委令第23号《关于废止和修改部分招标投标规章和规范性文件的决定》对《〈标准施工招标资格预审文件〉和〈标准施工招标文件〉试行规定》做出修改，将"《〈标准施工招标资格预审文件〉和〈标准施工招标文件〉试行规定》"修改为"《〈标准施工招标资格预审文件〉和

〈标准施工招标文件〉暂行规定》",并对与此相关规章条文内容进行了删除和修改。

(1) 文件组成 《标准文件》共包含封面格式和四卷八章的内容,第一卷包括第一章至第五章,涉及招标公告(投标邀请书)、投标人须知、评标办法、合同条款及格式、工程量清单等内容。其中,第一章和第三章并列给出了不同情况,由招标人根据招标项目特点和需要分别选择;第二卷由第六章图纸组成;第三卷由第七章技术标准和要求组成;第四卷由第八章投标文件格式组成。

(2) 适用范围 《标准文件》适用于一定规模以上,且设计和施工不是由同一承包人承担的工程施工招标。

2. 简明标准施工招标文件和标准设计施工总承包招标文件

2011年12月20日,为落实中央关于建立工程建设领域突出问题专项治理长效机制的要求,进一步完善招标文件编制规则,提高招标文件编制质量,促进招投标活动的公开、公平和公正,国家发展改革委会同工业和信息化部、财政部、住房和城乡建设部、交通运输部、铁道部、水利部、国家广播电影电视总局、中国民用航空局9部委编制了《简明标准施工招标文件》和《标准设计施工总承包招标文件》,自2012年5月1日起实施。

(1) 文件组成

1) 《简明标准施工招标文件》共分招标公告(或投标邀请书)、投标人须知、评标办法、合同条款及格式、工程量清单、图纸、技术标准和要求、投标文件格式八章。

2) 《标准设计施工总承包招标文件》共分招标公告(或投标邀请书)、投标人须知、评标办法、合同条款及格式、发包人要求、发包人提供的资料、投标文件格式七章。

(2) 适用范围 这两个文件对适用范围做出了明确的界定:依法必须进行招标的工程建设项目,工期不超过12个月、技术相对简单且设计和施工不是由同一承包人承担的小型项目,其施工招标文件应当根据《简明标准施工招标文件》编制;设计施工一体化的总承包项目,其招标文件应当根据《标准设计施工总承包招标文件》编制。

3. 使用规定

(1) 应当不加修改地引用《标准文件》的内容 《标准文件》中的"投标人须知"(投标人须知前附表和其他附表除外)、"评标办法"(评标办法前附表除外)、"通用合同条款",应当不加修改地引用。

(2) 行业主管部门可以做出的补充规定 国务院有关行业主管部门可根据本行业招标特点和管理需要,对《简明标准施工招标文件》中的"专用合同条款""工程量清单""图纸""技术标准和要求",《标准设计施工总承包招标文件》中的"专用合同条款""发包人要求""发包人提供的资料和条件"做出具体规定。其中,"专用合同条款"可对"通用合同条款"进行补充、细化,但除"通用合同条款"明确规定可以做出不同约定外,"专用合同条款"补充和细化的内容不得与"通用合同条款"相抵触,否则抵触内容无效。

(3) 招标人可以补充、细化和修改的内容

1) "投标人须知前附表"用于进一步明确"投标人须知"正文中的未尽事宜,招标人或者招标代理机构应结合招标项目具体特点和实际需要编制和填写,但不得与"投标人须知"正文内容相抵触,否则抵触内容无效。

2) "评标办法前附表"用于明确评标的方法、评审因素、标准和程序。招标人应根据

招标项目具体特点和实际需要，详细列明全部审查或评审因素、标准，没有列明的因素和标准不得作为资格审查或者评标的依据。

3）招标人或者招标代理机构可根据招标项目的具体特点和实际需要，在"专用合同条款"中对《标准文件》中的"通用合同条款"进行补充、细化和修改，但不得违反法律、行政法规的强制性规定，以及平等、自愿、公平和诚实信用原则，否则相关内容无效。

（4）解释及修改 因出现新情况，需要对《标准文件》不加修改地引用的内容做出解释或修改的，由国家发展改革委会同国务院有关部门做出解释或修改。该解释和修改与《标准文件》具有同等效力。

2.2.2　工程招标文件的编制内容

一般情况下，各类工程施工招标文件的内容大致相同，但组卷方式可能有所区别。此处以《标准文件》为范本，介绍工程施工招标文件的内容和编写要求。

1. 封面格式

《标准文件》的封面格式包括以下内容：项目名称、标段名称（如有）、"招标文件"这四个字、招标人名称和单位印章、时间。

2. 招标公告与投标邀请书

招标公告与投标邀请书是《标准文件》的第一章。对于未进行资格预审的公开招标项目，招标文件应包括招标公告；对于邀请招标项目，招标文件应包括投标邀请书；对于已经进行资格预审的项目，招标文件也应包括投标邀请书（代资格预审通过通知书）。

（1）招标公告（未进行资格预审） 招标公告包括项目名称、招标条件、项目概况与招标范围、投标人资格要求、招标文件的获取、投标文件的递交、发布公告的媒体和联系方式等内容。

（2）投标邀请书（适用于邀请招标） 适用于邀请招标的投标邀请书一般包括项目名称、被邀请人名称、招标条件、项目概况与招标范围、投标人资格要求、招标文件的获取、投标文件的递交、确认时间和联系方式等内容，其中大部分内容与招标公告基本相同，唯一的区别是：投标邀请书无须说明发布公告的媒体，但对投标人增加了在收到投标邀请书后的约定时间内，以传真或快递方式予以确认是否参加投标的要求。

（3）投标邀请书（代资格预审通过通知书） 适用于代资格预审通过通知书的投标邀请书，一般包括项目名称、被邀请人名称、购买招标文件的时间、售价、投标截止时间、收到邀请书的确认时间和联系方式等。与适用于邀请招标的投标邀请书相比，由于已经经过了资格预审阶段，所以在代资格预审通过通知书的投标邀请书里，不包括招标条件、项目概况与招标范围和投标人资格要求等内容。

3. 投标人须知

投标人须知是招投标活动应遵循的程序规则和对投标的要求。但投标人须知不是合同文件的组成部分，希望有合同约束力的内容应在构成合同文本组成部分的合同条款、技术标准与要求等文件中界定。

投标人须知包括投标人须知前附表、总则、招标文件、投标文件、投标、开标、评标和合同授予八部分。

（1）投标人须知前附表　投标人须知前附表的主要作用有两个：①将投标人须知中的关键内容和数据摘要列表，起到强调和提醒作用，为投标人迅速掌握投标人须知内容提供方便，但必须与招标文件相关章节的内容衔接一致；②对投标人须知正文中交由前附表明确的内容给予具体约定。

（2）总则　投标人须知正文中的"总则"内容包括：①项目概况；②资金来源和落实情况；③招标范围、计划工期和质量要求；④投标人资格要求；⑤保密，要求参加招投标活动的各方应对招标文件和投标文件中的商业和技术等秘密保密；⑥语言文字；⑦计量单位。

（3）招标文件　招标文件是指对招标活动具有法律约束力的最主要文件。投标人须知应该阐明招标文件的组成、招标文件的澄清和修改。投标人须知中没有载明具体内容的，不构成招标文件的组成部分，对招标人和投标人没有约束力。

（4）投标文件　投标文件是投标人响应和依据招标文件向招标人发出的要约文件。招标人在投标人须知中对投标文件的组成、投标报价、投标有效期、投标保证金、资格审查资料、备选方案和投标文件的编制和递交应提出明确要求。

（5）投标　投标包括投标文件的密封和标志、投标文件的递交时间和地点、投标文件的修改和撤回等规定。

（6）开标　开标包括开标时间、地点和开标程序等规定。

（7）评标　评标包括评标委员会、评标原则和评标方法等规定。

（8）合同授予　合同授予包括定标方式、中标通知、履约担保和签订合同等规定。

4. 评标办法

招标文件中的"评标办法"主要包括选择评标办法、确定评审因素和标准以及确定评标程序三方面内容。

（1）评标办法　评标办法一般包括经评审的最低投标价法、综合评估法和法律、行政法规允许的其他评标办法。

（2）评审因素和标准　招标文件应针对初步评审和详细评审分别制定相应的评审因素和标准。

（3）评标程序　评标工作一般包括初步评审、详细评审、招标文件的澄清、说明及评标结果等具体程序。

5. 合同条款及格式

《中华人民共和国民法典》第七百九十五条规定，施工合同的内容一般包括工程范围、建设工期、中间交工工程的开工和竣工时间、工程质量、工程造价、技术资料交付时间、材料和设备供应责任、拨款和结算、竣工验收、质量保修范围和质量保证期、相互协作等条款。

为了提高效率，招标人可采用《标准文件》或者结合行业合同示范文本的合同条款编制招标项目的合同条款。

《标准文件》的合同条款包括一般约定、发包人义务、有关监理单位的约定、有关承包人义务的约定、材料和工程设备、施工设备和临时设施、交通运输、测量放线、施工安全、治安保卫和环境保护、进度计划、开工和竣工、暂停施工、工程质量、试验和检验、变更与变更的估价原则、价格调整原则、计量与支付、竣工验收、缺陷责任与保修责任、保险、不可抗力、违约、索赔、争议的解决等内容。

合同附件的格式包括合同协议书格式、履约担保格式、预付款担保格式等。

6. 招标工程量清单

招标工程量清单是投标人投标报价和签订合同协议书的依据，也是确定合同价格的唯一载体。《标准文件》第五章"工程量清单"包括四部分内容：工程量清单说明、投标报价说明、其他说明和招标工程量清单。其中，前三部分均是说明性内容，为解读和使用第四部分的内容服务。第四部分提供的是系列表格。这些表格包括工程量清单表、计日工表、暂估价表、投标报价汇总表、工程量清单综合单价分析表等。

7. 设计图

设计图是合同文件的重要组成部分，是编制工程量清单以及投标报价的重要依据，也是进行施工和验收的依据。通常，招标时的图样并不是工程所需的全部图样，在投标人中标后还会陆续发布新的图样以及对招标时图样的修改。因此，在招标文件中，除了附上招标图样外，还应该列明图样目录。图样目录一般包括序号、图名、图号、版本、出图日期等。图样目录以及相应的图样对施工过程的合同管理以及争议解决发挥着重要作用。

8. 技术标准和要求

技术标准和要求也是合同文件的组成部分。技术标准的内容主要包括各项工艺指标、施工要求、材料检验标准，以及各分部、分项工程施工成形后的检验和验收标准等。有些项目根据所属行业的习惯，也将构成子项目的计量支付内容写进技术标准和要求中。项目的专业特点和所应用的行业标准的不同，决定了不同项目的技术标准和要求存在区别，同一项技术指标，可引用的行业标准和国家标准不止一个，招标文件可以引用，有些大型项目还有必要将其作为专门的科研项目来研究。

9. 投标文件格式

投标文件格式的主要作用是为投标人编制投标文件提供固定的格式和编排顺序，以规范投标文件的编制，同时便于评标委员会评标。

2.2.3　招标工程量清单的编制内容

招标工程量清单由招标人根据工程量清单的国家标准、行业标准，以及行业标准施工招标文件（如有）、招标项目具体特点和实际需要编制。

1. 工程量清单说明

1）招标工程量清单是根据招标文件中包括的、有合同约束力的图样，以及有关工程量清单的国家标准、行业标准、合同条款中约定的工程量计算规则编制的。约定计量规则中没有的子目，其工程量按照有合同约束力的图样所标示尺寸的理论净用量计算。计量采用法定计量单位。

2）招标工程量清单应与招标文件中的投标人须知、通用合同条款、专用合同条款、技术标准和要求及图样等一起阅读和理解。工程量清单中所使用的术语与投标人须知、评标办法和通用合同条款是相互衔接的，工程量清单的内容也反映了通用合同条款的要求。投标人须知、评标办法和通用合同条款均属于不可修改的部分，其中的术语、要求反映的内容以及必要的结构形式应当遵照沿用。这类术语包括计日工、暂估价、暂列金额等。而结构形式方面主要是指暂估价的分类，工程量清单中需要用独立的清单分别列出材料暂估价、工程设备暂估价和专业工程暂估价。

3）招标工程量清单是投标报价的共同基础，实际工程计量和工程价款的支付应遵循合同条款的约定与技术标准和要求的有关规定。

4）补充子目工程量计算规则及子目工作内容说明。补充内容说明是为了解决招标文件所约定的国家或行业标准工程量计算规则中没有的子目，或者为方便计量而对所约定的工程量清单中规定的若干子目进行适当拆分或者合并问题。在使用《标准文件》时，应当约定采用国家或行业标准的某一工程量计算规则。如果没有国家或行业标准，则该款应扩展为工程量清单中常见的"×××工程量计算规则及子目工作内容说明"，且作为工程量清单的一个相对独立的组成部分。子目工作内容说明，可将一些具有共性的内容提取出来集中列示，有利于避免分部分项工程量清单中出现过多的乃至重复的文字说明。

2. 投标报价说明

1）工程量清单中的每一子目必须填入单价或价格，且只允许有一个报价。

2）工程量清单中填入的单价或金额，应包括所需人工费、施工机械使用费、材料费、其他费用（运杂费、质检费、安装费、缺陷修复费、保险费，以及合同明示或暗示的风险、责任和义务等），以及管理费、利润等。措施项目与其他项目费用，是否分摊到分部分项工程的子目单价中，涉及工程量清单的子目列项和表现形式，可以在行业标准施工招标文件或招标人编制的招标文件中明确。

子目单价组成不包括规费和税金等不可竞争的费用。需要注意的是，目前在水利水电、公路、航道港口等工程项目中实行的工程量清单单价，以及国际工程项目上通行的工程量清单综合单价，一般是指全费用的综合单价。

3）工程量清单中投标人没有填入单价或价格的子目，其费用视为已分摊在工程量清单中其他相关子目的单价或价格之中。

4）暂列金额的数量及拟用子目的说明。暂列金额如何计入投标总价，涉及暂列金额的构成。对房屋建筑工程项目而言，工程量清单中列出的暂列金额包括了除规费和税金以外的管理费、利润等取费。不同行业或具体项目中暂列金额的组成，以及规费和税金的计列方式等，需要与《标准文件》相衔接。

延展阅读

工程量清单的拟用子目

拟用子目是指合同协议书签订时仍无法确定但可能要做的工作，并不一定要列全，也不表示只能用于所列出的子目，只需要列出主要的、可能要发生的子目。但无论如何，暂列金额的再分和合并，都不应导致承包人额外的负担。

某工程暂列金额的数量及拟用子目的说明示例如下：

本工程量清单中给出的暂列金额及拟用子目见表2-1。除计日工作外，投标人只需直接将工程量清单中所列的暂列金额纳入投标总价，并不需要在工程量清单中所列的暂列金额以外再考虑任何其他费用。

表 2-1 暂列金额表

序号	项目名称	计量单位	暂列金额/元	备 注
1	图样中已经标明可能位置，但未最终确定是否需要的主入口处的钢结构雨棚工程（包括钢结构的深化设计、加工、创作、吊装、安装、防火涂料涂敷、防锈处理、检测、与钢筋混凝土结构的连接和锚固以及附着在钢结构上的所有装饰装修做法等）的供应和安装工作	项	1 500 000	
⋮	⋮	⋮	⋮	⋮
…	计日工	项	由投标人填报	子目明细见表××
	暂列金额合计			

说明：投标人应将上述暂列金额计入投标总价中。

上述的暂列金额，尽管包含在投标总价中（所以也将包含在中标人的合同总价中），但并不属于承包人所有和支配。如果在合同履行过程中，入口处钢结构雨棚工程确定要实施，则由发包人和承包人按照合同约定选择专业分包人负责完成。

5）暂估价的数量及拟用子目的说明。暂估价的数量和拟用子目应当结合工程量清单中的暂估价表给予补充说明，如果暂估价表已包括拟用子目的说明，则此处没必要做重复说明，只需提醒投标人暂估价的价格组成及与投标报价的关系。如果暂估价表中没有包括拟用子目的说明，则可以在此处说明，如以下两种情况。

① 材料、工程设备暂估价说明。材料、工程设备的暂估价仅指此类材料、工程设备本身运至指定地点的价格，不包括这些材料、工程设备的安装、安装所必需的辅助材料、驻厂建造以及发生在现场内的验收、存储、保管、开箱、二次倒运、从存放地点运至安装地点以及其他任何必要的辅助工作所发生的费用，这些费用已经包括在投标价格中并且固定包死。

② 专业工程暂估价说明。专业工程暂估价是指分包人实施专业分包工程所有供应、安装、完工、调试、修复缺陷等全部工作费用，包括管理费和利润，不包括税金和规费。除了合同约定的承包人应承担的总包管理、协调、配合和服务责任所对应的费用以外，承包人为履行其总包管理、配合、协调和服务等所需发生的费用已经包括在投标价格中并且固定包死。

3. 其他说明

其他说明是招标人认为有助于投标人正确解读工程量清单和准备有竞争力报价的有关内容，如对招标范围的详细界定、工程量清单组成介绍、工程概况等，以及招标文件其他部分指明应在工程量清单中说明的其他事项。

4. 工程量清单表

关于工程量清单表，《标准文件》给出的是几个通用表格，具体到招标项目时，工程量清单表的具体表现形式应当按照国家或行业标准进行细化。

2.2.4 编写招标文件应注意的问题

1. 招标文件应体现工程建设项目的特点和要求

招标文件牵涉的专业内容比较广泛，具有明显的多样性和差异性，编写一套适用于具体工程建设项目的招标文件，除需要具有较强的专业知识和一定的实践经验外，还要能准确把握项目专业特点。

编制招标文件时必须认真阅读、研究有关设计与技术文件，与招标人充分沟通，了解招标项目的特点和需求，包括项目概况、性质、审批或核准情况、标段划分计划、资格审查方式、评标方法、承包模式、合同计价类型、进度时间节点要求等，并充分反映在招标文件中。

招标文件应该内容完整、格式规范、按规定使用标准招标文件，结合招标项目特点和需求，参考以往同类项目的招标文件进行调整、完善。

2. 招标文件必须明确投标人实质性响应的内容

投标人必须完全按照招标文件的要求编写投标文件，如果投标人没有对招标文件的实质性要求和条件做出响应，或者响应不完全，都可能导致投标人投标失败。所以，招标文件由需要投标人做出实质性响应的所有内容，如招标范围、工期、投标有效期、质量要求、技术标准和要求等应具体、清晰、无争议，且宜以醒目的方式提示，避免使用原则性的、模糊的或者容易引起歧义的词句。

3. 防范招标文件中的违法、歧视性条款

编制招标文件必须熟悉和遵守招投标的法律法规，并及时掌握现行规定和有关技术标准，坚持公平、公正、遵纪守法的原则。严格防范招标文件中出现违法、歧视、倾向条款限制、排斥或保护潜在投标人，并要公平、合理地划分招标人和投标人的风险责任。只有招标文件客观与公正才能保证整个招投标活动的客观与公正。

4. 保证招标文件格式、合同条款的规范一致

编制招标文件应保证格式文件、合同条款规范一致，从而保证招标文件逻辑清晰、表达准确，避免产生歧义和争议。

招标文件合同条款部分如采用通用合同条款和专用合同条款形式编写，则正确的合同条款编写方式为：通用合同条款应全文引用，不得删改；专用合同条款应按其条款编号和内容，根据工程实际情况进行修改和补充。

5. 招标文件的语言要规范、简练

编制、审核招标文件应一丝不苟、认真细致。招标文件的语言文字要规范、严谨、正确、精炼、通顺，要认真推敲，避免使用含义模糊或容易产生歧义的词语。

招标文件的商务部分与技术部分一般由不同人员编写，应注意两者间及各专业之间的相互结合与一致性，应交叉校核，检查各部分是否有不协调、重复和矛盾的内容，确保招标文件的质量。

2.2.5 招标文件的风险与防范

在整个招标过程中，招标和投标双方都受法律保护，《招标投标法》明确规定按招标文件签订合同，实质性条款不能违背，因此招标人在工程项目招标过程中要非常严谨，以规避风险。

1. 招标文件不准确带来的风险

（1）招标文件描述不准确带来的风险　招标人应将对所需产品的名称、规格、数量，技术参数要求，质量等级要求，工期要求，保修服务要求和时间要求等各方面的要求和条件完全、准确地表述在招标文件中。这些要求和条件是投标人做出回应的主要依据。若招标文件没有将招标人的要求具体、准确地表述给投标人，投标人将会为取得中标按就低的原则选择报价，这时投标书提供的产品、服务有可能没有达到招标项目使用的技术要求标准。根据《评标委员会和评标方法暂行规定》，评标委员会应当根据招标文件规定的评标标准和方法，对投标文件进行系统的评审和比较，招标文件中没有规定的标准和方法不得作为评标的依据。根据这一规定，招标人和评标委员会不能废除没有达到项目使用要求的投标文件，这样会给招标人带来法律责任和经济、时间上的损失。

（2）招标文件中工程量清单不准确带来的风险　在《建设工程工程量清单计价规范》（GB 50500—2013）实施后，工程项目招标采用工程量清单计价，经评审合理低价中标模式在我国工程项目招标中被普遍采用。工程量清单必须作为招标文件的组成部分，其准确性和完整性由招标人负责，投标价由投标人自己确定。招标人承担着工程量计算不准确、工程量清单项目特征描述不清楚、工程项目组成不齐全、工程项目组成内容存在漏项、计量单位不正确等风险。投标人为获得中标和追求超额利润，在不提高总报价、不影响中标的前提下，在一定范围内有意识地调整工程量清单中某些项目的报价，采用低价中标、中间索赔、高价结算的做法，给招标人对造价和进度的控制带来很大的风险。

2. 招标人对不平衡报价风险的防范

不平衡报价是招标人在工程施工招标阶段的主要风险之一。这种风险难以完全避免，但招标人可以在招标前期策划和编制招标文件时防范不平衡报价，以降低不平衡报价带来的风险。

（1）提高招标图样的设计深度和质量　招标图样是招标人编制工程量清单和投标人投标报价的重要依据。目前，大部分设计图还不能满足施工需要，在施工过程中还会出现大量的补充设计或设计变更，导致招标的工程量清单跟实际施工的工程量相差甚远，给投标人实施不平衡报价带来了机会。因此，招标人要认真审查图样的设计深度和质量，避免出现边设计、边招标的情况，尽可能使用施工图招标，从源头上减少工程变更的次数。

（2）提高工程量清单编制质量　招标人要重视工程量清单的编制质量，消除那种把工程量清单作为参考而最终按实结算的依赖思想，要把工程量清单作为投标报价和竣工结算的重要依据、工程项目造价控制的核心、限制不平衡报价的关键。

由于不平衡报价一般是抓住了工程量清单的漏项、计算失误等错误，因此要安排有经验的造价工程师负责工程量清单的编制工作。工程量清单的编制要尽可能周全、详尽、具有可预见性，同时编制工程量清单时要严格执行《建设工程工程量清单计价规范》（GB 50500—2013），要求数量准确，避免错项和漏项，防止投标单位利用清单中工程量的可能变化进行不平衡报价。对每一个项目的特征必须进行清楚、全面、准确的描述，需要投标人完成的工作内容应准确、详细，以便投标人全面考虑完成工程量清单项目所要产生的全部费用，避免因描述不清而引起理解上的差异，造成投标人报价时不必要的失误，影响招投标工作的质量。

(3）在招标文件中增加关于不平衡报价的评审要求　在招标文件中，可以写明对各种不平衡报价的评审办法，尽量不给不平衡报价留有余地。例如，某分部分项工程的综合单价不平衡报价幅度大于某临界值（具体工程具体设定，一般不超过10%，国际工程一般为15%可以接受）时，认定该标书为废标；设置评标主要项目清单或评标主要材料价格。招标人要掌握工程涉及的主要造价、重大的工程量清单子目和主要材料的价格，在招标文件中设置为评审得分项目。

2.3 资格审查

资格审查是指招标人对潜在投标人的经营范围、专业资质、财务状况、技术能力、管理能力、业绩、信誉等多方面的综合评估审查，以判定其是否具有投标、订立和履行合同的资格及能力。资格审查既是招标人的权利，也是大多数招标项目的必要程序，它对于保障招标人和投标人的利益具有重要作用。

2.3.1 资格审查的原则、办法和程序

1. 资格审查的原则

资格审查的内容一般包括申请人的资质条件、财务状况、业绩、信誉、项目管理机构及其投入人员的资格能力，招标人针对招标项目提出的其他要求等。资格审查应在坚持"公开、公平、公正和诚实信用"的基础上，遵守科学、择优和合法原则。

（1）科学原则　为了保证投标申请人具有合法的投标资格和相应的履约能力，招标人应根据招标项目的规模、技术管理特性要求，结合国家企业资质等级标准和市场竞争及其投标人状况，科学、合理地设立资格评审方法、条件和标准。招标人务必慎重对待投标资格的条件和标准，这将直接影响合格潜在投标人的质量和数量，进而影响到投标的竞争程度和项目招标的期望目标的实现。

（2）择优原则　通过资格审查，选择资格能力、业绩、信誉优秀的潜在投标人参加投标。

（3）合法原则　资格审查的标准、方法、程序应当符合法律规定。

2. 资格审查的办法

根据《工程建设项目施工招标投标办法》第十七条的规定，资格审查分为资格预审和资格后审两种办法。

（1）资格预审　资格预审是招标人通过发布招标资格预审公告，向不特定的潜在投标人发出投标邀请，并组织招标资格审查委员会按照招标资格预审公告和资格预审文件确定的资格预审条件、标准和方法，对投标申请人的经营资格、专业资质、财务状况、类似项目业绩、履约信誉、企业认证体系等条件进行评审，确定合格的潜在投标人。资格预审的办法包括合格制和有限数量制，一般情况下应采用合格制，潜在投标人过多的，可采用有限数量制。

资格预审可以减少评标阶段的工作量、缩短评标时间、减少评审费用、避免不合格投标人浪费不必要的投标费用，但因设置了招标资格预审环节而延长了招投标的过程，增加了招投标双方资格预审的费用。资格预审办法比较适合于技术难度较大或投标文件编制费用较

高，且潜在投标人数量较多的招标项目。

（2）资格后审　资格后审是在开标后的初步评审阶段，评标委员会根据招标文件规定的投标资格条件对投标人资格进行评审，投标资格评审合格的投标文件进入详细评审。

按照《工程建设项目施工招标投标办法》第十八条"采取资格后审的，招标人应当在招标文件中载明对投标人资格要求的条件、标准和方法"的规定，资格后审是作为招标评标的一个重要内容在组织评标时由评标委员会负责的，审查的内容与资格预审的内容一致。评标委员会是按照招标文件规定的评审标准和方法进行评审的，在评标报告中包括了对投标人进行资格审查的内容。对资格后审不合格的投标人，评标委员会应当对其投标作为废标处理，不再进行详细评审。

资格后审办法可以避免招标与投标双方资格预审的工作环节和费用，缩短招投标过程，有利于增强投标的竞争性，但在投标人过多时会增加社会成本和评标工作量。

延展阅读

为什么资格后审是大势所趋？

为什么围标、串标的非法交易可以轻易取得成功？原因就在于"资格预审"。由于通过资格预审的潜在投标人数量有限，围标者通过不正当方式很容易就能获取投标人名单。与唾手可得的项目利润相比，围标者需要付出的围标成本很低，只要通过抬高报价等手段，很轻易就能将围标成本收回。因此，我们就不难理解为什么围标、串标行为屡禁不止了。

采用"资格后审"招标方式，是指在开标后评标委员会再对投标人进行资格审查，凡是满足公告中投标人条件的潜在投标人都被允许参加投标，招标人通过评标委员会从中选定一名合格中标人的招标方式。因此，其在公开程度、竞争的广泛性和公平性等方面都具有较大的优势。"资格后审"招标方式使得潜在投标人数量增多、招标人或投标人很难控制投标人的数量及具体单位，不确定性因素增加，围标、串标难度加大，围标、串标成本也水涨船高，能有效遏制围标、串标行为的发生。

3. 资格审查的一般程序

根据国务院有关部门对资格预审的要求和《标准施工招标资格预审文件》，资格预审一般按以下程序进行：

1）编制资格预审文件。
2）发布资格预审公告。
3）出售资格预审文件。
4）资格预审文件的澄清、修改。
5）潜在投标人编制并递交资格预审申请文件。
6）组建资格审查委员会。
7）资格审查委员会评审资格预审申请文件，并编写资格评审报告。
8）招标人审核资格评审报告，确定资格预审合格申请人。

9）向通过资格预审的申请人发出投标邀请书（代资格预审合格通知书），并向未通过资格预审的申请人发出资格预审结果的书面通知。

其中，编制资格预审文件和组织进行资格预审申请文件的评审，是资格预审程序中的两项重要内容。

2.3.2 资格审查的要素

根据建筑业企业相应资质等级的业务承包范围，结合招标工程的技术管理类型、特征、规模和需求，制定招标工程建设项目的投标单位资格能力要素和标准。

1. 投标人资格

投标人应该具有企业法人资格和从事相应工程施工的资质。招标人应根据《建筑业企业资质标准》，并结合招标工程建设项目类型、标准、规模，科学设定投标人应具备的企业资质序列、类别和等级。

招标项目如允许投标人以联合体形式参加投标，联合体各方应按照责任分工分别符合投标合同的相应资质等级和其他资格能力标准，同一专业的单位组成的联合体，按照其较低的资质等级确定联合体投标人的资质等级。联合体各方签订共同投标协议，承担单独和连带责任。作为联合体一方参加投标，则不得再单独以自己的名义或者参加其他联合体对同一标段投标。

《安全生产许可证条例》（2014年修订）规定，对建筑施工企业实行安全生产许可制度。企业未取得安全生产许可证的，不得从事生产活动。

2. 投标人类似项目业绩和能力

投标资格申请人近年已完成和已承接施工，且功能类型、标准、规模相似或相近的工程建设项目数量、质量以及使用情况。招标人可要求投标资格申请人提供证明这些类似项目情况的中标通知书、合同协议书或工程竣工验收证明文件等资料。根据投标资格申请人完成类似项目业绩的规模、质量和数量等评审其是否具有承接招标项目施工的能力。

规模较大的工程施工招标项目可以通过考察投标资格申请人以往完成工程施工的规模、数量和目前已经承接的工程施工规模、数量，了解投标人可以调动的剩余施工资源和能力。

3. 投标人可投入技术和管理人员

投标资格申请人可投入招标项目的主要技术管理人员构成和素质能力，包括项目经理、施工管理、技术质量管理、安全管理、合同管理、环保管理以及设备、材料管理的负责人。

应根据招标工程的技术管理要求设定项目技术管理人员的任职条件，如专业技术职业资格、技术职务以及已经完成的类似项目业绩条件。项目经理一般应提供工作简历、身份证、建造师资格证书、专业技术职称、完成类似项目业绩、目前工作岗位、行政或技术职务等身份和工作能力的证明材料。

4. 投标人财务状况

投标资格申请人通过提供会计师事务所或审计机构审计的近年财务报表证明其财务能力状况，如资产负债表、现金流量表、利润表和财务情况说明书等，资格审查时可据此分析和判断证明投标资格申请人的资产规模（注册资产、总资产、净资产）、营业收入、盈利能力（主营业务收入、净利润、净资产收益率）、偿债能力（流动负债、总负债、资产负债率、流动比率、速动比率）等。

5. 投标人可投入设备能力

投标资格申请人现有的设备能力，以及可投入施工设备的来源、规格（型号、容量）、数量、制造年份、现值、功率、工况、所在地、可到达工地时间等，以评定其是否具有完成招标工程的设备能力。例如，为土石方开挖工程配备的挖、装、运设备，彼此是否匹配，在容量与数量上能否满足规定的施工强度要求等。

6. 其他工程技术管理要求

其他工程技术管理要求主要是投标资格申请人为确保工程的顺利实施，除施工承包人应满足的正常技术要求外，还应满足其他必要的辅助技术和管理要求，如技术支持体系、专项技术要求、分包队伍技术实力、专有安全及检测设备、企业 ISO 体系标准、其他应急技术预案等。

（1）技术支持体系　技术支持体系是指施工承包人组织国家行业或企业技术权威成立的，用于解决施工过程中遇到的重大复杂技术问题的咨询组织机构。

（2）专项技术要求　专项技术要求是指处理工程建设项目的难点、重点所需要的专有技术、专项措施及专项设备。

（3）分包队伍技术实力　分包队伍技术实力是指分包队伍应具备的资质、业绩及能力。

（4）专有安全及检测设备　专有安全及检测设备是指为保证施工质量和安全，应配备的专有设备，如地下工程施工应配备的防爆设备（预防瓦斯爆炸）、地质超前探测设备等。

（5）企业 ISO 体系标准　企业 ISO 体系标准是指企业 ISO 9000 质量管理体系、ISO 14000 环境管理体系、ISO 18000 职业健康安全管理体系等认证证书，企业、工程的获奖、荣誉证书等。

（6）其他应急技术预案　其他应急技术预案是指对遇到紧急事故所准备的紧急处理预案，避免事态的扩大，降低损失。

7. 投标人信誉

投标人信誉是指投标人履行合同的信誉情况和银行资信状况。投标人应提供近年经营活动中有无工程重大安全、质量事故，合同争议纠纷引起的诉讼、仲裁，违法行为记录及有关行政处罚等相关情况的声明和证明材料，包括法院或仲裁机构做出的判决、裁决，行政机关的处罚决定等法律文书；相应银行在投标同期或近期出具的资信状况证明。

8. 投标人限制情形

根据国家有关法律法规，为确保施工招标的公平公正性，往往对施工投标人提出一定的限制和回避要求。例如，《标准施工招标资格预审文件》中明确要求，投标资格申请人不得存在以下情况之一：

1）为招标人不具有独立法人资格的附属机构（单位）。
2）为本标段前期准备提供设计或咨询服务，但设计施工总承包除外。
3）为本标段的监理单位。
4）为本标段的代建人。
5）为本标段提供招标代理服务。
6）与本标段的监理单位或代建人或招标代理机构同为一个法定代表人。
7）与本标段的监理单位或代建人或招标代理机构相互控股或参股。
8）与本标段的监理单位或代建人或招标代理机构相互任职或工作。

9）被责令停业。
10）被暂停或取消投标资格。
11）财产被接管或冻结。
12）在最近3年内有骗取中标或严重违约或重大工程质量问题。

> **延展阅读**
>
> **不合理的条件限制或者排斥潜在投标人情形**
>
> 　　根据《招标投标法》第十八条的规定，招标人可以根据招标项目本身的要求，在招标公告或者投标邀请书中，要求潜在投标人提供有关资质证明文件和业绩情况，并对潜在投标人进行资格审查；国家对投标人的资格条件有规定的，依照其规定。招标人不得以不合理的条件限制或者排斥潜在投标人，不得对潜在投标人实行歧视待遇。
> 　　根据《招标投标法实施条例》第三十二条的规定，招标人有下列行为之一的，属于以不合理条件限制、排斥潜在投标人或者投标人：
> 　　（1）就同一招标项目向潜在投标人或者投标人提供有差别的项目信息。
> 　　（2）设定的资格、技术、商务条件与招标项目的具体特点和实际需要不相适应或者与合同履行无关。
> 　　（3）依法必须进行招标的项目以特定行政区域或者特定行业的业绩、奖项作为加分条件或者中标条件。
> 　　（4）对潜在投标人或者投标人采取不同的资格审查或者评标标准。
> 　　（5）限定或者指定特定的专利、商标、品牌、原产地或者供应商。
> 　　（6）依法必须进行招标的项目非法限定潜在投标人或者投标人的所有制形式或者组织形式。
> 　　（7）以其他不合理条件限制、排斥潜在投标人或者投标人。

2.3.3　招标公告或资格预审公告

1. 招标公告或资格预审公告的内容

工程招标资格预审公告适用于采用资格预审方法的公开招标，招标公告适用于采用资格后审方法的公开招标，两者主要包括以下内容：
（1）招标条件　招标条件包括：
1）工程建设项目名称、项目审批、核准或备案机关名称及批准文件编号。
2）项目业主名称，即项目审批、核准或备案文件中载明的项目投资或项目业主。
3）项目资金来源和出资比例，如财政资金100%、银行贷款30%、自筹资金50%等。
4）招标人名称，即负责项目招标的招标人名称，可以是项目业主或其授权组织实施项目并独立承担民事责任的项目建设管理单位。
5）阐明该项目已具备招标条件，招标方式为公开招标。

(2) 工程建设项目概况与招标范围　对工程建设项目建设地点、规模、计划工期、招标范围、标段划分等进行概括性的描述，使潜在投标人能够初步判断是否有意愿以及自己是否有能力承担项目的实施。

(3) 资格预审的申请人或资格后审的投标人资格要求　申请人应具备的工程施工资质等级、类似业绩、安全生产许可证、质量认证体系证书，以及对财务、人员、设备、信誉等能力方面的要求；是否允许联合体申请资格预审或投标以及相应的要求。

(4) 资格预审文件/招标文件获取的时间、方式、地点、价格

1）时间。《招标投标法实施条例》第十六条规定，资格预审文件或者招标文件的发售期不得少于 5 日。

2）方式、地点。一般要求持单位介绍信到指定地点购买；采用电子招投标的，可以直接从网上下载，无须单位介绍信；为方便异地投标人参与投标，一般也可以通过邮购方式获取文件，此时招标人应在公告内明确告知在收到投标人介绍信和邮购款（含手续费）后的约定日期内寄送。应注意，前述约定的日期是指招标人寄送文件的日期，而不是寄达的日期，招标人不承担邮件延误或遗失的责任。

招标人为了方便投标人，可以通过信息网络或者其他媒体发布资格预审文件或招标文件。通过信息网络或其他媒体发布的招标文件，与书面招标文件具有同等法律效力，但出现不一致时以书面文件为准。

3）资格预审文件/招标文件售价。资格预审文件/招标文件的售价应当合理，不得以营利为目的，且招标文件售出后不予退还。

4）图样押金。为了保证投标人在未中标后及时退还图样，必要时，招标人可要求投标人提交图样押金，在投标人退还图样时退还该押金，但不计利息。

(5) 资格预审申请文件递交的截止时间、地点

1）截止时间。招标人应当合理确定提交资格预审申请文件的时间。依法必须进行招标的项目提交资格预审申请文件的时间，自资格预审文件停止发售之日起不得少于 5 日。

2）送达地点。送达地点一定要详细告知，可附地图。

3）逾期送达的处理。对于逾期送达的或者未送达指定地点的资格预审申请文件，招标人不予受理。

(6) 公告发布媒体　按照有关规定同时发布本次招标资格预审公告/招标公告的媒体名称。

(7) 联系方式　联系方式包括招标人和招标代理机构的联系人、地址、邮编、电话、传真、电子邮箱、开户银行和账号等。

2. 招标公告发布媒体

根据《招标公告和公示信息发布管理办法》（国家发改委令第 10 号）第八条规定：依法必须招标项目的招标公告应当在中国招标投标公共服务平台或者项目所在地省级电子招标投标公共服务平台发布，除在发布媒介发布外，招标人或其招标代理机构也可以同步在其他媒介公开，并确保内容一致。发布媒介应当与相应的公共资源交易平台实现信息共享，并按照规定采取有效措施，确保发布招标公告的数据电文不被篡改、不遗漏和至少 10 年内可追溯。

3. 招标公告格式

根据《〈标准施工招标资格预审文件〉和〈标准施工招标文件〉暂行规定》，招标人可根据项目具体特点和实际需要对《标准文件》中招标公告的格式内容进行修改、补充和细化，但应遵守《招标投标法》第十六条和《招标公告和公示信息发布管理办法》等有关法律规章规定。招标公告的格式如下：

（项目名称）**标段施工招标公告**

1. 招标条件

本招标项目［1］（项目名称）已由［2］（项目审批、核准或备案机关名称）以［3］（批文名称及编号）批准建设，项目业主为［4］，建设资金来自［5］（资金来源），项目出资比例为［6］，招标人为［7］。项目已具备招标条件，现对该项目的施工进行公开招标。

［1］须与招标文件封面上的名称保持一致。

［2］指本项目审批、核准或备案机关名称，如国家发展和改革委员会或湖北省发展和改革委员会或重庆市发展和改革委员会等。

［3］指项目审批、核准或备案文件的名称及编号。

［4］指本项目审批、核准或备案文件中载明的项目单位。

［5］指资金来源，如财政资金、银行贷款、自筹资金等，依据资金来源填写。

［6］指项目的出资比例，如财政资金40%，银行贷款50%，企业自筹10%；若全部为财政资金，则直接填写财政资金100%。

［7］指负责本次招标的招标人名称，应与招标文件封面上的招标人名称一致。招标人是指依法提出招标项目、进行招标的法人或者其他组织。招标人既可以是项目业主，也可以是项目业主授权独立进行招标活动但由项目业主承担民事责任的法人或者其他组织。

2. 项目概况与招标范围

（说明本次招标项目的建设地点、规模、计划工期、招标范围、标段划分等。）

项目概况主要从宏观角度简要介绍项目的建设地点、规模、计划工期等内容；招标范围则需针对本次招标的项目内容、标段划分及各标段的内容进行概况性的描述，使潜在投标人能够初步判断其是否感兴趣、是否有实力完成该项目的实施。关于标段的划分，《工程建设项目施工招标投标办法》第二十七条规定，对工程技术上紧密相连、不可分割的单位工程不得分割标段。招标人不得以不合理的标段或工期限制或者排斥潜在投标人或者投标人。《民法典》第七百九十一条规定，承包人不得将其承包的全部建设工程转包给第三人，或者将其承包的全部建设工程肢解以后以分包的名义分别转包给第三人。同时，招标人也不得把招标项目组成部分的标段划分得过小过细，否则达不到"物有所值"的目的。

因篇幅限制，此处内容应做到言简意赅、提纲挈领，具体内容在招标文件第二章、第五章和第七章有关部分中做进一步说明。

3. 投标人资格要求

3.1 本次招标要求投标人须具备［1］资质，［2］业绩，并在人员、设备、资金等方面具有相应的施工能力。

3.2 本次招标［3］（接受或不接受）联合体投标。联合体投标的，应满足下列要求：［4］。

3.3 各投标人均可就上述标段中的［5］（具体数量）个标段投标。

按照《工程建设项目施工招标投标办法》第二十条的规定，招标人主要审查投标人是否具有独立订立合同的权利、是否有相应的履约能力等，但不得以不合理的条件限制、排斥投标人，也不得对投标人实行歧视待遇。

[1] 由招标人根据项目具体特点和实际需要，明确提出投标人应具有的最低资质要求。本款提出的要求须与招标文件第二章"投标人须知"第1.4款规定一致。企业施工资质的名称、级别应符合《建筑业企业资质标准》（建市〔2014〕159号）的规定，如铁路工程施工总承包一级及以上资质，或水利水电工程施工总承包二级及以上资质，或建筑装修装饰工程专业承包二级及以上资质等。

[2] 由招标人根据项目具体特点和实际需要，明确提出投标人应具有的业绩要求。本款提出的业绩要求须与招标文件第二章"投标人须知"第1.4款规定一致。

[3] 直接填写接受或不接受。注意，如果填写的是"接受"，则在招标文件第二章"投标人须知前附表"中对应1.4.2一栏仅能选择"接受"。

[4] 明确各联合体投标人成员在资质、财务、业绩、信誉等方面应满足的最低要求。此处内容应简练，因为招标文件第二章"投标人须知前附表"和第三章中还会有详细的规定。

[5] 填写具体数量，如3个标段，也可以填写具体的标段号，如一、二或三、四、五标段。在本款中，招标人可以依据项目特点和市场情况，对投标标段的数量进行限制，避免在后续招标时出现因允许同时参加多个标段投标而造成每个投标人均能获得一个合同的结果。

4. 招标文件的获取

4.1 凡有意参加投标者，请于[1]年[1]月[1]日至[1]年[1]月[1]日（法定公休日、法定节假日除外），每日上午[1]时至[1]时，下午[1]时至[1]时（北京时间，下同），在[2]（详细地址）持单位介绍信购买招标文件。

4.2 招标文件每套售价[3]元，售后不退。图样押金[4]元，在退还图样时退还（不计利息）。

4.3 邮购招标文件的，需另加手续费（含邮费）[5]元。招标人在收到单位介绍信和邮购款（含手续费）后[6]日内寄送。

[1] 填写具体的年月日和时间，应注意满足发售时间不少于5日的要求。

[2] 填写具体的招标文件发售地点，包括街道、门牌号、楼层、房间号等，不能以招标人名称替代招标文件发售地点。本款规定持单位介绍信就可购买招标文件，以简化程序，为购买招标文件提供方便。采用电子招投标的，可以直接从网上下载，无须持单位介绍信。

[3] 填写每套招标文件的售价，如50元。注意，根据《工程建设项目施工招标投标办法》第十五条第三款的规定，招标文件的售价应当合理，不得以营利为目的。《工程建设项目施工招标投标办法》第十五条第四款规定，招标文件售出后，不予退还。

[4] 如5 000元。

[5] 填写具体的手续费（含邮费），如20元。

招标公告规定潜在投标人除前往招标文件发售地购买招标文件外，还可以采用邮购等方式购买。依据《工程建设项目施工招标投标办法》第十五条第三款规定，通过信息网络或其他媒体发布的招标文件，与书面招标文件具有同等法律效力，但出现不一致时以书面文件为准。

[6] 填写具体日数，一般填写 1 或 2 日内即可。

5. 投标文件的递交

5.1 投标文件递交的截止时间（投标截止时间，下同）为 [1] 年 [1] 月 [1] 日 [1] 时 [1] 分，地点为 [2]。

5.2 逾期送达的或者未送达指定地点的投标文件，招标人不予受理。

[1] 填写具体的投标文件递交截止时间。招标人应当根据有关法律规定和项目具体特点合理确定。

[2] 填写具体的投标文件接受地点，包括街道、门牌号、楼层和房间号等。

6. 发布公告的媒体

本次招标公告同时在_____（发布公告的媒体名称）上发布。

7. 联系方式

招 标 人：_____   招标代理机构：_____
地　　址：_____   地　　址：_____
邮　　编：_____   邮　　编：_____
联 系 人：_____   联 系 人：_____
电　　话：_____   电　　话：_____
传　　真：_____   传　　真：_____
电子邮箱：_____   电子邮箱：_____
网　　址：_____   网　　址：_____
开户银行：_____   开户银行：_____
账　　号：_____   账　　号：_____

_____年__月__日

【例 2-1】 施工招标公告

[背景]

某国有资金投资建设项目，施工图设计文件已经相关行政主管部门批准，建设单位采用了公开招标方式进行施工招标。2019 年 3 月 1 日发布了该工程项目的施工招标公告，其内容如下：

(1) 招标单位的名称和地址。

(2) 招标项目的内容、规模、工期、项目经理和质量标准要求。

(3) 招标项目的实施地点、资金来源和评标标准。

(4) 招标单位应具有二级及以上施工总承包企业资质，并且近三年获得两项以上本市优质工程奖。

(5) 获取招标文件的时间、地点和费用。

[问题]

该工程招标公告中的各项内容是否妥当？对不妥当之处进行说明。

[分析]

本案例要依据《招标投标法》和相关法规，对背景资料给出的条件进行分析，注意不要把招标公告和招标文件的内容混淆。

[参考答案]

1. 招标单位的名称和地址内容妥当。
2. 招标项目的内容、规模和工期内容妥当。
3. 招标项目的项目经理和质量标准要求内容不妥，招标公告的作用只是告知工程招标的信息，而项目经理和质量标准的要求涉及工程的组织安排和技术标准，应在招标文件中提出。
4. 招标项目的实施地点和资金来源内容妥当。
5. 招标项目的评标标准不妥，评标标准是为了比较投标文件并据此进行评审的标准，故不应出现在招标公告中，应是招标文件中的重要内容。
6. 施工单位应具有二级及以上施工总承包企业资质内容妥当。
7. 施工单位应在近三年获得两项以上本市优质工程奖内容不妥，因为有的施工企业可能具有很强的管理和技术实力，虽然在其他省市获得了工程奖项，但没有在本市获奖，所以是否在本市获奖为条件来评价施工单位的水平是不公平的，是对潜在投标人的歧视限制条件。
8. 获取招标文件的时间、地点和费用内容妥当。

2.3.4 资格预审文件

工程招标资格预审文件是告知投标申请人资格预审条件、标准和方法，并对投标申请人的经营资格、履约能力进行评审，确定合格投标人的依据。资格预审文件的基本内容和格式可参考《房屋建筑和市政工程标准施工招标资格预审文件》（2010 年版），招标人应结合招标项目的技术管理特点和需求，按照以下基本内容和要求编制招标资格预审文件：

1. 资格预审公告

资格预审公告包括招标条件、项目概况与招标范围、申请人资格要求、资格预审办法、资格预审文件的获取与递交、发布公告的其他媒体、招标人的联系方式等内容。

2. 申请人须知

（1）申请人须知前附表　前附表的编写内容及要求如下：

1) 招标人及招标代理机构的名称、地址、联系人与电话，便于申请人联系。

2) 工程建设项目基本情况，包括项目名称、建设地点、资金来源、出资比例、资金落实情况、招标范围、标段划分、计划工期、质量要求，使申请人了解项目的基本情况。

3) 申请人资格条件：告知投标申请人必须具备的工程施工资质、近年类似业绩、资金财务状况及拟投入人员、设备等技术力量等资格能力要素条件和近年发生诉讼、仲裁等履约信誉情况以及是否接受联合体投标等要求。

4) 时间安排：明确申请人提出澄清资格预审文件要求的截止时间，招标人澄清、修改资格预审文件的截止时间，申请人确认收到资格预审文件澄清、修改文件的时间和资格预审申请截止时间，使投标申请人知悉资格预审活动的时间安排。

5) 申请文件的编写要求：明确申请文件的签字或盖章要求、申请文件的装订及文件份数，使投标申请人知悉资格预审申请文件的编写格式。

6）申请文件的递交规定：明确申请文件的密封和标志要求、申请文件递交的截止时间及地点、是否退还，以使投标人能够正确递交申请文件。

7）简要写明资格审查采用的方法，资格预审结果的通知时间及确认时间。

（2）总则　总则编写要把招标工程建设项目概况、资金来源和落实情况、招标范围和计划工期及质量要求叙述清楚，声明申请人资格要求，明确预审申请文件编写所用的语言，以及参加资格预审过程的费用承担者。

（3）资格预审文件　资格预审文件包括资格预审文件的组成、澄清及修改。

1）资格预审文件由资格预审公告、申请人须知、资格审查办法、资格预审申请文件格式、项目建设概况以及对资格预审文件的澄清和修改组成。

2）资格预审文件的澄清。要明确申请人提出澄清的时间、澄清问题的表达形式，招标人的回复时间和回复方式，以及申请人对收到答复的确认时间及方式。

① 申请人通过仔细阅读和研究资格预审文件，对不明白、不理解的，意思表达模棱两可或错误的表述，或遗漏的事项，可以向招标人提出澄清要求，但澄清必须在资格预审文件规定的时间以前，以书面形式发送给招标人。

② 招标人认真研究收到的所有澄清问题后，应在规定时间前以书面澄清的形式发送给所有购买了资格预审文件的潜在投标人。

③ 申请人应在收到澄清文件后，在规定的时间内以书面形式向招标人确认已经收到。

3）资格预审文件的修改。明确招标人对资格预审文件进行修改、通知的方式及时间，以及申请人确认的方式及时间。

① 招标人可以对资格预审文件中存在的问题、疏漏进行修改，但必须在资格预审文件规定的时间前，以书面形式通知申请人。如果不能在该时间前通知，则招标人应顺延资格申请截止时间，使申请人有足够的时间编制申请文件。

② 申请人应在收到修改文件后进行确认。

4）资格预审申请文件的编制。招标人应在本处明确告知资格预审申请人，资格预审申请文件的组成内容、编制要求、装订及签字要求。

5）资格预审申请文件的递交。招标人一般在这部分明确资格预审申请文件应按统一的规定和要求进行密封和标志，并在规定的时间和地点递交。对于没有在规定的地点、时间递交的申请文件，一律拒绝接收。

6）资格预审申请文件的审查。资格预审申请文件由招标人依法组建的审查委员会按照资格预审文件规定的审查办法进行审查。

7）通知和确认。明确审查结果的通知时间及方式，以及合格申请人的回复方式及时间。

8）纪律与监督。对资格预审期间的纪律、保密、投诉以及对违纪的处置方式进行规定。

3. 资格审查办法

（1）选择资格审查办法　资格预审的合格制与有限数量制两种办法适用于不同的条件。

1）合格制。一般情况下，应当采用合格制，凡符合资格预审文件规定资格条件标准的投标申请人，即取得相应的投标资格。

合格制中，满足条件的投标申请人均获得投标资格。其优点有：①投标竞争性强，有利于获得更多、更好的投标人和投标方案；②对满足资格条件的所有投标申请人公平、公正。其缺点是投标人可能较多，从而加大了投标和评标工作量，浪费社会资源。

2）有限数量制。当潜在投标人过多时，可采用有限数量制。招标人在资格预审文件中既要规定投标资格条件、标准和评审方法，又需明确资格预审的投标申请人通过数量。例如，采用综合评估法对投标申请人的资格条件进行综合评审，根据评价结果的优劣排序，并按规定的限制数量择优选择通过资格预审的投标申请人。目前除各行业部门规定外，尚未统一规定合格申请人的最少数量，原则上应满足3家以上。

采用有限数量制一般有利于降低招投标活动的社会综合成本，但在一定程度上可能限制潜在投标人的范围。

（2）审查标准　审查标准包括初步审查和详细审查的标准，以及采用有限数量制时的评分标准。

（3）审查程序　审查程序包括资格预审申请文件的初步审查、详细审查、申请文件的澄清以及有限数量制的评分等内容和规则。

（4）审查结果　资格审查委员会完成资格预审申请文件的审查，确定通过资格预审的申请人名单，向招标人提交书面审查报告。

4. 资格预审申请文件

资格预审申请文件包括以下基本内容和格式：

（1）资格预审申请函　资料预审申请函是申请人响应招标人、参加招标资格预审的申请函，同意招标人或其委托代表对申请文件进行审查，并应对所递交的资格预审申请文件及有关材料内容的完整性、真实性和有效性做出声明。资格预审申请函的格式如下：

资格预审申请函

_____（招标人名称）：

1. 按照资格预审文件的要求，我方（申请人）递交的资格预审申请文件及有关资料，用于你方（招标人）审查我方参加_____（项目名称）_____标段施工招标的投标资格。

2. 我方的资格预审申请文件包含资格预审文件第二章"申请人须知"第3.1.1项规定的全部内容。

3. 我方接受你方的授权代表进行调查，以审核我方提交的文件和资料，并通过我方的客户，澄清资格预审申请文件中有关财务和技术方面的情况。

4. 你方授权代表可通过_____（联系人及联系方式）得到进一步的资料。

5. 我方在此声明，所递交的资格预审申请文件及有关资料内容完整、真实和准确，且不存在资格预审文件第二章"申请人须知"第1.4.3项规定的任何一种情形。

申请人：_____（盖单位章）
法定代表人或其委托代理人：_____（签字）
电话：_____
传真：_____
申请人地址：_____
邮政编码：_____

____年__月__日

(2) 法定代表人身份证明或其授权委托书。

1) 法定代表人身份证明是申请人出具的用于证明法定代表人合法身份的证明。内容包括申请人的名称、单位性质、成立时间、经营期限，法定代表人的姓名、性别、年龄、职务等。

2) 授权委托书是申请人及其法定代表人出具的正式文书，明确授权其委托代理人在规定的期限内负责申请文件的签署、澄清、递交、撤回、修改等活动，其活动的后果，由申请人及其法定代表人承担法律责任。

(3) 联合体协议书　联合体协议书适用于允许联合体投标的资格预审，是联合体各方联合声明共同参加资格预审和投标活动签订的联合协议。联合体协议书中应明确牵头人、各方职责分工及协议期限，承诺对递交文件承担法律责任等。

(4) 申请人基本情况

1) 申请人的名称、企业性质、主要投资股东、法人治理结构、法定代表人、经营范围与方式、营业执照、注册资金、成立时间、企业资质等级与资格声明，技术负责人、联系方式、开户银行、员工专业结构与人数等。

2) 申请人的施工、制造或服务能力。已承接任务的合同项目总价，最大施工、生产或服务规模能力（产值），正在施工、生产或服务的规模数量（产值），申请人的施工、制造或服务质量保证体系，拟投入本项目的主要设备仪器情况。

(5) 近年财务状况　申请人应提交近年（一般为近3年）经会计师事务所或审计机构审计的财务报表，包括资产负债表、利润表、现金流量表等，用于招标人判断投标人的总体财务状况以及盈利能力和偿债能力，进而评估其承担招标项目的财务能力和抗风险能力。工程招标资格预审申请，特别需要反映申请人近3年每年的营业额、固定资产、流动资产、长期负债、流动负债、净资产等。必要时，应由开户银行出具金融信誉等级证书或银行资信证明。

(6) 近年完成的类似项目情况　申请人应提供近年已经完成与招标项目性质、类型、规模标准类似的工程名称、地址，招标人名称、地址及联系电话，合同价格，申请人的职责定位、承担的工作内容、完成日期，实现的技术、经济和管理目标及使用状况，项目经理、技术负责人等。

(7) 拟投入技术和管理人员状况　申请人拟投入招标项目的主要技术和管理人员的身份、资格、能力，包括岗位任职、工作经历、职业资格、技术或行政职务、职称，完成的主要类似项目业绩等证明材料。

(8) 未完成和新承接项目情况　填报信息内容与"近年完成的类似项目情况"的要求相同。

(9) 近年发生的诉讼及仲裁情况　申请人应提供近年来在合同履行中，因争议或纠纷引起的诉讼、仲裁情况，以及有无违法违规行为而被处罚的相关情况，包括法院或仲裁机构做出的判决、裁决、行政处罚决定等法律文书复印件。

(10) 其他材料　申请人提交的其他材料包括两部分：①资格预审文件的须知、评审办法等有要求，但申请文件格式中没有表述的内容，如ISO 9000、ISO 14000、ISO 18000等质量管理体系、环境管理体系、职业健康安全管理体系认证证书，企业、工程、产品的获奖、荣誉证书等；②资格预审文件中没有要求提供，但申请人认为对自己通过预审比较重要的资料。

5. 工程建设项目概况

工程建设项目概况的内容应包括项目说明、建设条件、建设要求和其他需要说明的情况。各部分具体编写要求如下：

（1）项目说明　首先，应概要介绍工程建设项目的建设任务、工程规模标准和预期效益；其次，说明项目的批准或核准情况；再次，介绍该工程的项目业主、项目投资人出资比例，以及资金来源；最后，概要介绍项目的建设地点、计划工期，招标范围和标段划分情况。

（2）建设条件　建设条件主要是描述建设项目所处位置的水文气象条件、工程地质条件、地理位置及交通条件等。

（3）建设要求　概要介绍工程施工技术规范、标准要求，工程建设质量、进度、安全和环境管理等要求。

（4）其他需要说明的情况　需结合项目的工程特点和项目业主的具体管理要求提出。

2.3.5　资格审查的程序和注意事项

1. 资格预审的评审程序

资格预审的评审工作包括组建资格审查委员会、初步审查、详细审查、澄清、评审和编写审查报告等程序。

（1）组建资格审查委员会　招标人组建资格审查委员会负责投标资格审查。政府投资项目招标，其资格审查委员会的构成和产生应参照评标委员会规定。其中，招标人的代表应具有完成相应项目资格审查的业务素质和能力，人数不能超过资格审查委员会成员的1/3；有关技术、经济等方面的专家应当从事相关领域工作满8年并具有高级技术职称或者具有同等专业水平，不得少于成员总数的2/3。与投标资格申请人有利害关系的人不得进入相关项目的审查委员会，已经进入的应当更换。

审查委员会设负责人的，审查委员会负责人由审查委员会成员推举产生或者由招标人确定。审查委员会负责人与审查委员会的其他成员有同等的表决权。审查委员会成员的名单在审查结果确定前应当保密。

（2）初步审查　初步审查的因素主要有投标资格申请人名称、申请函签字盖章、申请文件格式、联合体申请人等内容。

审查标准是检查申请人名称与营业执照、资质证书、安全生产许可证是否一致；资格预审申请文件是否经法定代表人或其委托代理人签字或加盖单位印章；申请文件是否按照资格预审文件中规定的内容格式编写；联合体申请人是否提交联合体协议书，并明确联合体责任分工等。上述因素只要有一项不合格，就不能通过初步审查。

（3）详细审查　详细审查是审查委员会对通过初步审查的申请人的资格预审申请文件进行审查。常见的审查因素和标准如下：

1）营业执照。营业执照的营业范围是否与招标项目一致，有效期限是否过期。

2）企业资质等级和生产许可。施工和服务企业资质的专业范围和等级是否满足资格条件要求；货物生产企业是否具有相应的生产许可证、国家强制认证等证明文件。

3）安全生产许可证和质量管理体系认证书。安全生产许可范围是否与招标项目一致，有效期限是否过期；质量认证范围是否与招标项目一致，有效期限是否过期。

4）职业健康安全管理体系认证书。认证范围是否与招标项目一致，有效期限是否过期。

5）环境管理体系认证书。认证范围是否与招标项目一致，有效期限是否过期。

6）财务状况。审查经会计师事务所或审计机构审计的近年财务报表，包括资产负债表、现金流量表、利润表和财务情况说明书以及银行授信额度。核实投标资格申请人的资产规模、营业收入、净资产收益率及盈利能力、资产负债率及偿债能力、流动资金比率、速动比率等抵御财务风险的能力是否达到资格审查的标准要求。

7）类似项目业绩。投标资格申请人提供近年完成的类似项目情况（随附中标通知书和合同协议书或工程竣工验收证明文件），以及正在施工或生产和新承接的项目情况（随附中标通知书和合同协议书）。根据投标资格申请人完成类似项目业绩的数量、质量、规模、运行情况，评审其已有类似项目的施工或生产经验的程度。

8）信誉。根据投标资格申请人近年来发生的诉讼或仲裁情况、质量和安全事故、合同履约情况，以及银行资信，判断其是否满足资格预审文件规定的条件要求。

9）项目经理和技术负责人的资格。审核项目经理和其他技术管理人员的履历、任职、类似业绩、技术职称、职业资格等证明材料，评定其是否符合资格预审文件规定的资格、能力要求。

10）联合体申请人。审核联合体协议中联合体牵头人与其他成员的责任分工是否明确；联合体的资质等级、法人治理结构是否符合要求；联合体各方有无单独或参加其他联合体对同一标段的投标。

11）其他。审核资格预审申请文件是否满足资格预审文件规定的其他要求，特别注意是否存在投标人的限制情形。

（4）澄清　在审查过程中，审查委员会可以书面形式，要求申请人对所提交的资格预审申请文件中不明确的内容进行必要的澄清或说明。申请人的澄清或说明采用书面形式，并不得改变资格预审申请文件的实质性内容。申请人的澄清和说明内容属于资格预审申请文件的组成部分。招标人和审查委员会不接受申请人主动提出的澄清或说明。

（5）评审

1）合格制。满足详细审查标准的申请人通过资格审查，获得购买招标文件及投标的资格。

2）有限数量制。通过详细审查的申请人不少于3人且没有超过资格预审文件规定数量的，均通过资格预审，不再进行评分；通过详细审查的申请人数量超过资格预审文件规定数量的，审查委员会可以按综合评估法进行评审，并依据规定的评分标准进行评分，按得分由高到低的顺序进行排序，选择资格预审文件规定数量的申请人通过资格预审。

（6）编写审查报告　审查委员会按照上述规定的程序对资格预审申请文件完成审查后，确定通过资格预审的申请人名单，并向招标人提交书面审查报告。

通过详细审查申请人的数量不足3人的，招标人重新组织资格预审或不再组织资格预审而采用资格后审方式直接招标。

(7) 确定通过评审的申请人名单　通过评审的申请人名单，一般由招标人根据审查报告和资格预审文件规定确定。其后，由招标人或招标代理机构向通过评审的申请人发出投标邀请书，邀请其购买投标文件和参与投标；同时也向未通过评审的申请人发出未通过评审的通知。

2. 资格后审程序

资格后审一般在评标过程中的初步评审阶段进行。采用资格后审的，对投标人资格要求的审查内容、评审方法和标准与资格预审基本相同，评审工作由招标人依法组建的评标委员会负责。

延展阅读

《电子招标投标办法》第三章"电子招标"

第十六条　招标人或者其委托的招标代理机构应当在其使用的电子招标投标交易平台注册登记，选择使用除招标人或招标代理机构之外第三方运营的电子招标投标交易平台的，还应当与电子招标投标交易平台运营机构签订使用合同，明确服务内容、服务质量、服务费用等权利和义务，并对服务过程中相关信息的产权归属、保密责任、存档等依法做出约定。

电子招标投标交易平台运营机构不得以技术和数据接口配套为由，要求潜在投标人购买指定的工具软件。

第十七条　招标人或者其委托的招标代理机构应当在资格预审公告、招标公告或者投标邀请书中载明潜在投标人访问电子招标投标交易平台的网络地址和方法。依法必须进行公开招标项目的上述相关公告应当在电子招标投标交易平台和国家指定的招标公告媒体同步发布。

第十八条　招标人或者其委托的招标代理机构应当及时将数据电文形式的资格预审文件、招标文件加载至电子招标投标交易平台，供潜在投标人下载或者查阅。

第十九条　数据电文形式的资格预审公告、招标公告、资格预审文件、招标文件等应当标准化、格式化，并符合有关法律法规以及国家有关部门颁发的标准文本的要求。

第二十条　除本办法和技术规范规定的注册登记外，任何单位和个人不得在招标投标活动中设置注册登记、投标报名等前置条件限制潜在投标人下载资格预审文件或者招标文件。

第二十一条　在投标截止时间前，电子招标投标交易平台运营机构不得向招标人或者其委托的招标代理机构以外的任何单位和个人泄露下载资格预审文件、招标文件的潜在投标人名称、数量以及可能影响公平竞争的其他信息。

第二十二条　招标人对资格预审文件、招标文件进行澄清或者修改的，应当通过电子招标投标交易平台以醒目的方式公告澄清或者修改的内容，并以有效方式通知所有已下载资格预审文件或者招标文件的潜在投标人。

习题

一、单项选择题

1. 根据《招标投标法实施条例》，潜在投标人对招标文件有异议的，应当在投标截止时间（　　）日前提出。
   A. 3　　　　　　B. 5　　　　　　C. 10　　　　　　D. 15

2. 依据《招标投标法》，项目公开招标的资格预审阶段，在"资格预审须知"文件中，可以（　　）。
   A. 要求投标人必须组成联合体投标　　B. 要求严格的专业资质等级
   C. 要求必须使用某种品牌的建筑材料　D. 对本行业外的投标人提出特别要求

3. 某工程项目招标过程中，甲投标人研究招标文件后，以书面形式提出质疑问题。招标人对此问题给予了书面解答，则该解答（　　）。
   A. 只对甲投标人有效　　　　　　　　B. 对全体投标人有效，但无须发送给其他投标人
   C. 应发送给全体投标人，并说明问题来源　D. 应发送给全体投标人，但不说明问题来源

4. 关于招标人解答投标人质疑的说法，正确的是（　　）。
   A. 招标人给予口头答复即可　　　　　B. 招标人答复只给予提问者
   C. 招标人答复作为招标文件的组成部分　D. 招标人答复与招标文件不一致的，以招标文件为准

5. 关于最高投标限价的相关规定，下列说法中正确的是（　　）。
   A. 国有资金投资的工程建设项目应编制最高投标限价
   B. 最高投标限价应在招标文件中公布，仅需公布总价
   C. 最高投标限价超过批准概算3%以内时，招标人不必将其报原概算审批部门审核
   D. 当最高投标限价复查结论超过原公布的招标控制价3%以内时，应责成招标人改正

6. 关于依法必须招标工程的标底与最高投标限价，下列说法中正确的是（　　）。
   A. 招标人有权自行决定是否采用设标底招标、无标底招标以及最高投标限价招标
   B. 采用设标底招标的，招标人有权决定标底是否在招标文件中公开
   C. 采用最高投标限价招标的，招标人应在招标文件中明确最高投标限价，也可以规定最低投标限价
   D. 公布最高投标限价时，还应公布各单位工程的分部分项工程费、措施项费、其他项费、规费和税金

二、多项选择题

1. 招标准备阶段招标人的主要工作包括（　　）。
   A. 向建设行政主管部门办理申请招标手续　B. 选择招标方式
   C. 发布招标公告　　　　　　　　　　　　D. 编制招标有关文件
   E. 资格预审

2. 某招标项目由于主观原因，导致在招标文件规定的投标有效期内没有完成评标和定标，则投标人有权（　　）。
   A. 要求撤回投标文件　　　　　　　　B. 要求赔偿损失
   C. 拒签延长投标保函有效期　　　　　D. 要求将合同授予他们协商推举的中标人
   E. 要求退还投标保证金

3. 在招标程序中，（　　）等将作为未来合同文件的组成部分。
   A. 招标文件　　　　　　　　　　　　B. 中标人的投标文件
   C. 中标函　　　　　　　　　　　　　D. 未发中标通知书前双方协商对投标价格的修改
   E. 发出中标通知书后双方协商对投标价格的修改

4. 关于招标文件的说法，正确的是（　　）。
A. 招标文件的要求不得高于法律规定
B. 潜在投标人对招标文件有异议的，投标人可以在开标前任何时间向招标人提出
C. 招标文件中载明的投标有效期从提交投标资格预审文件之日起算
D. 招标人修改已发出的招标文件，应当以书面形式通知所有招标文件收受人
E. 招标工程量清单也是招标文件的组成部分

三、思考题
1. 建设工程招标应具备哪些条件？
2. 建设单位自行招标应具备哪些条件？
3. 最高投标限价的编制依据和规定有哪些？
4. 施工招标文件由哪些内容组成？
5. 招标工程项目应如何划分标段？
6. 招标人编制招标文件应注意哪些风险？应采用的对策是什么？
7. 阅读一份施工招标文件，对投标人须知做出分析。

第 3 章
建设工程投标

学习目标

1. 了解获取招标信息并进行分析，熟悉申报资格预审应注意的事项。
2. 掌握研究招标文件的内容，熟悉投标报价的准备工作。
3. 掌握投标文件的组成内容和编制要求。
4. 了解投标报价策略的概念，理解投标报价策略的分类，熟悉投标报价的技巧。

导入案例

某建设工程项目"投标"的启示

某建设工程项目开标会议上，开启投标文件时出现下列情况：

1. 投标时间写错

网上答疑公布的"投标截止时间由 2011 年 5 月 10 日上午 10：00 改为 9：30"，在开标现场，招标人对 9：30 过后投标人递交的标书予以拒收，由此引发了开标现场秩序混乱。

2. 把"二"写成"一"

在检查投标文件密封环节，发现其中一家投标人投标文件袋的封面内容存在问题（应该是第二个文件袋的"二"字，被写成了"一"字），经现场监督人、公证人、主持人等讨论决定：对该份投标文件不予开标。

3. 正本变副本

开启标书时，封面标注为正本文件的"跳"出副本文件，封面标注为副本文件的却"跑"出正本文件，主持人当场宣布该投标文件无效。

投标文件编制是招投标过程中不可忽视的重要环节，如果一个细节不够，可能造成整个投标工作作废，如何避免标书被废很重要。

在招投标过程中，投标人提交的每一份投标文件，都凝聚着投标决策者和众多专业人员的大量心血，况且财力、物力花费不少，因此几乎所有的投标人都十分珍惜每一次中标机会。但在具体招投标实践中，有的投标人屡战屡败，甚至被"废标"处理，往往"乘兴而来、败兴而归"，却不知道各种缘由。其实，如果能够成熟地处理投标的每一个细节，则能为投标成功带来极大帮助。

招标文件对投标人的要求虽烦琐但十分重要，直接影响投标文件的有效性，应当引起投标人高度重视。不同招标文件的要求也不尽相同，投标人每一次投标都不应麻痹大意，以免造成"一着不慎、满盘皆输"的后果。

【评析】 "粗枝大叶、眼高手低"是投标的大忌。正如著名教育家陶行知先生所说：本来事业并无大小；大事小做，大事变成小事；小事大做，则小事变成大事。"细节决定成败"，每一个投标人都应当从高处着眼，从小处入手，深入研究招标文件，科学制定投标策略，以缜密的思维、认真的态度做好每一次投标，方能在激烈的竞争中立于不败之地。

——资料来源：张志军．招投标低级错误切莫"低级"处理．中国政府采购新闻网．2014-02-21. http://www.cgpnews.cn/articles/3953

3.1 投标前的准备工作

投标前的准备工作是参加投标竞争非常重要的一个方面。准备工作做得扎实细致与否，直接关系到对招标项目分析的研究是否深入、提出的投标策略和投标报价是否合理、对整个投标过程可能发生的问题是否有充分的思想准备，从而影响到投标工作是否能达到预期的效果。因此，每个投标单位都必须充分重视这项工作。

下面介绍投标准备工作中的主要工作内容。

3.1.1 招标信息的来源及分析

1. 招标信息的来源

对于从事招投标工作的人来说，及时获取并查看招标信息是日常工作中非常重要的事情，由于直接关系到公司的业务开展，如果不能及时获取招标信息，那么就很有可能错过投标机会，不能及时投标参与，导致公司利益受损。招标信息的主要来源如下：

1）通过招标广告或公告来发现投标目标，这是获得公开招标信息的主要方式。

2）搞好公共关系，经常派业务人员深入各个建设单位和部门，广泛联系，收集信息。

3）通过政府有关部门，如发展和改革部门、住房和城乡建设部门、行业协会等部门获得信息。

4）通过咨询公司、监理公司、勘察设计单位等代理机构获得信息。

5）取得老客户的信任，从而承接后续工程或接受邀请而获得信息。

6）与总承包人建立广泛的联系。

7）利用有形的建筑交易市场及各种报刊、网站的信息。

8）通过业务往来的单位和人员以及社会知名人士的介绍得到信息。

2. 招标信息的分析

（1）招标项目真实性分析 信息查证是投标的前提。自改革开放以来，建设工程领域贩卖假信息、搞假发包的现象屡有发生。因此，要参加投标的企业在决定投标对象时，必须认真分析验证所获信息的真实可靠性。通过与招标单位直接洽谈，证实其招标项目是否已立项批准以及资金是否落实。

（2）业主情况的查证分析　对业主的调查了解是确信实施工程款能否回收的前提。许多业主单位倚仗承发包关系中的优势地位，长期拖欠工程款，致使中标的施工企业不仅不能获取利润，甚至连成本都无法回收。还有些业主单位的工程负责人借管理工程的权力之便，向承包人索要回扣，使承包人利益受损。因此，作为工程承包人必须对实施项目的利弊进行认真评估。

3.1.2　接受资格预审

资格预审是承包人投标过程中的第一关。有关资格预审文件的要求、内容以及资格预审评定的内容在第 2 章已有详细介绍。这里仅就投标人申报资格预审时应注意的事项做以下介绍。

1. 平时积累

应注意平时对一般资格预审的有关资料的积累工作，并储存在计算机内，在针对某个项目填写资格预审调查表时再将有关资料调出来，并加以补充完善。如果平时不积累资料，完全靠临时填写，则往往会因为达不到业主要求而失去机会。

2. 重点突出

填表时应重点突出，除了满足资格预审要求外，还要能适当地反映出本企业的技术管理水平、财务能力和施工经验。这往往是业主考虑的重点。

3. 早做准备

在投标决策阶段，研究并确定今后本公司发展的地区和项目时，注意收集信息，如果有合适的项目，应尽早动手做资格预审的申请准备。当认为本公司某些方面难以满足投标要求时，应考虑与适当的其他施工企业组成联合体来参加资格预审。

4. 跟踪总结

资格预审表格呈交后，应注意信息跟踪工作，在申请失败后，及时总结经验教训。

3.1.3　投标工作的分工

一旦核实工程信息和业主的资信真实可靠，则基本上可以排除付款不到位的风险，施工企业即可做出投标决定。实践证明，组建一个强有力的、内行的、有工作效率的投标班子，是投标获得成功的重要保证条件之一。

1. 投标的专业人才需求

投标一般应由以下四类专业人才组成：

（1）经营管理类人才　经营管理类人才是指专门从事工程业务承揽工作的公司经营部门管理人员和拟派的项目经理。经营部门人员应具备一定的法律知识，掌握大量的调查和统计资料，具备分析和预测等科学手段，有较强的社会活动与公共关系能力，而项目经理应熟悉项目运行的内在规律，具有丰富的实践经验和大量的市场信息。这类人才在投标班子中起核心作用，制定和贯彻经营方针与规划，负责工作的全面筹划和安排。

（2）专业技术人才　专业技术人才主要是指工程施工中的各类技术人才，诸如土木工程师、水电工程师、专业设备工程师等各类专业技术人员。他们具有较高的学历和技术职称，掌握本学科最新的专业知识，具备较强的实际操作能力，在投标时能从本公司的实际技术水平出发，确定各项专业实施方案。

（3）商务金融类人才　商务金融类人才是指从事预算、财务和商务等方面的人才。他们具有概算、预算、材料设备采购、财务会计、金融、保险和税务等方面的专业知识。投标报价主要由这类人才进行具体编制。

（4）合同管理类人才　合同管理类人才是指熟悉经济合同相关法律、法规，熟悉合同条件并能进行深入分析、提出应特别注意的问题、具有合同谈判和合同签订经验、善于发现和处理索赔等方面敏感问题的人员。

2. 组建投标工作机构

投标工作机构通常由以下人员组成：

（1）投标决策人　投标决策人通常由部门经理和副经理担任，也可由总经济师负责。

（2）技术负责人　技术负责人可由总工程师或主任工程师担任，其主要责任是制订施工方案和各种技术措施。

（3）投标报价人员　投标报价人员由经营部门的主管造价的负责人、造价专业技术人员等担任。

（4）综合资料人员　综合资料人员由行政部或办公室副经理担任，主要负责资格审查资料的整理、装订、盖章和密封等。

此外，物资采购、财务等部门也应积极配合，特别应在提供价格行情、工作标准、费用开支及有关成本费用等方面给予大力协助。

投标机构的人员应富有经验且受过良好的培训，有娴熟的技巧和较强的应变能力，要求其工作认真、纪律性强，尤其对公司绝对忠诚。投标机构的人员不宜过多，特别是最后决策阶段，应严格控制参与的人数，以确保投标报价保密。

3.1.4 研究招标文件

招标文件具有法律法规性、全面性，体现了业主的意愿。只有在充分了解其内容实际要求的情况下，才能安排好投标工作。因此，招标文件必须认真研读。

1. 研究目的

研究招标文件的目的有：①全面了解承包人在合同中的权利和义务；②深入分析承包人所需承担的风险；③缜密研究招标文件中的漏洞和疏忽，为制定投标策略寻找依据、创造条件。

2. 研究内容

在研究招标文件时，必须对招标文件进行逐字逐句的阅读和研究，同时若发现不清楚或矛盾处，要提请招标单位澄清。研究招标文件的内容通常有：

（1）研究招标文件条款

1）研究招标工程概况综合说明。借以获取对工程面貌的轮廓性了解。

2）熟悉投标须知。明确了解在投标过程中，投标单位应在什么时间做什么和不应做什么，目的在于提高效率，避免犯低级错误造成废标、徒劳无功。

3）熟悉并具体研究设计图、技术说明、编制说明、工程量清单、补充通知等。目的在于弄清工程的技术细节，各部位做法和材料品种、规格，各部尺寸，各种图样之间的关系，都要吃透，所有要求都要弄清、弄懂，使制订施工方案和报价有确切的依据。

(2) 研究评标方法　评标方法是招标文件的组成部分，是关系到中标的核心条款，对投标人来说，必须具有丰富的投标经验并对全局有很好的把握，才能做到综合得分最高。

(3) 研究合同条款　合同条款是招标文件的组成部分，双方的最终法律责任和履约价格的体现形式主要是合同。研究合同首先要知道合同的构成及主要条款，可以主要从以下几方面进行分析：

1) 工程款支付的时间、比例。
2) 履约保证金的缴纳方式、比例和退还时间。
3) 工程结算方法、方式、时间等。
4) 材料的供给方式、价格确定方式。
5) 工期和质量的要求、开、竣工时间及工期惩罚等，都需要认真研究，以减少风险。

(4) 研究招标工程量清单　对于招标文件中的工程量清单，投标人一定要进行校核，因为它直接影响投标报价及中标机会。确定工程造价时，首先要根据施工图和施工组织设计计算工程量，并列出工程量对比表。研究各工程量在施工过程中及最终结算时是否会变更等情况，由于种种原因，招标工程量清单中的工程数量、项目特征和设计图不一致，招标工程量清单的准确性和完整性由招标人负责，因此研究招标工程量清单，有利于投标人精确、精准地运用不平衡报价技巧，提高中标后的利润。

3.1.5　投标报价的准备工作

1. 收集投标报价主要依据

1) 招标文件，包括投标答疑文件。
2) 建设工程工程量清单计价规范、计价定额、费用定额以及各地的有关工程造价的文件，有条件的企业应尽量采用企业施工定额。
3) 劳动力、材料价格信息，包括由地方造价管理部门编制的造价信息。
4) 地勘报告、施工图，包括施工图指明的标准图集。
5) 施工规范、标准。
6) 施工方案和施工进度计划。
7) 现场踏勘和环境调查所获得的信息。
8) 当采用工程量清单招标时应包括招标工程量清单。

2. 现场调查报价相关情况

现场调查是投标人投标报价的主要准备工作和重要依据之一。现场调查不全面、不细致，很容易造成与现场条件有关的工作内容遗漏或者工程量计算错误。由这种错误所导致的损失，一般是无法在合同的履行中得到补偿的。现场调查一般主要包括如下方面：

(1) 自然地理条件　自然地理条件包括：①施工现场的地理位置；②地形、地貌；③用地范围；④气象、水文情况；⑤地质情况；⑥地震及设防烈度；⑦洪水、台风及其他自然灾害情况等。

这些条件有的直接涉及风险费用的估算，有的则涉及施工方案的选择，从而涉及工程直接费用的估算。

(2) 市场询价　询价工作是投标程序中重要的一环，它有利于投标人优化报价并为报价决策提供依据。因此，在报价前必须通过供应商、咨询公司、互联网等各种渠道进行市场调查或信函询价。主要生产要素询价包括：①建筑材料和设备，各种构件、半成品及商品混凝土、商品砂浆的供应能力和价格；②施工机械设备、燃料、动力和生活用品的供应状况、价格水平与变动趋势；③劳务市场状况，一种是劳务公司，另一种是劳务市场招聘工人。

询价时应特别注意三个问题，一是产品质量必须可靠且符合招标文件的有关规定；二是供货方式、时间、地点，有无附加条件和费用；三是现款采购和赊账采购的价格差异。

（3）施工条件 施工条件包括：①临时设施、生活用地位置和大小；②给水排水、供电、进场道路、通信设施现状；③引接给水排水线路、电源、通信线路和道路的条件和距离；④附近现有建（构）筑物、地下和空中管线情况；⑤环境对施工的限制等。

这些条件，有的直接关系到临时费支出的多少，有的则或因与施工工期有关，或因与施工方案有关，或因涉及技术措施费，从而直接或间接影响工程造价。

（4）其他条件 其他条件包括：①交通运输条件；②工地现场附近的治安情况等。

交通运输条件直接关系到材料和设备的到场价格，对工程造价的影响十分显著。治安情况则关系到材料的非生产性损耗，因而也会影响工程成本。

3. 编制标前施工规划

该工作对于投标报价影响很大。在投标过程中，必须编制施工规划，其深度和广度都比不上施工组织设计。如果中标，再编制施工组织设计。施工规划的内容一般包括进度计划和施工方案等，是技术标的主要组成部分。施工组织设计的水平反映了投标人的技术实力，施工进度安排是否合理，施工方案选择是否恰当，都与工程成本和报价有密切关系。一个好的施工组织设计可大大降低标价。因此，在估算工程造价之前，工程技术人员应认真编制好施工组织设计，为准确估算工程造价提供依据。

4. 复核招标工程量

工程量的大小是投标报价的最直接依据，也是进行不平衡报价的主要依据。复核工程量的准确程度，将影响投标人的经营行为：一是根据复核后的工程量与招标清单工程量之间的差距，从而考虑相应的投标策略，决定不平衡报价；二是根据工程量的大小采取合适的施工方法，选择适用、经济的施工机具设备、投入使用相应的劳动力数量等。复核工程量应注意以下几个方面：

1）投标人应认真根据招标说明、图样、地勘资料等招标文件资料，主要核实招标工程量清单中造价比重大或工程量偏差大的子目。

2）不可修改招标工程量，即使有误，投标人也不能修改招标工程量清单中的工程量，因为修改了清单将导致在评标时认为投标文件未响应招标文件而被否决。

3）针对招标工程量清单中工程量的遗漏或错误，是否向招标人提出修改意见取决于投标策略。投标人可以向招标人提出，由招标人统一修改并把修改情况通知所有投标人；也可以运用一些报价的技巧提高报价的质量，争取在中标后能获得更大的收益。

4）可按大项分类汇总主要工程总量，据此研究采用合适的施工方法，选择适用的施工设备以便把握整个工程的施工规模，中标后还能准确地确定订货及采购物资的数量，防止由于超量或少购等带来的浪费、积压或停工待料。

3.2 投标文件

投标文件是投标人根据招标文件的要求所编制的向招标人发出的要约文件。

3.2.1 投标文件的组成

投标文件应当对招标文件提出的实质性要求和条件做出响应。投标文件一般包括下列内容：
1）投标函。
2）投标报价。
3）施工组织设计。
4）资格审查资料。

就投标文件的各个组成部分而言，投标函是最重要的文件，其他组成部分都是投标函的支持性文件。投标函必须加盖单位章或经其法定代表人或其委托代理人签字或盖章，并且在开标会上当众宣读。

> **延展阅读**
>
> **《标准施工招标文件》的投标文件组成**
>
> 工程建设项目的投标文件根据《标准施工招标文件》，应包括下列内容：
> (1) 投标函及投标函附录。
> (2) 法定代表人身份证明或附有法定代表人身份证明的授权委托书。
> (3) 联合体协议书（若有）。
> (4) 投标保证金。
> (5) 已标价工程量清单。
> (6) 施工组织设计。
> (7) 项目管理机构。
> (8) 拟分包项目情况表。
> (9) 资格审查资料（招标实行资格后审的情况或资格预审更新资料）。
> (10) 投标人须知前附表规定的其他材料。
>
> 上述文件除第（6）项施工组织设计称为投标文件的技术部分外，其余均称为投标文件的商务部分。

3.2.2 投标函及其附录

投标函及其附录是指投标人按照招标文件的条件和要求，向招标人提交的有关报价、质量目标等承诺和说明的函件，是投标人为响应招标文件相关要求所做的概括性函件，一般位于投标文件的首要部分，其内容、格式必须符合招标文件的规定。

1. 投标函的内容及格式

工程投标函包括投标人告知招标人本次所投的项目具体名称和具体标段，以及本次投标的报价、承诺工期和达到的质量目标，主要内容有投标有效期、投标保证金、中标后的承诺、投标函的签署共四个方面，投标函的格式如下：

投 标 函

_____（招标人名称）：

1. 我方已仔细研究了_____（项目名称）_____标段施工招标文件的全部内容，愿意以人民币（大写）____元（¥____）的投标总报价，工期_____日历天，按合同约定实施和完成承包工程，修补工程中的任何缺陷，工程质量达到_____。

2. 我方承诺在投标有效期内不修改、撤销投标文件。

3. 随同本投标函提交投标保证金一份，金额为人民币（大写）____元（¥____）。

4. 如我方中标：

（1）我方承诺在收到中标通知书后，在中标通知书规定的期限内与你方签订合同。

（2）随同本投标函递交的投标函附录属于合同文件的组成部分。

（3）我方承诺按照招标文件规定向你方递交履约担保。

（4）我方承诺在合同约定的期限内完成并移交全部合同工程。

5. 我方在此声明，所递交的投标文件及有关资料内容完整、真实和准确，且不存在招标文件第二章"投标人须知"第 1.4.3 项规定的任何一种情形。

6. _____（其他补充说明）。

投 标 人：_____（盖单位章）
法定代表人或其委托代理人：_____（签字）
地　　址：_____
网　　址：_____
电　　话：_____
传　　真：_____
邮政编码：_____

____年__月__日

2. 投标函附录的内容及格式

投标函附录一般附于投标函之后，共同构成合同文件的重要组成部分，主要内容是对投标文件中涉及关键性或实质性内容的条款进行说明或强调。

投标人填报投标函附录时，在满足招标文件实质性要求的基础上，可以提出比招标文件要求更有利于招标人的承诺，一般以表格形式摘录列举。投标函附录除对合同重点条款进行摘录外，也可以根据项目的特点、需要，并结合合同执行者重视的内容进行摘录。

投标函附录的格式如表 3-1 和表 3-2 所示。

表 3-1 投标函附录

序号	条款名称	合同条款号	约定内容	备注
1	项目经理	1.1.2.4	姓名：_____	
2	工期	1.1.4.3	天数：_____日历天	
3	缺陷责任期	1.1.4.5		
4	分包	4.3.4		
5	价格调整的差额计算	16.1.1	见价格指数权重表	
⋮	⋮	⋮	⋮	

表 3-2 价格指数权重表

名称		基本价格指数		权重			价格指数来源
		代号	指数值	代号	允许范围	投标人建议值	
定值部分				A			
变值部分	人工费	F_{01}		B_1	—至—		
	钢材	F_{02}		B_2	—至—		
	水泥	F_{03}		B_3	—至—		
	⋮	⋮	⋮	⋮	⋮	⋮	
合计						1.00	

3.2.3 法定代表人身份证明或其授权委托书

（1）法定代表人身份证明　法定代表人身份证明适用于法定代表人亲自投标而不委托代理人投标，用以证明投标文件签字的有效性和真实性。法定代表人身份证明应加盖投标人的法人印章，法定代表人身份证明的格式如下：

法定代表人身份证明

投标人名称：_____
单位性质：_____
地　　址：_____
成立时间：____年__月__日
经营期限：_____
姓名：_____ 性别：_____ 年龄：_____ 职务：_____
系_____（投标人名称）的法定代表人。

特此证明。

投标人：_____（盖单位章）

____年__月__日

(2) 授权委托书　授权委托书适用于法定代表人不亲自投标而委托代理人投标，授权委托书一般规定代理人不能再次委托，即代理人无转委托权。法定代表人应在授权委托书上亲笔签名，授权委托书的格式如下：

授权委托书

　　本人_____（姓名）系_____（投标人名称）的法定代表人，现委托_____（姓名）为我方代理人。代理人根据授权，以我方名义签署、澄清、说明、补正、递交、撤回、修改_____（项目名称）_____标段施工投标文件、签订合同和处理有关事宜，其法律后果由我方承担。

　　委托期限：_____

　　代理人无转委托权。

　　附：法定代表人身份证明

投　标　人：_____（盖单位章）

法定代表人：_____（签字）

身份证号码：_____

委托代理人：_____（签字）

身份证号码：_____

____年__月__日

3.2.4　联合体协议书

联合体为共同投标并在中标后共同完成中标项目而组成的临时性组织，不具有法人资格。如果属于共同注册并进行长期的经营活动的"合资公司"等法人形式的联合体，则不属于此处所称的联合体。凡联合体参与投标的，均应签署并提交联合体协议书。联合体投标应注意以下几点：

1) 联合体对外"以一个投标人的身份共同投标"，由同一专业的单位组成的联合体，按照资质等级较低的单位确定资质等级。这一规定的目的是，防止资质等级较低的一方借用资质等级较高的一方的名义取得中标人资格，造成中标后不能保证建设工程项目质量现象的发生。

2) 联合体各方在同一招标项目中以自己的名义单独投标或者参加其他联合体投标的，相关投标均无效。

3) 联合体中标的，联合体各方应当共同与招标人签订合同，就中标项目向招标人承担连带责任。

4) 联合体协议书的内容如下：

① 联合体成员的数量：联合体协议书中首先必须明确联合体成员的数量。其数量必须符合招标文件的规定，否则将被视为不响应招标文件规定而作为废标。

② 牵头人和成员单位名称。

③ 联合体协议中牵头人和各方的职责、权利及义务约定。

④ 联合体内部分工，约定联合体各方拟承担的具体工作。

⑤ 签署。联合体协议书应按招标文件规定进行签署和盖章。

5）联合体协议书的格式如下：

联合体协议书

_____（所有成员单位名称）自愿组成_____（联合体名称）联合体，共同参加_____（项目名称）_____标段施工投标。现就联合体投标事宜订立如下协议：

1. _____（某成员单位名称）为_____（联合体名称）牵头人。

2. 联合体牵头人合法代表联合体各成员负责本招标项目投标文件编制和合同谈判活动，并代表联合体提交和接收相关的资料、信息及指示，并处理与之有关的一切事务，负责合同实施阶段的主办、组织和协调工作。

3. 联合体将严格按照招标文件的各项要求，递交投标文件，履行合同，并对外承担连带责任。

4. 联合体各成员单位内部的职责分工如下：_____。

5. 本协议书自签署之日起生效，合同履行完毕后自动失效。

6. 本协议书一式____份，联合体成员和招标人各执一份。

牵头人名称：_____（盖单位章）
法定代表人或其委托代理人：_____（签字）

成员一名称：_____（盖单位章）
法定代表人或其委托代理人：_____（签字）

成员二名称：_____（盖单位章）
法定代表人或其委托代理人：_____（签字）
⋮

____年__月__日

注：本协议书由委托代理人签字的，应附法定代表人签字的授权委托书。

延展阅读

联合体投标的资质考核

依据《招标投标法》第三十一条对联合体投标人的组成、各成员应满足的资格条件进行规定。接受联合体投标的，招标人可在本项对应的前附表中对联合体或联合体成员提出进一步要求，以便潜在投标人判断其是否满足资格要求，进而决定是否参加本次招标。需要注意的是，《招标投标法》第三十一条关于"联合体各方均应当具备承担招标项目的相应能力"的规定，相应能力是指完成招标项目所需要的技术、资金、设备、管理等方面的能力。考核资格条件应以联合体协议书中规定的分工为依据，不承担联合体协议书中有关专业工程的成员，其相应的专业资质不作为该联合体成员中同一专业单位的资质进行考核。

例如，在公路系统内，某工程需要公路工程总承包特级或者公路工程总承包一级、桥梁工程专业承包一级和隧道工程专业承包一级资质。某两个单位组成联合体，其中甲单位具有公路工程总承包一级、桥梁工程专业承包一级和隧道工程专业承包二级资质，乙单位具有桥梁工程专业承包二级和隧道工程专业承包一级资质。根据联合体协议书中的分工，甲单位承担除隧道以外的全部工程施工，乙单位只承担隧道工程施工。因此，在核定该联合体的资质时，对隧道部分，只考核乙单位的隧道资质，甲单位的隧道资质不参加考核；对其他工程，只考核甲单位的资质，乙单位的资质不参加考核。该联合体资质即为公路工程总承包一级、桥梁工程专业承包一级和隧道工程专业承包一级。

【例 3-1】联合体投标

[背景]

某政府投资项目招标范围分为建筑工程、安装工程和装修工程三部分，项目总投资额为 5000 万元。招标文件规定，建筑工程应具有施工总承包一级以上资质，安装工程和装修工程应具有专业承包二级以上资质，招标人鼓励投标人组成联合体投标。

在参加投标的企业中，A、B、C、D、E、F 为施工总承包建筑公司，G、H、J、K 为专业承包安装公司，L、N、P 为专业承包装修公司，除了 K 为二级企业外，其余均为一级企业，上述企业分别组成联合体投标，各联合体编号及组成如表 3-3 所示。

表 3-3 各联合体编号及组成

联合体编号	Ⅰ	Ⅱ	Ⅲ	Ⅳ	Ⅴ	Ⅵ	Ⅶ
联合体组成	A、L	B、C	D、K	E、H	G、N	F、J、P	E、L

在上述联合体中，某联合体协议中约定：若中标，由牵头人与招标人签订合同，然后将该联合体协议送交招标人；联合体所有与业主的联系工作以及内部协调工作均由牵头人负责；各成员单位按投入比例分享利润并向招标人承担责任，且需向牵头人支付各自所承担合同额部分 1% 的管理费。

[问题]

1. 根据《招标投标法》的规定，按联合体的编号，判别各个联合体的投标是否有效。若无效，说明原因。

2. 指出上述联合体协议内容中的错误之处，说明理由或写出正确做法。

[分析]

1. 联合体资质认定。关于联合体投标，需要特别注意的是《建筑法》与《招标投标法》规定的区别。《建筑法》规定，两个以上不同资质等级的单位实行联合体共同承包的，应当按照资质等级低的单位业务许可范围承揽工程；而《招标投标法》则规定，由同一专业的单位组成的联合体，按照资质等级低的单位确定资质等级。虽然《招标投标法》对于不同专业的单位组成的联合体资质如何确定没有明确的规定，但根据推理分析，可理解为按照联合体协议约定的各成员单位实际承包的工程内容所要求的资质等级加以认定。由此可以确定，联合体Ⅲ的投标有效。

2. 牵头人。联合体牵头人负责联合体投标和合同实施阶段的主办、协调工作，是否要向联合体其他成员收费，法律并无规定，故该联合体协议约定各成员单位"需向牵头人支付各自所承担合同额部分1%的管理费"并无不当。

[参考答案]

1. （1）联合体Ⅰ的投标无效，因为投标人不得参与同一项目下不同的联合体投标（L既参加联合体Ⅰ投标，又参加联合体Ⅶ投标）。

（2）联合体Ⅱ的投标有效。

（3）联合体Ⅲ的投标有效。

（4）联合体Ⅳ的投标无效，因为投标人不得参与同一项目下不同的联合体投标（E既参加联合体Ⅳ投标，又参加联合体Ⅶ投标）。

（5）联合体Ⅴ的投标无效，因为缺少施工总承包建筑公司（G、N分别为专业承包安装公司和装修公司），若其中标，主体结构工程必然要分包，而主体结构工程分包是违法的。

（6）联合体Ⅵ的投标有效。

（7）联合体Ⅶ的投标无效，因为投标人不得参与同一项目下不同的联合体投标（E和L均参加了两个联合体投标）。

2. （1）由牵头人与招标人签订合同错误，应由联合体各方共同与招标人签订合同。

（2）与招标人签订合同后才将联合体协议送交招标人错误，联合体协议应当与投标文件一同提交给招标人。

3.2.5 投标保证金

所谓投标保证金，是指为防止投标人不谨慎投标而由招标人在招标文件中设定的一种担保形式。招标人通常不希望投标人在投标有效期内随意撤回标书或中标后不能提交履约保证金和签署合同。因此，为了约束投标人的投标行为，保护招标人的利益，维护招投标活动的正常秩序，招标人通常会要求投标人提供投标保证金，并作为投标文件的组成部分。

（1）投标保证金的形式 投标保证金除现金外，还可以是银行出具的银行保函、保兑支票、银行汇票或现金支票。

1）银行电汇。投标人应在截止时间之前全额汇入，并附上复印件，否则视为投标保证金无效。

2）银行汇票。投标文件中附上复印件。

3）银行保函。一般招标人会在招标文件中给出银行保函的格式和内容，且要求保函的主要内容不能改变，否则将以不符合招标文件要求做废标处理。应单独提交银行保函正本，并在投标文件中附上复印件或将银行保函正本装订在投标文件正本中。

4）信用证。用于投标保证金的信用证也称备用信用证，是由投标人向银行申请，由银行出具的不可撤销信用证。信用证的作用和银行保函类似。

5）支票。投标人应确保招标人收到支票后在招标文件规定的截止时间之前，将投标保证金划拨到招标人指定账户，否则视为投标保证金无效。投标文件中应附上复印件。

（2）投标保证金的金额 投标保证金金额通常有相对比例金额和固定金额两种方式。《招标投标法实施条例》第二十六条规定，招标人在招标文件中要求投标人提交投标保证金的，投标保证金不得超过招标项目估算价的2%。《工程建设项目勘察设计招标投标办法》（2013年修订）规定，投标保证金不超过勘察设计估算费用投标报价的2%，最多不超过10万元人民币。

（3）投标保证金的提交　投标保证金作为投标文件的有效组成部分，投标人不按招标文件要求提交投标保证金的，其投标文件做废标处理。

依法必须进行招标的项目的境内投标单位，以现金或者支票形式提交的投标保证金应当从其基本账户转出；投标人应当按照招标文件要求的方式和金额，将投标保证金随投标文件提交给招标人；投标保证金是投标文件的必需要件，是招标文件的实质性要求；联合体投标，投标保证金可以由联合体各方共同提交或由联合体中的一方提交，对联合体各方均具有约束力。

（4）投标保证金的有效期　投标保证金通常自投标文件提交截止时间之前提交，投标保证金有效期应当与投标有效期一致。

（5）投标保证金的格式　投标保证金的格式如下：

投标保证金

_____（招标人名称）：

鉴于_____（投标人名称）（以下称"投标人"）于____年__月__日参加_____（项目名称）_____标段施工的投标，_____（担保人名称，以下简称"我方"）无条件地、不可撤销地保证：投标人在规定的投标文件有效期内撤销或修改其投标文件的，或者投标人在收到中标通知书后无正当理由拒签合同或拒交规定履约担保的，我方承担保证责任。收到你方书面通知后，在__7__日内无条件向你方支付人民币（大写）_____元。

本保函在投标有效期内保持有效。要求我方承担保证责任的通知应在投标有效期内送达我方。

　　　　　　　担保人名称：_____（盖单位章）
　　　　　　　法定代表人或其委托代理人：_____（签字）
　　　　　　　地　　　　址：_____
　　　　　　　邮政编码：_____
　　　　　　　电　　　　话：_____
　　　　　　　传　　　　真：_____
　　　　　　　　　　　　　　　　　____年__月__日

3.2.6　已标价工程量清单

已标价工程量清单是构成合同文件组成部分的投标文件中已标明价格，经算术性错误修正（如有）且承包人已确认的工程量清单，包括对其的说明和表格。招标工程量清单给出的子目编码、子目名称、子目特征、计量单位和工程量在已标价工程量清单中不能改动。

已标价工程量清单应包括的内容根据招标文件确定，特别是投标文件是否需要附"工程量清单综合单价分析表"，需要根据招标文件的明确规定提交；若未明确是否提交该表，则投标人可以自行决定。根据《建设工程工程量清单计价规范》（GB 50500—2013），已标价工程量清单的内容包括：

1）封面、扉页、说明，包括：
① 投标总价封面。
② 工程计价总说明。
2）工程计价汇总表，包括：
① 建设项目投标报价汇总表。
② 单项工程投标报价汇总表。
③ 单位工程投标报价汇总表。
3）分部分项工程和措施项目计价表，包括：
① 分部分项工程和单价措施项目清单与计价表。
② 综合单价分析表。
③ 总价措施项目清单与计价表。
4）其他项目计价表，包括：
① 其他项目清单与计价汇总表。
② 暂列金额明细表。
③ 材料（工程设备）暂估单价及调整表。
④ 专业工程暂估价及结算价表。
⑤ 计日工表。
⑥ 总承包服务费计价表。
5）规费、税金项目计价表。

3.2.7 施工组织设计

施工组织设计也称技术标，包括全部施工组织设计内容，用以评价投标人的技术实力和建设经验。

1. 施工组织设计的内容

技术标的编写内容尽可能采用文字并结合图表形式说明施工方法，直观、准确地表达方案的意思和作用。技术复杂的项目对技术文件的编写内容及格式均有详细要求，投标人应根据招标文件和对现场的踏勘情况，参考以下要点编制施工组织设计：

1）施工方案及技术措施。
2）质量保证措施和创优计划。
3）施工总进度计划及保证措施（包括横道图或标明关键线路的网络进度计划、保障进度计划、主要施工机械设备、劳动力需求计划及保证措施、材料设备进场计划及其他保证措施等）。
4）施工安全措施计划。
5）文明施工措施计划。
6）施工场地治安保卫管理计划。
7）施工环保措施计划。
8）冬季和雨季施工方案。

9）施工现场总平面布置（投标人应递交一份施工总平面图，绘出现场临时设施布置图表并附文字说明，说明临时设施、加工车间、现场办公、设备及仓储、供电、供水、卫生、生活、道路、消防等设施的情况和布置）。

10）项目组织管理机构（若施工组织设计采用"暗标"方式评审，则在任何情况下，"项目管理机构"不得涉及人员姓名、简历、公司名称等暴露投标人身份的内容）。

11）承包人自行施工范围内拟分包的非主体和非关键性工作（按"投标人须知"规定）、材料计划和劳动力计划。

12）成品保护和工程保修工作的管理措施和承诺。

13）任何可能的紧急情况的处理措施、预案以及抵抗风险（包括工程施工过程中可能遇到的各种风险）的措施。

14）对总包管理的认识以及对专业分包工程的配合、协调、管理、服务方案。

15）与发包人、监理及设计人的配合。

16）招标文件规定的其他内容。

2. 施工组织设计的编制要求

1）若"投标人须知"规定施工组织设计采用技术"暗标"方式评审，则应按"暗标"编制和装订施工组织设计。

2）施工组织设计除采用文字表述外还可附下列图表：

① 拟投入本工程的主要施工设备表。
② 拟配备本工程的试验和检测仪器设备表。
③ 劳动力计划表。
④ 计划开、竣工日期和施工进度网络图。
⑤ 施工总平面图。
⑥ 临时用地表。

延展阅读

技术"暗标"的编制和装订一般要求

"暗标"的编制和装订一般要求有：①打印纸张要求；②打印颜色要求；③正本封皮（包括封面、侧面及封底）设置及盖章要求；④副本封皮（包括封面、侧面及封底）设置要求；⑤排版要求；⑥图表大小、字体、装订位置要求；⑦所有技术"暗标"必须合并装订成一册，所有文件左侧装订，装订方式应牢固、美观，不得采用活页方式装订等装订要求；⑧编写软件及版本要求；⑨任何情况下，技术"暗标"中不得出现任何涂改、行间插字或删除痕迹。

"暗标"一般除满足上述各项要求外，构成投标文件的技术"暗标"的正文中均不得出现投标人的名称和其他可识别投标人身份的字符、徽标、人员名称以及其他特殊标记等。"暗标"应当以能够隐去投标人的身份为原则，尽可能简化编制和装订要求。

3.2.8 项目管理机构和拟分包项目情况表

项目管理机构,包括企业为项目设立的管理机构和项目管理班子。项目管理班子配备情况辅助说明资料主要包括管理班子机构设置、职责分工、有关复印证明资料以及投标人认为有必要提供的资料。辅助说明资料的格式不做统一规定,由投标人自行设计。

1)项目管理班子配备情况表如表3-4所示。

表3-4 项目管理班子配备情况表

投标工程名称:_____

职务	姓名	职称	上岗资格证明					已承担在建工程情况	
			证书名称	级别	证号	专业	原服务单位	项目数	项目名称

本工程一旦我单位中标,将实行项目经理负责制,并配备上述项目管理班子。上述填报内容真实,若不真实,愿按有关规定接受处理。项目管理班子机构设置、职责分工等情况另附资料说明。

2)项目经理简历表如表3-5所示。

表3-5 项目经理简历表

姓名		性别		年龄	
职务		职称		学历	
参加工作时间			从事项目经理年限		
项目经理资格证书编号					
在建和已完工程项目情况					
建设单位	项目名称	建设规模	开、竣工日期	在建或已完	工程质量

3)主要项目管理人员简历。主要项目管理人员是指项目副经理、技术负责人、合同商务负责人、专职安全生产管理人员等岗位人员。主要项目管理人员简历应附注册资格证书、身份证、职称证、学历证、养老保险复印件,专职安全生产管理人员应附安全生产考核合格证书,主要项目管理人员的业绩应附合同协议书。

4)项目拟分包情况。如有分包工程,投标人应说明工程的内容、分包人的资质及以往类似工程业绩等。

项目拟分包情况表,如表3-6所示。

表 3-6 项目拟分包情况表

分包人名称			地址		
法定代表人		营业执照号码		资质等级证书号码	
拟分包的工程项目	主要内容		结算造价		已经做过的类似工程

3.2.9 投标文件的编制与递交

1. 投标文件的编写、签署、装订、密封

（1）投标文件的编写

1）投标文件应按招标文件规定的格式编写，如有必要，可增加附页，作为投标文件组成部分。其中，投标函附录在满足招标文件实质性要求的基础上，可以提出比招标文件要求更有利于招标人的承诺。

2）投标文件应对招标文件有关工期、投标有效期、质量要求、技术标准和要求、招标范围等实质性内容做出全面具体的响应。

3）投标文件正本应用不褪色墨水书写或打印。投标文件应尽量避免涂改、行间插字或删除，若出现上述情况，改动之处应由投标人的法定代表人（或委托代理人）签字确认并盖投标人公章（鲜章）。

4）投标文件编制内容是证书、证件、证明材料的复印件的，其复印内容应清晰、易于辨认。

（2）投标文件的签署　投标函及投标函附录、已标价工程量清单（或投标报价表、投标报价文件）、调价函及调价后报价明细目录等内容，应由投标人的法定代表人或其委托代理人逐页签署姓名（该页正文内容已由投标人的法定代表人或其委托代理人签署姓名的，可不签署），并逐页加盖投标人单位印章或按招标文件签署规定执行。以联合体形式参与投标的，投标文件由联合体牵头人的法定代表人或其委托代理人按上述规定签署并加盖联合体牵头人单位印章。

（3）投标文件的装订

1）投标文件正本与副本应分别装订成册，并编制目录，封面上应标记"正本"或"副本"，正本和副本份数应符合招标文件规定。

2）投标文件正本与副本都不得采用活页夹。否则，招标人对由于投标文件装订松散而造成的丢失或其他后果不承担任何责任。

（4）投标文件的密封、包装　投标文件应该按照招标文件规定密封、包装。对投标文件密封的规范要求有：

1）投标文件正本与副本应分别包装在内层封套里，投标文件电子文件（如需要）应放置于正本的同一内层封套里，然后统一密封在一个外层封套中，加密封条和盖投标人密封印章。国内招标的投标文件一般采用一层封套。

2) 投标文件内层封套上应清楚标记"正本"或"副本"字样。投标文件内层封套应写明投标人邮政编码、投标人地址、投标人名称、所投项目名称和标段。投标文件外层封套应写明招标人地址及名称、所投项目名称和标段、开启时间等。也有些项目对外层封套的标志有特殊要求，如规定外层封套上不应有任何识别标志。当采用一层封套时，内外层的标记均合并在一层封套上。

未按招标文件规定要求密封和加写标记的投标文件，招标人将拒绝接收。

延展阅读

投标被"否决"与"弄虚作假"的情形

1. 投标被"否决"

有下列情形之一的，评标委员会应当否决其投标：

(1) 投标文件未经投标单位盖章和单位负责人签字。

(2) 投标联合体没有提交共同投标协议。

(3) 投标人不符合国家或者招标文件规定的资格条件。

(4) 同一投标人提交两个以上不同的投标文件或者投标报价，但招标文件要求提交备选投标的除外。

(5) 投标报价低于成本或者高于招标文件设定的最高投标限价。

(6) 投标文件没有对招标文件的实质性要求和条件做出响应。

(7) 投标人有串通投标、弄虚作假、行贿等违法行为。

2. 投标"弄虚作假"

有下列情形之一的，属于《招标投标法》第三十三条规定的以其他方式弄虚作假的行为：

(1) 使用伪造、变造的许可证件。

(2) 提供虚假的财务状况或者业绩。

(3) 提供虚假的项目负责人或者主要技术人员简历、劳动关系证明。

(4) 提供虚假的信用状况。

(5) 其他弄虚作假的行为。

2. 投标文件的递交和有效期

(1) 投标文件的递交　《招标投标法》第二十八条规定："投标人应当在招标文件要求提交投标文件的截止时间前，将投标文件送达投标地点。招标人收到投标文件后，应当签收保存，不得开启。""在招标文件要求提交投标文件的截止时间后送达的投标文件，招标人应当拒收。"

投标人必须按照招标文件规定地点，在规定时间内送达投标文件。递交投标文件的最佳方式是直接送达或委托代理人送达，以便获得招标代理机构已收到投标文件的回执。如果以邮寄方式送达，则投标人必须留出邮寄的时间，以保证投标文件能够在截止时间之前送达招标人指定地点。

（2）投标文件的接收　招标人收到投标文件后应当签收，并在招标文件规定开标时间前不得开启。同时为了保护投标人的合法权益，招标人必须履行完备、规范的签收手续。签收人要记录投标文件递交的日期和地点以及密封状况，签收后应将所有递交的投标文件妥善保存。

（3）投标文件的有效期　招标文件应当规定一个适当的投标有效期，以保证招标人有足够的时间完成评标和与中标人签订合同。投标文件有效期为开标之日至招标文件所写明的时间期限内，在此期限内，所有投标文件均保持有效，招标人需在投标文件有效期截止前完成评标，向中标单位发出中标通知书以及签订合同协议书。

在原投标有效期结束前，出现特殊情况的，招标人应以传真等书面形式要求所有投标人延长投标有效期。投标人同意延长的，应立即以传真等书面形式对此要求向招标人做出答复，不得要求或被允许修改其投标文件的实质性内容，但应当相应延长其投标保证金的有效期；投标人拒绝延长的，其投标失效，但投标人有权收回其投标保证金，如果投标人在投标文件有效期内撤回投标文件，则其投标担保（保证金）将被没收。同意延长投标有效期的投标人少于3个的，招标人应当重新招标。

3.3　投标报价策略与技巧

投标报价竞争的胜负，能否中标，不仅取决于竞争者的经济实力和技术水平，而且还取决于竞争策略是否正确和投标报价的技巧运用是否得当。通常情况下，其他条件相同，报价最低的往往获胜。但是，这不是绝对的，有的报价并不高，但仍然中不了标，其原因是不会运用投标报价的技巧和策略。因此，招投标活动中必须研究在投标报价中的指导思想、报价策略与技巧。

3.3.1　投标报价策略的定义

1. 策略的概念

策略是指计策、谋略。策略就是为了实现某一个目标，预先根据可能出现的问题制订若干对应的方案，并且在实现目标的过程中，根据形势的发展和变化制订出新的方案，或者根据形势的发展和变化来选择相应的方案，最终实现目标。

2. 投标报价策略的概念

所谓投标报价策略，是指投标单位在合法竞争条件下，依据自身的实力和条件确定的投标目标、竞争对策和报价技巧，即决定投标报价行为的决策思维和行动，包含投标报价目标、对策、技巧三要素。对投标单位来说，在掌握了竞争对手的信息动态和有关资料之后，一般是在对投标报价策略因素进行综合分析的基础上，决定是否参加投标报价；决定参加投标报价后确定什么样的投标目标；在竞争中采取什么对策，以战胜竞争对手，达到中标的目的。这种研究分析，就是制定投标报价策略的具体过程。

3.3.2　投标报价策略的分类

由于投标单位的经营能力和条件不同，出于不同目的的需要，对同一招标项目可以有不同投标报价目标的选择。

1. 生存型

投标报价是以克服企业生存危机为目标,争取中标可以不考虑种种利益原则。

2. 补偿型

投标报价是以补偿企业任务不足,以追求边际效益为目标。对工程设备投标表现较大热情,以亏损为代价的低报价,具有很强的竞争力。但受生产能力的限制,只宜在较小的招标项目上考虑。

3. 开发型

投标报价是以开拓市场,积累经验,向后续投标项目发展为目标。投标带有开发性,以资金、技术投入手段,进行技术经验储备,树立新的市场形象,以便争得后续投标的效益。其特点是不着眼于一次投标效益,用低报价吸引投标单位。

4. 竞争型

投标报价是以竞争为手段,以低盈利为目标,报价是在精确计算报价成本的基础上,充分估计各个竞争对手的报价目标,以有竞争力的报价达到中标的目的。对投标报价表现出积极的参与意识。

5. 盈利型

投标报价充分发挥自身优势,以实现最佳盈利为目标,投标单位对效益无吸引力的项目热情不高,对盈利大的项目充满自信,也不太注重对竞争对手的动机分析和对策研究。

不同投标报价策略类型的选择是依据一定的条件进行分析决定的。竞争型投标报价策略是投标单位追求的普遍形式。

3.3.3 投标报价的技巧

投标报价技巧是针对评标办法,在深入分析工程本身的特点、竞争对手的心态、企业的实力和愿望的基础上,权衡竞争力、收益、风险之间的关系,从若干选择中确定最优报价。

确定一个最优报价是提高竞标能力的关键之一。在最优报价条件下,施工承包人既有中标机会,又能获取较为可观的利润。

1. 不平衡报价法

不平衡报价法是在总的报价保持不变的前提下,与正常水平相比,有意识地提高某些分项工程的单价,同时降低另外一些分项工程的单价,以期在工程结算时得到更理想的经济效益。

> **延展阅读**
>
> **不平衡报价的"具体做法"**
>
> 不平衡报价的报价原则就是在保持正常报价水平条件下的总报价不变,在此基础上早收钱、多收钱。
>
> 早收钱通过参照工期时间去合理调整单价后得以实现。

多收钱通过参照分项工程数量去合理调整单价后得以实现。

具体做法如下：

（1）能够早收到钱款的项目，如土石方工程、基础工程等，其单价可适当提高，以有利于资金周转。后期装饰、安装的工程项目单价，如粉刷、油漆、电气等，可适当降低。

（2）估计今后会增加工程量的项目，单价可提高些；反之，估计工程量将会减少的项目，单价可降低些。

（3）图样不明确或有错误，估计今后会有修改的；或工程内容说明不清楚的，价格可降低，待今后索赔时提高价格。

（4）计日工资和零星施工机械台班小时单价作价，可稍高于工程单价中的相应单价。因为这些单价不包括在投标价格中，发生时按实计算，可多得利。

（5）无工程量而只报单价的项目，如土石方工程中挖湿土或岩石等备用单价，单价宜高些。这样，既不影响投标总价，以后发生此种施工项目时也可多得利。

（6）暂定工程或暂定数额的估价，如果估计今后会发生的工程，价格可定得高些，反之价格可低些。当然，在采取不平衡报价法策略时，一定注意不要畸高畸低，以免成为废标。

2. 多方案报价法

除招标文件另有规定外，投标人不得递交备选投标方案。允许投标人递交备选投标方案的，中标人所递交的备选投标方案方可予以考虑。评标委员会认为中标人的备选投标方案优于其按照招标文件要求编制的投标方案的，招标人可以接受该备选投标方案。

多方案报价法即按原招标条件报一个价，然后再提出如果基本条款做某些变动，报出报价可降低的额度。这样可以降低总价，吸引业主。这时，投标人应组织一批有经验的设计和施工方面的工程师，对原招标文件中的设计和施工方案仔细研究，提出更理想的方案以吸引业主，促进自己的方案中标。这种新的建议可以降低总造价或提前竣工或使工程运用更合理。但要注意的是对原招标方案也要报价，以供业主比较。

增加建议方案。招标文件中有时规定，可提一个建议方案，即可以修改原设计方案，提出投标单位的方案。这时，投标单位应抓住机会，组织一批有经验的设计和施工工程师，仔细研究招标文件中的设计和施工方案，提出更为合理的方案以吸引建设单位，促进自己的方案中标。这种新建议方案可以降低总造价或缩短工期，或使工程实施方案更为合理。但要注意，对原招标方案一定也要报价。建议方案不要写得太具体，要保留方案的技术关键，防止招标单位将此方案交给其他投标单位。同时要强调的是，建议方案一定要比较成熟，或投标单位过去有这方面的实践经验。因为投标时间往往较短，如果仅为中标而匆忙提出一些没有把握的建议方案，则可能会有很多后患。

3. 突然降价法

投标报价是一件保密工作，但是对手往往通过各种渠道、手段来刺探情报，因此在报价时可以采用迷惑对手的手法。即先按一般情况报价或表现出自己对该工程兴趣不大，到快要投标截止时再突然降价。采用这种方法时，一定要在准备投标的过程中考虑好降价方案，在临近投标截止日期前根据情报分析再做出决策。

4. 先亏后盈法

对大型分期建设工程，在第一期工程投标时，可以将部分间接费分摊到第二期中去，少计算利润以争取中标。这样在第二期工程投标时，凭借第一期工程的经验、临时设施以及创立的信誉，比较容易拿到第二期工程。

争取评标奖励。有时招标文件规定，对某些技术规格指标的评标，投标人提供优于规定的指标值时，给予适当的评标奖励。投标人应该使业主比较注重的指标适当地优于规定标准，可以获得适当的评标奖励，有利于在竞争中取胜。但要注意，若技术性能优于招标规定，将导致报价相应上涨。如果投标报价过高，那么即使获得评标奖励，也难以与报价上涨的部分相抵，这样评标奖励也就失去了意义。

总之，在当今招投标市场竞争异常激烈的情况下，任何建筑施工企业都必须重视对投标报价决策问题的研究。通常，为了自身生存和发展，企业决策者应对自己的报价多进行科学的分析，而后做出恰当的报价决策，选择适合的报价方法，全面考虑期望的利润和承担风险的能力，增强竞争力，在风险和利润之间进行权衡，并做出选择。

延展阅读

《电子招标投标办法》第四章"电子投标"

第二十三条 电子招标投标交易平台的运营机构，以及与该机构有控股或者管理关系可能影响招标公正性的任何单位和个人，不得在该交易平台进行的招标项目中投标和代理投标。

第二十四条 投标人应当在资格预审公告、招标公告或者投标邀请书载明的电子招标投标交易平台注册登记，如实递交有关信息，并经电子招标投标交易平台运营机构验证。

第二十五条 投标人应当通过资格预审公告、招标公告或者投标邀请书载明的电子招标投标交易平台递交数据电文形式的资格预审申请文件或者投标文件。

第二十六条 电子招标投标交易平台应当允许投标人离线编制投标文件，并且具备分段或者整体加密、解密功能。

投标人应当按照招标文件和电子招标投标交易平台的要求编制并加密投标文件。

投标人未按规定加密的投标文件，电子招标投标交易平台应当拒收并提示。

第二十七条 投标人应当在投标截止时间前完成投标文件的传输递交，并可以补充、修改或者撤回投标文件。投标截止时间前未完成投标文件传输的，视为撤回投标文件。投标截止时间后送达的投标文件，电子招标投标交易平台应当拒收。

电子招标投标交易平台收到投标人送达的投标文件，应当即时向投标人发出确认回执通知，并妥善保存投标文件。在投标截止时间前，除投标人补充、修改或者撤回投标文件外，任何单位和个人不得解密、提取投标文件。

第二十八条 资格预审申请文件的编制、加密、递交、传输、接收确认等，适用本办法关于投标文件的规定。

【例 3-2】 投标人的投标报价技巧

[背景]

某投标人通过资格预审后,对招标文件进行了仔细分析,发现业主所提出的工期要求过于苛刻,且合同条款中规定每拖延 1 天工期,罚合同价的 1‰。若要保证实现该工期要求,必须采取特殊措施,从而成本大幅增加,还发现原设计结构方案采用框架剪力墙体系过于保守。因此,该投标人在投标文件中说明业主的工期要求难以实现,因而按自己认为的合理工期(比业主要求的工期增加 6 个月)编制施工进度计划并据此报价;还建议将框架剪力墙体系改为框架体系,并对这两种结构体系进行了技术经济分析和比较,证明框架体系不仅能保证工程结构的可靠性和安全性、增加使用面积、提高空间利用的灵活性,还可降低造价约 3%。

该投标人将技术标和商务标分别封装,在封口处加盖本单位公章和项目经理签字后,在投标截止日期前 1 天上午将投标文件报送业主。次日(即投标截止日当天)下午,在规定的开标时间前 1 小时,该投标人又递交了一份补充材料,其中声明将原报价降低 4%。但是,招标单位的有关工作人员认为,根据国际上"一标一投"的惯例,一个投标人不得递交两份投标文件,因而拒收投标人的补充材料。

[问题]

1. 该投标人运用了哪几种报价技巧?
2. 报价技巧运用得是否得当?请逐一加以说明。
3. 招标单位拒收投标人的补充材料是否正确,并说明理由。

[分析]

1. 本案例主要考核投标人报价技巧的运用,涉及多方案报价法、增加建议方案法和突然降价法。

2. 多方案报价法和增加建议方案法都是针对业主的,是承包人发挥自己技术优势、取得业主信任和好感的有效方法。运用这两种报价技巧的前提均是必须对原招标文件中的有关内容和规定报价,否则即被认为对招标文件未做出"实质性响应",而被视为废标。突然降价法是针对竞争对手的,其运用的关键在于突然性,且需保证降价幅度在自己的承受范围之内。

[参考答案]

1. 承包人运用了三种报价技巧,即多方案报价法、增加建议方案法和突然降价法。

2. 多方案报价法运用不当,因为运用该报价技巧时,必须对原方案(本案例指业主的工期要求)报价,而该承包人在投标时仅说明了该工期要求难以实现,却并未报出相应的投标价。

增加建议方案法运用得当,通过对两个结构体系方案的技术经济分析和比较(这意味着对两个方案均报了价),论证了建议方案(框架体系)的技术可行性和经济合理性,对业主有很强的说服力。

突然降价法也运用得当,原投标文件的递交时间比规定的投标截止时间仅提前 1 天多,这既符合常理,又为竞争对手调整、确定最终报价留有一定的时间,起到了迷惑竞争对手的作用。若提前时间太多，则会引起竞争对手的怀疑，而在开标前 1 小时突然递交一份补充文件，这时竞争对手已不可能再调整报价了。

3. 不正确。因为投标人在投标截止时间之前所递交的任何正式书面文件都是有效文件，都是投标文件的有效组成部分，也就是说，补充文件与原投标文件共同构成一份投标文件，而不是两份相互独立的投标文件。

习题

一、单项选择题

1. 下列情形中，投标人已提交投标保证金不予返还的是（　　）。
A. 在提交投标文件截止日后撤回投标文件的
B. 提交投标文件后，在投标截止日期之前表示放弃投标的
C. 开标后被要求对其投标文件进行澄清的
D. 评标期间招标人通知延长投标有效期，投标人拒绝延长的

2. 投标有效期应从（　　）之日起计算。
A. 招标文件规定的提交投标文件截止
B. 提交投标文件
C. 提交投标保证金
D. 确定中标结果

3. 关于投标联合体资格条件的说法，正确的是（　　）。
A. 联合体牵头单位具备招标文件规定的相应资格条件即可
B. 联合体一方具备招标文件规定的相应资格条件即可
C. 联合体各方均应当具备招标文件规定的相应资格条件
D. 由不同专业的单位组成联合体，按照资质等级较低的单位确定其资质等级

4. 投标人现场考察后，以书面形式提出质疑，招标人给予了书面解答。当解答与招标文件的规定不一致时，（　　）。
A. 投标人应要求招标人继续解释　　B. 以书面解答为准
C. 以招标文件为准　　D. 由人民法院判定

5. 根据招标投标相关法律规定，在投标有效期结束前，由于出现特殊情况，招标人要求投标人延长投标有效期时，下列关于投标人行为理解正确的是（　　）。
A. 不得拒绝延长，并不得收回其投标保证金　　B. 可以拒绝延长，并有权收回其投标保证金
C. 不得拒绝延长，但可以收回其投标保证金　　D. 可以拒绝延长，但无权收回其投票保证金

6. 根据《招标投票法实施条例》，投标人撤回已提交的投标文件，应当在（　　）前，书面通知招标人。
A. 投标截止时间　　B. 评标委员会开始评标
C. 评标委员会结束评标　　D. 招标人发出中标通知书

二、多项选择题

1. 根据《工程建设项目施工招标投标办法》，评标委员会对投标文件按废标处理的情况有（　　）。

A. 无单位盖章并且无法定代表人或者其授权的代理人签字或者盖章的
B. 投标人名称或者组织机构与资格预审是不一致的
C. 投标人对同一招标项目按照招标文件的要求提交了两个报价方案
D. 未按招标文件要求提交投标保证金的
E. 联合体投标未附联合体各方共同投标协议的

2. 某工程招标人按招标文件的规定组织投标人进行现场考察，但有些投标人未参加该现场考察，则（   ）。
A. 参加现场考察投标人的费用自行承担
B. 参加现场考察投标人的费用由招标人承担
C. 未参加现场考察的投标人不能免除不了解现场的合同责任
D. 参加现场考察的投标人不能免除不了解现场的合同责任
E. 未参加现场考察的投标人将被取消投标资格

3. 投标文件对招标文件响应的重大偏差，包括（   ）等。
A. 提供了不完整的技术信息和数据
B. 提供的投标担保有瑕疵
C. 个别地方存在漏项
D. 没有按招标文件要求提供投标担保
E. 投标文件没有投标人授权代表签字

4. 采用不平衡报价时，通常可以（   ）。
A. 对能早期得到付款的分部分项工程的单价可以较低，对后期的放工分项单价可以适当提高
B. 估计施工中工程量可能会增加的项目，单价可以降低，工程量会减少的项目，单价可以提高
C. 设计图纸不明确或有错误的，估计今后修改后工程量会增加的项目单价提高；工作内容说明不清的单价降低
D. 对于暂列工程，预计做的可能性较大，价格可走高些，估计不一定发生的则单价低些
E. 零星用工报价高于一般分部分项工程中的工资差价

三、思考题
1. 投标前应做好哪些准备工作？
2. 施工投标文件的组成内容有哪些？
3. 投标文件编制应注意的细节有哪些？
4. 施工投标工作的主要步骤有哪些？
5. 投标报价技巧有哪些？应怎样运用？
6. 研究招标文件应重点注意哪些方面？
7. 如何避免投标文件被废标？

第 4 章
开标、评标与定标

学习目标

1. 熟悉开标程序与相关规定。
2. 熟悉开标评标时废标的情况。
3. 掌握评标方法与程序。
4. 熟悉定标程序与规定。

导入案例

"黑客"窃走评标专家名单行贿揽下 20 亿元工程

1. 专家"勾兑"专家，牵出犯罪集团

2013 年 4 月，某市公安局接到本市纪委移送案件线索：本市某县"十二五"第一批农村饮水安全工程涉嫌非国家工作人员受贿。经初查，该市公安局于 2013 年 5 月 2 日以杨某某涉嫌对非国家工作人员行贿立案侦查。涉案嫌疑人杨某某既是评标专家数据库内的专家，同时也是招揽工程项目的"标串串"。该案中，杨某某凭借自己在圈内的人脉关系，通过几通电话就了解到了评标专家的姓名及电话。"你今天去不去某地评标？""你不去的话，知不知道是哪个专家去？"……这种人问人的方式，使杨某某很快与评标专家搭上了线，他在电话中恳请评标专家们关照其指定的一家公司。

侦查过程中，细心的经侦民警隐约发现，杨某某背后隐藏着一个巨大的犯罪集团，操纵了数十个建设工程项目的招投标。获此线索后，该市公安局立即向省公安厅汇报，该省随即成立了专案组，专案组先后跨越四川、重庆、江西、云南 4 省（市）近 20 个市州，分析通信记录 30 万余条，调取银行交易凭证 1 万余份，查阅招投标和评标资料 1000 余册，讯（询）问涉案人员 300 余人，终于查实了季某、胡某、何某等犯罪嫌疑人非法入侵计算机信息系统、向非国家工作人员行贿、串通招投标等重大犯罪事实。

2. 黑客窃取信息致电专家"关照"

经查证，该犯罪团伙中，季某主要负责非法入侵某省建设网评标专家数据库，窃取、转卖评标专家名单等信息；胡某主要负责组织多家公司参与围标、转卖中标工程项目；何某主要负责利用窃取的专家名单有针对性地向评标专家行贿。全案涉及四川等省

17个市州92个建设工程项目，涉案工程项目金额近20亿元，季某、胡某、何某等主要犯罪嫌疑人通过犯罪非法获利2 000余万元。

经过经侦、情报、技侦、网监、巡特警等多部门联动，历时近5个月，专案组一举破获了以季某、胡某、何某等人为首实施串通投标等犯罪的"5·02"案。

【评析】 上述案件犯罪集团通过"黑客"入侵评标专家数据库，精准掌握评标专家个人信息，比起以往的操作手法还要技高一筹。该案办案民警表示：评标专家会根据招标书中提出的要求，与各投标公司提供的标书一一比对，被"勾兑"的评标专家，不会对关照其指定的公司挑毛病，这也是被勾兑后评标时心照不宣的事。这样一来，关照指定的公司很容易成为综合得分最高的公司，该公司通常就会作为中标单位进行公示，若无意外就会拿到中标通知书。而被"勾兑"成功的评标专家一般会因标的大小，拿到几千元到上万元的贿赂。

由此可见开标过程的复杂性和评标专家的重要性。

——资料来源："黑客"窃走评标专家名单行贿揽下20亿工程．成都商报电子版．2014-05-14. https://e.chengdu.cn/html/2014/05/14/content_469327.htm

4.1 开标

开标是招投标活动的一项重要程序。招标人在投标截止时间的同一时间，按招标文件规定的开标地点组织公开开标，开标会应邀请所有投标人的法定代表人或其委托代理人参加，并通知有关监督机构代表到场监督，如需要也可邀请公证机构人员到场公证。

开标会议的参加人、开标时间、开标地点等要求都必须事先在招标文件里表述清楚、准确，并在开标前做好周密的组织。招标文件公布的开标时间、地点、程序和内容一般不得变更，如有特殊原因需要变更，则应按招标文件的约定，及时发函通知所有潜在投标人。

4.1.1 开标准备工作

开标准备工作主要包括以下四个方面：

1. 投标文件接收

招标人应当安排专人，在招标文件指定地点接收投标人递交的投标文件，招标人应当如实记载投标文件的送达时间和密封情况，并存档备查。

未通过资格预审、逾期送达、不按照招标文件要求密封的投标文件，招标人应当拒收。

2. 开标现场

招标人应保证受理的投标文件不丢失、不损坏、不泄密，并组织工作人员将投标截止时间前收到的投标文件运送到开标地点。

招标人应精细周全地准备好开标必备的现场条件，包括提前布置好开标会议室，准备好开标需要的设备、设施和服务等。

3. 开标资料

招标人应准备好开标资料，包括开标记录（一览）表、标底文件（如有）、投标文件、接收登记表、签收凭证等。招标人还应准备相关国家法律法规、招标文件及其澄清及修改内容,以备必要时使用。

4. 工作人员

招标人和参与开标会议的有关工作人员都应按时到达开标现场,包括主持人、开标人、唱标人、记录人、监标人及其他辅助人员等。

4.1.2 开标会程序

开标会一般由招标人或招标代理主持。开标会全过程应在投标人代表可视范围内进行,并做好记录。有条件的可全程录像,以备查验。

招标人应按照招标文件规定的程序开标,一般开标程序如下:

(1) 宣布开标纪律　主持人宣布开标纪律,对参与开标会议的人员提出会场要求,主要是开标过程中不得喧哗、通信工具调整到静音状态、按约定的方式提问等。任何人不得干扰正常的开标程序。

(2) 确认投标人代表身份　招标人可以按照招标文件的约定,当场核验参加开标会议的投标人、授权代表的授权委托书和有效身份证件,确认授权代表的有效性,并留存授权委托书和身份证件的复印件。法定代表人出席开标会的要出示其有效证件。

(3) 公布在投标截止时间前接收投标文件的情况　招标人在招标文件要求提交投标文件的截止时间前收到的所有投标文件,开标时都应当当众予以拆封,不能遗漏,否则构成对投标人的不公正对待。如果是投标文件的截止时间以后收到的投标文件,则应不予开启,原封不动地退回。

(4) 宣布有关人员姓名　开标会主持人介绍招标人代表、招标代理机构代表、监督人代表或公证人员等,依次宣布开标人、唱标人、记录人、监标人等有关人员姓名。

(5) 检查投标文件的密封情况　依据招标文件约定的方式,组织投标文件的密封检查可由投标人代表或招标人委托的公证人员检查,其目的在于检查开标现场的投标文件密封状况是否与招标文件约定和受理时的密封状况一致。

(6) 宣布投标文件开标顺序　主持人宣布开标顺序。如招标文件未约定开标顺序的,一般按照投标文件递交的顺序或倒序进行唱标。

(7) 公布标底　招标人设有参考标底的,予以公布。也可以在唱标后公布标底。

(8) 唱标　按照宣布的开标顺序当众开标。唱标人应按照招标文件约定的唱标内容,严格依据投标函及其附录唱标,并当即做好唱标记录。唱标内容一般包括投标函及投标函附录中的报价、备选方案报价(如有)、完成期限、质量目标、投标保证金等。

(9) 开标记录签字　开标会议应当做好书面记录,如实记录开标会的全部内容,包括开标时间、地点、程序,出席开标会的单位和代表,开标会程序、唱标记录、公证机构和公证结果(如有)等。投标人代表、招标人代表、监标人、记录人等应在开标记录上签字确认,存档备查。投标人代表对开标记录内容有异议的可以注明。

(10) 开标结束　完成开标会议的全部程序和内容后,主持人宣布开标会议结束。

4.1.3 开标注意事项

开标应注意事项如下:

1) 在投标截止时间前,投标人书面通知招标人撤回其投标的,无须进入开标程序。

2）至投标截止时间提交投标文件的投标人少于 3 家的，不得开标，招标人应将接收的投标文件原封不动地退回投标人，并依法重新组织招标。

3）开标过程中，投标人对开标有异议的，应当在开标现场提出，招标人应当当场做出答复，并制作记录，要求对开标过程中的重要事项进行记载。开标记录可以使权益受到侵害的投标人行使要求复查的权利，有利于确保招标人尽可能自我完善，加强管理，少出漏洞。此外，开标还有助于有关行政主管部门进行检查。

4）开标时，开标工作人员应认真核验并如实记录投标文件的密封、标志以及投标报价、投标保证金等开标、唱标情况，发现投标文件存在问题或投标人提出异议的，特别是涉及影响评标委员会对投标文件评审结论的，应如实记录在开标记录上。但招标人不应在开标现场对投标文件是否有效做出判断和决定，应递交评标委员会评定。

5）投标人应按招标文件约定参加开标，投标人不参加开标，视为默认开标结果，事后不得对开标结果提出异议。

4.2 评标

招标项目评标工作由招标人依法组建的评标委员会按照招标文件约定的评标方法、标准进行评标。

4.2.1 评标准备工作

招标人及其招标代理机构应为评标委员会评标做好以下评标准备工作：

1）准备评标需用的资料，如招标文件及其澄清与修改、标底文件、开标记录等。
2）准备评标相关表格。
3）选择评标地点和评标场所。
4）布置评标现场，准备评标工作所需工具。
5）妥善保管开标后的投标文件并运到评标现场。
6）评标安全、保密和服务等有关工作。

4.2.2 组建评标委员会

1. 评标专家资格

根据《招标投标法》《评标委员会和评标方法暂行规定》（2013 年修订）和《评标专家和评标专家库管理暂行办法》（2013 年修订）的规定，评标专家应符合的条件如下：

1）从事相关领域工作满 8 年并且具有高级职称或同等专业水平。
2）熟悉有关招投标的法律法规，并具有与招标项目相关的实践经验。
3）能够认真、公正、诚实、廉洁地履行职责。
4）身体健康，能够承担评标工作。
5）法规规章规定的其他条件。

专家入选评标专家库，采取个人申请和单位推荐两种方式。采取单位推荐方式的，应事先征得被推荐人同意。组建评标专家库的省级人民政府、政府部门或者招标代理机构，应当对申请人或被推荐人进行评审，决定是否接受申请或者推荐，并向符合规定条件的申请人或被推荐人颁发评标专家证书。

2. 评标专家的权利

1）接受专家库组建机构的邀请，成为专家库成员。

2）接受招标人依法选聘，担任招标项目评标委员会成员。

3）熟悉招标文件有关技术、经济、管理特征和需求，依法对投标文件进行客观评审，独立提出评审意见，抵制任何单位和个人的不正当干预。

4）获取相应的评标劳务报酬。

5）国家规定的其他权利。

3. 评标专家的义务

1）接受建立专家库机构的资格考核，如实申报个人有关信息资料。

2）遇到不得担任招标项目评标委员会成员的情况，应当主动回避。

3）为招标人负责，维护招标、投标双方合法利益，认真、客观、公正地对投标文件进行分析、评审、比较。

4）遵守评标工作程序和纪律规定，不得私自接触投标人，不得收受投标人或者其他利害关系人的财物，不得透露投标文件评审的有关情况。

5）自觉依法监督、抵制、反映和核查招标、投标、代理、评标活动中的虚假、违法和不规范行为，接受和配合有关行政监督部门的监督、检查。

6）国家规定的其他义务。

4. 组建评标组织

评标委员会依法组建，由招标人或者其委托的具备资格的招标代理机构负责组建，负责评标活动。

（1）评标委员会的构成　依法必须进行招标的工程，其评标委员会由招标人、招标代理机构熟悉相关业务的代表，以及有关技术、经济等方面的专家组成，成员人数为5人以上的单数，其中招标人代表不得超过成员总数的1/3，招标人或者招标代理机构以外的技术、经济等方面的专家不得少于成员总数的2/3。行政监督部门的工作人员不得担任本部门负责监督项目的评标委员会成员。

评标委员会设负责人的，评标委员会负责人由评标委员会成员推举产生或者由招标人确定。评标委员会负责人与评标委员会的其他成员有同等的表决权。

（2）评标专家的确定　评标委员会的专家成员应当从国务院有关部门或者省、自治区、直辖市人民政府有关部门提供的专家名册或者招标代理机构的专家库内的相关专家名单中确定。

评标专家采取随机抽取和直接确定两种方式。一般项目，可以采取随机抽取的方式；技术特别复杂、专业性要求特别高或者国家有特别要求的招标项目，采取随机抽取方式确定的专家难以胜任的，可以由招标人直接确定。任何单位和个人不得以明示、暗示等任何方式指定或者变相指定参加评标委员会的专家成员。

（3）评标专家的回避原则　评标专家有下列可能影响公正评标情况的，应当回避：

1）是投标人的雇员或投标人主要负责人的近亲属。

2）项目主管部门或者行政监督主管部门的人员。

3）与投标人有经济利益关系，可能影响对投标的公正评审。

4）曾因在招标、评标以及其他与招标有关的活动中从事违法行为而受过行政处罚或刑事处罚。

评标专家从发生和知晓上述规定情形之一起，应当主动回避评标。招标人可以要求评标专家签署承诺书，确认其不存在上述法定回避的情形。评标中，如发现某个评标专家存在法定回避情形的，该评标专家已经完成的评标结果无效，招标人应重新确定满足要求的专家替代。

延展阅读

评标委员会需要注意的问题

招标人组织评标委员会评标，应注意以下问题：

（1）评标委员会的职责是依据招标文件确定的评标标准和方法，对进入开标程序的投标文件进行系统评审和比较，无权修改招标文件中已经公布的评标标准和方法。

（2）评标委员会对招标文件中的评标标准和方法产生疑义时，招标人或其委托的招标代理机构要进行解释。

（3）招标人接收评标报告时，应核对评标委员会是否遵守招标文件确定的评标标准和方法、评标报告是否有算术性错误、签字是否齐全等内容，发现问题应要求评标委员会即时更正。

（4）评标委员会成员及招标人或其委托的招标代理机构参与评标的人员应该严格保密，不得泄露任何信息。评标结束后，招标人应将评标的各种文件资料、记录表收回归档。

4.2.3 评标原则、工作要求与纪律

1. 评标原则与工作要求

评标活动应当遵循公平、公正、科学、择优的原则。评标委员会应当按评标原则履行职责，对所提出的评审意见承担个人责任，评标工作应符合以下基本要求：

1）认真阅读招标文件，正确把握招标项目特点和需求。

2）全面审查、分析投标文件；投标文件是指进入了开标程序的所有投标文件，以及投标人依据评标委员会的要求对投标文件的澄清和说明。

3）评标委员会应当按照招标文件确定的评标标准和方法，对投标文件进行评审和比较，并对评标结果确认签字。招标文件中没有规定的标准和方法，评标时不得采用。

4）按法律规定推荐中标候选人或依据招标人授权直接确定中标人，完成评标报告。

2. 评标纪律

1）评标活动由评标委员会依法进行，任何单位和个人不得非法干预。无关人员不得参加评标会议。

2）评标委员会成员不得与任何投标人或者与招标有利害关系的人私下接触，不得收受

投标人、中介人以及其他利害关系人的财物或其他好处。

3）在评标活动中，评标委员会成员不得擅离职守，影响评标程序的正常进行。

4）与评标活动有关的工作人员不得收受他人的财物或者其他好处，与评标活动有关的工作人员不得擅离职守，影响评标程序的正常进行。

5）招标人或其委托的招标代理机构应当采取有效措施保证评标活动严格保密，有关评标活动参与人员应当严格遵守保密规则，不得泄露与评标有关的任何情况。其保密内容涉及：

① 评标地点和场所。
② 评标委员会成员名单。
③ 投标文件评审比较情况。
④ 中标候选人的推荐情况。
⑤ 与评标有关的其他情况等。

为此，招标人应采取有效措施，必要时，可以集中管理和使用与外界联系的通信工具等，同时禁止任何人员私自携带与评标活动有关的资料离开评标现场。

4.2.4 评标方法

评标方法包括经评审的最低投标价法（以下简称最低评标价法）、综合评估法或者法律法规允许的其他评标方法。《标准施工招标文件》中评标办法前附表由招标人根据招标项目具体特点和实际需要编制，用于进一步明确正文中的未尽事宜，但务必与招标文件中其他章节相衔接，并不得与《标准施工招标文件》正文内容相抵触，否则抵触内容无效。《标准施工招标文件》在列举前附表有关内容时，已经考虑了与其他章节和正文的衔接。

1. 最低评标价法

（1）适用范围　最低评标价法一般适用于具有通用技术、性能标准或者招标人对其技术、性能标准没有特殊要求的招标项目。

（2）评审比较的程序和原则

1）投标文件做出实质性响应，能够满足招标文件的实质性要求。

2）根据招标文件中规定的评标价格调整方法，对投标文件商务部分中的细微偏差、遗漏进行修正和调整。

3）不再对投标文件的技术部分进行价格折算，仅以商务部分折算的调整值作为比较基础。

4）经评审的最低投标价的投标，按照经评审的投标价由低到高的顺序推荐中标候选人，或根据招标人授权直接确定中标人，但投标报价低于其成本的除外；经评审的投标价相等时，投标报价低的优先；投标报价也相等的，由招标人自行确定。

2. 综合评估法

（1）适用范围　综合评估法一般适用于招标人对招标项目的技术、性能有特殊要求的招标项目。大型复杂工程及其他不宜采用经评审的最低投标价法的招标项目，一般应当采取综合评估法进行评审。

（2）评审比较的程序和原则

1）采用量化方式比较时，应当对投标文件做必要的调整，将量化指标建立在同一基础或者同一标准上，使各投标文件具有可比性。

2）对技术部分和商务部分进行量化后，评标委员会应当对这两部分的量化结果进行加权平均，计算出每一投标的综合评估价或者综合评估分。

3）根据招标文件的规定，允许投标人投备选标的，评标委员会可以对符合中标条件的投标人所投的备选标进行评审，以决定是否采纳备选标。不符合中标条件的投标人的备选标不予考虑。

4）对于划分有多个单项合同的招标项目，招标文件如果允许投标人为获得整个项目合同而提出优惠，评标委员会可以对投标人提出的优惠进行审查，以决定是否将招标项目作为一个整体合同授予中标人。

5）根据综合评估法，最大限度地满足招标文件中规定的各项综合评价标准的投标，按得分由高到低的顺序推荐中标候选人或根据招标人授权直接确定中标人，但投标报价低于其成本的除外。综合评分相等时，以投标报价低的优先；投标报价也相等的，由招标人自行确定。

4.2.5 初步评审

初步评审是评标委员会按照招标文件确定的评标标准和方法，对投标文件进行形式、资格、响应性评审，以判断投标文件是否存在重大偏离或保留，是否实质上响应了招标文件的要求。经评审认定投标文件没有重大偏离，实质上响应招标文件要求的，才能进入详细评审。投标文件进行初步评审有一项不符合评审标准的，应否决其投标。

投标文件的初步评审内容包括形式评审、资格评审和响应性评审。采用最低评标价法时，还应对施工组织设计和项目管理机构的合格响应性进行初步评审。

1. 形式评审

1）投标文件格式、内容组成（如投标函、法定代表人身份证明、授权委托书等），是否按照招标文件规定的格式和内容填写，字迹是否清晰可辨。

2）投标文件提交的各种证件或证明材料是否齐全、有效和一致，包括营业执照、资质证书、相关许可证、相关人员证书、各种业绩证明材料等。

3）投标人的名称、经营范围等与投标文件中的营业执照、资质证书、相关许可证是否一致、有效。

4）投标文件法定代表人身份证明或法定代表人的代理人是否有效，投标文件的签字、盖章是否符合招标文件规定；如有授权委托书，则授权委托书的内容和形式是否符合招标文件规定。

5）如有联合体投标，应审查联合体投标文件的内容是否符合招标文件的规定，包括联合体协议书、牵头人、联合体成员数量等。

6）投标报价是否唯一。一份投标文件只能有一个投标报价，在招标文件没有规定的情况下，不得提交选择性报价，如果提交了调价函，则应审查调价函是否符合招标文件规定。

2. 资格评审

资格评审的因素一般包括营业执照、安全生产许可证、资质等级、财务状况、类似项目业绩、信誉、项目经理、其他要求、联合体投标人等。该部分内容分为以下两种情况：

（1）资格后审　评审标准必须与投标人须知前附表中对投标人资质、财务、业绩、信誉、项目经理的要求以及其他要求一致，招标人要特别注意在投标人须知中补充和细化的要求，应在评标办法中体现出来。

（2）资格预审　评审标准必须与资格预审文件资格审查办法详细审查标准保持一致。在递交资格预审申请文件后、投标截止时间前发生可能影响其资格条件或履约能力的新情况的，应按照招标文件中投标人须知的规定提交更新或补充资料，对其更新或补充资料进行评审。

3. 响应性评审

1）投标内容范围是否符合招标范围和内容，有无实质性偏差。

2）项目完成工期，投标文件载明的完成项目的时间是否符合招标文件规定的时间，并应提供响应时间要求的进度计划安排的图表等。

3）项目质量要求，投标文件是否符合招标文件提出的工程质量目标、标准要求。

4）投标有效期，投标文件是否承诺招标文件规定的有效期。

5）投标保证金，投标人是否按照招标文件规定的时间、方式、金额及有效期递交投标保证金或银行保函。

6）投标报价，投标人是否按照招标文件规定的内容范围及工程量清单进行报价，是否存在算术性错误，并需要按规定修正。招标文件设有招标控制价的，投标报价不能超过招标控制价，是否可以等于招标控制价，应根据具体招标文件的规定。

7）合同权利和义务。投标文件中是否完全接受并遵守招标文件合同条件约定的权利、义务，是否对招标文件合同条款有重大保留、偏离和不响应内容。

8）技术标准和要求。投标文件的技术标准是否响应招标文件要求。

4. 重大偏差与细微偏差

投标文件对招标文件实质性要求和条件响应的偏差分为重大偏差和细微偏差两类。评标委员会应当根据招标文件，审查并逐项列出投标文件的全部投标偏差。

（1）重大偏差

1）没有按照招标文件要求提供投标担保或者所提供的投标担保有瑕疵。

2）没有按照招标文件要求由投标人授权代表签字并加盖公章。

3）投标文件记载的投标项目完成期限超过招标文件规定的完成期限。

4）明显不符合技术规格、技术标准的要求。

5）投标文件记载的货物包装方式、检验标准和方法等不符合招标文件的要求。

6）投标附有招标人不能接受的条件。

7）不符合招标文件中规定的其他实质性要求。

投标文件有上述情形之一的，视为非实质性响应标，并按废标处理。招标文件对重大偏差另有规定的，从其规定。

（2）细微偏差　细微偏差是指投标文件基本上符合招标文件要求，但在个别地方存在漏项或者提供了不完整的技术信息和数据等情况，并且补正这些遗漏或者不完整不会对其他投标人造成不公平的结果。

1）细微偏差的处理。对招标文件的响应存在细微偏差的投标文件仍属于有效投标书，应书面要求存在细微偏差的投标人在评标结束前予以补正。澄清、说明或者补正应以书面方式进行并不得超出投标文件的范围或者改变投标文件的实质性内容。

2) 报价错误的修正。评标委员会应当要求存在细微偏差的投标人在评标结束前予以补正。拒不补正的，在详细评审时可以对细微偏差做不利于该投标人的量化，量化标准应当在招标文件中规定。修正原则如下：

① 投标文件中的大写金额和小写金额不一致的，以大写金额为准。

② 总价金额与单价金额不一致的，以单价金额为准，但单价金额小数点有明显错误的除外。

③ 正本与副本不一致时，以正本为准。

目前，投标报价算术性修正的原则并没有形成统一的认识。实践中的一般做法是在投标总报价不变的前提下，修正投标报价单价和费用构成。

【例 4-1】某医院住院楼进行公开招标，招标文件中的工程量清单按我国《建设工程工程量清单计价规范》(GB 50500—2013)编制。某投标人对部分结构工程的报价单如表 4-1 所示。

表 4-1 投标人对部分结构工程的报价单

序号	项目编码	项目名称	工程数量	单位	单价（元）	合价（元）
15	（略）	带形基础 C40	863.00	m^3	474.65	409 622.95
16	（下同）	满堂基础 C40	3 904.00	m^3	471.42	1 540 423.68
18		设备基础 C30	40.00	m^3	415.98	16 639.20
31		矩形柱 C50	138.54	m^3	504.76	69 929.45
35		异形柱 C60	16.46	m^3	536.03	8 823.05
41		矩形梁 C40	269.00	m^3	454.02	132 131.38
47		矩形梁 C30	54.00	m^3	413.91	22 351.14
51		直形墙 C50	606.00	m^3	472.69	286 450.14
61		楼板 C40	1 555.00	m^3	45.11	701 460.05
71		直形楼梯	217.00	m^3	117.39	25 473.63
91		预埋铁件	1.780	t		
101		钢筋（网、笼）制作、运输、安装	13.710	t	4 998.96	68 535.74

[问题]

请指出表 4-1 中投标人对部分结构工程的报价单的不当之处，并说明应如何处理。

[分析]

在工程量清单计价模式条件下对投标价的审核，要注意用数字表示的数额与用文字表示的数额的一致性，单价和工程量的乘积与相应合价的一致性，有无报价漏项等问题。在本案例中，仅涉及后两个问题。我国《工程建设项目施工招标投标办法》规定，用数字表示的数额与用文字表示的数额不一致时，以文字数额为准；单价与工程量的乘积与总价（该部门规章原文如此，实际应为"合价"）之间不一致时，以单价为准；若单价有明显的小数点错位，则应以总价为准，并修改单价。另外，若投标人对工程量清单中列明的某些项目的费用并入其他项目报价，则即使今后该项目的实际工程量大幅增加，也不增加相应的工程款。

答： 投标人的报价单中有下列不当之处：

（1）满堂基础 C40 的合价 1 540 423.68 元数值错误，其单价合理，故应以单价为准，将其合价修改为 1 840 423.68 元。

（2）矩形梁 C40 的合价 132 131.38 元数值错误，其单价合理，故应以单价为准，将其合价修改为 122 131.38 元。

（3）楼板 C40 的单价 45.11 元/m^3 显然不合理，参照矩形梁 C40 的单价 454.02 元/m^3 和楼板 C40 的合价 701 460.05 元可以看出该单价有明显的小数点错位，故应以合价为准，将原单价修改为 451.10 元/m^3。

（4）对预埋铁件未报价，这不影响其投标文件的有效性，也不必做特别的处理，可以认为投标人已将预埋铁件的费用并入其他项目（如矩形柱和矩形梁）报价，今后工程款结算中将没有这一项目内容。

延展阅读

"串通投标"的情形

在评标过程中，评标委员会发现投标人以他人的名义投标、串通投标、以行贿手段谋取中标或者以其他弄虚作假方式投标的，该投标人的投标应做废标处理。《招标投标法实施条例》规定的串通投标情形如下：

（1）有下列情形之一的，属于投标人相互串通投标：
1）投标人之间协商投标报价等投标文件的实质性内容。
2）投标人之间约定中标人。
3）投标人之间约定部分投标人放弃投标或者中标。
4）属于同一集团、协会、商会等组织成员的投标人按照该组织要求协同投标。
5）投标人之间为谋取中标或者排斥特定投标人而采取的其他联合行动。

（2）有下列情形之一的，视为投标人相互串通投标：
1）不同投标人的投标文件由同一单位或者个人编制。
2）不同投标人委托同一单位或者个人办理投标事宜。
3）不同投标人的投标文件载明的项目管理成员为同一人。
4）不同投标人的投标文件异常一致或者投标报价呈规律性差异。
5）不同投标人的投标文件相互混装。
6）不同投标人的投标保证金从同一单位或者个人的账户转出。

（3）有下列情形之一的，属于招标人与投标人串通投标：

1) 招标人在开标前开启投标文件并将有关信息泄露给其他投标人。
2) 招标人直接或者间接向投标人泄露标底、评标委员会成员等信息。
3) 招标人明示或者暗示投标人压低或者抬高投标报价。
4) 招标人授意投标人撤换、修改投标文件。
5) 招标人明示或者暗示投标人为特定投标人中标提供方便。
6) 招标人与投标人为谋求特定投标人中标而采取的其他串通行为。

5. 初步评审阶段内容差异

综合评估法与最低评标价法初步评审标准的参考因素与评审标准等方面基本相同，只是综合评估法初步评审标准包含形式评审标准、资格评审标准和响应性评审标准三部分。两者之间的差异主要在于综合评估法需要在评审的基础上按照一定的标准进行分值或货币量化。

（1）施工组织设计和项目管理机构评审（最低评标价法） 采用最低评标价法时，应看投标文件的施工组织设计和项目管理机构的各项要素是否符合招标文件要求。

施工组织设计和项目管理机构评审的因素一般包括施工方案与技术措施、质量管理体系与措施、安全管理体系与措施、环境保护管理体系与措施、工程进度计划与措施、资源配备计划、技术负责人、其他主要成员、施工设备、试验和检测仪器设备等。

针对不同项目特点，招标人可以对施工组织设计和项目管理机构的评审因素及其标准进行补充、修改和细化，如施工组织设计中可以增加对施工总平面图、施工总承包的管理协调能力等评审指标，项目管理机构中可以增加项目经理的管理能力，如创优能力、创文明工地能力以及其他一些评审指标等。

（2）分值或货币量化方法（综合评估法）

1）分值构成。评标委员会根据项目实际情况和需要，将施工组织设计、项目管理机构、投标报价及其他评分因素分配一定的权重或分值及区间。例如100分为满分，可以考虑施工组织设计分值为25分，项目管理机构为10分，投标报价为60分，其他评分因素为5分。

2）评标基准价。评标基准价的计算方法应在评标办法中明确。招标人可依据招标项目的特点、行业管理规定给出评标基准价的计算方法。需要注意的是，招标人需要在评标办法中明确有效报价的含义，是否只有有效投标报价才能参与评标基准价的计算，以及不可竞争费用的处理。

延展阅读

评标基准价的基本方式

评标基准价根据各投标人的投标报价（或评标价）确定，它是投标人报价得分的评审依据。评标基准价的确定方式比较多样，其基本原理主要包括：

1. 算术平均值法

以所有通过初步评审合格的投标人（招标人设有招标控制价的，则投标总报价高于招标控制价的除外）的投标总报价中去掉1/6（不能整除的按小数点前整数取整，不足六家报价则不去掉）的最低价和相同家数的最高价后的算术平均值为基准价。此方法适用于各种类型的招标，不鼓励低价，价格相对合理。

2. 降幅系数法

以所有投标报价（或评标价）的算术平均值乘以降幅系数确定基准价，而降幅系数是通过现场摇号确定的，一般为1%、3%、5%等。此方法主要适合工程施工招标，投标人数较多，相对公平，能防止围标。

3. 权重法

以控制价和各投标报价（或评标价）算术平均值乘以相应权重比例确定基准价，而权重比例的大小也可通过摇号确定，如控制价占基准价的30%，则各投标报价（或评标价）的算术平均值占基准价的70%。此方法主要适合工程施工招标，投标人数较多，相对公平，能防止围标，但得分高的投标价相对降幅系数法较高。

4. 最低投标价法

以投标价（或评标价）中最低或次低（但低于成本除外）为基准价。此方法常用在货物类招标中，但特别要注意货物的质量、技术指标是否满足要求。

以上四种方式，在实际应用时可以单一使用，也可以多种方式结合混合使用。应对参与评标基准价计算的投标报价做出范围规定，如大多数地区规定只有有效投标报价才能参与评标基准价的计算，对有效投标报价的定义是指符合招标文件规定并未废标，且报价未超出招标控制价（如有，包括最高限价、拦标价）的投标报价。

3）投标报价的偏差率。投标报价的偏差率的计算公式如下：

$$偏差率 = 100\% \times (投标人报价 - 评标基准价) / 评标基准价$$

4）评分标准。招标人应当明确施工组织设计、项目管理机构、投标报价和其他因素的评分因素、评分标准，以及各评分因素的权重。例如，某项目招标文件对施工方案与技术措施规定的评分标准为：施工方案及施工方法先进可行，技术措施针对工程质量、工期和施工安全生产有充分保障为11~12分；施工方案先进，方法可行，技术措施针对工程质量、工期和施工安全生产有保障为8~10分；施工方案及施工方法可行，技术措施针对工程质量、工期和施工安全生产基本有保障为6~7分；施工方案及施工方法基本可行，技术措施针对工程质量、工期和施工安全生产基本有保障为1~5分。

招标人还可以依据项目特点及行业、地方管理规定，增加一些标准招标文件中已经明确的施工组织设计、项目管理机构及投标报价外的其他评审因素及评分标准，作为补充内容。

4.2.6 详细评审

详细评审是经初步评审合格的投标文件，评标委员会应当根据招标文件确定的评标标准和方法，对其技术部分和商务部分做进一步评审、比较。

1. 最低评标价法的详细评审

（1）最低评标价法的详细评审内容 最低评标价法的详细评审是折算评标价。最低评标价法是指评审过程中以该标书的报价为基数，将预定的报价之外需要评定要素按预先规定的折算办法换算为货币价值，按照投标书对招标人有利或不利的原则，在其报价上增加或扣减一定金额，最终构成评标价格。评审价格最低的投标书为最优标书。

(2) 最低评标价法的特点

1) 进入量化比较阶段的标书必须是经过评标委员会审核的可以接受的标书，即施工组织、施工技术、拟投入的人员、施工机具、质量保证体系等方面合理，实施过程不会给招标人带来较大风险的投标书。

2) 横向量化比较的要素比综合评估法的要素项少，简化了评比内容。

3) 以价格作为量化的基本单位。

4) 从建筑产品也是商品的角度出发，评审价格反映了购买建筑产品的价格-功能比。因此需要预先确定比较的内容和折算成一定价格的方法。

5) 评审价格（评标价）既不是投标价，也不是中标价，只是作为评审标书优劣的衡量方法，评标价最低的投标书为最优。

6) 定标签订合同时，仍以该投标人的报价作为中标的合同价。

(3) 评审量化折算　由于评审比较内容中有些项目是直接用价格（元）表示的，但也有某些要素的基本单位不是价格，如投标工期的单位是月（或日），所以需要用一定的方法将其折算为价格，以便在投标价上予以增减。可以折算成价格的评审要素一般包括：

1) 投标书承诺的工期提前给项目可能带来的超前收益，以月为单位按预定计算规则折算为相应的货币值，从该投标人的报价内扣减此值。

2) 实施过程中必然发生而标书又明显漏报的部分，给予相应的补项，增加到报价上去。例如，施工现场所在地必须缴纳的某些地方税在报价中未包括，而在工程施工过程中一定会发生且将作为施工成本出现，则应把此笔费用加到评标价中，以评定投标人漏报这笔费用在实施过程中可能给发包人带来的风险。

3) 技术建议可能带来的实际经济效益，按预定的比例折算后，在投标价内减去该值。

4) 投标书内提出的优惠条件可能给招标人带来的好处，以开标日为准，按一定的方法折算后，作为评审价格因素之一。例如，招标文件中说明工程预付款为合同价的20%，投标人在标书内承诺只要求发包方支付15%的预付款，则少要的5%预付款是发包人资金不到位向银行少付的利息，也可以按一定的方法或比例折算为若干费用计加到评标价内。

5) 对其他可以折算为价格的要素，按照对招标人有利或不利的原则，增加或减少到投标报价上去。

【例4-2】　某公路施工招标采用最低评标价法评标，招标文件中规定招标控制价为1 000万元。评标的原则是对可接受的标书进行比较时，评标价考虑工期和临时用地，其折算办法如下：

工期：在24~30个月内均为合理工期，评标时以24个月为基准，每增加1个月在报价上加10万元。

临时用地：在200~300亩⊖内均为合理用地，评标时以临时用地250亩为基准，临时用地每增加1亩，用地费就在报价上加1万元；每减少1亩用地，在报价上就减少1万元。

⊖　1亩=666.67m^2。

通过初步评审可接受的投标人有 5 家，报价和经算术性错误修正后报价情况如表 4-2 所示。

表 4-2　各单位投标情况表

投 标 人	报价（万元）	修正后报价（万元）	投标工期（月）	临时用地/亩
A	950	1 000	24	240
B	980	950	25	260
C	980	980	26	260
D	990	990	24	240
E	960	950	27	270

[问题]　请采用经评审的最低投标价法确定中标单位。

解：评标价的计算如表 4-3 所示。

表 4-3　评标价计算表

投标人	投 标 情 况			评标价增减额（万元）		评标价（万元）
	修正后报价（万元）	投标工期（月）	临时用地/亩	投标工期	临时用地	
A	1 000	24	240	0×10=0	-10×1=-10	990
B	950	25	260	1×10=10	10×1=10	970
C	980	26	260	2×10=20	10×1=10	1 010
D	990	24	240	0×10=0	-10×1=-10	980
E	950	27	270	3×10=30	20×1=20	1 000

由表 4-3 中评标价的计算结果可见，经评审最低价投标人 B 最低为 970 万元，将工程授予投标人 B，中标价为 950 万元。

2. 综合评估法的详细评审

（1）综合评估法的详细评审内容　综合评估法的详细评审是综合评分。综合评估法的详细评审是一个综合评价过程，详细评审内容通常包括投标报价、施工组织设计、项目管理机构、其他因素等。评标委员会可使用打分的方法或者其他方法（货币折算），衡量投标文件最大限度地满足招标文件中规定的各项评价标准的响应程度。

（2）投标报价的评审　根据评标基准价即可计算投标报价评分，通常采用等于评标基准价的投标报价得满分，每高于或低于评标基准价一个百分点扣一定的分值，可用式（4-1）表示。

$$F_1 = F - \frac{|D_1 - D|}{D} \times 100 \times E \tag{4-1}$$

式中　F_1——投标报价得分；
　　　F——投标报价分值权重；
　　　D_1——投标人的投标报价；

D——评标基准价；

E——设定投标报价高于或低于评标基准价一个百分点应该扣除的分值，$D_1 \geq D$ 时的 E 值可比 $D_1 < D$ 的 E 值大。

(3) 综合评估得分计算　评标委员会按规定的量化因素和分值进行打分，并计算出综合评估得分。

1）按表 4-4 规定的评审因素和分值对施工组织设计计算出得分 A。
2）按表 4-4 规定的评审因素和分值对项目管理机构计算出得分 B。
3）按表 4-4 规定的评审因素和分值对投标报价计算出得分 C。
4）按表 4-4 规定的评审因素和分值对其他部分计算出得分 D。
5）投标人得分 $=A+B+C+D$。一般招标文件规定评分分值计算保留小数点后两位，小数点后第三位"四舍五入"。

表 4-4　评审内容与分值构成表

评审内容		分值构成
总分 100 分		施工组织设计：___分 项目管理机构：___分 投标报价：___分 其他评分因素：___分
评标基准价计算方法		按招标文件
投标报价的偏差率计算公式		偏差率＝100%×(投标人报价－评标基准价)/评标基准价
施工组织设计评分标准	内容完整性和编制水平	…
	施工方案与技术措施	…
	质量管理体系与措施	…
	安全管理体系与措施	…
	环境保护管理体系与措施	…
	工程进度计划与措施	…
	资源配备计划	…
	⋮	⋮
项目管理机构评分标准	项目经理任职资格与业绩	…
	技术负责人任职资格与业绩	…
	其他主要人员	…
	…	…
投标报价评分标准	偏差率	…
	⋮	⋮
其他因素评分标准	⋮	⋮

【例 4-3】某大型工程复杂且技术难度大，对同类工程施工经验要求高。业主在对有关单位及其在建工程考察的基础上，仅邀请了 3 家国有特级施工企业参加投标，并预先与咨询

单位和该 3 家施工单位共同研究确定了施工方案,业主要求投标单位将技术标和商务标分别装订报送。招标文件中规定采用综合评估法进行评标,具体的评标标准如下:

(1) 技术标共 35 分。其中施工方案 15 分(因已确定施工方案,各投标单位均得 15 分)、施工总工期 10 分、工程质量 10 分。满足业主总工期要求(36 个月)者得 4 分,每提前 1 个月加 1 分,不满足者为废标;业主希望该工程今后能被评上鲁班工程奖,自报工程质量合格者得 4 分,承诺将该工程评上鲁班工程奖者得 6 分(若该工程未被评上鲁班工程奖将扣罚合同价的 2%,该款项在竣工结算时暂不支付给承包人),近 3 年内获鲁班工程奖每项加 2 分,获詹天佑工程奖每项加 1 分。

(2) 商务标共 65 分。标底 35 500 万元,报价比标底每下降 1%,扣 1 分,每上升 1% 扣 2 分(计分按四舍五入取整)。

(3) 招标文件评标办法规定:商务标评分分值计算保留小数点后两位,小数点后第三位"四舍五入"。

各投标单位的有关情况如表 4-5 所示。

表 4-5 投标参数汇总表

投标单位	报价(万元)	总工期(月)	自报工期质量	鲁班工程奖(项)	詹天佑工程奖(项)
A	35 798	33	优良	1	1
B	34 368	31	优良	0	2
C	33 865	32	合格	0	1

[问题] 请按综合得分最高者中标的原则确定中标单位。

解:(1) 计算各投标单位的技术标得分,如表 4-6 所示。

表 4-6 技术标得分计算表

投标单位	施工方案(分)	总工期(分)	工程质量(分)	技术标得分(分)
A	15	4+(36-33)×1=7	6+2+1=9	31
B	15	4+(36-31)×1=9	6+1×2=8	32
C	15	4+(36-32)×1=8	4+1=5	28

(2) 计算各投标单位的商务标得分,如表 4-7 所示。

表 4-7 商务标得分计算表

投标单位	报价(万元)	偏 差 率	扣分(分)	商务标得分(分)
A	35 798	(35 798-35 500)/35 500×100%=0.84%	0.84×2=1.68	65-1.68=63.32
B	34 368	(34 368-35 500)/35 500×100%=-3.19%	3.19×1=3.19	65-3.19=61.81
C	33 865	(33 865-35 500)/35 500×100%=-4.61%	4.61×1=4.61	65-4.61=60.39

(3) 计算各投标单位的综合得分,如表 4-8 所示。

表 4-8　综合得分计算表

投 标 单 位	技术标得分（分）	商务标得分（分）	综合得分（分）
A	31	63.32	94.32
B	32	61.81	93.81
C	28	60.39	88.39

因为 A 综合得分最高，故应选择 A 为中标单位。

4.2.7　投标文件的澄清、说明和补正

投标文件中有含义不明确的内容、明显文字或者计算错误，评标委员会认为需要投标人做出必要澄清、说明或者对细微偏差进行补正的，应当书面通知该投标人。

1）评标委员会不得暗示或者诱导投标人做出澄清、说明，不得接受投标人主动提出的澄清、说明。

2）投标人的澄清、说明应当采用书面形式，并不得超出投标文件的范围或者改变投标文件的实质性内容（算术性错误修正的除外）。投标人的书面澄清、说明和补正属于投标文件的组成部分。

3）评标委员会对投标人提交的澄清、说明或补正有疑问的，可以要求投标人进一步澄清、说明或补正，直至满足评标委员会的要求。

4）评标委员会发现投标人的报价明显低于其他投标报价，或者在设有标底时明显低于标底，使得其投标报价可能低于其个别成本的，应当要求该投标人做出书面说明并提供相应的证明材料。投标人不能合理说明或者不能提供相应证明材料的，由评标委员会认定该投标人以低于成本报价竞标，其投标做废标处理。

4.2.8　评标报告

1. 评标报告的内容

评标委员会完成评标后，应当向招标人提出书面评标报告，阐明评标委员会对投标文件的评审和比较意见，并抄送有关行政监督部门。评标报告应当如实记载以下内容：

1）基本情况和数据表。
2）评标委员会成员名单。
3）开标记录。
4）符合要求的投标一览表。
5）评标标准、评标方法或者评标因素一览表。
6）经评审的价格或者评分比较一览表。
7）经评审的投标人排名。
8）推荐的中标候选人名单与签订合同前要处理的事宜。
9）澄清、说明、补正事项纪要。

2. 评标报告的签字

评标报告由评标委员会全体成员签字。对评标结论和建议持有异议的评标委员可以书面

方式阐述其不同意见和理由。评标委员会成员拒绝在评标报告上签字且不陈述其不同意见和理由的，视为同意评标结论和建议。评标委员会负责人应当对此做出书面说明并记录在案。

评标委员会向招标人提交书面评标报告和建议后，评标委员会即告解散。评标过程中使用的文件、表格以及其他资料应当立即归还招标人。

4.3 定标

4.3.1 推荐中标候选人的原则

评标委员会推荐的中标候选人应当限定在 1~3 名，并标明排列顺序。根据《招标投标法》，推荐中标候选人的原则如下：

1）采用综合评估法的，应能够最大限度地满足招标文件中规定的各项综合评价标准。

2）采用经评审的最低投标价法的，应能够满足招标文件的实质性要求，并且经评审的投标价格最低。但中标人的投标价格应不低于其成本价。

4.3.2 确定中标人的步骤

1. 中标候选人公示

依法必须进行招标的项目，招标人应当自收到评标报告之日起 3 日内公示中标候选人，公示期不得少于 3 日。投标人或者其他利害关系人对依法必须进行招标的项目的评标结果有异议的，应当在中标候选人公示期间提出。招标人应当自收到异议之日起 3 日内做出答复；做出答复前，应当暂停招投标活动。

2. 公示结果

确定中标人一般在评标结果已经公示，没有质疑、投诉或质疑、投诉均已处理完毕时。

3. 确定中标人

国有资金占控股或者主导地位的依法必须进行招标的项目，招标人应当确定排名第一的中标候选人为中标人。排名第一的中标候选人放弃中标、因不可抗力不能履行合同、不按照招标文件要求提交履约保证金，或者被查实存在影响中标结果的违法行为等情形，不符合中标条件的，招标人可以按照评标委员会提出的中标候选人名单排序依次确定其他中标候选人为中标人，也可以重新招标。

中标候选人的经营、财务状况发生较大变化或者存在违法行为，招标人认为可能影响其履约能力的，应当在发出中标通知书前由原评标委员会按照招标文件规定的标准和方法审查确认。

此外，如果招标人授权评标委员会直接确定中标人的，应在评标报告形成后确定中标人。

4.3.3 中标通知书与招标备案

1. 中标通知书

中标通知书是指招标人在确定中标人后向中标人发出的书面文件。中标通知书的内容应当简明扼要，通常只需告知投标人招标项目已经中标，并确定签订合同的时间、地点即可。

中标通知书发出后，对招标人和中标人均具有法律约束力，如果招标人改变中标结果的，或者中标人放弃中标项目的，应当依法承担相应的法律责任。

1）中标人确定后，招标人应当向中标人发出中标通知书，并同时将中标结果通知所有未中标的投标人。

2）中标通知书的发出时间不得超过投标有效期的时效范围。

3）中标通知书需要载明签订合同的时间和地点。需要对合同细节进行谈判的，中标通知书上需要载明合同谈判的有关安排。

4）中标通知书可以载明提交履约担保等投标人需注意或完善的事项。

中标通知书和中标结果通知书的格式如下：

中标通知书

_____（中标人名称）：

你方于_____（投标日期）所递交的_____（项目名称）_____标段施工投标文件已被我方接受，被确定为中标人。

中标价：____元。

工期：____日历天。

工程质量：符合_____标准。

项目经理：_____（姓名）。

请你方在接到本通知书后的____日内到_____（指定地点）与我方签订施工承包合同，在此之前按招标文件第二章"投标人须知"第7.3款规定向我方提交履约担保。

特此通知。

招标人：_____（盖单位章）

法定代表人：_____（签字）

____年__月__日

中标结果通知书

_____（未中标人名称）：

我方已接受_____（中标人名称）于_____（投标日期）所递交的_____（项目名称）_____标段施工投标文件，确定_____（中标人名称）为中标人。

感谢你单位对我们工作的大力支持！

招标人：_____（盖单位章）

法定代表人：_____（签字）

____年__月__日

2. 招标备案

依法必须进行施工招标的工程，招标人应当自确定中标人之日起15日内，向工程所在地的县级以上地方人民政府建设行政主管部门或者工程招投标监督管理机构提交施工招投标情况的书面报告。书面报告应当包括下列内容：

1）招标人编写的招投标情况书面报告。

2）评标委员会编写的评标报告。

3）中标人的投标文件。

4）中标通知书。
5）建设项目的年度投资计划或立项批准文件。
6）经备案的工程项目报建登记表。
7）建设工程施工招标备案登记表。
8）项目法人单位的法人身份证明书和授权委托书。
9）招标公告或投标邀请书。
10）投标报名表及合格投标人名单。
11）招标文件或资格预审文件（采用资格预审时）。
12）自行招标有关人员的证明资料。
13）如委托工程招标代理机构招标，则需要委托方和代理方签订的"委托工程招标代理合同"。

县级以上地方人民政府建设行政主管部门或者工程招投标监督机构自收到书面报告之日起5个工作日未提出异议的，招标人可以向中标人发出中标通知书，并将中标结果通知所有未中标的投标人。

4.3.4 签订合同及提交履约担保

工程施工合同协议是依据招标人与中标人按照招投标及中标结果形成的合同关系，为按约定完成招标工程建设项目，明确双方责任、权利、义务关系而签订的合同协议书。

1. 签订合同

招标人和中标人应当自中标通知书发出之日起30日内，依照《招标投标法》和《招标投标法实施条例》的规定签订书面合同，合同的标的、价款、质量、履行期限等主要条款应当与招标文件和中标人的投标文件的内容一致。招标人和中标人不得再行订立背离合同实质性内容的其他协议。

如果投标书内提出的某些非实质性偏离的不同意见发包人也同意接受时，双方应就这些内容通过谈判达成书面协议。通常的做法是，不改动招标文件中的通用条件和专用条件，将对某些条款协商一致后改动的部分在合同协议书附录中予以明确。合同协议书附录经过双方签字后将作为合同的组成部分。

2. 提交履约保证金

招标文件要求中标人提交履约保证金的，中标人应当按照招标文件的要求提交。履约保证金不得超过中标合同金额的10%。履约担保可以采用银行出具的履约保函或招标人可以接受的企业法人提交的履约保证书其中的任何一种形式。若中标人不能按时提供履约保证，则可以视为投标人违约，没收其投标保证金，招标人再与下一位候选中标人商签合同。按照建设法规的规定，当招标文件中要求中标人提供履约保证时，招标人也应当向中标人提供工程款支付担保。

3. 退还投标保证金

按照建设法规的规定，招标人最迟应当在书面合同签订后5日内向中标人和未中标的投标人退还投标保证金及银行同期存款利息。除不可抗力外，中标人不与招标人签订合同的，招标人可以没收其投标保证金；招标人不与中标人签订合同的，应当向中标人双倍返还投标保证金。给对方造成损失的，应依法承担赔偿责任。

延展阅读

《电子招标投标办法》第五章"电子开标、评标和中标"

第二十九条 电子开标应当按照招标文件确定的时间,在电子招标投标交易平台上公开进行,所有投标人均应当准时在线参加开标。

第三十条 开标时,电子招标投标交易平台自动提取所有投标文件,提示招标人和投标人按招标文件规定方式按时在线解密。解密全部完成后,应当向所有投标人公布投标人名称、投标价格和招标文件规定的其他内容。

第三十一条 因投标人原因造成投标文件未解密的,视为撤销其投标文件;因投标人之外的原因造成投标文件未解密的,视为撤回其投标文件,投标人有权要求责任方赔偿因此遭受的直接损失。部分投标文件未解密的,其他投标文件的开标可以继续进行。

招标人可以在招标文件中明确投标文件解密失败的补救方案,投标文件应按照招标文件的要求做出响应。

第三十二条 电子招标投标交易平台应当生成开标记录并向社会公众公布,但依法应当保密的除外。

第三十三条 电子评标应当在有效监控和保密的环境下在线进行。

根据国家规定应当进入依法设立的招标投标交易场所的招标项目,评标委员会成员应当在依法设立的招标投标交易场所登录招标项目所使用的电子招标投标交易平台进行评标。

评标中需要投标人对投标文件澄清或者说明的,招标人和投标人应当通过电子招标投标交易平台交换数据电文。

第三十四条 评标委员会完成评标后,应当通过电子招标投标交易平台向招标人提交数据电文形式的评标报告。

第三十五条 依法必须进行招标的项目中标候选人和中标结果应当在电子招标投标交易平台进行公示和公布。

第三十六条 招标人确定中标人后,应当通过电子招标投标交易平台以数据电文形式向中标人发出中标通知书,并向未中标人发出中标结果通知书。

招标人应当通过电子招标投标交易平台,以数据电文形式与中标人签订合同。

第三十七条 鼓励招标人、中标人等相关主体及时通过电子招标投标交易平台递交和公布中标合同履行情况的信息。

第三十八条 资格预审申请文件的解密、开启、评审、发出结果通知书等,适用本办法关于投标文件的规定。

第三十九条 投标人或者其他利害关系人依法对资格预审文件、招标文件、开标和评标结果提出异议,以及招标人答复,均应当通过电子招标投标交易平台进行。

第四十条 招标投标活动中的下列数据电文应当按照《中华人民共和国电子签名法》和招标文件的要求进行电子签名并进行电子存档:

（一）资格预审公告、招标公告或者投标邀请书；
（二）资格预审文件、招标文件及其澄清、补充和修改；
（三）资格预审申请文件、投标文件及其澄清和说明；
（四）资格审查报告、评标报告；
（五）资格预审结果通知书和中标通知书；
（六）合同；
（七）国家规定的其他文件。

【例 4-4】 某市重点工程项目评标工作于 6 月 1 日结束并于当天确定中标人。6 月 2 日招标人向当地主管部门提交了评标报告；6 月 10 日招标人向中标人发出中标通知书；7 月 1 日双方签订了施工合同；7 月 3 日招标人将未中标结果通知给另两家投标人，并于 7 月 9 日将投标保证金退还给未中标人。

[问题]
请指出评标结束后招标人的工作有哪些不妥之处并说明理由。

答：（1）招标人向当地主管部门提交的书面报告内容不妥，应提交招投标活动的书面报告而不仅是评标报告。

（2）招标人仅向中标人发出中标通知书不妥，还应同时将中标结果通知未中标人。

（3）招标人通知未中标人时间不妥，应在向中标人发出中标通知书的同时通知未中标人。

（4）退还未中标人的投标保证金时间不妥，招标人最迟应当在书面合同签订后的 5 日内向中标人和未中标的投标人退还投标保证金及银行同期存款利息。

习题

一、单项选择题

1. 某建设工程施工项目招标文件要求中标人提交履约担保，中标人拒绝提交，则应（　　）。
   A. 按中标无效处理　　　　　　　　B. 视为放弃投标
   C. 按废标处理　　　　　　　　　　D. 视为放弃中标项目

2. 对于依法必须招标的工程建设项目，排名第一的中标候选人（　　），招标人可以确定排名第二的中标候选人为中标人。
   A. 提供虚假资质证明　　　　　　　B. 向评标委员会成员行贿
   C. 因不可抗力提出不能履行合同　　D. 与招标代理机构串通

3. 在项目评标委员会的成员中，无须回避的是（　　）。
   A. 投票人主要负责人的近亲属　　　B. 项目主管部门的人员
   C. 项目行政监督部门的人员　　　　D. 招标人代表

4. 根据《招标投标法实施条例》，非国有资金占控股或主导地位的依法必须进行招标的项目，关于确

定中标人的说法，正确的是（　　）
　　A. 评标委员会应当确定投标价格最低的投标人为中标人
　　B. 评标委员会应当确定最接近标底价格的投标人为中标人
　　C. 招标人应该确定排名第一的中标候选人为中标人
　　D. 招标人可以从评标委员会推荐的前三名中标候选人中确定中标人
　5. 某高速公路项目进行招标，开标后允许（　　）。
　　A. 评标委员会要求投标人以书面形式澄清含义不明确的内容
　　B. 投标人再增加优惠条件
　　C. 投标人撤销投标文件
　　D. 招标人更改招标文件中说明的评标定标办法
　6. 某建设项目招标，采用经评审的最低投标价法评标，经评审的投标价格最低的投标人报价1 020万元，评标价1010万元，评标结束后，该投标人向招标人表示，可以再降低报价，报1 000万元，与此对应的评标价为990万元，则双方订立的合同价应为（　　）。
　　A. 1 020万元　　　B. 1 010万元　　　C. 1 000万元　　　D. 990万元

二、多项选择题
　1. 根据《工程建设项目施工招标投标办法》，下列情形应按废标处理的有（　　）。
　　A. 投标人未按照招标文件要求提交投标保证金
　　B. 投标文件逾期送达或者未送达指定地点
　　C. 投标文件未按照招标文件要求密封
　　D. 投标文件无单位盖章并无单位负责人签字
　　E. 联合体投标未附联合体各方共同投标协议
　2. 下列情形中，视为投标人相互串通投标的有（　　）。
　　A. 不同投标人的投标文件相互混装
　　B. 属于同一集团、协会、商会等组织成员的投标人按照该组织要求协同投标
　　C. 招标人授意投标人撤换、修改投标文件
　　D. 不同投标人委托同一单位办理投标
　　E. 单位负责人为同一人或者存在控股、管理关系的不同单位参加同一招标项目不同标段的投标
　3. 根据《招标投标法实施条例》，评标委员会应当否决投标的情形有（　　）。
　　A. 投标报价高于工程成本　　　　　　B. 投标报价未经投标单位负责人签字
　　C. 投标报价低于招标控制价　　　　　D. 投标联合体没有提供共同投标协议
　　E. 投标人不符合招标文件规定的资格条件
　4. 根据《招标投标法》和相关法律法规，下列评标委员会的做法中，正确的有（　　）。
　　A. 以所有招标都不符合招标文件的要求为由，否决所有投标
　　B. 拒绝招标人在评标时提出新的评标要求
　　C. 按照招标人的要求倾向特定投标人
　　D. 在评标报告中注明评标委员会成员对评标结果的不同意见
　　E. 以投标报价超过标底上下浮动范围为由否决投标

三、思考题
　1. 开标时应注意哪些细节？
　2. 评标委员会的组成有哪些规定？
　3. 评标方法有哪几种？其适用范围是什么？
　4. 确定中标人有哪些程序和要求？
　5. 什么是评标基准价？投标报价、中标价、评标基准价之间的关系是什么？

第 5 章
工程招投标案例分析

> **学习目标**
>
> 1. 掌握工程招投标程序与时限的运用。
> 2. 熟悉投标报价技巧与策略的运用。
> 3. 掌握评标定标的计算。
> 4. 熟悉工程量清单招标的有关问题。

5.1 工程招投标工作相关知识

[案例 5-1] 投标邀请书至签订合同的若干问题

[背景]

某国有资金新建办公楼工程,经过相关部门批准采用邀请招标方式进行施工招标。招标人于 2015 年 8 月 8 日向具备承担该项目能力的 A、B、C、D、E 等 5 家承包人发出投标邀请书,其中说明,8 月 12—18 日 9:00—17:00 在该招标人单位会议室领取招标文件,9 月 8 日 14:00 为投标截止时间。该 5 家投标人均接受邀请,并按规定时间提交了投标文件。但投标人 A 在送出投标文件后发现报价估算有严重的失误,遂赶在投标截止时间前 20 分钟递交了一份书面申明,撤回已提交的投标文件。

开标时,由招标人委托的市公证处人员检查投标文件的密封情况,确认无误后,由工作人员当众拆封。由于投标人 A 已撤回投标文件,故招标人宣布 B、C、D、E 等 4 家投标人参加投标,并宣读该 4 家投标人的投标价格、工期和其他主要内容。

评标委员会委员由招标人直接确定,共由 7 人组成,其中招标人代表 2 人,本系统技术专家 2 人,经济专家 1 人,外系统技术专家 1 人、经济专家 1 人。

在评标过程中,评标委员会要求 B、D 两个投标人分别对其施工做详细说明,并对若干技术要点和难点提出问题,要求其提出具体、可靠的实施措施。作为评标委员的招标人代表希望投标人 B 再适当考虑一下降低报价的可能性。

按照招标文件中确定的综合评标标准,4 个投标人综合得分从高到低的顺序依次为 B、D、C、E,故评标委员会确定投标人 B 为中标人。投标人 B 为外地企业,招标人于 9 月 10 日将中标通知书以挂号信方式寄出,投标人 B 于 9 月 14 日收到中标通知书。

由于从报价情况来看，4个投标文件的报价从低到高的顺序依次为D、C、B、E，因此，9月16日—10月11日招标人又与投标人B就合同价格进行了多次谈判，结果投标人B将价格降到略低于投标人C的报价水平，最终双方于10月12日签订了书面合同。

[问题]

1. 从招投标的性质来看，本案例中的要约邀请、要约和承诺的具体表现是什么？

2. 从所介绍的背景资料来看，在该项目的招投标程序中有哪些不妥之处？请逐一说明原因。

[分析]

1. 答题要求。本案例要求根据《招标投标法》和其他有关法律、法规的规定，正确分析案例中存在的问题。因此，要根据本案例背景给定的条件回答，不仅要指出错误，而且要说明原因。为使条理清晰，应按答题要求"逐一说明"，而不要笼统作答。

2. 撤回投标文件的宣读。《招标投标法》规定，招标人在招标文件要求提交投标文件的截止时间前收到的所有投标文件，开标时都应当当众拆封、宣读。这一规定是比较模糊的，仅按字面理解，已撤回的投标文件也应当宣读，但这显然与有关撤回投标文件的规定的初衷不符。按国际惯例，虽然投标人A在投标截止时间前已撤回投标文件，但仍应作为投标人宣读其名称，但不宣读其投标文件的其他内容。

3. 中标通知书的生效时间。从招投标的性质来看，招标公告或投标邀请书是要约邀请，投标文件是要约，中标通知书是承诺。《民法典》第四百八十一条规定，承诺应当在要约确定的期限内到达，要约才生效，这就是承诺生效的"到达主义"。然而，中标通知书作为《招标投标法》规定的承诺行为，与《民法典》规定的一般性承诺不同，它的生效不是采取"到达主义"，而是采取"投邮主义"，即中标通知书一经发出就生效，就对招标人和投标人产生约束力。

4. 评标专家的确定。详见教材4.2.2中4点第（2）小条。

5. 中标人的确定。一般而言，评标委员会的工作是评标，其结果是推荐1~3名的中标候选人，并标明排列顺序；而定标是招标人的权力，按规定应在评标委员会推荐的中标候选人内确定中标人。但是，《招标投标法》规定，招标人也可以授权评标委员会直接确定中标人。

[参考答案]

1. 在本案例中，要约邀请是招标人的投标邀请书，要约是投标人的投标文件，承诺是招标人发出的中标通知书。

2. 在该项目的招投标程序中有以下不妥之处，分述如下：

（1）"招标人宣布B、C、D、E等4家投标人参加投标"不妥，因为投标人A虽然已撤回投标文件，但仍应作为投标人加以宣布。

（2）"评标委员会委员由招标人直接确定"不妥，因为办公楼属于一般项目，招标人可选派2名相当专家资质人员参加，但另5名专家应采取（从专家库中）随机抽取的方式确定。

（3）评标委员会要求投标人提出具体、可靠的实施措施不妥，因为按规定，评标委员会可以要求投标人对投标文件中含义不明确的内容做必要的澄清或者说明，但是澄清或者说明不得超出投标文件的范围或者改变投标文件的实质性内容，因此，不能要求投标人就实质性内容进行补充。

（4）"作为评标委员的招标人代表希望投标人 B 再适当考虑一下降低报价的可能性"不妥，因为在确定中标人前，招标人不得与投标人就投标价格、投标方案的实质性内容进行谈判。

（5）对"评标委员会确定投标人 B 为中标人"要进行分析。如果招标人授权评标委员会直接确定中标人，则由评标委员会定标是对的；否则，就是错误的。

（6）发出中标通知书的时间不妥，因为在确定中标人之后，招标人应在 15 日内向有关政府部门提交招投标情况的报告，建设主管部门自收到招标人提交的招投标情况的书面报告之日起 5 日内未通知招标人在招投标活动中有违法行为的，招标人方可向中标人发出中标通知书。

（7）中标通知书发出后，招标人与中标人就合同价格进行谈判不妥，因为招标人和中标人应按照招标文件和投标文件订立书面合同，不得再行订立背离合同实质性内容的其他协议。

（8）订立书面合同的时间不妥，因为招标人和中标人应当自中标通知书发出之日（不是中标人收到中标通知书之日）起 30 日内订立书面合同，而本案例为 32 日。

[案例 5-2]　投标截止日期之前的问题

[背景]

某市中梁山隧道扩容改造工程全部由政府投资。该项目为该市建设规划的重要项目之一，且已列入地方年度固定资产投资计划，概算已经主管部门批准，施工图及有关技术资料齐全。招标范围、招标方式和招标组织形式正在按规定履行相关手续。为赶工期，政府决定对该项目进行施工招标。因估计除本市施工企业参加投标外，还可能有外省市施工企业参加投标，故招标人委托咨询单位编制了两个标底，准备分别用于对本市和外省市施工企业投标价的评定。招标人对投标人就招标文件所提出的所有问题统一做了书面答复，并以备忘录的形式分发给了各投标人，为简明起见，采用表格形式，如表 5-1 所示。

表 5-1　质疑答复备忘录

序　号	问　题	提问单位	提问时间	答　复
1				
⋮				
n				

在书面答复投标人的提问后，招标人组织各投标人进行了施工现场踏勘。在投标截止日期前 10 天，招标人书面通知各投标人，由于市政府有关部门已从当天开始取消所有市内路桥收费项目，因此决定将收费站工程从原招标范围内删除。

[问题]

1. 该项目施工招标在哪些方面存在问题或不妥之处？请逐一说明。
2. 如果在评标过程中才决定删除收费站工程，应如何处理？

[分析]

1. 考核要点。本案例考核施工招标在开标（投标截止日期）之前的有关问题，主要涉及招标方式的选择、招标需具备的条件以及招标程序等问题。

2. 实质性内容谈判。需要特别说明的是，根据《招标投标法》的规定，在确定中标人前，招标人不得与投标人就投标价格、投标方案的实质性内容进行谈判。但这一规定是有前提的（《招标投标法》未明示），即招标工程的内容、范围、标准未发生变化。如果这些方面发生了变化，价格当然要变。这一点同样适用于中标通知书发出后。

[参考答案]

1. 该项目施工招标存在 6 方面问题（或不妥之处），分述如下：

（1）"为赶工期，政府决定对该项目进行施工招标"不妥，因为本项目尚处在招标范围、招标方式和招标组织形式正在按规定履行相关手续阶段，说明不具备施工招标的必要条件，尚不能进行施工招标。

（2）"招标人委托咨询单位编制了两个标底"不妥，因为一个工程只能编制一个标底。

（3）两个标底分别用于对本市和外省市施工企业投标价的评定不妥，因为招标人不得对投标人实行歧视待遇，不得以不合理的条件限制或排斥潜在投标人，不能对不同的投标单位采用不同的标底进行评标。

（4）招标人将对所有问题的书面答复以备忘录的形式分发给各投标人不妥，因为招标人对投标人的提问只能针对具体问题做出明确答复，而不应提及具体的提问单位（投标人），也不必提及提问的时间（这一点可不答）。《招标投标法》规定，招标人不得向他人透露已获取招标文件的潜在投标人的名称、数量以及可能影响公平竞争的有关招投标的其他情况，而从该备忘录中可知投标人（可能不是全部）的名称。

（5）"在书面答复投标人的提问后，招标人组织各投标人进行了施工现场踏勘"不妥，因为施工现场踏勘应安排在书面答复投标人提问之前，投标人对施工现场条件也可能提出问题。

（6）在投标截止日期前 10 天，招标人书面通知各投标人将收费站工程从原招标范围内删除不妥，因为若招标人需要改变招标范围或变更招标文件，应在投标截止日期前至少 15 天（而不是 10 天）以书面形式通知所有招标文件收受人。若迟于这一时限发出变更招标文件的通知，则应将原定的投标截止日期适当延长，以便投标单位有足够的时间充分考虑这种变更对报价的影响，并将其在投标文件中反映出来。本案例背景资料未说明投标截止日期已相应延长。

2. 如果在评标过程中才决定删除收费站工程，则在对投标报价的评审中，应在征得各投标人书面同意后，将各投标人的总报价减去其收费站工程的报价后再按原定的评标方法和标准进行评标；而在对技术标等其他评审中，应将所有与收费站工程相关因素的评分去除后再进行评审。

如果部分投标人要求撤回投标文件，则招标人应予许可，并退还其投标保证金，赔偿其相应损失。

如果所有投标人均要求撤回投标文件，则招标人应宣告招标无效，并依法重新招标，给投标人造成的损失应予赔偿。

[案例 5-3] 招投标过程中若干时限规定

[背景]

某国有资金投资项目经有关主管部门批准，建设单位决定采用邀请招标方式，共邀请 A、B、C 共 3 家具有综合资质的国有施工企业参加投标。项目总投资额为 4 500 万元，其中暂估价为 180 万元的设备由招标人采购。

投标邀请书中规定：6 月 1 日—6 月 3 日 9：00—17：00 在该单位招采部出售招标文件。

招标文件中规定：6 月 30 日为投标截止日；7 月 1 日为投标有效期截止日；招标控制价为 4 000 万元；投标保证金统一定为 100 万元；评标采用综合评估法，技术标和商务标各占 50%。

在评标过程中，鉴于各投标人的技术方案大同小异，建设单位决定将评标方法改为经评审的最低投标价法。评标委员会根据修改后的评标方法，确定评标结果的排名顺序为 A、C、B。建设单位于 7 月 8 日确定 A 中标，7 月 15 日向 A 发出中标通知书，并于 7 月 18 日与 A 签订了合同。在签订合同过程中，经审查，A 所选择的设备安装分包单位不符合要求，建设单位遂指定国有甲级安装企业 D 作为 A 的分包单位。建设单位于 7 月 28 日将中标结果通知 B、C 两家公司，并将投标保证金退还给该两家公司。建设单位于 7 月 31 日向当地招投标管理部门提交该工程招投标情况的书面报告。

[问题]

1. 该项目暂估价 180 万元的设备采购是否可以不招标？说明理由。
2. 该项目在招标工作中有哪些不妥之处？请逐一说明。

[分析]

1. 必须招标的规定。详见教材 1.3.3 中的第 1 条及其延展阅读。

2. 招投标过程中若干时限规定。需要特别注意的是开标时间、定标时间、投标有效期三者之间的关系。开标应当在招标文件确定的提交投标文件截止时间的同一时间公开进行，这一点是毫无疑问的，但何时定标、投标有效期到何时截止，《招标投标法实施条例》第二十五条规定，投标有效期从提交投标文件的截止之日起算；《招标投标法实施条例》第二十六条规定，投标保证金有效期应当与投标有效期一致。

3. 投标保证金。2012 年 2 月 1 日起施行的《招标投标法实施条例》规定，投标保证金不得超过项目估算价的 2%。2013 年 5 月 1 日起施行的新修订的《工程建设项目施工招标投标办法》（七部委〔2013〕30 号令）进一步规定，投标保证金不得超过项目估算价的 2%，且最高不得超过 80 万元人民币。

[参考答案]

1. 该设备采购不需要招标，设备暂估价采购金额 180 万元，未达到必须招标 200 万元的限额标准。该设备属于建筑安装工程费中的设备，不属于政府采购中的必须招标范围。

2. 该建设单位在招标工作中有下列不妥之处：

（1）停止出售招标文件的时间不妥，因为自招标文件出售之日起至停止出售之日止不得少于 5 日。

（2）规定的投标有效期截止时间不妥，因为评标委员会提出书面评标报告后，招标人最迟应当在投标有效期结束日 30 个工作日前确定中标人。确定投标有效期应考虑评标、定标和签订合同所需的时间，一般项目的投标有效期宜为60～90天。

（3）"投标保证金统一定为100万元"不妥，因为投标保证金一般不得超过招标项目估算价的2%。

（4）在评标过程中，建设单位决定将评标方法改为经评审的最低投标价法不妥，因为评标委员会应当按照招标文件确定的评标标准和方法进行评标。

（5）"评标委员会根据修改后的评标方法，确定评标结果的排名顺序"不妥，因为评标委员会应当按照招标文件确定的评标标准和方法（即综合评估法）进行评标。

（6）建设单位指定D作为A的分包单位不妥，因为招标人不得直接指定分包人。

（7）"建设单位于7月28日将中标结果通知B、C两家公司（未中标人）"不妥，因为中标人确定后，招标人应当在向中标人发出中标通知书的同时将中标结果通知所有未中标的投标人。

（8）建设单位于7月28日将投标保证金退还给B、C两家公司不妥，因为招标人与中标人签订合同后5日内，应当向未中标的投标人退还投标保证金。

（9）"建设单位于7月31日向当地招投标管理部门提交该工程招投标情况的书面报告"不妥，因为招标人应当自确定中标人之日起15日内，向有关行政监督部门提交招投标情况的书面报告。

[案例5-4] 投标有关时限与开标有关事项

[背景]

某市国有资金投资项目，项目总投资额为8 000万元，采用公开招标方式。

招标文件中，招标人对投标有关时限的规定如下：

（1）投标截止时间为自招标文件停止出售之日起第16日上午9时整。

（2）接收投标文件的最早时间为投标截止时间前72小时。

（3）若投标人要修改、撤回已提交的投标文件，须在投标截止时间前24小时提出。

（4）投标有效期从发售招标文件之日开始计算，共90天。

开标会由市招投标办的工作人员主持，市公证处有关人员到会，各投标单位代表均到场。开标前，市公证处人员对各投标单位的资质进行审查，并对所有投标文件进行审查，确认所有投标文件均有效后，正式开标。主持人宣读投标单位名称、投标价格、投标工期和有关投标文件的重要说明。

[问题]

1. 分别指出招标人对投标有关时限的规定是否正确，并说明理由。

2. 该项目开标程序中存在哪些不妥之处？请分别简要说明。

[分析]

1. 投标有关的时限。本案例所涉及的有关投标的时限中，投标截止时间和投标有效期的表述与法律规定的原文不同，需要做简单的分析。对于接收投标文件的时间，法律并无规定，招标文件之所以做出这样的规定，是为了避免投标人过早提交投标文件，从而影响投标文件的质量，并增加招标人组织招标的工作量。

2. 关于开标会的主持人身份、公证处人员在开标时的作用。这些问题都应按照《招标投标法》和有关法规的规定回答。

[参考答案]

1. 关于招标人对投标有关时限的规定：

（1）投标截止时间的规定正确，因为自招标文件开始出售至停止出售至少为 5 个工作日，故满足自招标文件开始出售至投标截止不得少于 20 日的规定。

（2）接收投标文件最早时间的规定正确，因为有关法规对此没有限制性规定。

（3）修改、撤回投标文件时限的规定不正确，因为在投标截止时间前均可修改、撤回投标文件。

（4）投标有效期从发售招标文件之日开始计算的规定不正确，投标有效期应从投标截止时间开始计算。

2. 该项目招标程序中存在以下不妥之处：

（1）"开标会由市招投标办的工作人员主持"不妥，因为开标会应由招标人（招标单位）或招标代理人主持，并宣读投标单位名称、投标价格、投标工期等内容。

（2）"开标前，市公证处人员对各投标单位的资质进行审查"不妥，因为公证处人员无权对承包人资格进行审查，其到场的作用在于确认开标的公正性和合法性（包括投标文件的合法性），资格审查应在投标之前进行（背景资料说明了承包人已通过资格预审）。

（3）公证处人员对所有投标文件进行审查不妥，因为公证处人员在开标时只是检查各投标文件的密封情况，并对整个开标过程进行公证。

（4）公证处人员确认所有投标文件均有效不妥，因为该承包人的投标文件仅有投标单位的公章和项目经理的签字，而无法定代表人或其代理人的签字或盖章，应当作为废标处理。

5.2 投标报价技巧与策略

[案例 5-5] 多方案报价法的运用

[背景]

某办公楼施工招标文件的合同条款中规定：预付款数额为合同价的 10%，开工日支付，基础工程完工时扣回 30%，上部结构工程完成一半时扣回 70%，工程款按季度支付。

承包人 C 对该项目投标，经造价工程师估算，总价为 9 000 万元，总工期为 24 个月。其中：基础工程估价为 1 200 万元，工期为 6 个月；上部结构工程估价为 4 800 万元，工期为 12 个月；装饰和安装工程估价为 3 000 万元，工期为 6 个月。

经营部经理认为，该工程虽然有预付款，但平时工程款按季度支付不利于资金周转，决定除按上述数额报价外，还建议业主将付款条件改为：预付款为合同价的 5%，工程款按月度支付，其余条款不变。

假定贷款月利率为 1%（为简化计算，季利率为 3%），各分部工程每月完成的工作量相同且能按规定及时收到工程款（不考虑工程款结算所需的时间）。

计算结果保留两位小数，年金终值系数如表 5-2 所示。

表 5-2　年金终值系数 $(F/A, i, n)$

i	n						
	2	3	4	6	9	12	18
1%	2.010	3.030	4.060	6.152	9.369	12.683	19.615
3%	2.030	3.091	4.184	6.468	10.159	14.192	23.414

[问题]

1. 该经营部经理所提出的方案属于哪一种报价技巧？运用是否得当？
2. 若承包人 C 中标且业主采纳其建议的付款条件，承包人 C 所得工程款的终值比原付款条件增加多少（以预计的竣工时间为终点）？

[分析]

1. 问题1主要是注意多方案报价法与增加建议方案法的区别。在运用报价技巧时，要尽可能进行定量分析，根据定量分析的结果，决定是否采用某种报价技巧，而不能仅凭主观想象。本案例要求运用工程经济学的知识，定量计算多方案报价法所取得的收益，因此，要能熟练运用资金时间价值公式和现金流量图。

2. 问题2的计算中不考虑工程款结算所需要的时间，预付款的扣回也比较简单。由于按不同付款条件计算现金流量图不同，因此，为明确各期工程款的时点，建议分别画出现金流量图，在现金流量图中要特别注意预付款的扣回。

3. 另外，为了使答案简明而统一，本案例在背景资料中给出了年金终值系数。实际上，年金终值系数比年金现值系数简单得多，在不给出有关表格的情况下，应能使用计算器正确计算。

[参考答案]

1. 该经营部经理所提出的方案属于多方案报价法，该报价技巧运用得当，因为承包人 C 的报价既适用于原付款条件，也适用于建议的付款条件，其投标文件对原招标文件做出了实质性响应。

2. （1）计算按原付款条件所得工程款的终值。

预付款 $A_0 = 9\,000$ 万元 $\times 10\% = 900$ 万元

基础工程每季工程款 $A_1 = 1\,200$ 万元 $/2 = 600$ 万元

上部结构工程每季工程款 $A_2 = 4\,800$ 万元 $/4 = 1\,200$ 万元

装饰和安装工程每季工程款 $A_3 = 3\,000$ 万元 $/2 = 1\,500$ 万元

则按原付款条件所得工程款的终值：

$FV_0 = A_0(F/P, 3\%, 8) + A_1(F/A, 3\%, 2)(F/P, 3\%, 6) - 0.3A_0(F/P, 3\%, 6) - 0.7A_0(F/P, 3\%, 4) + A_2(F/A, 3\%, 4)(F/P, 3\%, 2) + A_3(F/A, 3\%, 2)$

$= 900\text{ 万元} \times 1.267 + 600\text{ 万元} \times 2.030 \times 1.194 - 0.3 \times 900\text{ 万元} \times 1.194 - 0.7 \times 900\text{ 万元} \times 1.126 + 1\,200\text{ 万元} \times 4.184 \times 1.061 + 1\,500\text{ 万元} \times 2.030$

$= 9\,934.90$ 万元

（2）计算按建议的付款条件所得工程款的终值。

预付款 $A_0' = 9\,000$ 万元 $\times 5\% = 450$ 万元

基础工程每月工程款 $A_1' = 1\,200\, 万元/6 = 200\, 万元$

上部结构工程每月工程款 $A_2' = 4\,800\, 万元/12 = 400\, 万元$

装饰和安装工程每月工程款 $A_3' = 3\,000\, 万元/6 = 500\, 万元$

则按建议的付款条件所得工程款的终值：

$FV' = A_0'(F/P,1\%,24) + A_1'(F/A,1\%,6)(F/P,1\%,18) - 0.3A_0'(F/P,1\%,18) - 0.7A_0'(F/P,1\%,12) + A_2'(F/A,1\%,12)(F/P,1\%,6) + A_3'(F/A,1\%,6)$

$= 450\, 万元 \times 1.270 + 200\, 万元 \times 6.152 \times 1.196 - 0.3 \times 450\, 万元 \times 1.196 - 0.7 \times 450\, 万元 \times 1.127 + 400\, 万元 \times 12.683 \times 1.062 + 500\, 万元 \times 6.152$

$= 9\,990.33\, 万元$

（3）两者的差额。

$FV' - FV_0 = 9\,990.33\, 万元 - 9\,934.90\, 万元 = 55.43\, 万元$

因此，按建议的付款条件，承包人 C 所得工程款的终值比原付款条件增加 55.43 万元。

[案例 5-6] 不平衡报价法的运用

[背景]

某承包人参与某高层商用办公楼土建工程的投标（安装工程由业主另行招标）。为了既不影响中标，又能在中标后取得较好的收益，决定采用不平衡报价法对原估价做适当调整，具体数字如表 5-3 所示。

表 5-3 报价调整前后对比表　　　　　　　　　　　　　　单位：万元

项　目	桩基围护工程	主体结构工程	装饰工程	总　价
调整前（投标估价）	1 480	6 600	7 200	15 280
调整后（正式报价）	1 600	7 200	6 480	15 280

现假设桩基围护工程、主体结构工程、装饰工程的工期分别为 4 个月、12 个月、8 个月，贷款月利率为 1%，并假设各分部工程每月完成的工作量相同且能按月度及时收到工程款（不考虑工程款结算所需要的时间）。现值系数参见表 5-4。

表 5-4 现值系数表

n	4	8	12	16
$(P/A,1\%,n)$	3.902 0	7.651 7	11.255 1	14.717 9
$(P/F,1\%,n)$	0.961 0	0.923 5	0.887 4	0.852 8

[问题]

1. 该承包人所运用的不平衡报价法是否恰当？为什么？

2. 采用不平衡报价法后，该承包人所得工程款的现值比原估价增加多少（以开工日期为折现点）？

[分析]

1. 不平衡报价法的基本原理及其运用。首先，要明确不平衡报价法的基本原理是在估价（总价）不变的前提下，调整分项工程的单价，所谓"不平衡报价"是相对于单价调整前的"平衡报价"而言的。通常对前期工程、工程量可能增加的工程（由于图样深度不够）、计日工等，可将原估单价调高，反之则调低。其次，要注意单价调整时不能畸高畸低，一般来说，单价调整幅度不宜超过±10%，只有对承包人具有特别优势的某些分项工程，才可适当增大调整幅度。

2. 资金时间价值计算公式。本案例要求运用工程经济学的知识，定量计算不平衡报价法所取得的收益。因此，要能熟练运用资金时间价值的计算公式。

计算中涉及两个现值公式，即

$$一次支付现值公式\ P=F(P/F,i,n)$$
$$等额年金现值公式\ P=A(P/A,i,n)$$

上述两个公式的具体计算式应掌握，在不给出有关表格的情况下，应能使用计算器正确计算。本案例背景资料中给出了有关的现值系数表供计算时选用，目的在于使答案简明且统一。

[参考答案]

1. 恰当。因为该承包人是将属于前期工程的桩基围护工程和主体结构工程的单价调高，而将属于后期工程的装饰工程的单价调低，可以在施工的早期阶段收到较多的工程款，从而可以提高承包商所得工程款的现值；而且，这三类工程单价的调整幅度均在±10%以内，属于合理范围。

2. 计算单价调整前后的工程款现值。

（1）单价调整前的工程款现值。

$$桩基围护工程每月工程款\ A_1=1\ 480\ 万元/4=370\ 万元$$
$$主体结构工程每月工程款\ A_2=6\ 600\ 万元/12=550\ 万元$$
$$装饰工程每月工程款\ A_3=7\ 200\ 万元/8=900\ 万元$$

则单价调整前的工程款现值：

$PV_0 = A_1(P/A, 1\%, 4) + A_2(P/A, 1\%, 12)(P/F, 1\%, 4) + A_3(P/A, 1\%, 8)(P/F, 1\%, 16)$

= 370 万元×3.902 0+550 万元×11.255 1×0.961 0+900 万元×7.651 7×0.852 8

= 1 443.74 万元+5 948.88 万元+5 872.83 万元

= 13 265.45 万元

（2）单价调整后的工程款现值。

桩基围护工程每月工程款 $A_1'=1\ 600\ 万元/4=400\ 万元$

主体结构工程每月工程款 $A_2'=7\ 200\ 万元/12=600\ 万元$

装饰工程每月工程款 $A_3'=6\ 480\ 万元/8=810\ 万元$

则单价调整后的工程款现值：

$PV' = A_1'(P/A, 1\%, 4) + A_2'(P/A, 1\%, 12)(P/F, 1\%, 4) + A_3'(P/A, 1\%, 8)(P/F, 1\%, 16)$

= 400 万元×3.902 0+600 万元×11.255 1×0.961 0+810 万元×7.651 7×0.852 8

= 1 560.80 万元+6 489.69 万元+5 285.55 万元

= 13 336.04 万元

（3）两者的差额。

$$PV'-PV_0 = 13\ 336.04\ 万元 - 13\ 265.45\ 万元 = 70.59\ 万元$$

因此，采用不平衡报价法后，该承包人所得工程款的现值比原估价增加 70.59 万元。

5.3 评标方法及应用

[案例 5-7] 总价与单价相结合的评标方法

[背景]

某市重点医技楼工程项目最高投标限价 7 968 万元，其中暂列金额 580 万元。施工采用公开招标方式，计价为工程量清单方式。经资格预审后，确定 A、B、C 共 4 家合格投标人。该 3 家投标人分别于 10 月 13 日—14 日领取了招标文件，同时按要求递交投标保证金 50 万元、购买招标文件费 500 元。该项目招标公告和招标文件部分规定如下：

（1）招标人不接受联合体投标。

（2）投标人必须是国有企业或进入开发区合格承包人信息库的企业。

（3）投标人报价高于最高投标限价和低于最低投标限价的，均按废标处理。

（4）投标人报价时必须采用当地建设行政管理部门造价管理机构发布的计价定额分部分项工程人工、材料、机械台班消耗量标准。

（5）招标人将聘请第三方造价咨询机构在开标后、评标前开展清标活动。

各投标人按时递交了投标文件，所有投标文件经评审均有效。

评标办法规定，投标报价 70 分（其中投标总报价 40 分、主要清单项目 20 分、企业诚信综合评价 10 分），技术标 30 分。评标基准价计算方法如下：

（1）投标总报价：评标基准价等于各有效投标总报价的算术平均值下浮 2 个百分点。当投标人的投标总价等于评标基准价时得满分，投标总价每高于评标基准价 1 个百分点时扣 2 分，每低于评标基准价 1 个百分点时扣 1 分。

（2）主要清单项目：由投标人在开标现场随机抽取 10 项（每项 2 分），计算各投标人综合单价报价的算术平均值，评标基准价等于该综合单价算术平均值的 98% 得满分，综合单价每高于评标基准价 1 个百分点时扣 0.2 分，每低于评标基准价 1 个百分点时扣 0.1 分。

以上计算取小数点后两位，第三位四舍五入。各投标人总报价和抽取 10 项主要清单项目之一的有梁板 C30 混凝土综合单价见表 5-5。

表 5-5 投标数据表

投标人	A	B	C	D
总报价（万元）	7 480.00	7600.00	7 200.00	7 270.00
有梁板 C30 混凝土综合单价（元/m³）	600.50	650.40	596.30	618.20

除总报价之外的其他商务标和技术标指标评标得分见表 5-6。

表 5-6 投标人部分得分表

投标人	A	B	C	D
其余 9 项主要清单项目得分	12.50	11.30	9.60	13.20
企业诚信综合评价得分	8.10	7.50	8.80	10.00
技术标得分	23.50	19.80	25.20	21.20

[问题]

1. 根据招标投标法及实施条例，逐一分析项目招标公告和招标文件中（1）~（5）项是否妥当，并分别说明理由。

2. 列式计算总报价和主要清单项目有梁板的得分。

3. 列式计算各投标人的总得分，根据总得分的高低确定第一中标候选人。

4. 若评标过程中，发现投标人 B 的暂列金额按 500 万元填报，且对招标工程量清单的材料暂估价进行了下浮 10%计入综合单价。评标委员会应如何处理？评标结果会发生改变吗？并分别说明理由。

[分析]

1. 清标。清标是指在评标委员会评标之前，由专业机构或专业人士对投标文件是否实质上响应了招标文件的要求进行审查，对投标文件的投标报价进行校核，对投标文件是否存在漏项、不平衡报价进行评审，并形成书面的清标情况报告，以供评标委员会科学评标参考。清标工作应当客观、准确、力求全面，不得营私舞弊、歪曲事实。

2. 其他项目清单报价。《建设工程工程量清单计价规范》规定：暂列金额按照招标工程量清单中列出的金额填写；材料、设备暂估价按照招标工程量清单中列出的单价计入综合单价中；专业工程暂估价按照招标工程量清单中列出的金额填报。

3. 评标基准价的计算。注意招标文件的规定，是所有投标报价都参与计算，还是只针对有效投标报价（未废标）参与计算，其评标结果是不同的。

4. 主要清单项目评审。设置该评审主要是为了防止投标人采取严重不平衡报价，招标文件一般可以事先规定 10~20 项，或采取现场随机抽取的方式。

[参考答案]

问题 1 答案：

（1）妥当，我国相关法规对此没有限制。

（2）不妥当，招标人不得以任何理由歧视潜在的投标人。

（3）"投标人报价高于最高限价按照废标处理"妥当，"投标人报价低于最低限价按照废标处理"不妥当，根据《招标投标法实施条例》，招标人不得规定最低限价。

（4）不妥当，投标报价由投标人自主确定，招标人不能要求投标人采用指定的人、材、机消耗量标准。

（5）妥当，清标工作组应该由招标人选派或者邀请熟悉招标工程项目情况和招标投标程序、专业水平和职业素质较高的专业人员组成，招标人也可以委托工程招标代理、工程造价咨询等单位组织具备相应条件的人员组成清标工作组。清标工作应该在开标后、评标前开展。

问题 2 答案：

（1）总报价平均值 =（7 480+7 600+7 200+7 270）万元/4 = 7387.50 万元

评分基准价 = 7387.50 万元 ×（1-2%）= 7239.75 万元

投标人 A 得分：[40-（7480-7239.75）/7239.75×100×2] 分 = 33.36 分

投标人 B 得分：[40-（7600-7239.75）/7239.75×100×2] 分 = 30.05 分

投标人 C 得分：[40-（7239.75-7200）/7239.75×100×1] 分 = 39.45 分

投标人 D 得分：[40-（7270-7239.75）/7239.75×100×2] 分 = 39.16 分

（2）有梁板 C30 混凝土综合单价报价平均值 =（600.50+650.40+596.30+618.20）元/m^3/4 = 616.35 元/m^3

评分基准价 = 616.35 元/m^3 ×（1-2%）= 604.02 元/m^3

投标人 A 得分：[2-（604.02-600.50）/604.02×100×0.1] 分 = 1.94 分

投标人 B 得分：[2-（650.40-604.02）/604.02×100×0.2] 分 = 0.46 分

投标人 C 得分：[2-（604.02-596.30）/604.02×100×0.1] 分 = 1.87 分

投标人 D 得分：[2-（618.20-604.02）/604.02×100×0.2] 分 = 1.53 分

问题 3 答案：

投标人 A 总得分：（33.36+1.94+12.50+8.10+23.50）分 = 79.40 分

投标人 B 总得分：（30.05+0.46+11.30+7.50+19.80）分 = 69.11 分

投标人 C 总得分：（39.45+1.87+9.60+8.80+25.20）分 = 84.92 分

投标人 D 总得分：（39.16+1.53+13.20+10.00+21.20）分 = 85.09 分

所以，第一中标候选人为 D 投标人。

问题 4 答案：

将 B 投标人按照废标处理，属于未实质性响应招标文件。暂列金额必须按 580 万元填报，材料暂估价必须按照招标工程量清单中的材料暂估价计入综合单价，不得上浮或下浮。

投标人 B 废标后，评标结果会发生改变，因为有效投标报价只有投标人 A、C、D 三家投标人，评标基准价就会改变，相应各投标人得分就会改变。

[案例 5-8] 两阶段评标方法的运用

[背景]

某工程采用公开招标方式，有 A、B、C、D、E、F 等 6 家承包人参加投标，经资格预审该 6 家承包人均满足业主要求。该工程采用两阶段评标法评标，评标委员会由 7 名委员组成，评标的具体规定如下：

1. 第一阶段评技术标

技术标共计 40 分，其中施工方案 15 分，总工期 8 分，工程质量 6 分，项目班子 6 分，企业信誉 5 分。技术标各项内容的得分，为各评委评分去除一个最高分和一个最低分后的算术平均数。

技术标合计得分不满 28 分者，不再评其商务标。

表 5-7 为各评委对 6 家承包人施工方案评分汇总表。

表 5-8 为各承包人总工期、工程质量、项目班子、企业信誉得分汇总表。

表 5-7 施工方案评分汇总表 单位：分

投标单位\评委	评委一	评委二	评为三	评委四	评委五	评委六	评委七
A	13.0	11.5	12.0	11.0	11.0	12.5	12.5
B	14.5	13.5	14.5	13.0	13.5	14.5	14.5
C	12.0	10.0	11.5	11.0	10.5	11.5	11.5
D	14.0	13.5	13.5	13.0	13.5	14.0	14.5
E	12.5	11.5	12.0	11.0	11.5	12.5	12.5
F	10.5	10.5	10.5	10.5	9.5	11.0	10.5

表 5-8 总工期、工程质量、项目班子、企业信誉得分汇总表 单位：分

投标单位	总工期	工程质量	项目班子	企业信誉
A	6.5	5.5	4.5	4.5
B	6.0	5.0	5.0	4.5
C	5.0	4.5	3.5	3.0
D	7.0	5.5	5.0	4.5
E	7.5	5.0	4.0	4.0
F	8.0	4.5	4.0	3.5

2. 第二阶段评商务标

商务标共计 60 分。以标底的 50% 与承包人报价算术平均数的 50% 之和为基准价，但最高（或最低）报价高于（或低于）次高（或次低）报价的 15% 者，在计算承包人报价算术平均数时不予考虑，且商务标得分为 15 分。

以基准价为满分（60 分），报价比基准价每下降 1%，扣 1 分，最多扣 10 分；报价比基准价每增加 1%，扣 2 分，扣分不保底。

表 5-9 为标底和各承包人报价汇总表。

表 5-9 标底和各承包人报价汇总表 单位：万元

投标单位	A	B	C	D	E	F	标底
报价	13 656	11 108	14 303	13 098	13 241	14 125	13 790

计算结果保留两位小数。

[问题]

1. 请按综合得分最高者中标的原则确定中标单位。
2. 若该工程未编制标底，以各承包人报价的算术平均数作为基准价，其余评标规定不变，试按原定标原则确定中标单位。

[分析]

1. 本案例也是考核评标方法的运用。本案例旨在强调两阶段评标法所需要注意的问题和报价合理性的要求。虽然评标大多采用定量方法，但是，实际仍然在相当程度上受主观因

素的影响，这在评定技术标时显得尤为突出，因此需要在评标时尽可能减少这种影响。例如，本案例中将评委对技术标的评分去除最高分和最低分后再取算术平均数，其目的就在于此。商务标的评分似乎较为客观，但受评标具体规定的影响仍然很大。本案例通过问题 2 结果与问题 1 结果的比较，说明评标的具体规定不同，商务标的评分结果也可能不同，甚至可能改变评标的最终结果。

2. 参与商务标计算的前提条件。针对本案例的评标规定，案例中特意给出最低报价低于次低报价 15% 和技术标得分不满 28 分的情况，而实践中这两种情况是较少出现的。从考试的角度来考虑，也未必用到题目所给出的全部条件。

[参考答案]

1. （1）计算各投标单位施工方案的得分，如表 5-10 所示。

表 5-10　施工方案评分计算表　　　　　　　　　单位：分

评委 投标单位	评委一	评委二	评为三	评委四	评委五	评委六	评委七	平均 得分
A	13.0	11.5	12.0	11.0	11.0	12.5	12.5	11.9
B	14.5	13.5	14.5	13.0	13.5	14.5	14.5	14.0
C	12.0	10.0	11.5	11.0	10.5	11.5	11.5	11.1
D	14.0	13.5	13.5	13.0	13.5	14.0	14.5	13.7
E	12.5	11.5	12.0	11.0	11.5	12.5	12.5	11.9
F	10.5	10.5	10.5	10.5	9.5	11.0	10.5	10.4

（2）计算各投标单位技术标的得分，如表 5-11 所示。

表 5-11　技术标得分计算表　　　　　　　　　单位：分

投标单位	施工方案	总工期	工程质量	项目班子	企业信誉	合计
A	11.9	6.5	5.5	4.5	4.5	32.9
B	14.0	6.0	5.0	5.0	4.5	34.5
C	11.1	5.0	4.5	3.5	3.0	27.1
D	13.7	7.0	5.5	5.0	4.5	35.7
E	11.9	7.5	5.0	4.0	4.0	32.4
F	10.4	8.0	4.5	4.0	3.5	30.4

由于承包人 C 的技术标仅得 27.1 分，小于 28 分，按规定，不再评其商务标，实际已作为废标处理。

（3）计算各承包人的商务标得分，如表 5-12 所示。

因为，(13 098－11 108)万元÷13 098 万元＝15.19%＞15%

(14 125－13 656)万元÷13 656 万元＝3.43%＜15%

所以，承包人 B 的报价（11 108 万元）在计算基准价时不予考虑。

则基准价＝13 790 万元×50%＋(13 656＋13 098＋13 241＋14 125)万元÷4×50%＝13 660 万元

表 5-12 商务标得分计算表

投标单位	报价（万元）	报价与基准价的比例（%）	扣分（分）	得分（分）
A	13 656	(13 656÷13 660)×100=99.97	(100-99.97)×1=0.03	59.97
B	11 108			15.00
D	13 098	(13 098÷13 660)×100=95.89	(100-95.89)×1=4.11	55.89
E	13 241	(13 241÷13 660)×100=96.93	(100-96.93)×1=3.07	56.93
F	14 125	(14 125÷13 660)×100=103.40	(103.40-100)×2=6.80	53.20

（4）计算各承包人的综合得分，如表 5-13 所示。

表 5-13 综合得分计算表　　　　　　　　　　　　　单位：分

投 标 单 位	技 术 标 得 分	商 务 标 得 分	综 合 得 分
A	32.9	59.97	92.87
B	34.5	15.00	49.50
D	35.7	55.89	91.59
E	32.4	56.93	89.33
F	30.4	53.20	83.60

因为承包人 A 的综合得分最高，故应选择其为中标单位。

2.（1）计算各承包人的商务标得分，如表 5-14 所示。

　　　　基准价=(13 656+13 098+13 241+14 125)万元÷4=13 530 万元

表 5-14 商务标得分计算表

投 标 单 位	报价（万元）	报价与基准价的比例（%）	扣分（分）	得分（分）
A	13 656	(13 656÷13 530)×100=100.93	(100.93-100)×2=1.86	58.14
B	11 108			15.00
D	13 098	(13 098÷13 530)×100=96.81	(100-96.81)×1=3.19	56.81
E	13 241	(13 241÷13 530)×100=97.86	(100-97.86)×1=2.14	57.86
F	14 125	(14 125÷13 530)×100=104.40	(104.40-100)×2=8.80	51.20

（2）计算各承包人的综合得分，如表 5-15 所示。

表 5-15 综合得分计算表　　　　　　　　　　　　　单位：分

投 标 单 位	技 术 标 得 分	商 务 标 得 分	综 合 得 分
A	32.9	58.14	91.04
B	34.5	15.00	49.50
D	35.7	56.81	92.51
E	32.4	57.86	90.26
F	30.4	51.20	81.60

因为承包商 D 的综合得分最高，故应选择其为中标单位。

5.4 工程量清单计价方式招标

[案例 5-9] 招标控制价的应用

[背景]

某国有资金投资建设的办公楼项目，招标人委托某具有相应招标代理和造价咨询资质的招标代理机构编制该项目的招标控制价，并采用公开招标方式进行项目施工招标。招标过程中发生如下事件：

事件 1：为了加大竞争，以减少可能的围标而导致的竞争不足，招标人要求招标代理人对已根据计价规范、建设行政主管部门颁发的计价定额、工程量清单、工程造价管理机构发布的造价信息或市场造价信息等资料编制好的招标控制价再下浮 10%，并仅公布了招标控制价总价。

事件 2：招标人要求招标代理人在编制招标文件中的合同条款时不得有针对市场价格波动的调价条款，以便减少未来施工过程中的变更，控制工程造价。

事件 3：应潜在投标人的请求，招标人组织最具竞争力的一个潜在投标人踏勘项目现场，并在现场口头解答了该潜在投标人提出的疑问。

事件 4：评标结束后，评标委员会向招标人提交了书面评标报告和中标候选人名单。评标委员会成员张某对评标结果持有异议，拒绝在评标报告上签字，但又不提出书面意见。

事件 5：为了尽快推动项目进展，招标人在收到评标委员会递交的评标报告后，当天即向排名第一的中标候选人发出了中标通知书。

[问题]

1. 指出事件 1 中招标人行为的不妥之处，并说明理由。
2. 指出事件 2 中招标人行为的不妥之处，并说明理由。
3. 指出事件 3 中招标人行为的不妥之处，并说明理由。
4. 针对事件 4，评标委员会成员张某的做法是否妥当？为什么？
5. 指出事件 5 中招标人行为的不妥之处，并说明理由。

[分析]

1. 知识要点。本案例主要考核国有资金投资建设项目施工招标过程中一些典型事件的处理，涉及了招标控制价的编制和公布、合同调价条款的设置、现场踏勘的组织、评标委员会成员对评标结果有异议和中标通知书的发放等内容。

2. 招标控制价相关规定。招标控制价又称最高投标限价，是招标人在工程招标时能接受投标人报价的最高限价，其相关规定见本书 2.1.4 中第 3 条。由于实践中存在招标人为了压低中标价格而任意压低招标控制价的现象，因此我国《建设工程工程量清单计价规范》（GB 50500—2013）明确规定：招标控制价按照规范规定编制，不应上调或下浮。招标人应在发布招标文件时公布招标控制价，同时应将招标控制价及有关资料报送工程所在地（或有该工程管辖权的行业管理部门）工程造价管理机构备查。投标人经复核认为招标人公布的招标控制价未按照清单计价规范的规定进行编制的应当在招标控制价公布后 5 天内向招投标监督机构和工程造价管理机构投诉。工程造价管理机构受理投诉后，应立即对招标控制价进行复查，组织投诉人、被投诉人或其委托的招标控制价编制人等单位人员对投诉问题逐一核对。当招标控制价复查结论与原公布的招标控制价误差

>±3%的，应当责成招标人改正。

3. 招标文件中的合同价格调整条款。合同条款是招标文件的重要组成部分，关于价格的调整条款又是合同文件中最主要的条款之一。合同条款中应有针对市场价格波动的条款，以合理分摊市场价格波动的风险，促进合同的顺利实施。实践中一些业主利用自身"优势地位"盲目要求承包商承担所有市场价格波动风险，这既有违合同精神，又不利于合同的顺利实施和建设工程质量的保障。

4. 中标候选人的公示。根据《招标投标法实施条例》规定，依法必须进行招标的项目，招标人应当自收到评标报告之日起3日内公示中标候选人，公示期不得少于3日，公示期满，且没有招标人或其他利害关系人对投标结果提出异议的，招标人方可向排名第一的中标候选人发出中标通知书。

[参考答案]

1. 招标人要求控制价下浮10%不妥，根据《建设工程工程量清单计价规范》（GB 50500—2013）的有关规定，招标人应在发布招标文件时公布招标控制价，招标控制价按照规范规定编制，不应上调或下浮。

"仅公布了招标控制价总价"不妥，招标人在招标文件中公布招标控制价时，应公布招标控制价各组成部分的详细内容，不得只公布招标控制价总价。

2. 招标人要求合同条款中不得有针对市场价格波动的调价条款不妥，合同条款中应有针对市场价格波动的条款，以合理分摊市场价格波动的风险；合同中没有约定或约定不明确，若发承包双方在合同履行中发生争议由双方协商确定；协商不能达成一致的，按《建设工程工程量清单计价规范》（GB 50500—2013）的规定执行，即材料、工程设备单价变化超过5%，超过部分的价格应按照价格指数调整法或造价信息差额调整法计算调整材料、工程设备费。

3. "招标人组织最具竞争力的一个潜在投标人踏勘项目现场"不妥，根据《工程建设项目施工招标投标办法》的有关规定，招标人不得单独或分别组织任何一个投标人进行现场踏勘。

招标人在现场口头解答潜在投标人提出的疑问不妥。招标人应以书面形式或召开投标预备会方式向所有购买招标文件的潜在投标人解答提出的问题。

4. 评标委员会成员张某的做法不妥。因为评标报告应当由评标委员会全体成员签字；对评标结果有不同意见的评标委员会成员应当以书面形式说明其不同意见和理由，评标报告应当注明该不同意见；评标委员会成员拒绝在评标报告上签字又不书面说明其不同意见和理由的，视为同意评标结果。

5. "招标人在收到评标委员会递交的评标报告后，当天即向排名第一的中标候选人发出了中标通知书"不妥，因为《招标投标法实施条例》规定，依法必须进行招标的项目，招标人应当自收到评标报告之日起3日内公示中标候选人，公示期不得少于3日。公示期满且没有投标人或其他利害关系人对投标结果提出异议的，招标人方可向排名第一的中标候选人发出中标通知书。

[案例5-10] 招投标的造价典型事件

[背景]

某高校投资一建筑面积为36 000m² 的教学楼，拟采用工程量清单以公开招标方式进行施工招标。业主委托有相应招标和造价咨询资质的咨询企业编制招标文件和最高投标限价（最高限价9 500万元）。咨询企业在编制招标文件和最高限价时，发生了以下事件：

事件1：为响应业主对潜在投标人择优的要求，咨询企业项目经理在招标文件中设定：
（1）投标人的资格条件之一是近5年必须承担过高校教学楼工程。
（2）投标人近5年获得过鲁班奖、本省省级质量奖等奖项作为加分条件。
（3）项目投标保证金为75万元，且必须从投标人基本账户中转出。
（4）中标人履约保证金为最高限价的10%。

事件2：项目经理认为招标文件的合同条款是粗略条款，只需将政府有关部门的施工合同示范文本添加项目基本信息后，附在招标文件中即可。

事件3：招标文件编制人员研究评标办法时，项目经理认为本咨询企业以往招标项目常用综合评估法，要求编制人员也采用此法。

事件4：咨询企业技术负责人在审核项目成果文件时发现工程量清单中有漏项，要求修改。项目经理认为第二天需要向委托人提交且合同条款中已有漏项处理约定，故不用修改。

事件5：咨询企业负责人认为最高投标限价不用保密，因此接受了某拟投标人委托，为其提供报价咨询。

事件6：为控制投标报价水平，咨询企业和业主商定，以代表省内先进水平的A施工企业定额为依据，编制最高投标限价。

[问题]
1. 针对事件1，指出（1）~（4）项内容是否妥当，并说明理由。
2. 针对事件2~事件6，分别指出相关行为、观点是否妥当，并说明理由。

[分析]
1. 知识要点。本案例主要考核国有资金投资建设项目施工招标过程中一些典型事件的处理，涉及了招标资格条件设定、加分条件、投标保证金、履约保证金、最高投标限价编制、合同条款设置、评标方法选择等内容。
2. 《招标投标法实施条例》规定。招标人不得以不合理的条件限制、排斥潜在投标人或投标人的行为详见本教材2.3.2中的延展阅读材料。
3. 招标文件中的合同条款。合同条款是招标文件的重要组成，应参照示范文本并结合该项目特点、业主的要求及实际情况等编制项目合同条款。

[参考答案]
问题1答案：
内容（1）不妥当。普通教学楼工程不属于技术复杂、有特殊要求的工程，要求特定行业的业绩（要求有高校教学楼工程业绩）作为资格条件属于以不合理条件限制、排斥潜在投标人。

内容（2）对获得过鲁班奖的企业加分妥当，鲁班奖属于全国性奖项，获得该奖可反映企业的实力。

内容（2）对获得过本省级质量奖项的作为企业加分不妥当，因为以特定区域的奖项作为加分条件属于以不合理条件限制排斥潜在投标人或投标人。

内容（3）妥当，项目保证金75万元未超过招标项目估算价（最高投标限价）的2%，"投标保证金必须从投标企业的基本账户中转出"有利于防止投标人以他人名义投标。

内容（4）不妥当，履约保证金不得超过中标合同金额的10%。

问题2答案：
事件2，项目经理的观点错误，合同条款是投标人报价的依据，咨询机构应参照示范文本并结合该项目特点、业主的要求及实际情况等编制项目合同条款，招标文件应附完整的合同条款。

事件3，项目经理的要求不妥，项目采用何种评标方法应结合项目的特点、目标要求等条件确定。

事件4，项目经理的观点不妥，漏项可能造成合同履行期间的价款调整或纠纷，还可能造成承包人不平衡报价，发现漏项时，项目经理应及时组织修改。

事件5，"又接受某拟投标人的委托"的做法错误，咨询企业接受招标人委托编制某项目招标文件和最高投标限价后，不得再就同项目接受拟投标人委托编制投标报价或提供咨询。

事件6，以A施工企业的企业定额为依据编制项目的最高投标限价不妥，编制最高投标限价应依据国家或省级、行业建设主管部门颁发的计价定额（编制最高投标限价应依据反映社会平均水平的计价定额）。

[案例5-11] 国际公开招投标

[背景]

我国某世界银行贷款项目采用国际公开招标，共有A、C、F、G、J五家投标人参加投标。

招标公告中规定：2015年6月1日起发售招标文件。

招标文件中规定：2015年8月31日为投标截止日，投标有效期到2015年10月31日止；允许采用不超过三种的外币报价，但外汇金额占总报价的比例不得超过30%；评标采用经评审的最低投标价法，评标时对报价统一按人民币计算。

招标文件中的工程量清单按我国《建设工程工程量清单计价规范》（GB 50500—2013）编制。

各投标人的报价组成如表5-16所示，中国银行公布的2015年7月18日~9月4日的外汇牌价如表5-17所示。

计算结果保留两位小数。

表5-16 各投标人报价汇总表

投 标 人	人民币（万元）	美元（万美元）	欧元（万欧元）	日元（万日元）
A	50 894.42	2 579.93	—	—
C	43 986.45	1 268.74	859.58	—
F	49 993.84	780.35	1 498.21	—
G	51 904.11	—	2 225.33	—
J	49 389.79	499.37	—	197 504.76

表5-17 外汇牌价

日期	7.18~7.24	7.25~7.31	8.1~8.7	8.8~8.14	8.15~8.21	8.22~8.28	8.29~9.04
美元	8.231	8.225	8.216	8.183	8.159	8.137	8.126
欧元	10.106	10.053	9.992	9.965	9.924	9.899	9.881
日元	0.071 6	0.071 5	0.071 4	0.071 1	0.070 9	0.070 7	0.070 6

[问题]

1. 各投标人的报价按人民币计算分别为多少？其外汇占总报价的比例是否符合招标文

件的规定?

2. 由于评技术标花费了较多时间,因此,招标人以书面形式要求所有投标人延长投标有效期。投标人 F 要求调整报价,而投标人 A 则拒绝延长投标有效期。对此,招标人应如何处理?说明理由。

3. 如果评标委员会认为投标人 C 的报价可能低于其个别成本,应当如何处理?

[分析]

1. 知识要点。本案例主要考核在多种货币报价时对投标价的换算,投标有效期的延长和对低于成本报价的确认。

2. 多种货币的换算。在投标人以多种货币报价时,一般都要换算成招标人规定的同一货币进行评标。在这种情况下,主要涉及两个问题:①采用什么时间的汇率;②对外汇金额占总报价比例的限制。对于多种货币之间的换算汇率,世界银行贷款项目和 FIDIC 合同条件都规定,除非在合同条件第二部分(即专用条件)中另有说明,应采用投标文件递交截止日期前 28 天当天由工程施工所在国银行决定的通行汇率;而我国《评标委员会和评标方法暂行规定》规定:"以多种货币报价的,应当按照中国银行在开标日公布的汇率中间价换算成人民币。"本案例的问题 1 就是针对这两者之间的区别设计的,投标人 C 的报价如果按我国有关法规的规定是符合招标文件规定的,而按世界银行贷款项目的规定则是不符合招标文件规定的。

3. 投标报价低于成本的处理。需要注意的是,《招标投标法》规定投标人的报价不得低于其成本,否则将被作为废标处理。然而如何识别投标人的报价是否低于其成本是实际工作中的难题,评标委员会发现某投标人的报价明显低于其他投标人的报价或者在设有标底时明显低于标底时不能简单地认为其投标报价低于成本,而应当按照《评标委员会和评标方法暂行规定》,要求该投标人做出书面说明并提供相关证明材料。投标人不能合理说明或者不能提供相关证明材料的,由评标委员会认定该投标人以低于成本报价竞标,其投标应作为废标处理。

[参考答案]

1. (1) 各投标人按人民币计算的报价分别为:

投标人 A:(50 894.42+2 579.93×8.216)万元 = 72 091.12 万元

投标人 C:(43 986.45+1 268.74×8.216+859.58×9.992)万元 = 62 999.34 万元

投标人 F:(49 993.84+780.35×8.216+1 498.21×9.992)万元 = 71 375.31 万元

投标人 G:(51 904.11+2 225.33×9.992)万元 = 74 139.61 万元

投标人 J:(49 389.79+499.37×8.216+197 504.76×0.071 4)万元 = 67 594.45 万元

将以上计算结果汇总于表 5-18。

表 5-18 各投标人报价汇总表

投 标 人	人民币(万元)	美元(万美元)	欧元(万欧元)	日元(万日元)	总价(万元)
A	50 894.42	2 579.93	—	—	72 091.12
C	43 986.45	1 268.74	859.58	—	62 999.34
F	49 993.84	780.35	1 498.21	—	71 375.31

(续)

投 标 人	人民币（万元）	美元（万美元）	欧元（万欧元）	日元（万日元）	总价（万元）
G	51 904.11	—	2 225.33	—	74 139.61
J	49 389.79	499.37	—	197 504.76	67 594.45

（2）计算各投标人报价中外汇所占的比例：

投标人 A：（72 091.12－50 894.42）万元/72 091.12 万元＝29.40%

投标人 C：（62 999.34－43 986.45）万元/62 999.34 万元＝30.18%

投标人 F：（71 375.31－49 993.84）万元/71 375.31 万元＝29.96%

投标人 G：（74 139.61－51 904.11）万元/74 139.61 万元＝29.99%

投标人 J：（67 594.45－49 389.79）万元/67 594.45 万元＝26.93%

由以上计算结果可知，投标人 C 报价中外汇所占的比例超过 30%，不符合招标文件的规定，而其余投标人报价中外汇所占的比例均符合招标文件的规定。

2. 我国《工程建设项目施工招标投标办法》规定，在原投标有效期结束前，出现特殊情况的，招标人可以书面形式要求所有投标人延长投标有效期。投标人同意延长的，不得要求或被允许修改其投标文件的实质性内容，但应相应延长其投标保证金的有效期；投标人拒绝延长的，其投标失效，但投标人有权收回其投标保证金。因延长有效期造成投标人损失的，招标人应当给予补偿。因此，投标人 F 的报价不得调整，但应补偿其延长投标保证金有效期所增加的费用；投标人 A 的投标文件按失效处理，不再评审，但应退还其投标保证金。

3. 根据我国《评标委员会和评标方法暂行规定》，在评标过程中，评标委员会发现投标人 C 的报价明显低于其他投标报价或者在设有标底时明显低于标底，使得其投标报价可能低于其个别成本，应当要求投标人 C 做出书面说明并提供相关证明材料。投标人 C 不能合理说明或者不能提供相关证明材料的，由评标委员会认定投标人 C 以低于成本报价竞标，其投标应作为废标处理。

习题

试题一

【背景】 某国有资金投资的大型建设项目，建设单位采用工程量清单公开招标方式进行施工招标。建设单位委托具有相应资质的招标代理机构编制了招标文件，招标文件包括如下规定：

（1）招标人设有最高投标限价和最低投标限价，高于最高投标限价或低于最低投标限价的投标人报价均按废标处理。

（2）投标人应对工程量清单进行复核，招标人不对工程量清单的准确性和完整性负责。

（3）招标人将在投标截止日后的 90 日内完成评标和公布中标候选人工作。

投标和评标过程中发生如下事件：

事件 1：投标人 A 对工程量清单中某分项工程工程量的准确性有异议，并于投标截止时间 15 日前向招标人书面提出澄清申请。

事件 2：投标人 B 在投标截止时间前 10 分钟以书面形式通知招标人撤回已递交的投标文件，并要求招标人 5 日内退还已经递交的投标保证金。

事件 3：在评标过程中，投标人 D 主动对自己的投标文件向评标委员会提出书面澄清、说明。

事件 4：在评标过程中，评标委员会发现投标人 E 和投标人 F 的投标文件中载明的项目管理成员中有一人为同一人。

【问题】

1. 招标文件中，除了投标人须知、图样、技术标准和要求、投标文件格式外，还包括哪些内容？

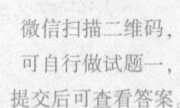

2. 分析招标代理机构编制的招标文件中，（1）~（3）项规定是否妥当，并说明理由。

3. 针对事件 1 和事件 2，招标人应如何处理？

4. 针对事件 3 和事件 4，评标委员会应如何处理？

试题二

【背景】 某开发区国有资金投资办公楼建设项目，业主委托具有相应招标代理和造价咨询资质的机构编制了招标文件和招标控制价，并采用公开招标方式进行项目施工招标。

该项目招标公告和招标文件中的部分规定如下：

（1）投标截止时间为 10 月 31 日，投标有效期截止时间为 12 月 30 日。

（2）投标保证金有效期截止时间为次年 1 月 30 日。

（3）招标人对开标前的主要工作安排为：10 月 16 日~17 日，由招标人分别安排各投标人踏勘现场。

（4）10 月 20 日，举行投标预备会，会上主要对招标文件和招标人能提供的施工条件等内容进行答疑，考虑各投标人所拟定的施工方案和技术措施不同，将不对设计施工图做任何解释。

在项目投标及评标过程中发生了以下事件：

事件 1：投标人 A 对设计图和工程量清单复核时发现部分工程量清单中某分项工程的特征描述与设计图不符。

事件 2：投标人 B 采用不平衡报价的策略，对前期工程和工程量可能减少的工程适度提高了报价；对暂估价材料采用了与招标控制价中相同材料的单价计入了综合单价。

事件 3：投标人 C 结合自身情况，并根据过去类似工程投标经验数据，认为该工程投高标的中标概率为 0.3，投低标的中标概率为 0.6；投高标中标后，经营效果可分为好、中、差三种可能，其概率分别为 0.3、0.6、0.1，对应的损益值分别为 500 万元、400 万元、250 万元；投低标中标后，经营效果同样可分为好、中、差三种可能，其概率分别为 0.2、0.6、0.2，对应的损益值分别为 300 万元、200 万元、100 万元。编制投标文件以及参加投标的相关费用为 3 万元。经过评估，投标人 C 最终选择了投低标。

事件 4：评标中，评标委员会成员普遍认为招标人规定的评标时间不够。

【问题】

1. 根据《招标投标法》及其实施条例，逐一分析项目招标公告和招标文件中（1）~（4）项规定是否妥当，并分别说明理由。

2. 事件 1 中，投标人 A 应当如何处理？

3. 事件 2 中，投标人 B 的做法是否妥当？并说明理由。

4. 事件 3 中，投标人 C 选择投低标是否合理？并通过计算说明理由。

5. 针对事件 4，招标人应当如何处理？并说明理由。

试题三

【背景】 国有资金投资依法必须公开招标某建设项目，采用工程量清单计价方式进行施工招标，招标控制价为 3 568 万元，其中暂列金额 280 万元。招标文件中规定：

(1) 投标有效期 90 天，投标保证金有效期与其一致。
(2) 投标报价不得低于企业平均成本。
(3) 近 3 年施工完成或在建的合同价超过 3 500 万元的类似工程项目不少于 3 个。
(4) 合同履行期间，综合单价在任何市场波动和政策变化下均不得调整。
(5) 缺陷责任期为 3 年，期满后退还预留的质量保证金。

投标过程中，投标人 F 在开标前 1 小时口头告知招标人，撤回了已提交的投标文件，要求招标人 3 日内退还其投标保证金。

除 F 外还有 A、B、C、D、E 五个投标人参加了投标。其总报价分别为：3 489 万元、3 470 万元、3 358 万元、3 209 万元、3 542 万元。评标过程中，评标委员会发现投标人 B 的暂列金额按 260 万元计取，且对招标清单中的材料暂估单价均下调 5% 后计入报价，发现投标人 E 报价中混凝土梁的综合单价为 700 元/m³，招标清单工程量为 520m³，合价为 364 000 元，其他投标人的投标文件均符合要求。

招标文件中规定的评分标准如下：商务标中的总报价评分占 60 分，有效报价的算术平均数为评标基准价，报价等于评标基准价者得满分（60 分），在此基础上，报价比评标基准价每下降 1%，扣 1 分；每上升 1%，扣 2 分。

【问题】
1. 请逐一分析招标文件中规定的（1）～（5）项内容是否妥当，并对不妥之处分别说明理由。
2. 请指出投标人 F 行为的不妥之处，并说明理由
3. 针对投标人 B，投标人 E 的报价，评标委员会应分别如何处理？请说明理由。
4. 计算各有效报价投标人的总报价得分（计算结果保留两位小数）。

第 6 章 工程合同管理概述

学习目标

1. 了解工程合同的概念、作用及生命。
2. 掌握工程合同管理的法律基础。
3. 了解工程合同关系及合同体系。
4. 熟悉工程合同管理的基本原理。

导入案例

黄河小浪底水利枢纽工程节余投资 38 亿元

举世瞩目的黄河小浪底水利枢纽工程从 1991 年开工建设，到 2002 年通过竣工验收，工期长达 11 年时间，工程概算总投资金额为 309.24 亿元，节余投资折合人民币 38 亿元。

小浪底水利枢纽是治理黄河的关键性控制工程，也是世界银行在我国最大的贷款项目之一。投资节余部分归功于宏观经济环境趋好，但主要来自管理环节的节余。由于 1999 年以后国内物价指数下降，人民币对美元和马克（2002 年 7 月 1 日起停止流通）的汇率变化等因素，共计结余资金 13.98 亿元；工程管理环节节余 27.33 亿元（其中业主合同管理带来节余 19.4 亿元），共计 41 亿元。由于土建项目因设计变更及新增环保项目等因素，超支 3.3 亿元，减去超支项目之后，节余仍达 37.7 亿元。

小浪底拥有一支 300 多人，最多曾达 500 多人的出色的监理工程师队伍，他们的工作使合同保证履行有了严格的保证，也对节约投资起了巨大作用。监理工程师受业主委托或授权，依据业主和承包商签订的合同，行使控制工程进度、质量、投资和协调各方关系等职能，是业主在现场的唯一的项目管理者和执行者。1991 年前期工程开工后，小浪底人在埋头苦学中产生了中国第一代监理队伍，他们如饥似渴地学习国际通用的 FIDIC 合同条款，认真履行着事前预控和全过程跟踪、监理、管理职责，在两年间高质量地实现了水利部提出的"三年任务两年完成"的目标。

小浪底是目前国内全面按照"三制"（业主负责制、招投标负责制、建设监理制）

管理模式实施建设的规模最大的工程之一,以合同管理为核心,从各个环节与国际管理模式接轨,在国内大型水电工程中先走了一步。

【评析】 由于工程价值量大,合同价格高,使合同管理对工程经济效益影响很大。合同管理管理得好,业主可以节约投资,承包商可以赢得利润。

——资料来源:梁鹏,古文洪. 小浪底工程如何省下38亿投资? 百度文库.
https://wenku.baidu.com/view/70fce9fd04a1b0717fd5dd11

6.1 工程合同的概念、作用及生命

6.1.1 工程合同的概念

合同是指民事主体之间设立、变更、终止民事法律关系的协议,由《中华人民共和国民法典》(以下简称《民法典》)所调整。《民法典》第三编对各类型的合同均做了规定。

本书中的"工程"是指建设工程,主要是指建筑工程、土木工程、机电工程等。工程合同有广义和狭义之分。

1) 狭义的工程合同是指《民法典》第七百八十八条规定:建设工程合同是承包人进行工程建设,发包人支付价款的合同,包括工程勘察、设计、施工合同。

2) 广义的工程合同是指在工程的建设过程中涉及的各种合同,包括项目融资合同、勘察设计合同、工程承发包合同、工程咨询(如造价咨询、招标代理、监理、项目管理、代建)合同、材料和设备采购供应合同、工程承发包联合体合同、专业分包合同、保险合同等。

本书中所指的工程合同就是指广义的工程合同。

6.1.2 工程合同的作用

1. 双方的最高行为法律准则

签订合同是双方的民事行为。合同一经签订,只要合法,就成为一份法律文件,效力是处在第一位的。双方按合同内容承担相应的义务,享有相应的权利,双方都必须按合同办事,用合同规范自己的行为。

在工程实施中,如果一方违约,不能履行合同义务,甚至单方撕毁合同,不仅会造成自己的损失,而且会殃及合同伙伴和工程其他参加者,甚至会造成整个工程的中断,因此违约方必须接受经济处罚,甚至法律处罚。除了特殊情况(如不可抗力等)使合同不能实施外,合同当事人即使亏损,甚至破产,也不能摆脱这种法律约束力。

如果没有合同和合同的法律约束力,就不能保证工程的各方参与者在工程的各个方面、工程实施的各个环节上都按时、按质、按量地完成自己的工作,就不会有正常的工程施工秩序,就不可能顺利地实现工程总目标。

2. 确定了工程项目管理的主要目标

工程建设合同在工程实施前签订,它确定了工程所要达到的目标以及与目标相关的所有主要的和具体的问题。例如,工程建设施工合同确定的工程目标主要有以下三个方面:

1) 工程质量要求、规模和范围,包括详细的、具体的质量、技术和功能等方面的要求,

如建筑材料、设计、施工等质量标准、技术规范、建筑面积、项目要达到的生产能力等。

2）工期要求，包括工程开始、工程结束以及工程中的一些主要活动的具体日期等。

3）价格依据，包括工程总价格，各分项工程的单价和总价、支付形式和支付时间等，是合同双方在工程中实施各种经济活动的依据。

3. 联系起参与工程建设各方

合同将工程所涉及的生产、材料和设备供应、运输、各专业施工的分工协作关系联系起来，协调并统一工程各方参与者的行为。

4. 合同是工程过程中双方争执解决的依据。

由于双方经济利益是不一致的，因此在工程过程中发生争执是难免的。合同对争执的解决有两个决定性作用，一是争执的判定以合同作为法律依据，即以合同条文判定争执的性质，谁对争执负责，应负什么样的责任等；二是争执的解决方法和解决程序由合同规定。

6.1.3 工程合同的生命周期

对于一个工程项目中的一份合同，有起点和终点，都存在从合同成立、生效到合同终止的生命周期。就施工合同为例，其合同全生命周期与里程碑事件如图 6-1 所示。

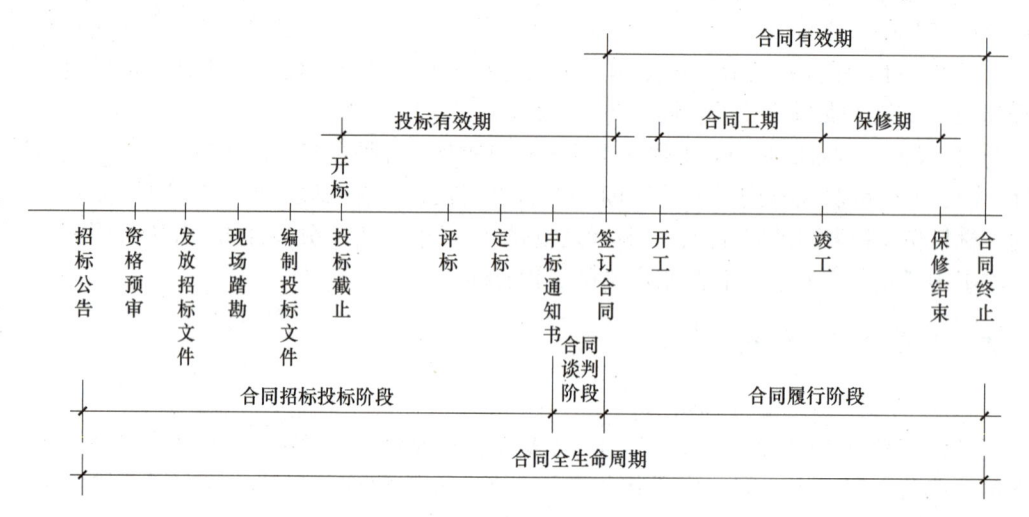

图 6-1 合同全生命周期与里程碑事件

从图 6-1 可以看出，从招标开始至签订合同期间，是合同的形成阶段，主要是合同的订立过程；从合同签订到合同终止是合同履行阶段。任何一份工程合同从开始孕育直到合同责任全部完成，都经历形成和履行两个阶段，通常都有几年时间，经历许多过程。合同管理必须在合同的整个生命周期中进行，在合同的不同阶段，有不同的管理任务和重点。

6.2 工程合同管理的法律基础

6.2.1 合同法律基础的作用

按照合同的法律原则，工程合同的签订和实施是一个法律行为，受到一定的法律制约和保护。该法律被称为合同的法律基础或法律背景，它对工程合同有如下作用：

1）合同在其签订和实施过程中受到这个法律的制约和保护。该合同的有效性和合同签订与实施带来的法律后果按这个法律判定。该法律保护当事人各方的合法权益。

2）对一份有效的工程合同，合同作为双方的第一行为准则。如果出现合同规定以外的情况，或出现合同本身不能解决的争执，或合同无效，则需要明确解决这些问题所依据的法律和程序，以及这些法律条文在应用和执行中的优先次序。

合同的法律基础是工程合同的先天特性，对合同的签订、执行、合同争执的解决常常起决定性作用。

6.2.2　工程合同法系的分类

工程合同是民事关系行为，由相关方自由约定，所以属于国际私法的范畴。国际私法对跨国关系没有定义适用的法律，即国际上没有统一适用的合同法。对此，只有找合同双方的连接点。按照惯例，通常采用合同执行地、工程所在国、当事人的国籍地、合同签字地、诉讼地等的法律适用于合同关系。

1. 判例法系

该法系源于英国，以英国和美国为主，又叫英美法系。原来的 FIDIC 合同以此法系为基础。判例法的主要特点有：

1）判例法的法律规定不仅是写在法律条文和细则上，要了解法律的规和规律（精神），不仅要看法律条文，还要综合过去典型案例的裁决。

2）对于民事美系行为，合同是第一性的，是最高法律。所以在此法系中，合同条文的逻辑关系和法律责任描述和推理要十分严谨，合同约定十分具体，条件严密，文字准确，合同附件多。在该法系中，合同自成体系，条款之间多为互相关联和互相制约。

3）由于判例对合同解释和争执的解决有特殊的作用，国家有时会颁布或取消某些典型的、值得仿效的判例，因此，律师和法官熟悉过去的判例十分重要。

4）在争抗裁决时更注重合同的文字表达。由于这个特点，使得在国际上最著名的、比较完备和成熟的工程合同标准文本都出自英国或美国，国际工程中典型的判例通常也都出自该法系的国家。

2. 成文法系

该法系源于法国，又叫大陆法系。法国、德国、中国、印度等以成文法系为主。成文法系的特点是：

1）国家对合同的制定和执行有具体的法律、法规、条例和细则的规定，在不违反这些规定的基础上，合同双方再约定合同条件。如果有抵触，则以国家的法律法规为准。

2）由于法律比较细致，所以合同的条款比较短小。如果合同中有漏洞、不完备，则以国家法律和细则为准。

3）成文法的合同争执裁决以合同文字、国家成文的法律和细则作为依据，也注重实事求是、合同的目的和合情合理原则。

由于国际工程越来越多，大量属于不同法系的承包商和业主在项目上合作，促使现代工程合同示范文本必须体现两个法系的结合。

6.2.3 工程合同适用的法律

1. 国际工程合同适用的法律

在国际工程中，合同双方来自不同的国家或地区，各自有不同的法律背景，因而对国际工程合同不存在统一适用的法律，对同一合同有不同的法律背景和解释，导致合同实施过程混乱且争执解决困难。对此，必须在合同中定义适用于合同关系的法律，双方必须就适用于合同关系的法律达成一致。选择国际工程合同适用的法律时常遇到如下几种情况：

1）合同双方都希望以自己本国法律作为合同的法律基础，因为使用本国法律，自己已熟悉这个法律，对合同行为的法律后果很清楚，合同风险较小。如果发生争执，也不需要花过多的时间和精力进行法律方面的检查，在合同实施过程中自己处于有利地位。

2）如果采用本国法律的要求被否决，最好使用第三国（工业发达国家，如瑞士、瑞典等国）的法律作为合同的法律基础。因为这些国家的法律比较健全、严密，而且作为第三方有公正性。这样，合同双方地位比较平等，争执的解决比较公正。

3）在招标文件中，发包人（业主或总承包人）常常凭借他们的主导地位来使自己国家的法律适用于合同关系，这样保证他们在合同实施过程中在法律上处于有利地位，而且这在合同谈判时往往难以修改，因为发包人不做让步。这已成为一个国际工程惯例，如果遇到重大争执，对承包人的地位极为不利。所以，承包人从投标一开始就必须清楚这点，并了解该国法律的一般原则和特点，使自己的思维和行动适应这种法律背景。

4）如果合同中没有明确规定合同关系所适用的法律，那么按国际惯例，一般采用合同签字地或项目所在地（即合同执行地）的法律作为合同的法律基础。

5）对工程总承包合同，通常工程所在地国家的法律适用于合同关系，而工程分包合同选用的法律基础可以和总承包合同一致。但也有总承包商在分包工程招标文件中规定，以总承包人所属国的法律作为分包合同的法律基础。

当然，在国际工程中，合同和合同实施不得违反工程所在国的各种法律，如《民法典》《外汇管制法》《劳工法》《环境保护法》《税法》《海关法》《进出口管制法》《出入境管理办法》等。

2. 我国工程合同适用的法律体系

当然，在我国境内实施的工程合同都必须以我国的法律作为基础。对工程合同，我国有一整套法律制度，包括法律、行政法规、部门规章、地方法规和地方部门规章等层次。

工程合同的种类繁多，有在《民法典》中列名的，也有未列名的。不同的工程合同，适用的法律的内容和执行次序不一样。

1）工程施工合同。适用于它的法律及执行次序为：工程施工合同，《民法典》。如果在合同的签订和实施过程中出现争执，先按合同文件解决；如果解决不了（如争执超过合同范围），则按照《民法典》的规定解决。

2）建设工程咨询类合同。如建设工程勘察设计合同、监理合同、工程造价咨询合同等。它与工程施工合同相似，适用于它的法律的内容和执行次序为：建设工程咨询类合同，《民法典》。

3）工程承包联合体合同。它在性质上不同于一般的经济合同，它的目的是组成联合体，适用于它的法律及执行次序为：工程承包联合体合同，《民法典》。

4）工程中的其他合同，如材料和设备采购合同、加工合同、运输合同、借款合同等。适用于它们的法律及执行次序为：合同，《民法典》。

除了上述法律外，由于建设工程是一个非常复杂的社会生产过程，在工程合同的签订和实施过程中还会涉及许多法律问题，因此还适用其他相关的法律，主要包括《建筑法》、涉及合同主体资质管理的法规、建筑市场管理法规、建筑工程质量管理法规、合同争执解决方面的法规、工程合同签订和实施过程中涉及的其他法律，如《城乡规划法》《税法》《劳动保护法》《环境保护法》《保险法》《担保法》《文物保护法》《土地管理法》《安全生产法》等。

6.3 工程合同关系及合同体系

工程项目经可行性研究、勘察设计和工程施工等阶段，一个完整的工程项目可分解为建筑、土建、水电、机械设备、通信等专业工程的设计和施工活动；需要各种材料、设备、资金和劳动力供应。一个工程项目所有的设计、施工活动和专业化分工，其参加单位有十几个、几十个，甚至成百上千个。它们之间形成各式各样的经济关系，这种关系的纽带是合同，所以有各式各样的合同，形成一个复杂的合同体系。国外又把合同体系称为合同网络。

6.3.1 业主的主要合同关系

业主作为工程（或服务）的买方，是工程的所有者，可能是政府、企业、其他投资者，或者几个企业的组合（合资或联营体），或政府与企业的组合［如合资项目、BOT（Build-Operate-Transfer，建设—经营—转让）项目］。业主根据对工程的要求，确定工程项目的总目标。工程总目标是通过许多工程活动的实施实现的，如工程的勘察、设计、各专业的施工、设备和材料的供应、咨询（可行性研究、技术咨询、招标工作）和项目管理等工作。业主通过合同将这些工作委托出去，以实施项目，实现项目的总目标。按照不同的项目实施策略，业主签订的合同种类和形式是丰富多样的。签订合同的数量变化也很大，通常有如下几种类型：

1. 工程承包合同

任何一个工程都必须有工程承包合同。一份承包合同所包括的工程或工作范围会有很大的差异。业主可以采用不同的工程承发包模式，可以将工程施工分专业、分阶段委托，也可以将上述工作以各种形式合并委托，还可以采用"设计—采购—施工"总承包模式。一个工程可能有一份、几份，甚至几十份承包合同。

2. 勘察设计合同

业主与勘察单位签订的合同，以及业主与设计单位签订的合同，勘察设计单位负责地质勘查和技术设计工作。

3. 物资采购供应合同

对由业主负责提供的材料和设备，业主必须与有关的材料和设备供应单位签订采购合同。在一个工程中，业主可以签订许多采购合同，也可以把材料委托给工程承包商采购，把整个设备供应委托给一个成套设备供应企业。

4. 工程咨询服务合同

现代工程中，项目管理的模式是丰富多样的，如业主自己管理，或聘请工程师管理，或业主代表与工程师共同管理，或采用 CM（Construction Management，建设管理）模式。项目管理合同的工作范围可能有可行性研究、设计监理招标代理、造价咨询和施工监理等某一项或几项，或全部工作，即由一个项目管理公司负责整个项目管理工作。

5. 其他合同

例如，贷款合同，即业主与金融机构（如银行）签订的合同，后者向业主提供资金；又如，由业主负责签订的工程保险合同等。

在工程中，业主的主要合同关系如图 6-2 所示。与业主签订的合同通常被称为主合同。

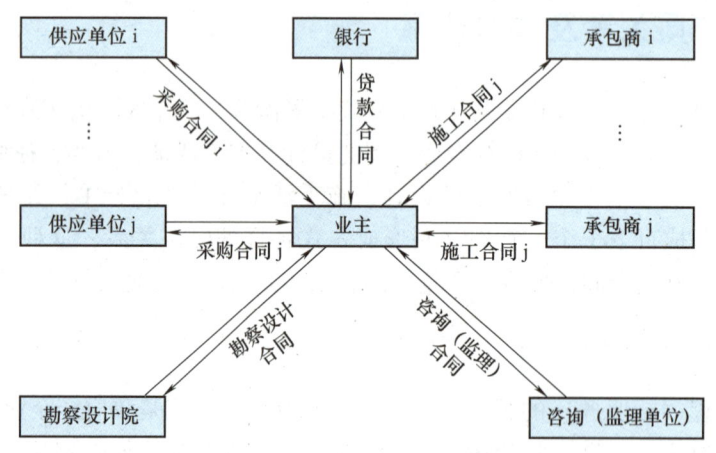

图 6-2 业主的主要合同关系

6.3.2 承包商的主要合同关系

承包商是工程承包合同的执行者，完成承包合同所确定的工程范围的设计施工、竣工和缺陷维修任务，通过劳动力、施工设备、材料、管理人员完成这些工程。任何承包商都不可能具备承包合同范围内所有专业工程的施工能力、材料和设备的生产和供应能力，它也同样必须将许多专业工程或工作委托出去。所以承包商常常也有自己复杂的合同关系。

1. 工程分包合同

承包商将自己承包工程中的某些专业工程的施工分包给另一个承包商来完成，与它签订分包合同。承包商在承包合同下可能订立许多工程分包合同。

2. 采购加工合同

承包商为工程所进行的必要的材料和设备的采购和供应，必须与供应商签订采购合同；承包商将建筑构配件、特殊构件的加工任务委托给加工承揽单位而签订加工合同。

3. 劳务供应合同

劳务供应合同是指承包商与劳务供应商签订的合同，由劳务供应商向工程提供劳务。

4. 租赁合同

在工程中，承包商需要许多施工设备、运输设备、周转材料。当有些设备、周转材料在现场使用率较低，或承包商不具备自己购置设备的资金实力时，可以采用租赁方式，与租赁单位签订租赁合同。

5. **其他相关合同**

例如，运输合同是承包商为解决材料和设备的运输问题而与运输单位签订的合同；又如，承包商因承包合同要求对工程进行保险，而与保险公司签订保险合同。

上述承包商的主要合同关系如图 6-3 所示。在主合同范围内承包商签订的这些合同被称为分合同。它们都与工程承包合同相关，都是为了完成承包合同义务而签订的。

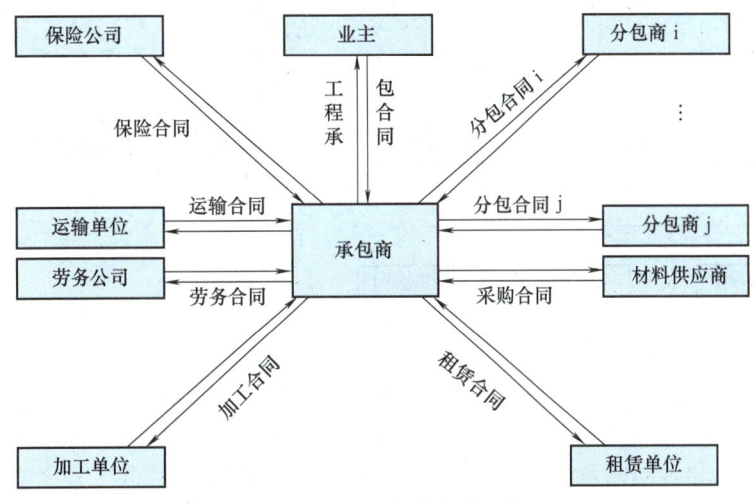

图 6-3 承包商的主要合同关系

6.3.3 工程其他相关合同关系

在实际工程中还可能有以下情况：

1) 有些工程项目是通过合资或项目融资模式建设的，则工程投资者之间会有合资合同或项目融资合同。

2) 在采用项目融资模式建设的公共工程中，由投资者组成的项目公司必须与政府之间签订特许权协议，如 BOT 合同。

3) 在国际上业主和承包商还可以签订伙伴关系合同。

4) 设计单位、各供应单位也可能存在各种形式的分包合同。

5) 如果承包商承担工程（或部分工程）的设计（如"设计-采购-施工"总承包），则它有时也必须委托设计单位，签订设计合同。

6) 如果工程付款条件苛刻，要求承包商带资承包，则它也必须借款，与金融单位订立借（贷）款合同。

7) 在许多大工程中，尤其是在业主要求总承包的工程中，承包商经常是几个企业的联营体，即联营体承包。若干家承包商（最常见的是设备供应商、土建承包商、安装承包商、勘察设计单位）之间订立联营体合同，联合投标，共同承接工程。

8) 工程中还会有担保合同。

6.3.4 工程合同体系的组成

按照上述分析和项目任务的结构分解，可以得到不同层次、不同种类的合同，它们共同构成该工程项目的合同体系（见图 6-4）。

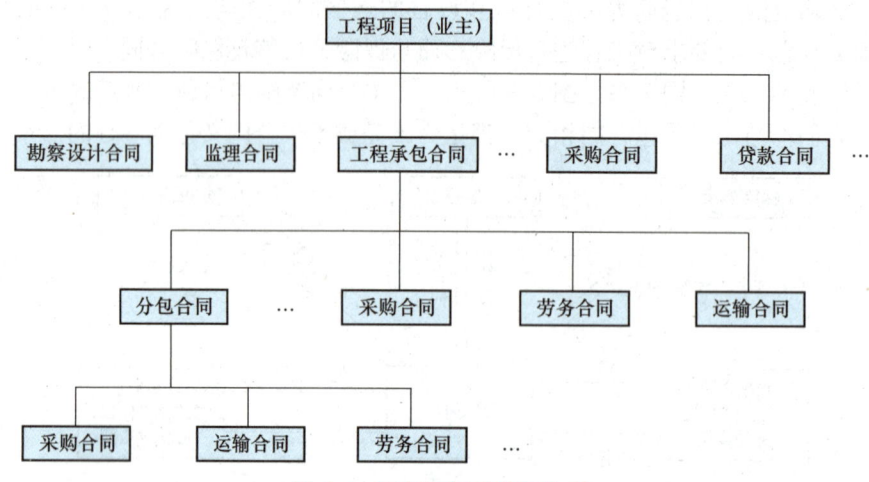

图 6-4　工程项目的合同体系

在一个工程中，这些合同都是为了完成业主的工程项目总目标，都必须围绕这个目标签订和实施。这些合同之间存在着复杂的内部联系。在现代工程中，由于合同策略是多样化的，所以合同关系和合同体系也是十分复杂和不确定的。例如，在某工程中，由中外三个投资方签订合资合同共同组成业主，总承包方又是中外三个承包企业签订联营体合同组成联营体，在总承包合同下又有十几个分包商和供应商，构成一个极为复杂的工程合同关系。

工程项目的合同体系在项目管理中也是一个非常重要的概念，它从一个重要角度反映了项目的形象，对整个项目管理的运作有很大的影响。

1）它反映了项目任务的范围和划分方式。

2）它反映了项目所采用的承发包模式和管理模式。对业主来说，工程项目是通过合同运作的，工程项目的合同体系反映了项目的运作方式。

3）它在很大程度上决定了项目的组织形式，因为不同层次的合同常常决定了合同实施者在项目组织结构中的地位。

6.3.5　合同体系协调的内容

在工程项目中，这个合同网络的建立和协调是十分重要的，要保证项目的顺利实施，就必须对此做出周密的计划和安排。在实际工作中，由于这方面的不协调而造成的工程失误是很多的。合同之间关系的安排及协调通常包含以下几方面内容：

1. 技术上的协调

通常，技术上的协调包括很复杂的内容，一般有以下几方面：

1）几个主合同之间设计标准的一致性，如土建、设备、材料、安装等应有统一的质量、技术标准和要求。各专业工程之间，如建筑、结构、水、电、通信之间应有很好的协调。在建设项目中，建筑师常常作为技术协调的中心。

2）分包合同必须按照总承包合同的条件订立，全面反映总承包合同的相关内容。采购合同的技术要求必须符合承包合同中的技术规范。总承包合同风险要反映在分包合同中，由相关的分包人承担。为了保证总承包合同的圆满完成，分包合同一般比总承包合同的条款更为严格、周密和具体，对分包单位有更为严格的要求，所以分包商的风险更大。

3) 各合同所定义的专业工程之间应有明确的界面与合理的搭接。例如，供应合同与运输合同、土建合同和安装合同、安装合同和设备供应合同之间存在责任界面和搭接。界面上的工作容易遗漏，而产生争执。

各合同只有在技术上协调，才能共同构成符合总目标的工程技术系统。

2. 价格上的协调

一般在总承包合同估价前，应向各分包商（供应商）询价，或进行洽谈，在分包报价的基础上考虑管理费等因素，作为总包报价，所以分包报价水平常常又直接影响总包报价水平和竞争力。

1) 对于大的分包（或供应）工程，如果时间来得及，也应进行招标，通过竞争降低价格。

2) 作为总承包商，周围最好有一批长期合作的分包商和供应商作为忠实的伙伴。这是具有战略意义的，可以确定一些合作原则和价格水准，可保证分包价格的稳定性。

3) 对承包商来说，由于与业主的合同先签订，而与分包商和供应商的合同后签订，一般在签订承包合同前先向承包商和供应商询价；待承包合同签订后，再签订分包合同和供应合同。要防止在询价时分包商报低价，而等承包商中标后又报高价，特别是询价时对合同条件未来得及细谈，分包商有时找些理由提高价格，一般可先签订分包意向书，既要确定价格，又要留有余地，防止总承包合同不能签订。

3. 时间上的协调

由各个合同所确定的工程合同不仅要与项目计划（或总承包合同）的时间要求一致，而且它们之间在时间上要协调，即各种工程合同形成一个有序的、有计划的实施过程。例如，设计图供应与施工，设备、材料供应与运输，土建和安装施工，工程交付和运行等之间应合理搭配。

每一个合同都定义了许多工程活动，形成了各自的子网络。它们又一起形成了一个项目的总网络。常见的设计图拖延、材料设备供应脱节等都是这种不协调的表现。例如，某工程主楼基础工程施工尚未开始，而供热的锅炉设备已提前到货，要在现场停放两年才能安装，这不仅占用大量资金、占用现场场地、增加保管费，而且超过设备的保修期。由此可见，签订各份合同要有统一的时间安排。要解决这种协调问题的一个比较简单的方法是在一张横道图或网络图上标出相关合同所定义的里程碑事件和它们的逻辑关系，这样便于计划、协调和控制。

4. 组织上的协调

在实际工程中，由于合同体系中的各个合同并不是同时签订的，执行时间也不一致，而且常常也不是由同一部门管理的，所以它们的协调更为重要。这个协调不但在签约阶段，而且在工程施工阶段都要重视；不仅是合同内容的协调，还是职能部门管理过程的协调。例如，承包商对一份供应合同，必须在总承包合同技术文件分析后提出供应的数量和质量要求，向供应商询价，或签订意向书；供应时间按总承包合同施工计划确定；付款方式和时间应与财务人员商量；供应合同签订前或后，应就运输等合同做出安排，并报财务备案，以便做资金计划或划拨款项；施工现场应就材料的进场和储存做出安排。这样形成一个有序的管理过程。

6.4 工程合同管理的基本原理

6.4.1 工程合同管理的概念与目标

1. 合同管理的概念

合同管理是对工程项目中相关合同的策划、签订、履行、变更、索赔和争议解决的管理，它是综合性的、全面的、高层次的、高度准确的、严密的、精细的管理工作。

2. 合同管理的目标

合同管理是为项目总目标和企业总目标服务的，保证项目总目标和企业总目标的实现。具体地说，合同管理的目标包括：

1）使整个工程项目在预定的成本（投资）和工期范围内完成，达到预定的质量和功能要求，实现工程项目的三大目标。

2）使项目的实施过程顺利，合同争执较少，合同各方能互相协调，都能够圆满地履行合同义务。

3）保证整个工程合同的签订和实施过程符合法律的要求。

4）成功的合同管理，还要在工程结束时使双方都感到满意。最终业主按计划获得了一项合格的工程，达到投资目的，对工程、对承包商和对双方的合作感到满意；承包商不但获得了合理的价格和利润，而且赢得了信誉，建立了双方友好合作关系。这是企业经营管理和发展战略对合同管理的要求。

6.4.2 工程合同管理的特点

合同管理的特点是由工程、工程项目和项目管理的特殊性决定的。

1. 合同实施过程十分复杂

由于工程项目是一个渐进的过程，持续时间长，这使得相关的合同，特别是工程承包合同生命期长。它不仅包括签约后的设计、施工等，而且包括签约前的招投标和合同谈判以及工程竣工后的缺陷责任期，国家规定最长为 2 年，有的发包人要求长达 5 年或更长的时间。要完整地履行一个承包合同，必须完成几百个甚至几千个相关的工程活动。在整个过程中，稍有疏忽就会导致前功尽弃，造成经济损失。所以，合同管理必须与工程项目的实施过程同步且连续、不间断地进行。

2. 合同管理对工程经济效益影响大

由于工程价值量大，合同价格高，使得合同管理对工程经济效益影响很大。合同管理得好，可使承包商避免亏损，赢得利润；否则，承包商就要蒙受较大的经济损失。这已被许多工程实践所证明。在现代工程中，由于竞争激烈，本来合同价格中包含的利润就少，若合同管理稍有失误，就会导致工程项目亏损。

3. 合同管理具有多种学科交叉的属性

工程合同管理是工程技术与经济管理的结合。由于工程合同在工程中特殊的作用和它本身具有综合性特点，使得合同管理整个知识体系涉及企业管理和工程项目管理的各个方面，与工程的报价、进度计划、质量管理、范围管理、信息管理等都有关系。合同管理是工程管理知识体系的结合体,所需知识互相联系。

工程合同管理又是法律与工程的结合,合同的语言和格式有法律的特点,这使得工程专业相关人员在思维方式,甚至在语言上难以适应。但对法律专业人员来说,工程合同又具有工程的特点,它要描述工程管理程序,在语言和风格上需要符合工程实施的要求。

4. 合同关系与合同条件复杂

由于现代工程有许多特殊的融资模式、承发包模式和管理模式,工程的参加单位和协作单位多,即使一个简单的工程也涉及十几家甚至几十家单位,因此合同关系十分复杂,形成了一个严密的合同体系。现代工程合同条件越来越复杂,这不仅表现在合同条款多上、合同文件多上,而且还表现在与主合同相关的其他合同多上。

5. 合同管理受外界环境影响大

合同管理涉及面广,合同管理受外界环境影响大,风险大,如经济、社会、法律和自然条件的变化等。这些因素任何一方都难以预测,不能控制,但都会妨碍合同的正常实施,造成经济损失。

6.4.3 工程合同管理的主要工作

1. 合同管理的工作流程

合同管理作为项目管理的一个职能,有自己独特的工作任务与过程。在现代工程项目管理中,合同管理的工作流程如图6-5所示。

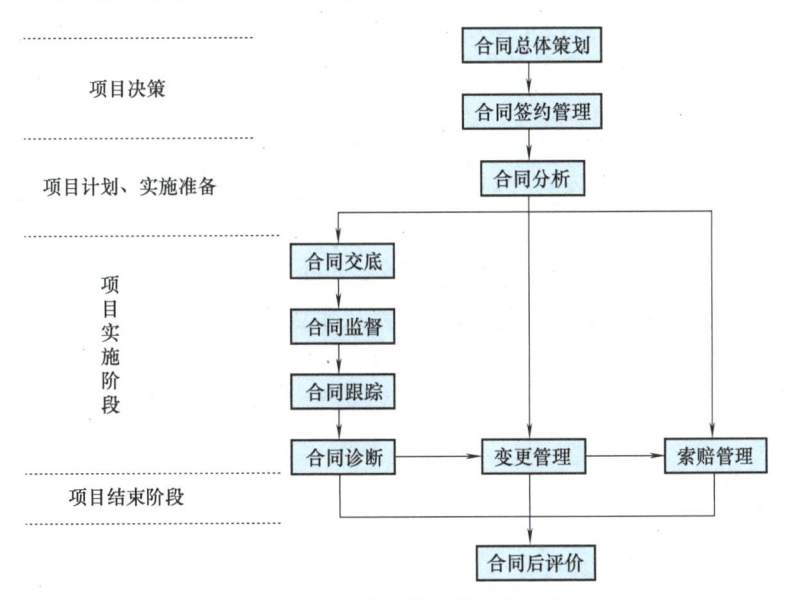

图6-5 工程合同管理的工作流程

从图6-5中可以看出,合同管理贯穿于工程项目的决策、计划、实施和结束的全过程。合同总体策划、合同签约管理、合同分析、合同实施控制、合同后评价等构成工程项目的合同管理子系统。

2. 合同总体策划

在工程项目的开始阶段,必须对与工程相关的合同进行总体策划。首先应确定根本性和方向性的，对整个工程、对整个合同的签订和实施有重大影响的问题进行研究和选择，以决定具体项目的合同体系、合同类型、合同风险的分配、各个合同之间的协调等。合同总体策划的目标是通过合同保证项目总目标的实现，它必须反映建筑工程项目战略和企业战略，反映企业的经营指导方针和根本利益。合同总体策划主要确定以下一些重大问题：

1）如何将项目分解成几个独立的合同？每个合同有多大的工程范围？
2）采用什么样的委托方式和承包方式？
3）采用什么样的合同种类、形式及条件？
4）合同中一些重要条款的确定。
5）合同签订和实施过程中一些重大问题的决策。
6）工程项目相关各个合同在价格上、时间上、组织上、技术上的协调等。

3. 合同签约管理

合同签约前都要进行合同谈判，工程合同谈判的主要内容是在保证招标要求和中标结果的基础上，谈判合同细节，双方在招标文件的具体化或细节上做某些增补与删改，对价格和所有合同条款进行法律认证，最终订立一份对双方都有法律约束力的合同文件。

（1）谈判准备　合同谈判的结果直接关系到合同条款的订立是否对己方有利。因此，在合同正式谈判开始前，合同各方应深入细致地做好充分的思想准备、组织准备、资料准备等，为合同谈判最后的成功奠定基础。

（2）缔约谈判

1）初步洽谈。初步洽谈就是要做好市场调查、签约资格审查、信用审查等工作。如果双方通过初步的洽谈了解到的资料及信息同各自所要达到的预期目标相符，就可以为下一阶段的实质性谈判做好准备。

2）实质性谈判。在双方通过初步的洽谈并取得了广泛的相互了解后，就可以进入实质性谈判阶段。主要谈判的合同条款一般包括标的物、数量和质量、价款或酬金、履行、验收方法、违约责任等。

3）签约。由于项目的复杂性和合同履行的长期性，在签约前必须就双方一致同意的条件拟订明确、具体的书面协议，以明确双方的权利和义务。具体形式可由一方起草并经商讨由另一方确认后形成；或者由双方各起草一份协议，经双方综合讨论、逐条商定，最后形成双方一致同意的合同。

延展阅读

缔约谈判的主要问题

在合同谈判中，应在保证招标要求和中标结果的基础上，谈判以下相应的合同细节：

（1）工程项目活动的主要内容　即承包人应承担的工作范围，主要包括监理、勘察、设计、施工、材料和设备的供应、工程量确定、人员和质量要求等。

（2）合同价格　合同价格是合同谈判中的核心问题，也是双方争取的关键。价格是受工作内容、工期及其他各种义务制约的，除单价、总价、工资和其他各项费用外，还有支付条件及支付的附带条件等内容都需要进行认真谈判。

（3）工期　工期是合同双方控制工程进度、控制工程成本的重要依据。因此在谈判过程中，要依据施工规划和确定的最优工期，考虑各种可能的风险影响因素，争取双方商定一个较为合理、双方都满意的工期，以保证有足够的时间来完成合同，同时不致影响其他项目的进行。

（4）验收　验收是工程项目建设的一个重要环节，因而需要在合同中就验收的范围、时间、质量标准等做出明确的规定。在合同谈判的过程中，双方需要针对这些方面的细节性问题仔细商讨。

（5）保证　主要有各种投标保证金、付款保证、履约保证、保险等细节内容。

（6）违约责任　在合同履行过程中，当事人一方由于过错等原因不履行或不完全履行合同时，无过错一方有权要求对方承担损失并承担赔偿责任。当事人可以在合同中规定惩罚性条款。这一内容关系到合同能否顺利执行、损失能否得到有效补偿，因而也是合同谈判中双方关注的焦点之一。

4. 合同分析

合同分析是从合同执行的角度去分析、补充和解释合同的具体内容和要求，将合同目标和合同规定落实到合同实施的具体问题和具体时间上，用以指导具体工作，使合同能符合日常工程管理的需要，使工程按合同要求实施，为合同执行和控制确定依据。

（1）基本要求　准确性和客观性、简易性、合同双方的一致性、全面性。

（2）作用　分析合同中的漏洞，解释有争议的内容；分析合同风险，制定风险对策；合同任务分解，落实。

（3）分析的内容　对合同合法性、合同完备性、合同公平性、合同应变性、合同文字唯一性和准确性等进行分析。

5. 合同实施控制

合同实施控制应立足于现场。在施工中，合同管理对项目管理的各个方面起总协调和总控制作用，它的工作主要包括合同交底、合同监督、合同跟踪、合同诊断等。

（1）合同交底　合同分析后，应向各层次管理者做"合同交底"。由合同管理人员在对合同的主要内容进行分析、解释和说明的基础上，通过组织项目管理人员和各个工程小组学习合同条文和合同总体分析结果，使大家熟悉合同中的主要内容、规定、管理程序，了解合同双方的合同责任和工作范围、各种行为的法律后果等，使大家都树立全局观念，使各项工作协调一致，避免执行中的违约行为。

（2）合同监督　工程师的合同监督包括：①旁站监理，工程师立足施工现场；②工程师要促使业主按合同要求履行合同，为承包商履行合同提供帮助；③对承包商工程实施的监督。承包商的合同监督包括：①合同管理人员与项目其他职能人员一起落实合同实施计划；②在合同范围内协调业主、工程师、各职能人员之间的工作关系；③对各工程小组和分包商进行工作指导，做经常性的合同解释。

（3）合同跟踪　通过合同实施情况分析，找出偏离，以便及时采取措施；在整个工程过程中,能使项目管理人员一直清楚地了解合同实施情况。

(4) 合同诊断　合同诊断是在合同跟踪的基础上进行的合同执行差异的分析、合同差异责任分析、合同实施趋向预测。

6. 合同后评价

合同后评价包括合同签订情况评价、合同执行情况评价和合同管理工作评价。

6.4.4　工程合同管理的基本方法

1. 严格执行建设工程合同管理法律法规

应当说,随着我国《民法典》《招标投标法》《建筑法》的颁布和实施,建设工程合同管理法律已基本健全。但是,在实践中,这些法律的执行还存在很大的问题,其中既有勘察、设计、施工单位转包、违法分包和不认真执行工程建设强制性标准、偷工减料、忽视工程质量的问题,也有监理单位监理不到位的问题,还有建设单位不认真履行合同,特别是拖欠工程款的问题。在市场经济条件下,要求我们在建设工程合同管理时要严格依法进行。这样,管理行为才能有效,才能提高建设工程合同管理的水平,才能解决建设领域存在的诸多问题。

2. 普及相关法律知识,培训合同管理人才

在市场经济条件下,工程建设领域的从业人员应当增强合同观念和合同意识,这就要求我们普及相关法律知识,培训合同管理人才。不论是施工合同中的监理工程师,还是建设工程合同的当事人,以及涉及有关合同的各类人员,都应当熟悉合同的相关法律知识,增强合同观念和合同意识,努力做好建设工程合同管理工作。

3. 设立合同管理机构,配合合同管理人员

加强建设工程合同管理,应当设立合同管理机构,配备合同管理人员。一方面,建设工程合同管理工作应当作为建设行政管理部门的管理内容之一;另一方面,建设工程合同当事人内部也要建立合同管理机构。特别是建设工程合同当事人内部,不但应当建立合同管理机构,还应当配备合同管理人员,建立合同台账、统计、检查和报告制度,提高建设工程合同管理的水平。

4. 建立合同管理目标制度

合同管理目标是指合同管理活动应当达到的预期结果和最终目的。建设工程合同管理需要设立管理目标,并且管理目标可以分解为管理的各个阶段的目标。合同的管理目标应当落到实处。为此,还应当建立建设工程合同管理的评估制度。这样,才能有效地督促合同管理人员提高合同管理的水平。

5. 推行合同示范文本制度

推行合同示范文本制度,一方面有助于当事人了解、掌握有关法律、法规,使具体实施项目的建设工程合同符合法律法规的要求,避免缺款少项,防止出现显失公平的条款,也有助于当事人熟悉合同的运行;另一方面,有利于行政管理机关对合同的监督,有助于仲裁机构或者人民法院及时裁判纠纷,维护当事人的利益。使用标准化的范本签订合同,对完善建设工程合同管理制度起到了极大的推动作用。

习题

一、单项选择题

1. 工程合同的民事主体的数量至少是（　　）。
   A. 一个以上　　　　B. 二个以上　　　　C. 三个以上　　　　D. 不做要求
2. 关于工程合同的作用，说法不正确的是（　　）。
   A. 工程合同是双方的最高行为法律准则
   B. 工程合同确定了工程项目管理的主要目标
   C. 工程合同分离了参与工程建设各方关系
   D. 工程合同是工程过程中双方争执解决的依据
3. 合同全生命周期不包括的阶段是（　　）。
   A. 招标投标阶段　　B. 合同谈判阶段　　C. 运行阶段　　D. 履行阶段
4. 判例法系源于（　　）。
   A. 英国　　　　　　B. 法国　　　　　　C. 德国　　　　D. 中国
5. 关于合同管理的特点，说法不正确的是（　　）。
   A. 合同实施过程十分复杂　　　　B. 合同管理对工程经济效益影响大
   C. 合同管理具有多种学科交叉的属性　　D. 合同管理不受外界环境的影响
6. 以下关于工程合同管理的基本方法，说法正确的是（　　）。
   A. 适当执行建设工程合同管理法律法规　　B. 推行合同示范文本制度
   C. 合同管理目标制度不值得推荐建立　　D. 合同管理人才不需要参与培训

二、多项选择题

1. 工程合同中的"工程"主要指（　　）。
   A. 建筑工程　　　　B. 土木工程　　　　C. 安装工程　　　　D. 装饰工程
2. 以下国家适用大陆法系的有（　　）。
   A. 美国　　　　　　　　　　　　　B. 法国
   C. 德国　　　　　　　　　　　　　D. 中国
   E. 印度
3. 以下属于合同之间关系协调内容的是（　　）。
   A. 技术上的协调　　　　　　　　　B. 人员上的协调
   C. 价格上的协调　　　　　　　　　D. 时间上的协调
   E. 组织上的协调
4. 在工程项目实施过程中，主要的合同管理工作有（　　）。
   A. 合同交底　　　　　　　　　　　B. 合同监督
   C. 合同跟踪　　　　　　　　　　　D. 合同诊断
   E. 合同评价

三、思考题

1. 简述合同管理目标包括的内容。
2. 列出合同全生命周期的里程碑事件。
3. 画出工程项目的合同体系图。
4. 简述工程合同管理的工作流程。
5. 简述工程合同管理的基本方法。

第 7 章
建设工程施工合同管理

学习目标

1. 了解施工合同的概念和特点。
2. 掌握施工合同示范文本的组成。
3. 理解施工合同示范文本的专业名词术语。
4. 理解建设工程施工合同通用条款。
5. 重点掌握施工合同中的实质性条款。

导入案例

施工合同失守签约管理导致的巨额索赔案

波兰 A2 高速公路是连接波兰华沙和德国柏林，打通波兰和中西欧的重要交通要道，为波兰最高等级（A 级）公路项目。2009 年 9 月，波兰 A2 高速公路开始招标，中国某工程有限公司与上海某公司等中国公司组成的联合体（简称中海联营体）以 4.4 亿美元的价格中标 A、C 两个标段（约 49km），连波兰政府预算的 28 亿兹罗提（约合 10 亿美元）的一半都不到。

中海联营体在没有事先仔细勘探地形及研究当地法律、经济、政治环境的情况下，就与波兰公路管理局签下了总价锁死的合约，以致成本上升、工程变更及工期延误都无法从业主方获得补偿，加之管理失控、沟通不畅及联合体内部矛盾重重，2011 年 6 月 13 日，中海联营体宣布放弃 A2 高速公路项目。为此，波兰公路管理局对中海联营体的索赔估算为 7.41 亿兹罗提（约合 17.51 亿元人民币），同时禁止联合体四家公司三年内参与波兰市场的公开招标。

这是一个大型建筑施工业企业疏于合同签约管理所发生的典型案件，中海联营体在波兰面临的法律问题主要如下：

1) A2 项目 C 标段波兰语合同主体合同只有寥寥四页 A4 纸，但至少有七份合同附件。招标合同参考了国际工程招标通用的 FIDIC 条款，但双方最终签署的合同删除了很多对承包商有利的条款。波兰业主还在合同中增加了一些条款，用以限制承包商的权利。

2）中海联营体曾向波兰公路管理局提出，由于沙子、钢材、沥青等原材料价格大幅上涨，要求对中标价格进行相应调整，但遭到公路管理局的拒绝，公路管理局的理由和依据就是这份合同以及波兰《公共采购法》等相关法律规定。

3）语言障碍。波兰的官方语言是波兰语，中海联营体和波兰公路管理局签署的是波兰语合同，而英文和中文版本只是简单摘要。

4）FIDIC 条款规定业主应在开工前向承包商支付垫款作为启动资金。但在中海联营体取得的合同中，关于工程款预付的 FIDIC 条款全部删除，同时另外规定，工程师每个月根据项目进度开具"临时付款证明"（Interim Payment Certificate），核定本月工程款，承包商据此开具发票，公路管理局才付款。

5）由于启动资金的捉襟见肘，中海联营体只好着力于"节流"。中海联营体原本聘请了一家当地的律师事务所担任顾问，后来认为价格太高、服务太少而辞退，最后雇了一位要价不高、20多岁的波兰年轻人来做项目律师。

6）没有关注环保成本，工程施工过程中，为迁移珍稀蛙类浪费了中海联营体大量的精力。事实上，基建和环保的冲突在欧洲国家司空见惯。

7）在合同的争议部分，FIDIC 合同文本中关于仲裁纠纷处理的条款全部被删除，代之以"所有纠纷由波兰法院审理，不能仲裁"。

【评析】　本案是大型施工企业全面失守工程合同的签约审查和管理，企业法务能力根本不适应"走出去"战略的真实情况。承发包方的施工合同管理，尤其是合同的签约管理和履约管理的质量务必引起高度重视。

——资料来源：专题——波兰 A2 高速公路项目失败的启示. 百度文库.
https://wenku.baidu.com/view/8f1abfe47175a417866fb84ae45c3b3567ecdda4.html

7.1　建设工程施工合同概述

7.1.1　建设工程施工合同的概念和特点

建设工程施工合同是发包人与承包人就完成具体工程项目的建筑施工、设备安装、设备调试、工程保修等工作内容，确定双方权利和义务的协议。施工合同是建设工程合同的一种，它与其他建设工程合同一样是双务有偿合同，在订立时应遵守自愿、公平、诚实信用等原则。建设工程施工合同是建设工程的主要合同之一，其标的是将设计图变为满足功能、质量、进度、投资等发包人投资预期目的的建筑产品。

延展阅读

建设工程施工合同脱胎于承揽合同

《民法典》第七百七十条对承揽合同所下的定义为："承揽合同是承揽人按照定作人的要求完成工作，交付工作成果，定作人支付报酬的合同。"

> 因建设工程施工合同脱胎于承揽合同，理应符合承揽法律关系，定作人提供资金并提出定作要求，定作人享有任意解除权。承揽人完成加工制作，一般限于手艺、工艺等技术要求，通常不承担加工承揽材料等的市场风险。

建设工程施工合同具有以下特点：

1. 合同标的的特殊性

施工合同的标的是各类建筑产品，建筑产品是不动产，建造过程中往往受到自然条件、地质水文条件、社会条件、人为条件等因素的影响。这就决定了每个施工合同的标的物都不同于工厂批量生产的产品，具有单件性的特点。所谓"单件性"，是指不同地点建造的相同类型和级别的建筑，施工过程中所遇到的情况不尽相同，在甲工程施工中遇到的困难在乙工程中不一定发生，而在乙工程施工中可能出现甲工程没有出现过的问题，相互间具有不可替代性。

2. 合同履行期限的长期性

建筑物的施工由于结构复杂、体积大、建筑材料类型多、工作量大，使得工期都较长（与一般工业产品的生产相比）。在较长的合同期内，双方履行义务往往会受到不可抗力、履行过程中法律法规政策的变化、市场价格的浮动等因素的影响，必然导致合同的内容约定、履行管理都很复杂。

3. 合同内容的复杂性

虽然施工合同的当事人只有两方，但履行过程中涉及的主体却有许多，内容的约定还需要与其他相关合同相协调，如设计合同、采购合同、监理合同、分包合同等。

7.1.2 建设工程施工合同示范文本简介

1. 示范文本的作用

鉴于施工合同的内容复杂、涉及面宽，为了避免施工合同的编制者遗漏某些方面的重要条款，或条款约定责任不够公平合理，住房和城乡建设部、国家工商行政管理总局印发了《建设工程施工合同》（示范文件）（以下简称示范文本），其经历了1999版、2013版、2017版等三个版本。2017版自2017年10月1日执行。示范文本的条款内容不仅涉及各种情况下双方的合同责任和规范化的履行管理程序，而且涵盖了非正常情况的处理原则，如变更、索赔、不可抗力、合同的被迫终止、争议的解决等方面。

可见，示范文本的作用有避免缺款少项、防止显失公平、有利于合同监督、有利于裁判纠纷等。

2. 示范文本的性质和适用范围

（1）性质　示范文本中的条款属于推荐使用，非强制性使用文本。合同当事人可结合建设工程具体情况、具体特点，根据示范文本加以取舍、补充，并按照法律法规规定和合同约定承担相应的法律责任及合同权利义务，最终形成责任明确、操作性强的合同。

（2）适用范围　示范文本适用于房屋建筑工程、土木工程、线路管道和设备安装工程、装修工程等建设工程的施工承发包活动。

7.1.3 施工合同示范文本的组成

示范文本由协议书、通用条款、专用条款三部分组成，并附有11个附件。

1. 协议书

合同协议书是施工合同的总纲性法律文件，基本涵盖合同的基本条款，反映合同生效的形式要件，经双方当事人签字盖章后合同即成立。合同协议书一般由合同当事人加盖公章，并由法定代表人或法定代表人的授权代表签字后生效，但合同当事人对合同生效有特别要求的，可以通过设置一定的生效条件或生效期限来满足具体项目的特殊情况。

标准化的协议书格式文字量不大，需要结合承包工程特点填写的约定主要内容包括工程概况、合同工期、质量标准、签约合同价格与合同价格形式、项目经理、合同文件构成、承诺、词语定义、签订时间、签订地点、补充协议、合同生效、合同份数等，当事人落款处可增加地址、账户、邮编、电子邮箱等内容。

2. 通用条款

通用条款是合同当事人根据法律规范的规定，就工程项目施工的实施及相关事项，对合同当事人的权利义务做出的通用性约定，其作用是反复使用、避免漏项、便于管理和查阅。使用过程中，如果工程建设项目的技术要求、现场情况与市场环境等实际履行条件存在特殊性，可以在专用条款中进行相应的补充和完善。

通用条款包括一般约定、发包人、承包人、监理人、工程质量、安全文明施工与环境保护、工期和进度、材料与设备、试验与检验、变更、价格调整、合同价格及计量与支付、验收和工程试车、竣工结算、缺陷责任与保修、违约、不可抗力、保险、索赔、争议解决等内容，共119个条款，通用条款在使用时不做任何改动，原文照搬。

本章7.2~7.5节内容除特别说明外，内容均与合同示范文本的通用条款规定保持一致。

3. 专用条款

专用条款是对通用条款原则性约定的细化、完善、补充、修改或另行约定的条款。专用条款编号应与相应的通用条款编号一致，专用条款为满足具体工程的特殊要求，避免直接修改通用条款，专用条款有横道线的地方，对相应的通用条款进行细化、完善、补充、修改或另行约定；如无则填写"无"或画"/"。

专用条款是合同当事人对通用条款进行的补充和完善，因此，使用时专用条款应当尊重通用条款的原则要求和权利义务的基本安排，如专用条款对通用条款进行颠覆性修改，则从基本面上背离该合同的原则和系统性，出现权利义务不平衡，与起草初衷不符。

4. 附件

示范文本提供了11个标准化附件，其中附件1属于协议书附件，附件2~附件11属于专用条款附件。附件1是"承包人承揽工程项目一览表"，附件2~附件11依次是"发包人供应材料设备一览表""工程质量保修书""主要建设工程文件目录""承包人用于本工程施工的机械设备表""承包人主要施工管理人员表""分包人主要施工管理人员表""履约担保格式""预付款担保格式""支付担保格式""暂估价一览表"。如果具体项目的实施为包工包料承包，则可以不使用"发包人供应材料设备一览设备表"。

7.1.4 合同当事人及其他相关方

1. 合同当事人

（1）发包人　示范文本通用条款规定，发包人是指在协议书中约定，具有工程发包主体资格和支付工程价款能力的当事人以及取得该当事人资格的合法继承人。

（2）承包人　示范文本通用条款规定，承包人是指在协议书中约定，被发包人接受具有工程施工承包主体资格的当事人以及取得该当事人资格的合法继承人。

从以上两个定义可以看出，施工合同签订后，当事人任何一方均不允许转让合同。因为承包人是发包人通过复杂的招标选中的实施者；发包人则是承包人在投标前出于对其信誉和支付能力的信任才去参与竞争取得合同。因此，按照诚实信用原则，订立合同后，任何一方都不能将合同转让给第三者。所谓合法继承人，是指因资产重组后，合并或分立后的法人或组织可以作为合同的当事人。

2. 其他相关方

（1）监理人　监理人是发包人的委托代理人，其权利来源于发包人的授权，除了发包人授予外，还包括法律规定的职责和义务，因此在法定必须监理的项目中，监理人是法定的参与主体，对于保证建设工程的质量和安全具有重要意义。

对于非强制监理工程项目，发包人可以不委托监理人，而自行进行工程管理或者聘请工程管理人、工程造价咨询人等，合同关于监理人的工作职责可以由发包人或其聘请的工程管理人、工程造价咨询人行使。

（2）设计人　设计人是受发包人委托负责工程设计并具备相应工程设计资质的法人或其他组织。设计人是工程建设中不可缺少的参与主体。

（3）分包人　分包人是指按照法律规定和合同约定，分包部分工程或工作，并与承包人签订分包合同的具有相应资质的法人。分包人包括专业分包人和劳务分包人，分包应符合法律的规定，除专业分包人可以将其分包工程中的劳务工作再行分包外，分包人不得再行分包。

延展阅读

建设工程施工合同主要管理人员

（1）发包人代表　发包人代表是指由发包人任命并派驻施工现场，在发包人授权范围内行使发包人权利的人。在授权范围内负责处理合同有关事宜，在授权范围内的行为由发包人承担法律责任，更换发包人代表应提前7天书面通知承包人。

（2）项目经理　项目经理是指由承包人任命并派驻施工现场，在承包人授权范围内负责合同履行，且按照法律规定具有相应资格的项目负责人。合同当事人所确认、经承包人授权后代表承包人，并是承包人正式聘用的员工，有正式劳动合同和社会保险。

（3）总监理工程师　总监理工程师是指由监理人书面任命，负责履行建设工程监理合同、主持项目监理机构工作并派驻施工现场进行工程监理的总负责人，总监理工程师应是注册监理工程师。

（4）总监理工程师代表　经工程监理单位法定代表人同意，由总监理工程师书面授权，代表总监理工程师行使其部分职责和权力。总监理工程师代表是具有工程类注册执业资格或具有中级及以上专业技术职称、3年及以上工程实践经验并经监理业务培训的人员。

7.1.5 合同文件

1. 合同文件的组成

"合同"是指构成对发包人和承包人履行约定义务过程中,有约束力的全部文件体系的总称。示范文本通用条款规定,合同的组成文件包括:

1) 合同协议书。
2) 中标通知书(如果有)。
3) 投标函及其附录(如果有)。
4) 专用条款及其附件。
5) 通用条款。
6) 技术标准和要求。
7) 图样。
8) 已标价工程量清单或预算书。
9) 其他合同文件。

在合同订立及履行过程中形成的与合同有关的文件均构成合同文件组成部分。

> **延展阅读**
>
> ### 合同几个组成文件的含义
>
> (1) 中标通知书　中标通知书是指构成合同的由发包人通知承包人中标的书面文件。
>
> (2) 投标函及其附录　投标函是指构成合同的由承包人填写并签署的用于投标的称为"投标函"的文件,投标函附录是指构成合同的、附在投标函后的称为"投标函附录"的文件。
>
> (3) 技术标准和要求　技术标准和要求是指构成合同的施工应当遵守的或指导施工的国家、行业或地方的技术标准和要求,以及合同约定的技术标准和要求。
>
> (4) 图样　图样是指构成合同的图样,包括由发包人按照合同约定提供或经发包人批准的设计文件、施工图、鸟瞰图及模型等,以及在合同履行过程中形成的图样文件。图样应当按照法律规定审查合格。
>
> (5) 已标价工程量清单　已标价工程量清单是指构成合同的由承包人按照规定的格式和要求填写并标明价格的工程量清单,经算术性错误修正(如有)且承包人已确认的工程量清单,包括说明和表格。
>
> (6) 其他合同文件　其他合同文件是指经合同当事人约定的与工程施工有关的具有合同约束力的文件或书面协议,合同当事人可以在专用条款中进行约定。

2. 合同文件的优先解释次序及矛盾或歧义的处理程序

(1) 合同文件的优先解释次序　各项合同文件包括合同当事人就该项合同文件所做出的补充和修改,属于同一类内容的文件,应以最新签署的为准,专用条款及其附件须经合同当事人签字或盖章。

各项合同组成文件原则上应能够互相解释、互相说明，但当合同文件中出现含糊不清或不一致时，合同文件组成部分前面的序号就是合同的优先解释次序。在合同订立及履行过程中形成的与合同有关的文件均构成合同文件组成部分，并根据其性质确定优先解释次序。如果双方不同意这种次序安排，可以在专用条款内另行约定。

（2）合同文件出现矛盾或歧义的处理程序　当合同文件内容含糊不清或不一致时，在不影响工程正常进行的情况下，由发包人和承包人协商解决。双方也可以提请负责监理的工程师做出解释。双方协商不成或不同意负责监理的工程师的解释时，按合同约定的解决争议的方式处理。示范文本的合同条款中未明确由谁来解释文件之间的歧义，但可以结合监理工程师职责中的规定，总监理工程师应与发包人和承包人进行协商，尽量达成一致，不能达成一致时，总监理工程师应认真研究后审慎确定。

7.2　建设工程施工合同的订立

依据示范文本，订立合同时应注意通用条款及专用条款需明确说明的内容。

7.2.1　明确当事人双方的义务

1. 发包人的义务

示范文本通用条款规定以下工作属于发包人应完成的：

1）发包人应按合同约定向承包人及时地支付合同价款，包含预付款、进度款、结算款和质量保证金。

2）提供施工现场、施工条件和基础资料，并对所提供资料的真实性、准确性和完整性负责。因发包人原因未能按约定及时提供施工现场、施工条件、基础资料的，由发包人承担增加的费用和（或）延误的工期。

> **延展阅读**
>
> **施工现场、施工条件和基础资料的要求**
>
> （1）施工现场。除另有约定外，发包人应最迟于开工日期7天前向承包人移交施工现场。如果专用条款未确定提供现场的时间，则发包人应在合同进度与工期中约定的进度计划进行施工所需要的合理时间内，将现场提供给承包人，使承包人获得占用现场的权利。
>
> （2）施工条件。除专用条款另有约定外，应由发包人负责提供的条件包括：
> 1）将施工用水、电力、通信线路等施工所必需的条件接至施工现场内。
> 2）保证向承包人提供正常施工所需要的进入施工现场的交通条件。
> 3）协调处理施工现场周围地下管线和邻近建筑物、构筑物、古树名木的保护工作，并承担相关费用。

4）按照专用条款约定应提供的其他设施和条件。

（3）基础资料。在移交施工现场前向承包人提供施工现场及工程施工所必需的毗邻区域内供水、排水、供电、供气、供热、通信、广播电视等地下管线资料，气象和水文观测资料，地质勘查资料，相邻建筑物、构筑物和地下工程等有关基础资料，按照法律规定确需在开工后方能提供的基础资料，发包人应尽其努力及时地在相应工程施工前的合理期限内提供，合理期限应以不影响承包人的正常施工为限。

3）发包人应遵守法律，并办理法律规定由其办理的许可、批准或备案，包括但不限于建设用地规划许可证、规划许可证、施工许可证、施工所需临时用水、临时用电、中断道路交通、临时占用土地等许可和批准，以保证工程建设的合法合规性。同时，对于由承包人办理法律规定的有关施工证件和批件，发包人负有协助义务。

如果发包人原因未能及时办理，承包人有权拒绝进场施工，由此承担增加的费用和（或）延误的工期，并支付承包人合理的利润。

4）在最迟不得晚于开工日期前7天通过监理人向承包人提供测量基准点、基准线和水准点及其书面资料，并对真实性、准确性和完整性负责。

5）应按合同约定向承包人提供施工图和发布指示，并组织承包人和设计单位进行图纸会审和设计交底，专用条款内需要约定具体时间。

6）发包人应按合同约定及时组织工程竣工验收。

7）发包人应在收到承包人要求提供资金来源证明的书面通知后28天内，向承包人提供能够按照合同约定支付合同价款的相应资金来源证明。

对于财政预算投资的工程，项目立项批复文件应当对此载明，故项目立项批复文件即为资金来源证明；对于自筹资金投资、银行贷款投资、利用外资、证券市场筹措资金等工程，发包人应当取得资金来源方的投资文件或资金提供文件等。

8）发包人要求承包人提供履约担保的，发包人应当向承包人提供支付担保，支付担保是指担保人为发包人提供的，保证发包人按照合同约定支付工程款的担保。支付担保可以采用银行保函或担保公司担保等形式，具体由双方在专用条款中约定。

9）发包人应与承包人、由发包人直接发包的专业工程的承包人签订施工现场统一管理协议，明确各方的权利义务，并作为专用条款的附件。

10）发包人应做的其他工作，双方在专用条款中约定。

虽然通用条款内规定上述工作内容属于发包人义务，但发包人可以将上述部分工作委托承包方办理，具体内容可以在专用条款内约定，其费用由发包人承担。属于发包人的义务，如果出现不按合同约定完成，导致工期延误或给承包人造成损失的，发包人应赔偿有关损失，延误工期顺延。

2. 承包人的义务

示范文本通用条款规定，承包人在履行合同过程中应遵守法律和工程建设标准规范，并履行以下义务：

1）办理法律规定应由承包人办理的许可和批准，并将办理结果书面报送发包人留存。

2）按法律规定和合同约定完成工程，并在保修期内承担保修义务。

3）按法律规定和合同约定采取施工安全和环境保护措施，办理工伤保险，确保工程及人员、材料、设备和设施的安全。

4）按合同约定的工作内容和施工进度要求，编制施工组织设计和施工措施计划，并对所有施工作业和施工方法的完备性和安全可靠性负责。

5）在进行合同约定的各项工作时，不得侵害发包人与他人使用公用道路、水源、市政管网等公共设施的权利，避免对邻近的公共设施产生干扰。承包人占用或使用他人的施工场地，影响他人作业或生活的，应承担相应责任。

6）按照合同约定负责施工场地及其周边环境与生态的保护工作。

7）按合同约定采取施工安全措施，确保工程及其人员、材料、设备和设施的安全，防止因工程施工造成的人身伤害和财产损失。

8）将发包人支付的各项价款专用于合同工程，且应及时支付其雇用人员工资，并及时向分包人支付合同价款。

9）按照法律规定和合同约定编制竣工资料，完成竣工资料立卷及归档，并按合同条款约定的竣工资料的套数、内容、时间等要求移交发包人。

10）应履行法律规定和合同约定的其他义务。

承包人不履行上述各项义务，造成发包人损失的，应对发包人的损失给予赔偿。

7.2.2 合同种类与价格调整

1. 合同种类

发包人和承包人应在合同协议书中约定下列一种合同形式，并应在专用合同条款中约定相应单价合同或总价合同的风险范围：

（1）单价合同　单价合同是指按工程量清单及其综合单价进行合同价格计算、调整和确认的施工合同，在约定范围内单价不做调整。双方应在专用条款中约定综合单价包含的风险范围和风险费用的计算方法，并约定风险范围以外的价格调整方法，其中因市场价格波动引起的价格调整按合同约定执行。

注意单价合同的含义是单价相对固定，仅在约定的范围内合同单价不做调整，实行工程量清单计价的工程，应采用单价合同。

（2）总价合同　总价合同是指合同当事人约定以施工图、已标价工程量清单或预算书及有关条件进行合同价格计算、调整和确认的施工合同，在约定的范围内合同总价不做调整。合同当事人应在专用条款中约定总价包含的风险范围和风险费用的计算方法，并约定风险范围以外的调整方法，其中因市场价格波动引起的调整、法律变化引起的调整按合同约定和法律规定执行。

技术简单、规模偏小、工期较短的项目，且施工图设计已审查批准的，可采用总价合同。

（3）其他价格形式　合同当事人可在专用条款中约定其他合同价格形式，如成本加酬金与定额计价以及其他合同类型。对紧急抢险、救灾以及施工技术特别复杂的项目，可采用成本加酬金合同。

> **延展阅读**
>
> **签约合同价、合同价格、费用的含义**
>
> 1. 签约合同价
>
> 签约合同价是指发包人和承包人在合同协议书中确定的总金额，包括安全文明施工费、暂估价及暂列金额等。明确签约合同价有助于合同当事人理解签约合同价与合同价格的区别，以便于合同的履行，如编制支付分解表、计算违约金。
>
> 招标发包的工程，投标价、中标价及签约合同价原则上应一致，除非经过法定程序，才能对文字错误或计算错误予以澄清；不实行招标的工程，合同价款在发承包双方认可的基础上，由双方在合同中约定。
>
> 2. 合同价格
>
> 合同价格是指发包人用于支付承包人按照合同约定完成承包范围内全部工作的金额，包括合同履行过程中按合同约定发生的价格变化。合同价格在合同履行过程中是动态变化的。在竣工结算时确认的合同价格为全部合同权利义务清算价格，不仅包括构成工程实体的造价，还包括合同当事人支付的违约金、赔偿金等。
>
> 3. 费用
>
> 费用是指为履行合同所发生的或将要发生的所有必需的开支，包括管理费和应分摊的其他费用，但不包括利润。
>
> 费用包括签约合同价中包含的费用，也包括签约合同价之外，合同履行过程中额外增加的费用。费用不同于成本和利润。它与工程成本是有区别的，工程成本是承包人为实施合同工程并达到质量标准，必须消耗或使用的人工、材料、工程设备、施工机械台班及其管理等方面发生的费用和按规定缴纳的规费和税金。

2. 价格调整

市场价格波动引起的调整，除另有约定外，市场价格波动超过合同当事人约定的范围的，合同价格应当调整，合同当事人可以在专用条款中约定一种方式，或约定选择下列一种方式：

（1）价格指数法调整

1）价格调整公式。因人工、材料和设备等价格波动影响合同价格时，根据专用条款中约定的数据，按专用条款约定的公式计算差额并调整合同价格。

2）暂时确定调整差额。在计算调整差额时无现行价格指数的，合同当事人同意暂用前次价格指数计算。实际价格指数有调整的，合同当事人进行相应调整。

3）权重的调整。因变更导致合同约定的权重不合理时，按照合同约定的商定或确定条款执行。

4）因承包人原因工期延误后的价格调整。因承包人原因未按期竣工的，对合同约定的竣工日期后继续施工的工程，在使用价格调整公式时，应采用计划竣工日期与实际竣工日期的两个价格指数中较低的一个作为现行价格指数。

（2）造价信息调整　合同履行期间，因人工、材料、工程设备和机械台班价格波动影响合同价格时，人工、机械使用费按照国家或省、自治区、直辖市建设行政管理部门、行业建设管理部门或其授权的工程造价管理机构发布的人工、机械使用费系数进行调整。

1）人工单价发生变化且符合省级或行业建设主管部门发布的人工费调整规定时，合同当事人应按其发布的人工费等文件调整合同价格，但承包人对人工费或人工单价的报价高于发布价格的除外。

2）承包人在已标价工程量清单或预算书中的材料、工程设备价格变化的价款调整按照发包人提供的基准价格，按以下风险范围规定执行：

① 投标报价低于基准价格的：除另有约定外，合同履行期间材料单价涨幅以基准价格为基础超过5%时，或材料单价跌幅以投标报价为基础超过5%时，其超过部分据实调整。

② 投标报价高于基准价格的：除另有约定外，合同履行期间材料单价跌幅以基准价格为基础超过5%时，或材料单价涨幅以投标报价为基础超过5%时，其超过部分据实调整。

③ 投标报价等于基准价格的：合同履行期间材料单价涨跌幅以基准价格为基础超过±5%时，其超过部分据实调整。

以上三种情形的计算见表7-1。合同履行期间遇价格上涨，则承包人少获取利润，因需承担涨幅5%风险以内的价差亏损；遇价格下跌，则多获取利润，获得跌幅5%风险以内的价差盈利。因此，表7-1中①②两种情形，涨幅以"高"值的作为计算基础，跌幅以"低"值的作为计算基础，始终使承包人处于不利地位。

表7-1　材料、设备单价调整分析表

情形	高低关系判断	涨↑（亏）	跌↓（盈）
①	投标报价<基准价格 （低）　【高】	基准价格 【高】	投标报价 （低）
②	投标报价>基准价格 【高】　（低）	投标报价 【高】	基准价格 （低）
③	投标报价＝基准价格	基准价格	基准价格

需要注意的是，进行价格调整的材料，承包人应在采购材料前将采购数量和新的材料单价报发包人核对并予以确认。发包人在收到确认资料后5天内不予答复的视为认可，作为调整合同价格的依据。未经发包人事先核对，承包人自行采购材料的，发包人有权不予调整合同价格；发包人同意的，可以调整合同价格。

前述基准价格是指由发包人在招标文件或专用条款中给定的材料、工程设备的价格，该价格原则上应当按照省级或行业建设主管部门或其授权的工程造价管理机构发布的信息价编制。

3）施工机械台班单价或施工机械使用费发生变化超过省级或行业建设主管部门或其授权的工程造价管理机构规定的范围时，按规定调整合同价格。

7.2.3　工期和期限

1. 工期

工期是指在合同协议书内约定的承包人完成工程所需的期限，包括按照合同约定所做的期限变更。在合同协议书内应注明计划开工日期、计划竣工日期和计划工期总日历天数。工期总日历天数与根据前述计划开、竣工日期计算的工期天数不一致的，以工期总日历天数为准。如果是招标选择的承包人，工期总日历天数应为投标书内承包人承诺的天数，不一定是招标文件要求的天数。因为招标文件通常规定本招标工程最长允许的完工时间，而承包人为了竞争，申报的投标工期往往短于招标文件限定的最长工期，此项因素通常也是评标比较的一项内容。因此，在中标通知书中已注明发包人接受的投标工期。

（1）天　除特别指明外，均指日历天。合同中按天计算时间的，开始当天不计入，从次日开始计算，期限最后一天的截止时间为当天 24:00。

（2）开工日期　开工日期包括计划和实际两种。计划开工日期是指合同协议书约定的开工日期；实际开工日期是指监理人按照开工通知约定发出的符合法律规定的开工通知中载明的开工日期。

（3）竣工日期　竣工日期包括计划和实际两种：计划竣工日期是指合同协议书约定的竣工日期；实际竣工日期是指竣工验收合格的日期。

2. 期限

在合同履行过程中，还涉及的主要期限有：

（1）缺陷责任期　缺陷责任期是指承包人按照合同约定承担缺陷修复义务，且发包人预留质量保证金（已缴纳履约保证金的除外）的期限，自工程通过竣工验收之日起计算。

（2）保修期　保修期是指承包人按照合同约定对工程承担保修责任的期限，从工程竣工验收合格之日起计算。

（3）基准日期　为了合理划分发承包双方的合同风险，施工合同中应当约定一个基准日，对于基准日之后发生的、作为一个有经验的承包人在招标投标阶段不可能合理预见的风险，应当由发包人承担。对于实行招标的工程，以提交投标文件的截止时间前的第 28 天作为基准日；对于不实行招标的工程，以施工合同签订前的第 28 天作为基准日。

7.2.4　保险

1. 保险的种类

（1）工程保险　工程保险发包人应投保建筑工程一切险或安装工程一切险；发包人委托承包人投保的，保险费和其他相关费用由发包人承担。工程一切险按《保险法》归于财产险，属于商业保险的范围，责任范围主要是工程本身的物质损失。

（2）工伤保险　工伤保险是强制性保险，属于社会保险的一种，不能因投商业意外保险而拒绝投工伤保险。同时，工地上工作人员发生伤亡事件时，只能通过工伤保险或其他人身险获得救助，不能获得工程一切险的补偿。发包人、承包人及其分包人应为自己雇佣的人员投保工伤保险。

（3）其他保险　意外伤害保险不属于强制性投保，自行选择是否投保。鼓励企业从商业风险规避的角度，为危险作业职工办理意外伤害保险并支付保险费。

另外，施工设备属于承包人所有，需自行办理相关财产保险，防止出险时的损失。

2. 保险凭证与持续保险

保险凭证和保险单复印件，合同当事人有互相提供的义务，在专用条款中约定具体的时间。

合同当事人应对工程持续保险,以免因工期延长等因素导致保险过期,以致无法得到赔付,可以在保险合同中对于通知方式和期限进行约定。

3. 未按约定投保的补救

1）发包人或承包人未按合同约定办理保险,另外一方当事人可以先行提示,如对方仍不办理,对方当事人即可代为办理,保存好单据,作为保险费用依据,费用由投保方承担。

2）发包人或承包人未按合同约定办理保险,导致未能得到足额赔偿的,由责任方负责补足。

4. 通知义务

发包人变更除工伤保险之外的保险合同时,应事先征得承包人同意,并通知监理人;承包人变更除工伤保险之外的保险合同时,应事先征得发包人同意,并通知监理人。

保险事故发生时,投保人应按照保险合同规定的条件和期限及时向保险人报告。发包人和承包人应当在知道保险事故发生后及时通知对方。

7.3 施工准备阶段的合同管理

7.3.1 图样和承包人文件

1. 提供图样和会审交底

发包人应按照专用条款约定的期限、数量和内容向承包人免费提供图样,并组织承包人、监理人和设计人进行图纸会审和设计交底。发包人最迟不得晚于开工通知载明的开工日期前14天向承包人提供图样。

因发包人未按合同约定提供图样导致承包人费用增加和（或）工期延误的,按照发包人原因导致工期延误的约定办理。

2. 图样的错误修改和补充

承包人在收到发包人提供的图样后,发现图样存在差错、遗漏或缺陷的,应及时通知监理人。监理人接到该通知后,应附上相关意见并立即报送发包人,发包人应在收到监理人报送的通知后的合理时间内做出决定。合理时间是指发包人在收到监理人的报送通知后,尽其努力且不懈怠地完成图样修改、补充所需的时间。

图样需要修改和补充的,应经图样原设计人及审批部门同意,并由监理人在工程或工程相应部位施工前将修改后的图样或补充图样提交给承包人,承包人应按修改或补充后的图样施工。

3. 承包人文件

承包人应按照专用条款的约定提供应当由其编制的与工程施工有关的文件,并按照专用条款约定的期限、数量和形式提交监理人,并由监理人报送发包人。

监理人应在收到承包人文件后7天内审查完毕,监理人对承包人文件有异议的,承包人应予以修改,并重新报送监理人。监理人的审查并不减轻或免除承包人根据合同约定应当承担的责任。

4. 图样和承包人文件的保管

承包人应在施工现场另外保存一套完整的图样和承包人文件,供发包人、监理人及有关人员进行工程检查时使用。

7.3.2 施工组织设计

就合同工程的施工组织而言，招标阶段承包人在投标书内提交的施工方案或施工组织设计的深度相对较浅，签订合同后通过对现场的进一步考察和工程交底，对工程的施工有了更深入的了解，因此，承包人应在开工前编制并向监理人提交施工组织设计，施工组织设计未经监理人批准的，不得施工。

1. 施工组织设计的内容

施工组织设计应包含以下内容：

1）施工方案。
2）施工现场平面布置图。
3）施工进度计划和保证措施。
4）劳动力及材料供应计划。
5）施工机械设备的选用。
6）质量保证体系及措施。
7）安全生产、文明施工措施。
8）环境保护、成本控制措施。
9）合同当事人约定的其他内容。

2. 施工组织设计的提交和修改

承包人应在合同签订后 14 天内，但最迟不得晚于开工通知载明的开工日期前 7 天，向监理人提交详细的施工组织设计，并由监理人报送发包人。发包人和监理人应在监理人收到施工组织设计后 7 天内确认或提出修改意见。对发包人和监理人提出的合理意见和要求，承包人应自费修改完善。根据工程实际情况需要修改施工组织设计的，承包人应向发包人和监理人提交修改后的施工组织设计。

7.3.3 施工准备

开工前，合同双方还应当做好以下各项准备工作：

1. 人员、施工设备准备

1）承包人应向监理人提交承包人在施工场地的人员安排的报告。这些人员应当与承包人在投标或合同订立过程中承诺的人员一致。

2）承包人应根据施工组织设计的要求，及时在施工场地配备数量、规格满足施工需要的施工设备。对于进入施工场地的各项施工设备，承包人应落实具有专业资格的人员负责操作、维护，对于出现故障或安全隐患的施工设备应及时修理、替换，保持各项施工设备始终处于安全、可靠和可正常使用的状态。

2. 工程材料、工程设备和施工技术准备

1）对于应由发包人提供的工程材料和工程设备，发包人应当按照合同约定，及时向承包人提供，并保证其数量、质量和规格符合要求。承包人应当按照约定，及时查验、接收和保管发包人提供的上述工程材料和工程设备。

2）对于应由承包人提供的工程材料和工程设备，承包人应当依照施工组织设计、施工

图设计文件的要求,及时落实货源,订立和履行有关货物采购供应合同,并保证货物进入施工场地的数量、质量、规格和时间满足工程施工要求。

3)对于施工中需采用的由他人提供支持的技术,承包人应当及时订立和履行技术服务合同,以适时获得有效的技术支持,保证技术的应用。

3. 测量放线

1)承包人发现发包人提供的测量基准点、基准线和水准点及其书面资料存在错误或疏漏的,应及时通知监理人。监理人应及时报告发包人,并会同发包人和承包人予以核实。发包人应就如何处理和是否继续施工做出决定,并通知监理人和承包人。

2)承包人负责施工过程中的全部施工测量放线工作,并配置具有相应资质的人员、合格的仪器、设备和其他物品。承包人应矫正工程的位置、标高、尺寸或准线中出现的任何差错,并对工程各部分的定位负责。施工过程中对施工现场内水准点等测量标志物的保护工作由承包人负责。

7.3.4 开工准备与开工通知

1. 开工准备

合同当事人应按约定完成开工准备工作,承包人应按照施工组织设计约定的期限,向监理人提交工程开工报审表,经监理人报发包人批准后执行。开工报审表应详细说明按施工进度计划正常施工所需的施工道路、临时设施、材料、工程设备、施工设备、施工人员等落实情况以及工程的进度安排。

2. 开工通知

发包人应按照法律规定获得工程施工所需的许可。经发包人同意后,监理人发出的开工通知应符合法律规定。监理人应在计划开工日期7天前向承包人发出开工通知,工期自开工通知中载明的开工日期起算。

因发包人原因造成监理人未能在计划开工日期之日起90天内发出开工通知的,承包人有权提出价格调整要求,或者解除合同。发包人应当承担由此增加的费用和(或)延误的工期,并向承包人支付合理利润。

7.3.5 工程的分包

1. 分包的一般约定

承包人不得将其承包的全部工程转包给第三人,或将其承包的全部工程肢解后以分包的名义转包给第三人。承包人不得将工程主体结构、关键性工作及专用条款中禁止分包的专业工程分包给第三人,主体结构、关键性工作的范围由合同当事人按照法律规定在专用条款中予以明确。承包人不得以劳务分包的名义转包或违法分包工程。

2. 分包的确定与管理

1)承包人应按专用条款的约定进行分包,确定分包人。已标价工程量清单或预算书中给定暂估价的专业工程,按照暂估价确定分包人。按照合同约定进行分包的,承包人应确保分包人具有相应的资质和能力。工程分包不减轻或免除承包人的责任和义务,承包人和分包人就分包工程向发包人承担连带责任。除合同另有约定外,承包人应在分包合同签订后7天内向发包人和监理人提交分包合同副本。

2）承包人应向监理人提交分包人的主要施工管理人员表，并对分包人的施工人员进行实名制管理，包括但不限于进出场管理、登记造册以及各种证照的办理。

3. 分包合同价款

1）分包合同价款由承包人与分包人结算，未经承包人同意，发包人不得向分包人支付分包工程价款。

2）生效法律文书要求发包人向分包人支付分包合同价款的，发包人有权从应付承包人工程款中扣除该部分款项。

4. 分包合同权益的转让

分包人在分包合同项下的义务持续到缺陷责任期届满以后的，发包人有权在缺陷责任期届满前，要求承包人将其在分包合同项下的权益转让给发包人，承包人应当转让。除转让合同另有约定外，转让合同生效后，由分包人向发包人履行义务。

7.3.6 工程预付款的支付

1. 预付款支付

预付款的支付按照专用条款约定执行，预付款应当用于材料、工程设备、施工设备的采购及修建临时工程、组织施工队伍进场等。除另有约定外，预付款在进度付款中同比例扣回。在颁发工程接收证书前，提前解除合同的，尚未扣完的预付款应与合同价款一并结算。

预付款最迟应在开工通知载明的开工日期7天前支付，发包人逾期支付预付款超过7天的，承包人有权向发包人发出要求预付的催告通知，发包人收到通知后7天内仍未支付的，承包人有权暂停施工，并按关于发包人违约的合同约定条款执行。

2. 预付款担保

发包人要求承包人提供预付款担保的，承包人应在发包人支付预付款7天前提供预付款担保，专用条款另有约定的除外。预付款担保可采用银行保函、担保公司担保等形式，具体由合同当事人在专用条款中约定。在预付款完全扣回之前，承包人应保证预付款担保持续有效。

发包人在工程款中逐期扣回预付款后，预付款担保额度应相应减少，但剩余的预付款担保金额不得低于未被扣回的预付款金额。

7.4 施工过程的合同管理

7.4.1 工程材料与设备的管理

1. 发包人供应材料与工程设备

发包人自行供应材料、工程设备的，应在签订合同时在专用条款的附件"发包人供应材料设备一览表"中明确材料、工程设备的品种、规格、型号、数量、单价、质量等级和送达地点。

承包人应提前30天通过监理人以书面形式通知发包人供应材料与工程设备进场。承包人按照合同约定相应条款修订施工进度计划时，需同时提交经修订后的发包人供应材料与工程设备的进场计划。

2. 承包人采购材料与工程设备

承包人负责采购材料、工程设备的，应按照设计和有关标准要求采购，并提供产品合格证明及出厂证明，对材料、工程设备质量负责。合同约定由承包人采购的材料、工程设备，发包人不得指定生产厂家或供应商，发包人违反合同约定指定生产厂家或供应商的，承包人有权拒绝，并由发包人承担相应责任。

3. 材料与工程设备的接收与拒收

1）发包人应按"发包人供应材料设备一览表"约定的内容提供材料和工程设备，并向承包人提供产品合格证明及出厂证明，对其质量负责。发包人应提前 24 小时以书面形式通知承包人、监理人材料和工程设备到货时间，承包人负责材料和工程设备的清点、检验和接收。

发包人提供的材料和工程设备的规格、数量或质量不符合合同约定的，或因发包人原因导致交货日期延误或交货地点变更等情况的，按照发包人违约办理。

2）承包人采购材料和工程设备的，应保证产品质量合格，承包人应在材料和工程设备到货前 24 小时通知监理人检验。承包人进行永久设备、材料的制造和生产的，应符合相关质量标准，并向监理人提交材料的样本以及有关资料，并应在使用该材料或工程设备之前获得监理人同意。

承包人采购的材料和工程设备不符合设计或有关标准要求时，承包人应在监理人要求的合理期限内将不符合设计或有关标准要求的材料、工程设备运出施工现场，并重新采购符合要求的材料、工程设备，由此增加的费用和（或）延误的工期，由承包人承担。

4. 材料与工程设备的保管与使用

（1）发包人供应材料与工程设备的保管与使用　发包人供应的材料和工程设备，承包人清点后由承包人妥善保管，保管费用由发包人承担，但已标价工程量清单或预算书已经列支或专用条款另有约定的除外。因承包人原因发生丢失毁损的，由承包人负责赔偿；监理人未通知承包人清点的，承包人不负责材料和工程设备的保管，由此导致丢失毁损的由发包人负责。

发包人供应的材料和工程设备使用前，由承包人负责检验，检验费用由发包人承担，不合格的不得使用。

（2）承包人采购材料与工程设备的保管与使用　承包人采购的材料和工程设备由承包人妥善保管，保管费用由承包人承担。法律规定材料和工程设备使用前必须进行检验或试验的，承包人应按监理人的要求进行检验或试验，检验或试验费用由承包人承担，不合格的不得使用。

发包人或监理人发现承包人使用不符合设计或有关标准要求的材料和工程设备时，有权要求承包人进行修复、拆除或重新采购，由此增加的费用和（或）延误的工期，由承包人承担。

5. 禁止使用不合格的材料和工程设备

1）监理人有权拒绝承包人提供的不合格材料或工程设备，并要求承包人立即进行更换。监理人应在更换后再次进行检查和检验，由此增加的费用和（或）延误的工期由承包人承担。

2）监理人发现承包人使用了不合格的材料和工程设备的，承包人应按照监理人的指示立即改正，并禁止在工程中继续使用不合格的材料和工程设备。

3）发包人提供的材料或工程设备不符合合同要求的，承包人有权拒绝，并可要求发包人更换，由此增加的费用和（或）延误的工期由发包人承担，并支付承包人合理的利润。

6. 样品

（1）样品的报送与封存　需要承包人报送样品的材料或工程设备，样品的种类、名称、规格、数量等要求均应在专用条款中约定。样品的报送程序如下：

1）承包人应在计划采购前 28 天向监理人报送样品。承包人报送的样品均应来自供应材料的实际生产地，且提供的样品的规格、数量足以表明材料或工程设备的质量、型号、颜色、表面处理、质地、误差和其他要求的特征。

2）承包人每次报送样品时应随附申报单，申报单应载明报送样品的相关数据和资料，并标明每件样品对应的图样号，预留监理人批复意见栏。监理人应在收到承包人报送的样品后 7 天内向承包人回复经发包人签认的样品审批意见。

3）经发包人和监理人审批确认的样品应按约定的方法封样，封存的样品作为检验工程相关部分的标准之一。承包人在施工过程中不得使用与样品不符的材料或工程设备。

4）发包人和监理人对样品的审批确认仅为确认相关材料或工程设备的特征或用途，不得被理解为对合同的修改或改变，也并不减轻或免除承包人任何的责任和义务。如果封存的样品修改或改变了合同约定，合同当事人应当以书面协议予以确认。

（2）样品的保管　经批准的样品应由监理人负责封存于现场，承包人应在现场为保存样品提供适当和固定的场所并保持适当和良好的存储环境条件。

7. 材料与工程设备的替代

1）出现下列情况需要使用替代材料和工程设备的，承包人应按照合同约定程序执行：

① 基准日期后生效的法律规定禁止使用的。

② 发包人要求使用替代品的。

③ 因其他原因必须使用替代品的。

2）承包人应在使用替代材料和工程设备 28 天前书面通知监理人，并附下列文件：

① 被替代的材料和工程设备的名称、数量、规格、型号、品牌、性能、价格及其他相关资料。

② 替代品的名称、数量、规格、型号、品牌、性能、价格及其他相关资料。

③ 替代品与被替代产品之间的差异以及使用替代品可能对工程产生的影响。

④ 替代品与被替代产品的价格差异。

⑤ 使用替代品的理由和原因说明。

⑥ 监理人要求的其他文件。

监理人应在收到通知后 14 天内向承包人发出经发包人签认的书面指示；监理人逾期发出书面指示的，视为发包人和监理人同意使用替代品。

3）发包人认可使用替代材料和工程设备的，替代材料和工程设备的价格，按照已标价工程量清单或预算书相同项目的价格认定；无相同项目的，参考相似项目价格认定；既无相同项目也无相似项目的，按照合理的成本与利润构成的原则，由合同当事人按合同的商定或确定条款确定价格。

8. 施工设备和临时设施

（1）承包人提供的施工设备和临时设施　承包人应按合同进度计划的要求，及时配置施工设备和修建临时设施。进入施工场地的承包人设备需经监理人核查后才能投入使用。承包人更换合同约定的承包人设备的，应报监理人批准。

除另有约定外，承包人应自行承担修建临时设施的费用，需要临时占地的，应由发包人办理申请手续并承担相应费用。

（2）发包人提供的施工设备和临时设施　发包人提供的施工设备或临时设施在专用条款中约定。

（3）要求承包人增加或更换施工设备　承包人使用的施工设备不能满足合同进度计划和（或）质量要求时，监理人有权要求承包人增加或更换施工设备，承包人应及时增加或更换，由此增加的费用和（或）延误的工期由承包人承担。

9. 材料与设备专用要求

承包人运入施工现场的材料、工程设备、施工设备以及在施工场地建设的临时设施，包括备品备件、安装工具与资料，必须专用于工程。未经发包人批准，承包人不得运出施工现场或挪作他用；经发包人批准，承包人可以根据施工进度计划撤走闲置的施工设备和其他物品。

7.4.2　工程质量的监督管理

1. 质量要求

1）工程质量标准必须符合现行国家有关工程施工质量验收规范和标准的要求。有关工程质量的特殊标准或要求由合同当事人在专用条款中约定。

2）因发包人原因造成工程质量未达到合同约定标准的，由发包人承担由此增加的费用和（或）延误的工期，并支付承包人合理的利润。

3）因承包人原因造成工程质量未达到合同约定标准的，发包人有权要求承包人返工直至工程质量达到合同约定的标准为止，并由承包人承担由此增加的费用和（或）延误的工期。

2. 质量保证措施

（1）发包人的质量管理　发包人应按照法律规定及合同约定完成与工程质量有关的各项工作。

（2）承包人的质量管理

1）承包人按照关于施工组织设计的合同约定条款向发包人和监理人提交工程质量保证体系及措施文件，建立完善的质量检查制度，并提交相应的工程质量文件。对于发包人和监理人违反法律规定和合同约定的错误指示，承包人有权拒绝实施。

2）承包人应对施工人员进行质量教育和技术培训，定期考核施工人员的劳动技能，严格执行施工规范和操作规程。

3）承包人应按法律规定和发包人的要求，对材料、工程设备以及工程的所有部位及其施工工艺进行全过程的质量检查和检验，并做详细记录，编制工程质量报表，报送监理人审查。此外，承包人还应按照法律规定和发包人的要求，进行施工现场取样试验、工程复核测量和设备性能检测，提供试验样品、提交试验报告和测量成果以及其他工作。

(3) 监理人的质量检查和检验

1) 监理人按照法律规定和发包人授权对工程的所有部位及其施工工艺、材料和工程设备进行检查和检验。承包人应为监理人的检查和检验提供方便,包括监理人到施工现场,或制造、加工地点,或合同约定的其他地方进行察看和查阅施工原始记录。监理人为此进行的检查和检验,不免除或减轻承包人按照合同约定应当承担的责任。

2) 监理人的检查和检验不应影响施工正常进行。监理人的检查和检验影响施工正常进行的,且经检查检验不合格的,影响正常施工的费用由承包人承担,工期不予顺延;经检查检验合格的,由此增加的费用和(或)延误的工期由发包人承担。

3. 隐蔽工程检查

(1) 检查程序

1) 承包人应当对工程隐蔽部位进行自检,并经自检确认是否具备覆盖条件。

2) 隐蔽部位经承包人自检确认具备覆盖条件的,承包人应在共同检查前48小时书面通知监理人检查,通知中应载明隐蔽检查的内容、时间和地点,并应附自检记录和必要的检查资料。

3) 监理人应按时到场并对隐蔽工程及其施工工艺、材料和工程设备进行检查。经监理人检查确认质量符合隐蔽要求,并在验收记录上签字后,承包人才能进行覆盖。经监理人检查质量不合格的,承包人应在监理人指示的时间内完成修复,并由监理人重新检查,由此增加的费用和(或)延误的工期由承包人承担。

4) 除另有约定外,监理人不能按时进行检查的,应在检查前24小时向承包人提交书面延期要求,但延期不能超过48小时,由此导致工期延误的,工期应予以顺延。监理人未按时进行检查,也未提出延期要求的,视为隐蔽工程检查合格,承包人可自行完成覆盖工作,并做相应记录报送监理人,监理人应签字确认。监理人事后对检查记录有疑问的,可按关于重新检查的合同约定条款重新检查。

(2) 重新检查 承包人覆盖工程隐蔽部位后,发包人或监理人对质量有疑问的,可要求承包人对已覆盖的部位进行钻孔探测或揭开重新检查,承包人应遵照执行,并在检查后重新覆盖恢复原状。经检查证明工程质量符合合同要求的,由发包人承担由此增加的费用和(或)延误的工期,并支付承包人合理的利润;经检查证明工程质量不符合合同要求的,由此增加的费用和(或)延误的工期由承包人承担。

(3) 承包人私自覆盖 承包人未通知监理人到场检查,私自将工程隐蔽部位覆盖的,监理人有权指示承包人钻孔探测或揭开检查,无论工程隐蔽部位质量是否合格,由此增加的费用和(或)延误的工期均由承包人承担。

4. 不合格工程的处理与质量争议检测

1) 因承包人原因不合格的,发包人有权随时要求承包人采取补救措施,直至达到合同要求的质量标准,由此增加的费用和(或)延误的工期由承包人承担。无法补救的,按照拒绝接收全部或部分工程的合同约定条款执行。

2) 因发包人原因不合格的,由此增加的费用和(或)延误的工期由发包人承担,并支付承包人合理的利润。

3) 对工程质量有争议的,由双方协商确定的工程质量检测机构鉴定,由此产生的费用及因此造成的损失由责任方承担;合同当事人均有责任的,根据其责任分别承担;合同当事人无法达成一致的,按照关于商定或确定合同条款执行。

7.4.3 取样、试验与检验

1. 试验设备与试验人员

1) 承包人根据合同约定或监理人指示进行的现场材料试验,应由承包人提供试验场所、试验人员、试验设备以及其他必要的试验条件。监理人在必要时可以使用承包人提供的试验场所、试验设备以及其他试验条件,进行以工程质量检查为目的的材料复核试验,承包人应予以协助。

2) 承包人应按专用条款的约定提供试验设备、取样装置、试验场所和试验条件,并向监理人提交相应进场计划表。承包人配置的试验设备要符合相应试验规程的要求并经过具有资质的检测单位检测,且在正式使用该试验设备前,需要经过监理人与承包人共同校订。

3) 承包人应向监理人提交试验人员的名单及其岗位、资格等证明资料,试验人员必须能够熟练进行相应的检测试验,承包人对试验人员的试验程序和试验结果的正确性负责。

2. 取样

试验属于自检性质的,承包人可以单独取样。试验属于监理人抽检性质的,可由监理人取样,也可由承包人的试验人员在监理人的监督下取样。

3. 材料、工程设备和工程的试验与检验

1) 承包人应按合同约定进行材料、工程设备和工程的试验与检验,并为监理人对上述材料、工程设备和工程的质量检查提供必要的试验资料和原始记录。按合同约定应由监理人与承包人共同进行试验和检验的,由承包人负责提供必要的试验资料和原始记录。

2) 试验属于自检性质的,承包人可以单独进行试验;试验属于监理人抽检性质的,监理人可以单独进行试验,也可由承包人与监理人共同进行。

3) 承包人对由监理人单独进行的试验结果有异议的,可以申请重新共同进行试验。约定共同进行试验的,监理人未按照约定参加试验的,承包人可自行试验,并将试验结果报送监理人,监理人应承认该试验结果。

4) 监理人对承包人的试验和检验结果有异议的,或为查清承包人试验和检验成果的可靠性要求承包人重新试验和检验的,可由监理人与承包人共同进行。

5) 重新试验和检验的结果证明该项材料、工程设备或工程的质量不符合合同要求的,由此增加的费用和(或)延误的工期由承包人承担;重新试验和检验结果证明该项材料、工程设备和工程符合合同要求的,由此增加的费用和(或)延误的工期由发包人承担。

4. 现场工艺试验

承包人应按合同约定或监理人指示进行现场工艺试验。对大型的现场工艺试验,监理人认为必要时,承包人应根据监理人提出的工艺试验要求编制工艺试验措施计划,报送监理人审查。

7.4.4 施工进度管理

1. 施工进度计划的编制与修订

(1) 施工进度计划的编制 承包人应按照关于施工组织设计的合同约定条款提交详细的施工进度计划,其编制应当符合国家法律规定和一般工程实践惯例,经发包人批准后实

施。施工进度计划是控制工程进度的依据，发包人和监理人有权按照施工进度计划检查进度情况。

（2）施工进度计划的修订　施工进度计划不符合合同要求或与工程的实际进度不一致的，承包人应向监理人提交修订的施工进度计划，并附上有关措施和相关资料，由监理人报送发包人。除另有约定外，发包人和监理人应在收到修订的施工进度计划后 7 天内完成审核和批准或提出修改意见。发包人和监理人对承包人提交的施工进度计划的确认，不能减轻或免除承包人根据法律规定和合同约定应承担的任何责任或义务。

2. 不利物质条件与异常恶劣的气候条件

（1）不利物质条件　不利物质条件是指有经验的承包人在施工现场遇到的不可预见的自然物质条件、非自然的物质障碍和污染物，包括地表以下物质条件和水文条件以及专用条款约定的其他情形，但不包括气候条件。

承包人遇到不利物质条件时，应采取克服不利物质条件的合理措施继续施工，并及时通知发包人和监理人。通知应载明不利物质条件的内容以及承包人认为不可预见的理由。监理人经发包人同意后应当及时发出指示，指示构成变更的，按照关于变更的合同条款约定执行。承包人因采取合理措施而增加的费用和（或）延误的工期由发包人承担。

（2）异常恶劣的气候条件　异常恶劣的气候条件是指在施工过程中遇到的，有经验的承包人在签订合同时不可预见的，对合同履行造成实质性影响的，但尚未构成不可抗力事件的恶劣气候条件。专用条款中约定异常恶劣的气候条件的具体情形。

承包人应采取克服异常恶劣的气候条件的合理措施继续施工，并及时通知发包人和监理人。监理人经发包人同意后应当及时发出指示，指示构成变更的，按照关于变更的合同条款约定办理。承包人因采取合理措施而增加的费用和（或）延误的工期由发包人承担。

3. 暂停施工的情形及处理

（1）暂停施工的情形

1）因发包人原因引起的暂停施工。因发包人原因引起暂停施工的，监理人经发包人同意后，应及时下达暂停施工指示。情况紧急且监理人未及时下达暂停施工指示的，按照关于紧急情况下的暂停施工的合同条款执行。因发包人原因引起的暂停施工，发包人应承担由此增加的费用和（或）延误的工期，并支付承包人合理的利润。

2）因承包人原因引起的暂停施工。因承包人原因引起暂停施工的，承包人应承担由此增加的费用和（或）延误的工期，且承包人在收到监理人复工指示后 84 天内仍未复工的，视为承包人违约情形中的无法继续履行合同情形。

3）指示暂停施工。监理人认为有必要，并经发包人批准后，可向承包人做出暂停施工的指示，承包人应按监理人指示暂停施工。

4）紧急情况下的暂停施工。因紧急情况需要暂停施工，且监理人未及时下达暂停施工指示的，承包人可先暂停施工，并及时通知监理人。监理人应在接到通知后 24 小时内发出指示，逾期未发出指示，视为同意承包人暂停施工。监理人不同意承包人暂停施工的，应说明理由，承包人对监理人的答复有异议的，按照关于争议解决合同条款的约定处理。

（2）暂停施工的处理

1）暂停施工后的复工。暂停施工后，发包人和承包人应采取有效措施积极消除暂停施工的影响。在工程复工前，监理人会同发包人和承包人确定因暂停施工造成的损失，并确定工程复工条件。当工程具备复工条件时，监理人应经发包人批准后向承包人发出复工通知，承包人应按照复工通知要求复工。承包人无故拖延和拒绝复工的，承包人承担由此增加的费用和（或）延误的工期；因发包人原因无法按时复工的，按照关于因发包人原因导致工期延误合同条款的约定办理。

2）暂停施工持续56天以上。监理人发出暂停施工指示后56天内未发出复工通知的，除该项停工属于因承包人原因引起的暂停施工及不可抗力的情形外，承包人可向发包人提交书面通知，要求发包人在收到书面通知后28天内准许已暂停施工的部分或全部工程继续施工。发包人逾期不予批准的，承包人可以通知发包人，将工程受影响的部分视为变更中可取消工作。暂停施工持续84天以上不复工的，且不属于因承包人原因引起的暂停施工及不可抗力约定的情形，并影响到整个工程以及合同目的实现的，承包人有权提出价格调整要求，或者解除合同。解除合同的，按照发包人违约解除合同执行。

3）暂停施工期间的工程照管。暂停施工期间，承包人应负责妥善照管工程并提供安全保障，由此增加的费用由责任方承担。

4）暂停施工的措施。暂停施工期间，发包人和承包人均应采取必要的措施确保工程质量及安全，防止因暂停施工扩大损失。

4. 工期延误

（1）因发包人原因造成的工期延误　在合同履行过程中，因下列情况导致工期延误和（或）费用增加的，由发包人承担由此延误的工期和（或）增加的费用，且发包人应支付承包人合理的利润：

1）发包人未能按合同约定提供图样或所提供图样不符合合同约定的。

2）发包人未能按合同约定提供施工现场、施工条件、基础资料、许可、批准等开工条件的。

3）发包人提供的测量基准点、基准线和水准点及其书面资料存在错误或疏漏的。

4）发包人未能在计划开工日期之日起7天内同意下达开工通知的。

5）发包人未能按合同约定日期支付工程预付款、进度款或竣工结算款的。

6）监理人未按合同约定发出指示、批准等文件的。

7）专用条款中约定的其他情形。

因发包人原因未按计划开工日期开工的，发包人应按实际开工日期顺延竣工日期，确保实际工期不低于合同约定的工期总日历天数。因发包人原因导致工期延误需要修订施工进度计划的，按照关于施工进度计划的修订的合同条款执行。

（2）因承包人原因造成的工期延误　因承包人原因造成工期延误的，可以在专用条款中约定逾期竣工违约金的计算方法和逾期竣工违约金的上限。承包人支付逾期竣工违约金后，不免除承包人继续完成工程及修补缺陷的义务。

5. 提前竣工

1）发包人要求承包人提前竣工的，发包人应通过监理人向承包人下达提前竣工指示，承包人应向发包人和监理人提交提前竣工建议书，提前竣工建议书应包括实施的方案、缩短的时间、增加的合同价格等内容。发包人接受该提前竣工建议书的，监理人应与发包人和承包人协商采取加快工程进度的措施，并修订施工进度计划，由此增加的费用由发包人承担。承包人认为提前竣工指示无法执行的，应向监理人和发包人提出书面异议，发包人和监理人应在收到异议后 7 天内予以答复。任何情况下，发包人均不得压缩合理工期。

2）发包人要求承包人提前竣工，或承包人提出提前竣工的建议能够给发包人带来效益的，合同当事人可以在专用条款中约定提前竣工的奖励。

7.4.5 变更管理

1. 变更范围的界定

除另有约定外，合同履行过程中的情形如下：

1）增加或减少合同内任何工作，或合同外追加额外的工作。
2）取消合同中任何工作，但被取消的工作不能转由发包人或第三人实施。
3）改变合同中任何工作的质量标准或其他特性。
4）改变工程的基线、标高、位置和尺寸。
5）改变工程的时间安排或实施顺序。

2. 变更权与变更程序

发包人和监理人均可以提出变更。变更指示均通过监理人发出，监理人发出变更指示前应征得发包人同意。承包人收到经发包人签认的变更指示后，方可实施变更。未经许可，承包人不得擅自对工程的任何部分进行变更。

（1）发包人提出变更　发包人提出变更的，应通过监理人向承包人发出变更指示，变更指示应说明计划变更的工程范围和变更的内容。

（2）监理人提出变更建议　监理人提出变更建议的，需要向发包人以书面形式提出变更计划，说明计划变更工程范围和变更的内容、理由，以及实施该变更对合同价格和工期的影响。发包人同意变更的，由监理人向承包人发出变更指示。发包人不同意变更的，监理人无权擅自发出变更指示。

（3）承包人的合理化建议　承包人提出合理化建议的，应向监理人提交合理化建议说明，说明建议的内容和理由，以及实施该建议对合同价格和工期的影响。

监理人应在收到承包人提交的合理化建议后 7 天内审查完毕并报送发包人，发现其中存在技术上的缺陷的，应通知承包人修改。发包人应在收到监理人报送的合理化建议后 7 天内审批完毕。合理化建议经发包人批准的，监理人应及时发出变更指示，由此引起的合同价格调整按照变更估价合同条款约定执行。发包人不同意变更的，监理人应书面通知承包人。

合理化建议降低了合同价格或者提高了工程经济效益的，发包人可对承包人给予奖励，奖励的方法和金额在专用条款中约定。

（4）变更执行　承包人收到监理人下达的变更指示后，认为不能执行的，应立即提出不能执行该变更指示的理由。承包人认为可以执行变更的，应当书面说明实施该变更指示对合同价格和工期的影响，且合同当事人应当按照关于变更估价合同条款的约定确定变更估价。

涉及设计变更的，应由设计人提供变更后的图样和说明。如变更超过原设计标准或批准的建设规模的，发包人应及时办理规划、设计变更等审批手续。

3. 变更引起的工期调整

因变更引起工期变化的，合同当事人均可要求调整合同工期，由合同当事人按照关于商定或确定的合同条款，并参考工程所在地的工期定额标准确定增减工期天数。

4. 变更估价原则与程序

（1）变更估价原则　除另有约定外，变更估价按照以下原则处理：

1）已标价工程量清单或预算书有相同项目的，按照相同项目单价认定。

2）已标价工程量清单或预算书中无相同项目，但有类似项目的，参照类似项目的单价认定。

3）变更导致实际完成的变更工程量与已标价工程量清单或预算书中列明的该项目工程量的变化幅度超过15%的，或已标价工程量清单或预算书中无相同项目及类似项目单价的，按照合理的成本与利润构成的原则，由合同当事人按照关于商定或确定合同条款确定变更工作的单价。

（2）变更估价程序　承包人应在收到变更指示后14天内，向监理人提交变更估价申请。监理人应在收到承包人提交的变更估价申请后7天内审查完毕并报送发包人，监理人对变更估价申请有异议的，通知承包人修改后重新提交。发包人应在承包人提交变更估价申请后14天内审批完毕。发包人逾期未完成审批或未提出异议的，视为认可承包人提交的变更估价申请。

因变更引起的价格调整应计入最近一期的进度款中支付。

延展阅读

计日工、暂估价与暂列金额

1. 计日工

计日工经发包人同意后，由监理人通知承包人以计日工计价方式实施相应工作，其价款按列入已标价工程量清单或预算书中的计日工计价项目及其单价进行计算；已标价工程量清单或预算书中无相应的计日工单价的，按照合理的成本与利润构成的原则，由合同当事人商定或确定计日工的单价。

采用计日工计价的任何一项工作，承包人应在该项工作实施过程中，每天提交以下报表和有关凭证报送监理人审查：

（1）工作名称、内容和数量。

（2）投入该工作的所有人员的姓名、专业、工种、级别和耗用工时。

（3）投入该工作的材料类别和数量。

（4）投入该工作的施工设备型号、台数和耗用台时。

（5）其他有关资料和凭证。

计日工由承包人汇总后，列入最近一期进度付款申请单，由监理人审查并经发包人批准后列入进度付款。

2. 暂估价

专业分包工程、服务、材料和工程设备的暂估价明细由合同当事人在专用条款中约定。

（1）依法必须招标的暂估价项目。对于依法必须招标的暂估价项目，推荐采取以下第 1 种方式确定，合同当事人也可以在专用条款中选择其他招标方式：

1）第 1 种方式：对于依法必须招标的暂估价项目，由承包人招标，对该暂估价项目的确认和批准按照以下约定执行：

① 承包人应当根据施工进度计划，在招标工作启动前 14 天将招标方案通过监理人报送发包人审查，发包人应当在收到承包人报送的招标方案后 7 天内批准或提出修改意见。承包人应当按照经过发包人批准的招标方案开展招标工作。

② 承包人应当根据施工进度计划，提前 14 天将招标文件通过监理人报送发包人审批，发包人应当在收到承包人报送的相关文件后 7 天内完成审批或提出修改意见；发包人有权确定招标控制价并按照法律规定参加评标。

③ 承包人与供应商、分包人在签订暂估价合同前，应当提前 7 天将确定的中标候选供应商或中标候选分包人的资料报送发包人，发包人应在收到资料后 3 天内与承包人共同确定中标人；承包人应当在签订合同后 7 天内，将暂估价合同副本报送发包人留存。

2）第 2 种方式：对于依法必须招标的暂估价项目，由发包人和承包人共同招标确定暂估价供应商或分包人的，承包人应按照施工进度计划，在招标工作启动前 14 天通知发包人，并提交暂估价招标方案和工作分工。发包人应在收到后 7 天内确认。确定中标人后，由发包人、承包人与中标人共同签订暂估价合同。

（2）不属于依法必须招标的暂估价项目。除专用条款另有约定外，对于不属于依法必须招标的暂估价项目，推荐采取以下第 1 种方式确定：

1）第 1 种方式：对于不属于依法必须招标的暂估价项目，按以下约定确认和批准：

① 承包人应根据施工进度计划，在签订暂估价项目的采购合同、分包合同前 28 天向监理人提出书面申请。监理人应当在收到申请后 3 天内报送发包人，发包人应当在收到申请后 14 天内给予批准或提出修改意见，发包人逾期未予批准或提出修改意见的，视为该书面申请已获得同意。

② 发包人认为承包人确定的供应商、分包人无法满足工程质量或合同要求的，可以要求承包人重新确定暂估价项目的供应商、分包人。

③ 承包人应当在签订暂估价合同后 7 天内，将暂估价合同副本报送发包人留存。

2）第 2 种方式：承包人按照关于依法必须招标的暂估价项目合同条款约定的第 1 种方式确定暂估价项目。

3）第 3 种方式：承包人直接实施的暂估价项目。

承包人具备实施暂估价项目的资格和条件的，经发包人和承包人协商一致后，可由承包人自行实施暂估价项目，合同当事人可以在专用条款中约定具体事项。

（3）因发包人原因导致暂估价合同订立和履行迟延的，由此增加的费用和（或）延误的工期由发包人承担，并支付承包人合理的利润。因承包人原因导致暂估价合同订立和履行迟延的，由此增加的费用和（或）延误的工期由承包人承担。

3. 暂列金额

暂列金额应按照发包人的要求使用，发包人的要求应通过监理人发出。合同当事人可以在专用条款中协商确定有关事项。

7.4.6 工程计量

1. 计量原则、计量周期与付款周期

（1）计量原则　工程量计量按照合同约定的工程量计算规则、图样及变更指示范围、内容和单位等进行计量，不符合合同文件要求的工程不予计量。工程量计算规则应以相关的国家标准、行业标准等为依据，由合同当事人在专用条款中约定。

（2）计量周期　除另有约定外，工程量的计量按月进行。

（3）付款周期　除另有约定外，付款周期应按照计量周期的约定与计量周期保持一致。

2. 单价合同的计量

除另有约定外，单价合同的计量按照以下约定执行：

1）承包人应于每月 25 日向监理人报送上月 20 日至当月 19 日已完成的工程量报告，并附上进度付款申请单、已完成工程量报表和有关资料。

2）监理人应在收到承包人提交的工程量报告后 7 天内完成对承包人提交的工程量报告的审核并报送发包人，以确定当月实际完成的工程量。监理人对工程量有异议的，有权要求承包人进行共同复核或抽样复测。承包人应协助监理人进行复核或抽样复测，并按监理人要求提供补充计量资料。承包人未按监理人要求参加复核或抽样复测的，监理人复核或修正的工程量视为承包人实际完成的工程量。

3）监理人未在收到承包人提交的工程量报告后的 7 天内完成审核的，承包人报送的工程量报告中的工程量视为承包人实际完成的工程量，据此计算工程价款。

3. 总价合同的计量

除另有约定外，按月计量支付的总价合同，按照以下约定执行：

1）承包人应于每月 25 日向监理人报送上月 20 日至当月 19 日已完成的工程量报告，并附上进度付款申请单、已完成工程量报表和有关资料。

2）监理人应在收到承包人提交的工程量报告后 7 天内完成对承包人提交的工程量报告的审核并报送发包人，以确定当月实际完成的工程量。监理人对工程量有异议的，有权要求承包人进行共同复核或抽样复测。承包人应协助监理人进行复核或抽样复测并按监理人要求提供补充计量资料。承包人未按监理人要求参加复核或抽样复测的，监理人审核或修正的工程量视为承包人实际完成的工程量。

3）监理人未在收到承包人提交的工程量报告后的 7 天内完成复核的，承包人提交的工程量报告中的工程量视为承包人实际完成的工程量。

4）总价合同采用支付分解表计量支付的，可以按照总价合同的计量合同条款约定进行计量，但合同价款按照支付分解表进行支付。

7.4.7 工程款支付管理

发包人应将合同价款支付至合同协议书中约定的承包人账户。

1. 进度付款申请单的编制

除另有约定外，进度付款申请单应包括下列内容：

1）截至本次付款周期已完成工作对应的金额。

2）变更应增加和扣减的变更金额。

3）预付款约定应支付的预付款和扣减的返还预付款。
4）质量保证金约定应扣减的质量保证金。
5）索赔应增加和扣减的索赔金额。
6）对已签发的进度款支付证书中出现错误的修正，应在本次进度付款中支付或扣除的金额。
7）根据合同约定应增加和扣减的其他金额。

2. 进度付款申请单的提交

（1）单价合同进度付款申请单的提交　单价合同的进度付款申请单，按照单价合同的计量约定的时间按月向监理人提交，并附上已完成工程量报表和有关资料。单价合同中的总价项目按月进行支付分解，并汇总列入当期进度付款申请单。

（2）总价合同进度付款申请单的提交　总价合同按月计量支付的，承包人按照总价合同的计量约定的时间按月向监理人提交进度付款申请单，并附上已完成工程量报表和有关资料。

总价合同按支付分解表支付的，承包人应按照支付分解表及进度付款申请单的编制金额向监理人提交进度付款申请单。

（3）其他价格形式合同的进度付款申请单的提交　合同当事人可在专用条款中约定其他价格形式合同的进度付款申请单的编制和提交程序。

3. 进度款审核和支付

1）监理人应在收到承包人进度付款申请单以及相关资料后 7 天内完成审查并报送发包人，发包人应在收到后 7 天内完成审批并签发进度款支付证书。发包人逾期未完成审批且未提出异议的，视为已签发进度款支付证书。

发包人和监理人对承包人的进度付款申请单有异议的，有权要求承包人修正和提供补充资料，承包人应提交修正后的进度付款申请单。监理人应在收到承包人修正后的进度付款申请单及相关资料后 7 天内完成审查并报送发包人，发包人应在收到监理人报送的进度付款申请单及相关资料后 7 天内，向承包人签发无异议部分的临时进度款支付证书。存在争议的部分，按照争议解决的约定处理。

2）发包人应在进度款支付证书或临时进度款支付证书签发后 14 天内完成支付，发包人逾期支付进度款的，应按照中国人民银行发布的同期同类贷款基准利率支付违约金。

3）发包人签发进度款支付证书或临时进度款支付证书，不表明发包人已同意、批准或接受了承包人完成的相应部分的工作。

4. 进度付款的修正

在对已签发的进度款支付证书进行阶段汇总和复核中发现错误、遗漏或重复的，发包人和承包人均有权提出修正申请。经发包人和承包人同意的修正，应在下期进度付款中支付或扣除。

延展阅读

支付分解表

1. 支付分解表的编制要求

（1）支付分解表中所列的每期付款金额，应为进度付款申请单的编制估算金额。

（2）实际进度与施工进度计划不一致的，合同当事人可按照合同商定或确定条款修改支付分解表。

（3）不采用支付分解表的，承包人应向发包人和监理人提交按季度编制的支付估算分解表，用于支付参考。

2. 总价合同支付分解表的编制与审批

（1）承包人应根据约定的施工进度计划、签约合同价和工程量等因素对总价合同按月进行分解，编制支付分解表。承包人应当在收到监理人和发包人批准的施工进度计划后7天内，将支付分解表及编制支付分解表的支持性资料报送监理人。

（2）监理人应在收到支付分解表后7天内完成审核并报送发包人。发包人应在收到经监理人审核的支付分解表后7天内完成审批，经发包人批准的支付分解表为有约束力的支付分解表。

（3）发包人逾期未完成支付分解表审批，也未及时要求承包人进行修正和提供补充资料的，则承包人提交的支付分解表视为已经获得发包人批准。

3. 单价合同的总价项目支付分解表的编制与审批

单价合同的总价项目，由承包人根据施工进度计划和总价项目的总价构成、费用性质、计划发生时间和相应工程量等因素按月进行分解，形成支付分解表，其编制与审批参照总价合同支付分解表的编制与审批执行。

7.4.8 不可抗力

1. 不可抗力的含义与处理

1）不可抗力是指合同当事人在签订合同时不可预见，在合同履行过程中不可避免且不能克服的自然灾害和社会性突发事件，如地震、海啸、瘟疫、骚乱、戒严、暴动、战争和合同约定的其他情形。

2）不可抗力发生后，发包人和承包人应收集证明不可抗力发生及不可抗力造成损失的证据，并及时认真统计所造成的损失。合同当事人对是否属于不可抗力或其损失的意见不一致的，由监理人按合同商定或确定条款的约定处理。发生争议时，按合同争议解决条款的约定处理。

3）不可抗力发生后，合同当事人均应采取措施尽量避免和减少损失的扩大，任何一方当事人没有采取有效措施导致损失扩大的，应对扩大的损失承担责任。因合同一方迟延履行合同义务，在迟延履行期间遭遇不可抗力的，不免除其违约责任。

2. 不可抗力的通知

合同一方当事人遇到不可抗力事件，使其履行合同义务受到阻碍时，应立即通知合同另一方当事人和监理人，书面说明不可抗力和受阻碍的详细情况，并提供必要的证明。

不可抗力持续发生的，合同一方当事人应及时向合同另一方当事人和监理人提交中间报告，说明不可抗力和履行合同受阻的情况，并于不可抗力事件结束后28天内提交最终报告及有关资料。

3. 因不可抗力解除合同

因不可抗力导致合同无法履行连续超过84天或累计超过140天的，发包人和承包人均有权解除合同。合同解除后，由双方当事人商定或确定发包人应支付的款项，该款项包括：

1）合同解除前承包人已完成工作的价款。

2）承包人有责任接受交付的或为工程订购并已交付的材料、工程设备和其他物品的价款。

3）发包人要求承包人退货或解除订货合同而产生的费用，或因不能退货或解除合同而产生的损失。

4）承包人撤离施工现场以及遣散承包人人员的费用。

5）按照合同约定在合同解除前应支付给承包人的其他款项。

6）扣减承包人按照合同约定应向发包人支付的款项。

7）双方商定或确定的其他款项。

合同解除后，发包人应在商定或确定上述款项后28天内完成上述款项的支付。

7.4.9 安全文明施工

1. 安全生产要求

合同履行期间，合同当事人均应当遵守国家和工程所在地有关安全生产的要求，合同当事人有特别要求的，应在专用条款中明确施工项目安全生产标准化达标目标及相应事项。承包人有权拒绝发包人及监理人强令承包人违章作业、冒险施工的任何指示。

在施工过程中，如遇到突发的地质变动、事先未知的地下施工障碍等影响施工安全的紧急情况，承包人应及时报告监理人和发包人，发包人应当及时下令停工并报政府有关行政管理部门采取应急措施。

因安全生产需要暂停施工的，按照暂停施工的约定执行。

2. 安全生产保证措施

承包人应当按照有关规定编制安全技术措施或者专项施工方案，建立安全生产责任制度、治安保卫制度及安全生产教育培训制度，并按安全生产法律规定及合同约定履行安全职责，如实编制工程安全生产的有关记录，接受发包人、监理人及政府安全监督部门的检查与监督。

📖 延展阅读

特别安全生产事项

（1）承包人应按照法律规定进行施工，开工前做好安全技术交底工作，施工过程中做好各项安全防护措施。承包人为实施合同而雇用的特殊工种的人员应受过专门的培训并已取得政府有关管理机构颁发的上岗证书。

（2）承包人在动力设备、输电线路、地下管道、密封防震车间、易燃易爆地段以及临街交通要道附近施工时，施工开始前应向发包人和监理人提出安全防护措施，经发包人认可后实施。

（3）实施爆破作业，在放射、毒害性环境中施工（含储存、运输、使用）及使用毒害性、腐蚀性物品施工时，承包人应在施工前7天以书面形式通知发包人和监理人，并报送相应的安全防护措施，经发包人认可后实施。

（4）需单独编制危险性较大分部分项专项工程施工方案，及要求进行专家论证的超过一定规模的危险性较大的分部分项工程，承包人应及时编制和组织论证。

3. 治安保卫

发包人应与当地公安部门协商，在现场建立治安管理机构或联防组织，统一管理施工场地的治安保卫事项，履行合同工程的治安保卫职责。

发包人和承包人除应协助现场治安管理机构或联防组织维护施工场地的社会治安外，还应做好包括生活区在内的各自管辖区的治安保卫工作。

发包人和承包人应在工程开工后7天内共同编制施工场地治安管理计划，并制定应对突发治安事件的紧急预案。在工程施工过程中，发生暴乱、爆炸等恐怖事件，以及群殴、械斗等群体性突发治安事件的，发包人和承包人应立即向当地政府报告。发包人和承包人应积极协助当地有关部门采取措施平息事态，防止事态扩大，尽量避免人员伤亡和财产损失。

4. 文明施工

承包人在工程施工期间，应当采取措施保持施工现场平整，物料堆放整齐。工程所在地有关政府行政管理部门有特殊要求的，按照其要求执行。合同当事人对文明施工有其他要求的，可以在专用条款中明确。

在工程移交之前，承包人应当从施工现场清除承包人的全部工程设备、多余材料、垃圾和各种临时工程，并保持施工现场清洁整齐。经发包人书面同意，承包人可在发包人指定的地点保留承包人履行保修期内的各项义务所需要的材料、施工设备和临时工程。

> **延展阅读**
>
> #### 安全文明施工费
>
> （1）承包人应按照法律规定进行施工，开工前做好安全技术交底工作，施工过程中做好各项安全防护。安全文明施工费由发包人承担，发包人不得以任何形式扣减该部分费用。因基准日期后合同所适用的法律或政府有关规定发生变化，增加的安全文明施工费用由发包人承担。
>
> （2）承包人经发包人同意采取合同约定以外的安全措施所产生的费用，由发包人承担。未经发包人同意的，如果该措施避免了发包人的损失，则发包人在避免损失的额度内承担该措施费。如果该措施避免了承包人的损失，则由承包人承担该措施费。
>
> （3）发包人应在开工后28天内预付安全文明施工费总额的50%，其余部分与进度款同期支付。发包人逾期支付安全文明施工费超过7天的，承包人有权向发包人发出要求预付的催告通知，发包人收到通知后7天内仍未支付的，承包人有权暂停施工，并按发包人违约的情形执行。
>
> （4）承包人对安全文明施工费应专款专用，承包人应在财务账目中单独列项备查，

不得挪作他用，否则发包人有权责令其限期改正；逾期未改正的，可以责令其暂停施工，由此增加的费用和（或）延误的工期由承包人承担。

5. 紧急情况与事故处理

在工程实施期间或缺陷责任期内发生危及工程安全的事件，监理人通知承包人进行抢救，承包人声明无能力或不愿立即执行的，发包人有权雇用其他人员进行抢救。此类抢救按合同约定属于承包人义务的，由此增加的费用和（或）延误的工期由承包人承担。

工程施工过程中发生事故的，承包人应立即通知监理人，监理人应立即通知发包人。发包人和承包人应立即组织人员和设备进行紧急抢救和抢修，减少人员伤亡和财产损失，防止事故扩大，并保护事故现场。需要移动现场物品时，应做出标记和书面记录，妥善保管有关证据。发包人和承包人应按国家有关规定，及时如实地向有关部门报告事故发生的情况，以及正在采取的紧急措施等。

6. 安全生产责任

（1）发包人的安全责任　发包人应负责赔偿以下各种情况造成的损失：

1）工程或工程的任何部分对土地的占用所造成的第三者财产损失。
2）由于发包人原因在施工场地及其毗邻地带造成的第三者人身伤亡和财产损失。
3）由于发包人原因对承包人、监理人造成的人员人身伤亡和财产损失。
4）由于发包人原因造成的发包人自身人员的人身伤害以及财产损失。

（2）承包人的安全责任　由于承包人原因在施工场地内及其毗邻地带造成的发包人、监理人以及第三者人员伤亡和财产损失，由承包人负责赔偿。

7.4.10　职业健康和环境保护

1. 职业健康

（1）劳动保护　承包人应按照法律规定安排现场施工人员的劳动和休息时间，保障劳动者的休息时间，并支付合理的报酬和费用。承包人应依法为其履行合同所雇用的人员办理必要的证件、许可、保险和注册等，承包人应督促其分包人为分包人所雇用的人员办理必要的证件、许可、保险和注册等。

承包人应按照法律规定保障现场施工人员的劳动安全，并提供劳动保护，并应按国家有关劳动保护的规定，采取有效的防止粉尘、降低噪声、控制有害气体和保障高温、高寒、高空作业安全等劳动保护措施。承包人雇用人员在施工中受到伤害的，承包人应立即采取有效措施进行抢救和治疗。

承包人应按法律规定安排工作时间，保证其雇用人员享有休息和休假的权利。因工程施工的特殊需要占用休假日或延长工作时间的，应不超过法律规定的限度，并按法律规定给予补休或付酬。

（2）生活条件　承包人应为其履行合同所雇用的人员提供必要的膳宿条件和生活环境；承包人应采取有效措施预防传染病，保证施工人员的健康，并定期对施工现场、施工人员生活基地和工程进行防疫和卫生的专业检查和处理，在远离城镇的施工场地，还应配备必要的伤病防治和急救的医务人员与医疗设施。

2. 环境保护

承包人应在施工组织设计中列明环境保护的具体措施。在合同履行期间，承包人应采取合理措施保护施工现场环境。对施工作业过程中可能引起的大气、水、噪声以及固体废物污染采取具体可行的防范措施。

承包人应当承担因其原因引起的环境污染侵权损害赔偿责任，因上述环境污染引起纠纷而导致暂停施工的，由此增加的费用和（或）延误的工期由承包人承担。

7.5 竣工阶段的合同管理

7.5.1 工程试车

1. 试车程序

工程需要试车的，除另有约定外，试车内容应与承包范围相一致，试车费用由承包人承担。试车应按以下程序进行：

1) 具备单机无负荷试车条件，承包人组织试车，并在试车前48小时以书面形式通知监理人，通知中应载明试车内容、时间、地点。承包人准备试车记录，发包人根据承包人要求为试车提供必要条件。试车合格的，监理人在试车记录上签字。试车合格后监理人不签字，自试车结束满24小时后视为监理人已经认可，承包人可继续施工或办理竣工验收手续。

监理人不能按时参加的，应在试车前24小时以书面形式向承包人提出延期要求，但延期不能超过48小时，由此导致工期延误的，工期应予以顺延。监理人未能在前述期限内提出延期要求，又不参加试车的，视为认可试车记录。

2) 具备无负荷联动试车条件，发包人组织试车，并在试车前48小时以书面形式通知承包人。通知中应载明试车内容、时间、地点和对承包人的要求，承包人按要求做好准备工作。试车合格，合同当事人在试车记录上签字。承包人无正当理由不参加试车的，视为认可试车记录。

2. 试车中的责任

因设计原因导致试车达不到验收要求，发包人应要求设计人修改设计，承包人按修改后的设计重新安装。发包人承担修改设计、拆除及重新安装的全部费用，工期相应顺延。因承包人原因导致试车达不到验收要求，承包人按监理人要求重新安装和试车，并承担重新安装和试车的费用，工期不予顺延。

因工程设备制造原因导致试车达不到验收要求的，由采购该工程设备的合同当事人负责重新购置或修理，承包人负责拆除和重新安装，由此增加的修理、重新购置、拆除及重新安装的费用及延误的工期由采购该工程设备的合同当事人承担。

3. 投料试车

如需要进行投料试车的，发包人应在工程竣工验收后组织投料试车。发包人要求在工程竣工验收前进行或需要承包人配合时，应征得承包人同意，并在专用条款中约定有关事项。

投料试车合格的，费用由发包人承担；因承包人原因造成投料试车不合格的，承包人应按照发包人要求进行整改，由此产生的整改费用由承包人承担；非因承包人原因导致投料试车不合格的，如发包人要求承包人进行整改的，由此产生的费用由发包人承担。

7.5.2 验收

1. 分部分项工程验收

1）分部分项工程质量应符合国家有关工程施工验收规范、标准及合同约定,承包人应按照施工组织设计的要求完成分部分项工程施工。

2）分部分项工程经承包人自检合格并具备验收条件的,承包人应提前48小时通知监理人进行验收。监理人不能按时进行验收的,应在验收前24小时向承包人提交书面延期要求,但延期不能超过48小时。监理人未按时进行验收,也未提出延期要求的,承包人有权自行验收,监理人应认可验收结果。分部分项工程未经验收的,不得进入下一道工序施工。

3）分部分项工程的验收资料应当作为竣工资料的组成部分。

2. 竣工验收

（1）竣工验收条件 工程具备以下条件的,承包人可以申请竣工验收:

1）除发包人同意的甩项工作和缺陷修补工作外,合同范围内的全部工程以及有关工作,包括合同要求的试验、试运行以及检验均已完成,并符合合同要求。

2）已按合同约定编制了甩项工作和缺陷修补工作清单以及相应的施工计划。

3）已按合同约定的内容和份数备齐竣工资料。

（2）竣工验收程序 除另有约定外,承包人申请竣工验收的,应当按照以下程序进行:

1）承包人向监理人报送竣工验收申请报告,监理人应在收到竣工验收申请报告后14天内完成审查并报送发包人。监理人审查后认为尚不具备验收条件的,应通知承包人在竣工验收前承包人还需要完成的工作内容,承包人应在完成监理人通知的全部工作内容后,再次提交竣工验收申请报告。

2）监理人审查后认为已具备竣工验收条件的,应将竣工验收申请报告提交发包人,发包人应在收到经监理人审核的竣工验收申请报告后28天内审批完毕并组织监理人、承包人、设计人等相关单位完成竣工验收。

3）竣工验收合格的,发包人应在验收合格后14天内向承包人签发工程接收证书。发包人无正当理由逾期不颁发工程接收证书的,自验收合格后第15天起视为已颁发工程接收证书。

4）竣工验收不合格的,监理人应按照验收意见发出指示,要求承包人对不合格工程返工、修复或采取其他补救措施,由此增加的费用和（或）延误的工期由承包人承担。承包人在完成不合格工程的返工、修复或采取其他补救措施后,应重新提交竣工验收申请报告,并重新进行验收。

5）工程未经验收或验收不合格,发包人擅自使用的,应在转移占有工程后7天内向承包人颁发工程接收证书;发包人无正当理由逾期不颁发工程接收证书的,自转移占有后第15天起视为已颁发工程接收证书。

发包人约定组织竣工验收、颁发工程接收证书的,每逾期一天,应以签约合同价为基数,按照中国人民银行发布的同期同类贷款基准利率支付违约金。

（3）竣工日期 工程经竣工验收合格的,以承包人提交竣工验收申请报告之日为实际竣工日期,并在工程接收证书中载明;因发包人原因,未在监理人收到承包人提交的竣工验收申请报告42天内完成竣工验收,或完成竣工验收不予签发工程接收证书的,以提交竣工验收申请报告的日期为实际竣工日期；工程未经竣工验收，发包人擅自使用的，以转移占有工程之日为实际竣工日期。

（4）拒绝接收全部或部分工程　对于竣工验收不合格的工程，承包人完成整改后，应当重新进行竣工验收，经重新组织验收仍不合格且无法采取措施补救，则发包人可以拒绝接收不合格工程，因不合格工程导致其他工程不能正常使用的，承包人应采取措施确保相关工程的正常使用，由此增加的费用和（或）延误的工期由承包人承担。

（5）移交、接收全部与部分工程　除另有约定外，合同当事人应当在颁发工程接收证书后7天内完成工程的移交。

发包人无正当理由不接收工程的，发包人自应当接收工程之日起，承担工程照管、成品保护、保管等与工程有关的各项费用，合同当事人可以在专用条款中另行约定发包人逾期接收工程的违约责任。

承包人无正当理由不移交工程的，承包人应承担工程照管、成品保护、保管等与工程有关的各项费用，合同当事人可以在专用条款中另行约定承包人无正当理由不移交工程的违约责任。

3. 提前交付单位工程的验收

1）发包人需要在竣工前使用单位工程的，或承包人提出提前交付已经竣工的单位工程且经发包人同意的，可进行单位工程验收，验收的程序按照竣工验收的约定进行。

验收合格后，由监理人向承包人出具经发包人签认的单位工程接收证书。已签发单位工程接收证书的单位工程由发包人负责照管。单位工程的验收成果和结论作为整体工程竣工验收申请报告的附件。

2）发包人要求在工程竣工前交付单位工程，由此导致承包人费用增加和（或）工期延误的，由发包人承担由此增加的费用和（或）延误的工期，并支付承包人合理的利润。

7.5.3　施工期运行和竣工退场

1. 施工期运行

1）施工期运行是指合同工程尚未全部竣工，其中某项或某几项单位工程或工程设备安装已竣工，根据专用条款约定，需要投入施工期运行的，经发包人按提前交付单位工程验收的约定验收合格，证明能确保安全后，才能在施工期投入运行。

2）在施工期运行中发现工程或工程设备损坏或存在缺陷的，由承包人按缺陷责任期约定进行修复。

2. 竣工退场

颁发工程接收证书后，承包人应按以下要求对施工现场进行清理：

1）施工现场内残留的垃圾已全部清除出场。

2）临时工程已拆除，场地已进行清理、平整或复原。

3）按合同约定应撤离的人员、承包人施工设备和剩余的材料，包括废弃的施工设备和材料，已按计划撤离施工现场。

4）施工现场周边及其附近道路、河道的施工堆积物，已全部清理。

5）施工现场其他场地清理工作已全部完成。

施工现场的竣工退场费用由承包人承担。承包人应在专用条款约定的期限内完成竣工退场,逾期未完成的,发包人有权出售或另行处理承包人遗留的物品,由此支出的费用由承包人承担,发包人出售承包人遗留物品所得款项在扣除必要费用后应返还承包人。

3. 地表还原

承包人应按发包人要求恢复临时占地及清理场地,承包人未按发包人的要求恢复临时占地,或者场地清理未达到合同约定要求的,发包人有权委托其他人恢复或清理,所发生的费用由承包人承担。

7.5.4 缺陷责任与保修

1. 缺陷责任期

1)缺陷责任期从工程通过竣工验收之日起计算,合同当事人应在专用条款中约定缺陷责任期的具体期限,一般为1年,但该期限最长不超过2年。

单位工程先于全部工程进行验收,经验收合格并交付使用的,该单位工程缺陷责任期自单位工程验收合格之日起算。因承包人原因导致无法按合同约定期限进行竣工验收的,以实际通过竣工验收之日起计算。因发包人原因导致的,在承包人提交竣工验收报告90天后,工程自动进入缺隐期;发包人未经竣工验收擅自使用工程的,缺陷责任期自工程转移占有之日起开始计算。

2)缺陷责任期内,由承包人原因造成的缺陷,负责维修并承担费用(鉴定及维修)。若不维修也不承担,则从保证金或银行保函中扣除,费用超出保证金的,发包人可反索赔。承包人维修并承担费用,不免除损失赔偿责任。发包人有权要求承包人延长缺陷责任期,并应在原缺陷责任期届满前发出延长通知,但缺陷责任期最长不能超过24个月。

3)任何一项缺陷或损坏修复后,经检查证明其影响了工程或工程设备的使用性能的,承包人应重新进行合同约定的试验和试运行,试验和试运行的全部费用应由责任方承担。

4)承包人应于缺陷责任期届满后7天内向发包人发出缺陷责任期届满通知,发包人应在收到缺陷责任期满通知后14天内核实承包人是否履行缺陷修复义务,承包人未能履行缺陷修复义务的,发包人有权扣除相应金额的维修费用。发包人应在收到缺陷责任期届满通知后14天内,向承包人颁发缺陷责任期终止证书。

5)缺陷的责任期内,由其他人原因造成的缺陷,发包人负责维修,承包人不承担费用,且发包人不得从保证金中扣除费用。

延展阅读

质量保证金

经合同当事人协商一致扣留质量保证金的,应在专用条款中予以明确。

1. 质量保证金的三种提供方式

(1)质量保证金保函。
(2)相应比例的工程款。
(3)双方约定的其他方式。

质量保证金原则上采用上述第（1）种方式。

2. **质量保证金的三种扣留方式**

（1）在支付工程进度款时逐次扣留，在此情形下，质量保证金的计算基数不包括预付款的支付、扣回以及价格调整的金额。

（2）工程竣工结算时一次性扣留质量保证金。

（3）双方约定的其他扣留方式。

质量保证金的扣留原则上采用上述第（1）种方式。

质量保证金扣留不得超过结算总额的3%，如承包人在发包人签发竣工付款证书后28天内提交质量保证金保函，则发包人应同时退还扣留的作为质量保证金的工程价款；保函金额不得超过结算总额的3%。

3. **质量保证金的退还**

缺陷责任期内，承包人认真履行合同约定的责任，到期后，承包人可申请返还保证金。发包人在接到申请后，应于14天内会同承包人按照合同约定的内容进行核实。如无异议，发包人应当按照约定返还保证金。对返还期限没有约定或者约定不明确的，发包人应当在核实后14天内返还；逾期未返还的，依法承担违约责任。发包人在接到申请后14天内不予答复，经催告后14天内仍不予答复，视同认可返还保证金申请。

发包人和承包人对保证金预留、返还以及工程维修质量、费用有争议的，按合同约定的争议和纠纷解决程序处理。

2. **工程保修**

（1）保修原则　在工程移交发包人后，因承包人原因产生的质量缺陷，承包人应承担质量缺陷责任和保修义务。缺陷责任期届满，承包人仍应按合同约定的工程各部位保修年限承担保修义务。

（2）保修责任　工程保修期从工程竣工验收合格之日起算，具体分部分项工程的保修期由合同当事人在专用条款中约定，但不得低于法定最低保修年限。在工程保修期内，承包人应当根据有关法律规定以及合同约定承担保修责任。发包人未经竣工验收擅自使用工程的，保修期自转移占有之日起算。

（3）修复费用　保修期内，修复的费用按照以下约定处理：

1）保修期内，因承包人原因造成工程的缺陷、损坏，承包人应负责修复，并承担修复的费用以及因工程的缺陷、损坏造成的人身伤害和财产损失。

2）保修期内，因发包人使用不当造成工程的缺陷、损坏，可以委托承包人修复，但发包人应承担修复的费用，并支付承包人合理利润。

3）因其他原因造成工程的缺陷、损坏，可以委托承包人修复，发包人应承担修复的费用，并支付承包人合理的利润，因工程的缺陷、损坏造成的人身伤害和财产损失由责任方承担。

（4）修复通知　在保修期内，发包人在使用过程中发现已接收的工程存在缺陷或损坏的，应书面通知承包人予以修复，但情况紧急必须立即修复缺陷或损坏的，发包人可以口头通知承包人并在口头通知后48小时内书面确认，承包人应在专用条款约定的合理期限内到达工程现场并修复缺陷或损坏。

（5）未能修复　因承包人原因造成工程的缺陷或损坏，承包人拒绝维修或未能在合理期限内修复缺陷或损坏，且经发包人书面催告后仍未修复的，发包人有权自行修复或委托第三方修复，所需费用由承包人承担。但修复范围超出缺陷或损坏范围的，超出范围部分的修复费用由发包人承担。

（6）承包人出入权　在保修期内，为了修复缺陷或损坏，承包人有权出入工程现场；除情况紧急必须立即修复缺陷或损坏外，承包人应提前24小时通知发包人进场修复的时间。承包人进入工程现场前应获得发包人同意，且不应影响发包人正常的生产经营，并应遵守发包人有关保安和保密等规定。

7.5.5　竣工结算

1. 竣工结算申请

承包人应在竣工验收合格后28天内向发包人和监理人提交竣工结算申请单，并提交完整的结算资料，有关竣工结算申请单的资料清单和份数等要求由合同当事人在专用条款中约定。

竣工结算申请单应包括以下内容：
1）竣工结算合同价格。
2）发包人已支付承包人的款项。
3）应扣留的质量保证金，已缴纳履约保证金的或提供其他工程质量担保方式的除外。
4）发包人应支付给承包人的合同价款。

2. 竣工结算审核

1）监理人应在收到竣工结算申请单后14天内完成核查并报送发包人。发包人应在收到监理人提交的经审核的竣工结算申请单后14天内完成审批，并由监理人向承包人签发经发包人签认的竣工付款证书。监理人或发包人对竣工结算申请单有异议的，有权要求承包人进行修正和提供补充资料，承包人应提交修正后的竣工结算申请单。

发包人在收到承包人提交竣工结算申请单后28天内未完成审批且未提出异议的，视为发包人认可承包人提交的竣工结算申请单，并自发包人收到承包人提交的竣工结算申请单后第29天起视为已签发竣工付款证书。

2）发包人应在签发竣工付款证书后14天内，完成对承包人的竣工付款。发包人逾期支付的，按照中国人民银行发布的同期同类贷款基准利率支付违约金；逾期支付超过56天的，按照中国人民银行发布的同期同类贷款基准利率的两倍支付违约金。

3）承包人对发包人签认的竣工付款证书有异议的，对于有异议部分应在收到发包人签认的竣工付款证书后7天内提出异议，并由合同当事人按照专用条款约定的方式和程序进行复核，或按照争议解决合同条款处理。对于无异议部分，发包人应签发临时竣工付款证书，并完成付款。承包人逾期未提出异议的，视为认可发包人的审批结果。

3. 甩项竣工协议

发包人要求甩项竣工的，合同当事人应签订甩项竣工协议。在甩项竣工协议中应明确，合同当事人按照关于竣工结算申请及竣工结算审核的合同条款约定，对已完合格工程进行结算，并支付相应合同价款。

4. 最终结清

（1）最终结清申请单

1）承包人应在缺陷责任期终止证书颁发后 7 天内，按专用条款约定的份数向发包人提交最终结清申请单，并提供相关证明材料。

最终结清申请单应列明质量保证金、应扣除的质量保证金、缺陷责任期内发生的增减费用。

2）发包人对最终结清申请单内容有异议的，有权要求承包人进行修正和提供补充资料，承包人应向发包人提交修正后的最终结清申请单。

（2）最终结清证书和支付

1）发包人应在收到承包人提交的最终结清申请单后 14 天内完成审批并向承包人颁发最终结清证书。发包人逾期未完成审批，又未提出修改意见的，视为发包人同意承包人提交的最终结清申请单，且自发包人收到承包人提交的最终结清申请单后 15 天起视为已颁发最终结清证书。

2）发包人应在颁发最终结清证书后 7 天内完成支付。发包人逾期支付的，按照中国人民银行发布的同期同类贷款基准利率支付违约金；逾期支付超过 56 天的，按照中国人民银行发布的同期同类贷款基准利率的两倍支付违约金。

3）承包人对发包人颁发的最终结清证书有异议的，按争议解决的约定办理。

7.5.6 发包人违约

1. 发包人违约的情形

在合同履行过程中发生的下列情形，属于发包人违约：

1）因发包人原因未能在计划开工日期前 7 天内下达开工通知的。

2）因发包人原因未能按合同约定支付合同价款的。

3）发包人取消工作自行实施或转由第三人实施的。

4）发包人提供的材料、工程设备的规格、数量或质量不符合合同约定，或因发包人原因导致交货日期延误或交货地点变更等情况的。

5）因发包人违反合同约定造成暂停施工的。

6）发包人无正当理由没有在约定期限内发出复工指示，导致承包人无法复工的。

7）发包人明确表示或者以其行为表明不履行合同主要义务的。

8）发包人未能按照合同约定履行其他义务的。

发包人发生除第 7）种以外的违约情况时，承包人可向发包人发出通知，要求发包人采取有效措施纠正违约行为。发包人收到承包人通知后 28 天内仍不纠正违约行为的，承包人有权暂停相应部位工程施工，并通知监理人。

2. 发包人违约的责任

发包人应承担因其违约给承包人增加的费用和（或）延误的工期，并支付承包人合理的利润。此外，合同当事人可在专用条款中另行约定发包人违约责任的承担方式和计算方法。

3. 因发包人违约解除合同

承包人按发包人违约暂停施工满 28 天后，发包人仍不纠正其违约行为并致使合同目的不能实现的，或出现发包人违约的情形第 7) 种约定的违约情况的，承包人有权解除合同，发包人应承担由此增加的费用，并支付承包人合理的利润。

4. 因发包人违约解除合同后的付款

承包人按照上述约定解除合同的，发包人应在解除合同后 28 天内支付下列款项，并解除履约担保：

1) 合同解除前所完成工作的价款。
2) 承包人为工程施工订购并已付款的材料、工程设备和其他物品的价款。
3) 承包人撤离施工现场以及遣散承包人人员的款项。
4) 按照合同约定在合同解除前应支付的违约金。
5) 按照合同约定应当支付给承包人的其他款项。
6) 按照合同约定应退还的质量保证金。
7) 因解除合同给承包人造成的损失。

合同当事人未能就解除合同后的结清达成一致的，按照合同争议解决条款处理。

承包人应妥善做好已完工程和与工程有关的已购材料、工程设备的保护和移交工作，并将施工设备和人员撤出施工现场，发包人应为承包人撤出提供必要条件。

7.5.7 承包人违约

1. 承包人违约的情形

在合同履行过程中发生的下列情形，属于承包人违约：

1) 承包人违反合同约定进行转包或违法分包的。
2) 承包人违反合同约定采购和使用不合格的材料和工程设备的。
3) 因承包人原因导致工程质量不符合合同要求的。
4) 承包人违反材料与设备专用要求的约定，未经批准，私自将已按照合同约定进入施工现场的材料或设备撤离施工现场的。
5) 承包人未能按施工进度计划及时完成合同约定的工作，造成工期延误的。
6) 承包人在缺陷责任期及保修期内，未能在合理期限对工程缺陷进行修复，或拒绝按发包人要求进行修复的。
7) 承包人明确表示或者以其行为表明不履行合同主要义务的。
8) 承包人未能按照合同约定履行其他义务的。

承包人发生除第 7) 种约定以外的其他违约情况时，监理人可向承包人发出整改通知，要求其在指定的期限内改正。

2. 承包人违约的责任

承包人应承担因其违约行为而增加的费用和（或）延误的工期。此外，合同当事人可在专用条款中另行约定承包人违约责任的承担方式和计算方法。

3. 因承包人违约解除合同

出现承包人违约的情形第 7) 种约定的违约情况时，或监理人发出整改通知后，承包人在指定的合理期限内仍不纠正违约行为并致使合同目的不能实现的，发包人有权解除合同。合同解除后，因继续完成工程的需要，发包人有权使用承包人在施工现场的材料、设备、临时工程、承包人文件和由承包人或以其名义编制的其他文件，合同当事人应在专用条款中约定相应费用的承担方式。发包人继续使用的行为不免除或减轻承包人应承担的违约责任。

4. 因承包人违约解除合同后的处理

因承包人原因导致合同解除的，合同当事人应在合同解除后 28 天内完成估价、付款和清算，并按以下约定执行：

1）合同解除后，商定或确定承包人实际完成工作对应的合同价款，以及承包人已提供的材料、工程设备、施工设备和临时工程等的价值。

2）合同解除后，承包人应支付的违约金。

3）合同解除后，因解除合同给发包人造成的损失。

4）合同解除后，承包人应按照发包人要求和监理人的指示完成现场的清理和撤离。

5）发包人和承包人应在合同解除后进行清算，出具最终结清付款证书，结清全部款项。

因承包人违约解除合同的，发包人有权暂停对承包人的付款，查清各项付款和已扣款项。发包人和承包人未能就合同解除后的清算和款项支付达成一致的，按照争议解决条款处理。

5. 采购合同权益转让

因承包人违约解除合同的，发包人有权要求承包人将其为实施合同而签订的材料和设备的采购合同的权益转让给发包人，承包人应在收到解除合同通知后 14 天内，协助发包人与采购合同的供应商达成相关的转让协议。

6. 第三人造成的违约

在履行合同过程中，一方当事人因第三人的原因造成违约的，应当向对方当事人承担违约责任。一方当事人和第三人之间的纠纷，依照法律规定或者按照约定解决。

习题

一、单项选择题

1. 根据 2017 版《建设工程施工合同（示范文本）》，当中标通知书、图样和专用合同条款出现含义或内容矛盾时，合同文件的优先解释顺序是（　　）。

A. 图样→专用合同条款→中标通知书
B. 图样→中标通知书→专用合同条款
C. 中标通知书→图样→专用合同条款
D. 中标通知书→专用合同条款→图样

2. 施工合同履行过程中，某工程部位的施工具备隐蔽条件，经工程师中间验收后继续施工，工程师又发出重新剥露该部位检查的通知，承包人执行了指示，重新检验结果表明，施工质量存在缺陷，承包人修复后再次隐蔽，工程师对该事件的处理方式为（　　）。

A. 补偿费用，不顺延合同工期
B. 顺延合同工期，不补偿费用
C. 费用和工期损失均给予补偿
D. 费用和工期损失均不补偿

3. 施工合同履行过程中，承包人按工程师的指示完成了变更工作，但未在合同约定的时间内提出追加合同价款的报告，关于承包人完成该项变更事项发生费用的说法，正确的是（　　）。

A. 视为不需要补偿
B. 工程师应主动确定变更价款并予以补偿
C. 工程师应与承包人协商补偿的变更价款
D. 工程师应与发包人协商后确定应予补偿的价款

4. 某工程项目，承包人于2016年5月1日提交了工程竣工报告，5月15日通过了工程师组织的工程预验收，5月25日发包人组织工程验收，5月28日参加验收的有关各方在验收记录上签字，承包人的竣工日期应确定为（   ）。

A. 5月1日　　　　　B. 5月15日　　　　　C. 5月25日　　　　　D. 5月28日

5. 为了明确划分由于政策法规变化或市场物价浮动对合同价格影响的责任，2017版《建设工程施工合同（示范文本）》中的通用条款规定的基准日期是指（   ）。

A. 投标截止日前第14天
B. 投标截止日前第28天
C. 招标公告发布之日前第14天
D. 招标公告发布之日前第28天

6. 根据2017版《建设工程施工合同（示范文本）》，投保"建筑工程一切险"的正确做法是（   ）。

A. 承包人负责投保，并承担办理保险的费用
B. 发包人负责投保，并承担办理保险的费用
C. 承包人负责投保，发包人承担办理保险的费用
D. 发包人负责投保，承包人承担办理保险的费用

7. 根据2017版《建设工程施工合同（示范文本）》，因承包人原因未在约定的工期内竣工时，原约定竣工日的价格指数和实际支付日的价格指数会有所不同，后续支付时应将（   ）作为支付计算的价格指数。

A. 两个价格指数中的较高者
B. 两个价格指数的平均值
C. 两个价格指数中的较低者
D. 双方另行商定一个合理的价格指数

8. 根据2017版《建设工程施工合同（示范文本）》，发包人在收到承包人竣工验收申请报告（   ）天后未进行验收的，视为验收合格。

A. 14　　　　　B. 28　　　　　C. 42　　　　　D. 56

二、多项选择题

1. 下列文件中，属于施工合同组成部分的有（   ）。

A. 合同协议书
B. 中标意向书
C. 投标文件中的施工组织设计
D. 工程量清单
E. 规范及有关技术文件

2. 下列义务中，属于施工合同发包人的有（   ）。

A. 按合同约定的时间移交主要公路至施工现场的通道
B. 按合同约定的时间移交施工现场内的交通道路
C. 以书面形式提供水准点与坐标控制点的数据资料
D. 提供非夜间施工使用的照明设施
E. 办理因施工需中断的公共交通道路的申请批准手续

3. 根据2017版《建设工程施工合同（示范文本）》，标准施工合同附件的格式文件包括（   ）。

A. 合同协议书　　B. 通用条款　　C. 专用条款　　D. 履约保函
E. 预付款保函

4. 根据2017版《建设工程施工合同（示范文本）》，保险的正确处理方式有（   ）。

A. 发承包双方应分别对自己在现场所有人员投保人身意外伤害险
B. 发包人应以自己的名义投保工程设备险
C. 承包人应以自己的名义投保施工设备险
D. 发包人应为履行合同的本方人员缴纳工伤保险费
E. 承包人应以自己的名义投保进场材料险

5. 根据2017版《建设工程施工合同（示范文本）》，工程施工中承包人有权获得补偿和工期延期，并获得合理利润的情形有（   ）。

A. 发现文物、化石等的处理

B. 发包人改变合同中任何一项工作的质量要求
C. 发包人未按合同约定及时支付工程进度款导致暂停施工
D. 隐蔽工程重新检验质量合格
E. 不可抗力事件发生后的清理工作

6. 根据 2017 版《建设工程施工合同（示范文本）》，关于签约合同价的说法，正确的有（　　）。
A. 签约合同价不包括承包人利润
B. 签约合同价即为中标价
C. 签约合同价包含暂列金额、暂估价
D. 签约合同价是承包方履行合同义务后应得的全部工程价款
E. 签约合同价应在合同协议书中写明

7. 根据 2017 版《建设工程施工合同（示范文本）》，关于工程计量的说法，正确的有（　　）。
A. 单价子目已完工程量按月计算　　　　B. 总价子目的计量支付不考虑市场价格浮动
C. 总价子目已完工程量按月计算　　　　D. 总价子目表中标明的工程量通常不进行现场计量
E. 总价子目表中标明的工程量通常不进行图样计量

三、思考题
1. 简述施工合同的概念和特点。
2. 简述施工合同示范文本的作用、组成及其优先解释顺序。
3. 缺陷责任期和保修期有何区别？
4. 简述施工合同双方的一般权利和义务。
5. 简述承包人可以索赔工期和（或）费用的事件。
6. 简述材料和设备采购责任的划分原则。
7. 简述试车的组织和责任。

第 8 章
工程建设相关合同管理

> **学习目标**
>
> 1. 熟悉工程相关的设计合同、监理合同的基本条款。
> 2. 掌握工程造价咨询合同的主要内容。
> 3. 了解国际工程常用合同条件。

导入案例

设计合同主要条款缺少的后果

甲工厂与乙勘察设计单位签订了《厂房建设设计合同》，委托乙完成厂房建设初步设计，约定设计期限为付定金后 60 天，设计费用按国家标准算。另约定，若甲要求增加工作内容，则费用增加 10%，合同并未对基础资料的提供进行约定。甲付定金后，只提供了设计任务书，没有其他资料。乙收集相关资料，于第 77 天交付设计成果，要求甲按约定增加设计费用。甲以合同没有约定提供资料为由，拒绝增加设计费用，并要求乙就完成合同逾期进行违约赔偿。双方协商不成，乙起诉甲。

【评析】

1. 设计合同是否合法有效

本案的设计合同缺乏一个主要条款，即基础资料的提供。按照《民法典》第七百九十四条规定："勘察、设计合同的内容一般包括提交有关基础资料和概预算等文件的期限、质量要求、费用以及其他协作条件等条款"，以及《建设工程设计合同示范文本》的规定，勘察设计合同应具备以下主要条款：①建设工程名称、规模、投资额、建设地点；②委托方提供资料的内容、技术要求及期限，承包方勘察的范围、进度和质量，设计的阶段、进度、质量和设计文件份数；③勘察、设计取费的依据，取费标准及拨付方法；④违约责任。合同的主要条款是合同成立的前提，甲、乙双方签订的合同缺乏主要条款，则合同自身也就无效。

2. 甲是否应给乙增加设计费用

委托方应向承包方提供开展勘察设计工作所需的有关基础资料，并对提供的时间、进度与资料的可靠性负责，故甲应该向乙提供基础材料。《民法典》第八百零五条规定：

"因发包人变更计划，提供的资料不准确，或者未按照期限提供必需的勘察、设计工作条件而造成勘察、设计的返工、停工或者修改设计，发包人应当按照勘察人、设计人实际消耗的工作量增付费用"，虽然本案例由于并未对基础资料的提供进行约定，造成乙工作增加，但增加的工作内容并不属于设计范畴，故乙要求增加设计费用并不合理。

3. 乙是否应对甲进行赔偿

根据《民法典》第八百条"勘察、设计的质量不符合要求或者未按照期限提交勘察、设计文件拖延工期，造成发包人损失的，勘察人、设计人应当继续完善勘察、设计，减收或者免收勘察、设计费并赔偿损失"和《民法典》合同编第五百七十七条"当事人一方不履行合同义务或者履行合同义务不符合约定的，应当承担继续履行、采取补救措施或者赔偿损失等违约责任"的规定，乙于第77天交付设计成果，超过了约定的设计期限，违约属实，应该对甲进行赔偿。

——资料来源：造价工程师考试（案例分析）知识点复习完整版.2020-01-09. 百度文库.
https://wenku.baidu.com/view/02971b0dc67da26925c52cc58bd63186bdeb9252.html

8.1 工程设计合同管理

8.1.1 工程设计合同示范文本

为规范工程设计市场秩序，维护工程设计合同当事人的合法权益，住房和城乡建设部、国家工商行政管理总局制定了《建设工程设计合同示范文本（房屋建筑工程）》（GF—2015—0209）、《建设工程设计合同示范文本（专业建设工程）》（GF—2015—0210），自2015年7月1日起执行。

1. 工程设计合同示范文本的分类

（1）《建设工程设计合同示范文本（房屋建筑工程）》（GF—2015—0209） GF—2015—0209适用于建设用地规划许可证范围内的建筑物构筑物设计、室外工程设计、民用建筑修建的地下工程设计及住宅小区、工厂厂前区、工厂生活区、小区规划设计及单体设计等，以及所包含的相关专业的设计内容（总平面布置、竖向设计、各类管网管线设计、景观设计、室内外环境设计及建筑装饰、道路、消防、智能、安保、通信、防雷、人防、供配电、照明、废水治理、空调设施、抗震加固等）等工程设计活动。

（2）《建设工程设计合同示范文本（专业建设工程）》（GF—2015—0210） GF—2015—0210适用于房屋建筑工程以外各行业建设工程项目的主体工程和配套工程（含厂/矿区内的自备电站、道路、专用铁路、通信、各种管网管线和配套的建筑物等全部配套工程）以及与主体工程、配套工程相关的工艺、土木、建筑、环境保护、水土保持、消防、安全、卫生、节能、防雷、抗震、照明工程等工程设计活动。

房屋建筑工程以外的各行业建设工程统称为专业建设工程，具体包括煤炭、化工石化医药、石油天然气（海洋石油）、电力、冶金、军工、机械、商物粮、核工业、电子通信广电、轻纺、建材、铁道、公路、水运、民航、市政、农林、水利、海洋等工程。

2. 工程设计合同示范文本的组成

GF—2015—0212和GF—2015—0210均由"合同协议书""通用合同条款""专用合同条款"三部分组成。本节以《建设工程设计合同示范文本（房屋建筑工程）》为例加以介绍。

（1）合同协议书　合同协议书集中约定了合同当事人基本的合同权利义务，包括工程概况、工程设计范围、阶段与服务内容、工程设计周期、合同价格形式与签约合同价、发包人代表与设计人项目负责人、承诺、词语含义、签订地点、补充协议、合同生效、合同份数等内容。合同协议书与下列文件一起构成合同文件：

1）专用合同条款及其附件。
2）通用合同条款。
3）中标通知书（如果有）。
4）投标函及其附录（如果有）。
5）发包人要求。
6）技术标准。
7）发包人提供的上一阶段图样（如果有）。
8）其他合同文件。

（2）通用合同条款　通用合同条款是合同当事人根据《建筑法》《民法典》等法律法规的规定，就工程设计的实施及相关事项，对合同当事人的权利义务做出的原则性约定。

通用合同条款既考虑了现行法律法规对工程建设的有关要求，也考虑了工程设计管理的特殊需要。

（3）专用合同条款　专用合同条款是对通用合同条款原则性约定的细化、完善、补充、修改或另行约定的条款。合同当事人可以根据不同建设工程的特点及具体情况，通过双方的谈判、协商对相应的专用合同条款进行修改补充。

8.1.2　工程设计合同的订立

1. 工程设计服务范围

工程设计服务是指设计人按照合同约定履行的服务，包括工程设计基本服务、工程设计其他服务。

（1）工程设计基本服务　工程设计基本服务是指设计人根据发包人的委托，提供编制房屋建筑工程方案设计文件、初步设计文件（含初步设计概算）、施工图设计文件服务，并相应提供设计技术交底、解决施工中的设计技术问题、参加竣工验收等服务。基本服务费用包含在设计费中。

（2）工程设计其他服务　工程设计其他服务是指发包人根据工程设计实际需要，要求设计人另行提供且发包人应当单独支付费用的服务，包括总体设计服务、主体设计协调服务、采用标准设计和复用设计服务、非标准设备设计文件编制服务、施工图预算编制服务、竣工图编制服务等。

延展阅读

房屋建筑工程设计范围

房屋建筑工程设计范围一般包括规划土地内相关建筑物、构筑物的有关建筑、结构、给水排水、暖通空调、建筑电气、总图专业（不含住宅小区总图）的设计。

> 房屋建筑工程的精装修设计、智能化专项设计、泛光立面照明设计、景观设计、娱乐工艺设计、声学设计、舞台机械设计、舞台灯光设计、厨房工艺设计、煤气设计、幕墙设计、气体灭火及其他特殊工艺设计等一般不在设计范围内，设计时需要另行约定。

2. 设计费

设计费又称合同价格，是指发包人用于支付设计人按照合同约定完成工程设计范围内全部工作的金额，包括合同履行过程中按合同约定发生的价格变化。

（1）定金或预付款

1）定金的比例不应超过合同总价款的20%。预付款的比例由发包人与设计人协商确定，一般不低于合同总价款的20%。

2）定金或预付款的支付按照专用合同条款约定执行，但最迟应在开始设计通知载明的开始设计日期前专用合同条款约定的期限内支付。

3）发包人逾期支付定金或预付款超过专用合同条款约定的期限，设计人有权向发包人发出要求支付定金或预付款的催告通知，发包人收到通知后7天内仍未支付的，设计人有权不开始设计工作或暂停设计工作。

（2）设计费比例　经发包人、设计人双方确认，如果发包人委托设计人负责全过程工程设计服务，各阶段的设计费比例为：方案设计阶段的设计费占合同设计费总额的20%，初步设计阶段的设计费占合同设计费总额的30%，施工图设计阶段的设计费占合同设计费总额的40%，施工配合阶段的设计费占合同设计费总额的10%。如果发包人委托设计人负责部分工程设计服务，则每个阶段的设计费比例，双方另行协商确定。

3. 工程设计一般要求

（1）对发包人的要求

1）发包人应当遵守法律和技术标准，不得以任何理由要求设计人违反法律和工程质量、安全标准进行工程设计，降低工程质量。

2）发包人要求进行主要技术指标控制的，钢材用量、混凝土用量等主要技术指标控制值应当符合有关工程设计标准的要求，且应当在工程设计开始前书面向设计人提出，经发包人与设计人协商一致后以书面形式确定作为合同附件。

3）发包人应当严格遵守主要技术指标控制的前提条件，由于发包人的原因导致工程设计文件超出主要技术指标控制值的，发包人承担相应责任。

（2）对设计人的要求

1）设计人应当按法律和技术标准的强制性规定及发包人要求进行工程设计。有关工程设计的特殊标准或要求由合同当事人在专用合同条款中约定。设计人发现发包人提供的工程设计资料有问题的，设计人应当及时通知发包人并经发包人确认。

2）除合同另有约定外，设计人完成设计工作所应遵守的法律以及技术标准，均应视为在基准日期适用的版本。基准日期之后，前述版本发生重大变化，或者有新的法律以及技术标准实施的，设计人应就推荐性标准向发包人提出遵守新标准的建议，对强制性的规定或标准应当遵照执行。因发包人采纳设计人的建议或遵守基准日期后新的强制性的规定或标准，导致增加设计费用和（或）设计周期延长的，由发包人承担。

3）设计人应当根据建筑工程的使用功能和专业技术协调要求，合理确定基础类型、结构体系、结构布置、使用荷载及综合管线等。

4）设计人应当严格执行其双方书面确认的主要技术指标控制值，由于设计人的原因导致工程设计文件超出在专用合同条款中约定的主要技术指标控制值比例的，设计人应当承担相应的违约责任。

5）设计人在工程设计中选用的材料、设备，应当注明其规格、型号、性能等技术指标及适应性，满足质量、安全、节能、环保等要求。

8.1.3 工程设计合同的履行

1. 双方的义务

（1）发包人的一般义务

1）发包人应遵守法律，并办理法律规定由其办理的许可、核准或备案，包括但不限于建设用地规划许可证、建设工程规划许可证、建设工程方案设计批准、施工图设计审查等许可、核准或备案。

2）发包人负责本项目各阶段设计文件向规划设计管理部门的送审报批工作，并负责将报批结果书面通知设计人。因发包人原因未能及时办理完毕前述许可、核准或备案手续，导致设计工作量增加和（或）设计周期延长的，由发包人承担由此增加的设计费用和（或）延长的设计周期。

3）发包人应当负责工程设计的所有外部关系（包括但不限于当地政府主管部门等）的协调，为设计人履行合同提供必要的外部条件。

4）发包人应当在工程设计前或专用合同条款约定的时间向设计人提供工程设计所必需的工程设计资料，并对所提供资料的真实性、准确性和完整性负责。

5）专用合同条款约定的其他义务。

（2）设计人的一般义务

1）设计人应遵守法律和有关技术标准的强制性规定，完成合同约定范围内的房屋建筑工程方案设计、初步设计、施工图设计，提供符合技术标准及合同要求的工程设计文件，提供施工配合服务。

2）设计人应当按照专用合同条款约定配合发包人办理有关许可、核准或备案手续，因设计人原因造成发包人未能及时办理许可、核准或备案手续，导致设计工作量增加和（或）设计周期延长的，由设计人自行承担由此增加的设计费用和（或）设计周期延长的责任。

3）设计人应当完成合同约定的工程设计其他服务。

4）专用合同条款约定的其他义务。

延展阅读

施工配合服务内容

设计人应当提供设计技术交底、解决施工中设计技术问题和竣工验收服务，除专用合同条款另有约定外，发包人应为设计人派赴现场的工作人员提供工作、生活及交通等方面的便利条件。

（1）负责工程设计交底，解答施工过程中施工承包人有关施工图的问题，项目负责人及各专业设计负责人应及时对施工中与设计有关的问题做出回应，保证设计满足施工要求。

（2）根据发包人要求，及时参加与设计有关的专题会，现场解决技术问题。

（3）协助发包人处理工程洽商和设计变更，负责有关设计修改，及时办理相关手续。

（4）参与与设计人相关的必要的验收以及项目竣工验收工作，并及时办理相关手续。

（5）提供产品选型、设备加工订货、建筑材料选择以及分包商考察等技术咨询工作。

（6）应发包人要求协助审核各分包商的设计文件是否满足接口条件并签署意见，以保证其与总体设计协调一致，并满足工程要求。

2. 违约责任

（1）发包人的违约责任

1）合同生效后，发包人因非设计人原因要求终止或解除合同，设计人未开始设计工作的，不退还发包人已付的定金或发包人按照专用合同条款的约定向设计人支付违约金；已开始设计工作的，发包人应按照设计人已完成的实际工作量计算设计费，完成工作量不足一半时，按该阶段设计费的一半支付设计费；超过一半时，按该阶段设计费的全部支付设计费。

2）发包人未按专用合同条款约定的金额和期限向设计人支付设计费的，应按专用合同条款约定向设计人支付违约金。逾期超过15天时，设计人有权书面通知发包人中止设计工作。自中止设计工作之日起15天内发包人支付相应费用的，设计人应及时根据发包人要求恢复设计工作；自中止设计工作之日起超过15天后发包人支付相应费用的，设计人有权确定重新恢复设计工作的时间，且设计周期相应延长。

3）发包人的上级或设计审批部门对设计文件不进行审批或合同工程停建、缓建，发包人应在事件发生之日起15天内按合同解除的约定向设计人结算并支付设计费。

4）发包人擅自将设计人的设计文件用于本工程以外的工程或交第三方使用时，应承担相应法律责任，并应赔偿设计人因此遭受的损失。

（2）设计人的违约责任

1）合同生效后，设计人因自身原因要求终止或解除合同，设计人应按发包人已支付的定金金额双倍返还给发包人或设计人按照专用合同条款约定向发包人支付违约金。

2）由于设计人原因，未按专用合同条款约定的时间交付工程设计文件的，应按专用合同条款的约定向发包人支付违约金，前述违约金经双方确认后可在发包人应付设计费中扣减。

3）设计人对工程设计文件出现的遗漏或错误负责修改或补充。由于设计人原因产生的设计问题造成工程质量事故或其他事故时，设计人除负责采取补救措施外，还应当通过所投建设工程设计责任保险向发包人承担赔偿责任或者根据直接经济损失程度按专用合同条款约定向发包人支付赔偿金。

4）由于设计人原因，工程设计文件超出发包人与设计人书面约定的主要技术指标控制值比例的，设计人应当按照专用合同条款的约定承担违约责任。

5）设计人未经发包人同意擅自对工程设计进行分包的，发包人有权要求设计人解除未经发包人同意的设计分包合同，设计人应当按照专用合同条款的约定承担违约责任。

8.2 工程监理合同管理

8.2.1 工程监理合同示范文本

为规范建设工程监理活动，维护建设工程监理合同当事人的合法权益，住房和城乡建设部、国家工商行政管理总局制定了《建设工程监理合同（示范文本）》(GF-2012-0202)，由"协议书""通用条件""专用条件"、附录 A 和附录 B 组成。

1. 协议书

"协议书"是纲领性的法律文件，不仅明确了委托人和监理人，而且明确了双方约定的委托工程监理与相关服务的工程概况（工程名称、工程地点、工程规模、投资金额或建筑安装工程费）、总监理工程师（姓名、身份证号、注册号）、签约酬金（监理酬金、相关服务酬金）、服务期限（监理期限、相关服务期限），双方对履行合同的承诺及合同订立的时间、地点、份数等。

协议书还明确了以下建设工程监理合同的组成文件：

1) 协议书。
2) 中标通知书（适用于招标工程）或委托书（适用于非招标工程）。
3) 投标文件（适用于招标工程）或监理与相关服务建议书（适用于非招标工程）。
4) 专用条件。
5) 通用条件。
6) 附录，即附录 A "相关服务的范围和内容"和附录 B "委托人派遣的人员和提供的房屋、资料、设备"。

合同签订后，双方依法签订的补充协议也是合同文件的组成部分。双方签订的补充协议与其他文件发生矛盾或歧义时，属于同一类内容的文件，应以最新签署的为准。上述合同文件的解释顺序为 1)→2)→3) 及 6)→4)→5)。

2. 通用条件

通用条件的内容涵盖了合同中所用词语定义与解释、监理人的义务、委托人的义务、签约双方的违约责任、酬金支付、合同的生效、变更、暂停、解除与终止、争议解决以及其他诸如外出考察费用、检测费用、咨询费用、奖励、守法诚信、保密、通知、著作权等方面的约定。通用条件适用于各类建设工程监理，各委托人、监理人都应遵守。

3. 专用条件

专用条件是对通用条件原则性约定的细化、完善、补充、修改或另行约定的条件。签订具体工程监理合同时，结合地域特点、专业特点和委托监理的工程特点，对通用条件中的某些条款进行补充、修正。

所谓"补充"，是指通用条件中的条款明确规定，在该条款确定的原则下，专用条件的条款中进一步明确具体内容，使两个条件中相同序号的条款共同组成一条内容完备的条款。

所谓"修改"，是指通用条件中规定的程序方面的内容，如果双方认为不合适，可以协议修改。

4. 附录

附录包括两部分，即附录 A 和附录 B。

（1）附录 A　委托人应在附录 A 明确约定服务范围及工作内容。委托人根据需要自主委托全部内容，也可以委托某个阶段的工作或部分服务内容。如果委托人不仅委托工程监理，则不需要填写附录 A。

（2）附录 B　委托人为监理人开展正常工作派遣的人员和无偿提供的房屋、资料、设备，应在附录 B 中明确约定派遣或提供的对象、数量和时间。

8.2.2　工程监理合同的订立

1. 有关定义

为了更好地确定合同中关键性的、特定的词语内涵，除根据上下文另有其意义外，组成合同的全部文件中的下列名词和用语应具有所赋予的含义：

1）"工程"是指按照合同约定实施监理与相关服务的建设工程。

2）"委托人"是指合同中委托监理与相关服务的一方，及其合法的继承人或受让人。

3）"监理人"是指合同中提供监理与相关服务的一方，及其合法的继承人。

4）"承包人"是指在工程范围内与委托人签订勘察、设计、施工等有关合同的当事人，及其合法的继承人。

5）"监理"是指监理人受委托人的委托，依照法律法规、工程建设标准、勘察设计文件及合同，在施工阶段对建设工程质量、进度、造价进行控制，对合同、信息进行管理，对工程建设相关方的关系进行协调，并履行建设工程安全生产管理法定职责的服务活动。

6）"相关服务"是指监理人受委托人的委托，按照合同约定，在勘察、设计、保修等阶段提供的服务活动。

7）"正常工作"是指合同订立时通用条件和专用条件中约定的监理人的工作。

8）"附加工作"是指合同约定的正常工作以外监理人的工作。

9）"项目监理机构"是指监理人派驻工程负责履行合同的组织机构。

2. 监理工作内容

监理工作内容应在专用条件中约定，通用条件规定的监理工作内容包括：

1）收到工程设计文件后编制监理规划，并在第一次工地会议 7 天前报委托人。根据有关规定和监理工作需要，编制监理实施细则。

2）熟悉工程设计文件，并参加由委托人主持的图纸会审和设计交底会议。

3）参加由委托人主持的第一次工地会议；主持监理例会并根据工程需要主持或参加专题会议。

4）审查施工承包人提交的施工组织设计，重点审查其中的质量安全技术措施、专项施工方案与工程建设强制性标准的符合性。

5）检查施工承包人工程质量、安全生产管理制度及组织机构和人员资格。

6）检查施工承包人专职安全生产管理人员的配备情况。

7）审查施工承包人提交的施工进度计划，核查承包人对施工进度计划的调整。

8）检查施工承包人的试验室。

9）审核施工分包人资质条件。

10) 查验施工承包人的施工测量放线成果。

11) 审查工程开工条件,对条件具备的签发开工令。

12) 审查施工承包人报送的工程材料、构配件、设备质量证明文件的有效性和符合性,并按规定对用于工程的材料采取平行检验或见证取样方式进行抽检。

13) 审核施工承包人提交的工程款支付申请,签发或出具工程款支付证书,并报委托人审核、批准。

14) 在巡视、旁站和检验过程中,发现工程质量、施工安全存在事故隐患的,要求施工承包人整改并报委托人。

15) 经委托人同意,签发工程暂停令和复工令。

16) 审查施工承包人提交的采用新材料、新工艺、新技术、新设备的论证材料及相关验收标准。

17) 验收隐蔽工程、分部分项工程。

18) 审查施工承包人提交的工程变更申请,协调处理施工进度调整、费用索赔、合同争议等事项。

19) 审查施工承包人提交的竣工验收申请,编写工程质量评估报告。

20) 参加工程竣工验收,签署竣工验收意见。

21) 审查施工承包人提交的竣工结算申请并报委托人。

22) 编制、整理工程监理归档文件并报委托人。

3. 监理与相关服务收费

建设工程监理与相关服务收费包括建设工程施工阶段的工程监理(以下简称施工监理)服务收费和勘察、设计、保修等阶段的相关服务收费。根据《建设工程监理与相关服务收费管理规定》(发改价格〔2007〕670号),其收费根据建设项目性质不同情况,分别实行政府指导价或市场调节价。依法必须实行监理的工程施工阶段的监理收费实行政府指导价;其他工程施工监理收费和其他阶段的监理与相关服务收费实行市场调节价。

实行政府指导价的施工监理收费,其基准价根据《建设工程监理与相关服务收费标准》计算,浮动幅度为上下20%。发包人和监理人应当根据工程的实际情况在规定的浮动幅度内协商确定收费额。实行市场调节价的工程监理与相关服务收费,由发包人和监理人协商确定收费额。

延展阅读

施工监理服务收费

施工监理服务收费基价是完成国家法律法规、规范规定的施工阶段监理基本服务内容的价格。施工监理服务收费基价按《施工监理服务收费基价表》(见表8-1)确定,计费额处于两个数值区间的,采用直线内插法确定施工监理服务收费基价。发包人与监理人根据项目的实际情况,在规定的浮动幅度范围内协商确定施工监理服务收费合同额。

表 8-1　施工监理服务收费基价表　　　　　　　单位：万元

序　号	计　费　额	收费基价	备　注
1	500	16.5	（1）施工监理服务收费按照下列公式计算： 施工监理服务收费=施工监理服务收费基准价×（1±浮动幅度值） 施工监理服务收费基准价=施工监理服务收费基价×专业调整系数×工程复杂程度调整系数×高程调整系数 （2）计费额大于 1 000 000 万元的，以计费额乘以 1.039%的收费率计算收费基价。其他未包含的收费由双方协商议定 （3）施工监理服务收费以建设项目工程概算投资额分档定额计费方式收费的，其计费额为工程概算中的建筑安装工程费、设备购置费和联合试运转费之和，即工程概算投资额
2	1 000	30.1	
3	3 000	78.1	
4	5 000	120.8	
5	8 000	181.0	
6	10 000	218.6	
7	20 000	393.4	
8	40 000	708.2	
9	60 000	991.4	
10	80 000	1 255.8	
11	100 000	1 507.0	
12	200 000	2 712.5	
13	400 000	4 882.6	
14	600 000	6 835.6	
15	800 000	8 658.4	
16	1 000 000	10 390.1	

8.2.3　工程监理合同的履行

1. 委托人的义务

（1）告知　委托人应在委托人与承包人签订的合同中明确监理人、总监理工程师和授予项目监理机构的权限。如有变更，应及时通知承包人。

（2）提供资料　委托人应按照约定，无偿向监理人提供工程有关的资料。在合同履行过程中，委托人应及时向监理人提供最新的与工程有关的资料。

（3）提供工作条件　委托人应为监理人完成监理与相关服务提供必要的条件，包括：①委托人应按照附录 B 的约定，派遣相应的人员，提供房屋、设备，供监理人无偿使用；②委托人应负责协调工程建设中所有外部关系，为监理人履行合同提供必要的外部条件。

（4）委托人代表　委托人应授权一名熟悉工程情况的代表，负责与监理人联系。委托人应在双方签订合同后 7 天内，将委托人代表的姓名和职责书面告知监理人。当委托人更换委托人代表时，应提前 7 天通知监理人。

（5）委托人意见或要求　在合同约定的监理与相关服务工作范围内，委托人对承包人的任何意见或要求都应通知监理人，由监理人向承包人发出相应指令。

（6）答复　委托人应在专用条件约定的时间内，对监理人以书面形式提交并要求做出决定的事宜，给予书面答复。逾期未答复的，视为委托人认可。

（7）支付　委托人应按合同约定的额度、时间和方式，向监理人支付酬金。

2. 监理人的义务

(1) 按照监理与相关服务依据开展业务

1) 监理依据包括：①适用的法律、行政法规及部门规章；②与工程有关的标准；③工程设计及有关文件；④合同及委托人与第三方签订的与实施工程有关的其他合同。双方根据工程的行业和地域特点，在专用条件中具体约定监理依据。

2) 相关服务依据在专用条件中约定。

(2) 组建项目监理机构和配置人员

1) 监理人应组建满足工作需要的项目监理机构，配备必要的检测设备。项目监理机构的主要人员应具有相应的资格条件。

2) 合同履行过程中，总监理工程师及重要岗位监理人员应保持相对稳定，以保证监理工作正常进行。

3) 监理人可根据工程进展和工作需要调整项目监理机构人员。监理人更换总监理工程师时，应提前7天向委托人书面报告，经委托人同意后方可更换；监理人更换项目监理机构其他监理人员时，应以相当资格与能力的人员替换，并通知委托人。

4) 监理人应及时更换有下列情形之一的监理人员：

① 有严重过失行为的。
② 有违法行为不能履行职责的。
③ 涉嫌犯罪的。
④ 不能胜任岗位职责的。
⑤ 严重违反职业道德的。
⑥ 专用条件中约定的其他情形。

5) 委托人可要求监理人更换不能胜任本职工作的项目监理机构人员。

(3) 履行职责　监理人应遵循职业道德准则和行为规范，严格按照法律法规、工程建设有关标准及合同履行职责。

1) 在监理与相关服务范围内，委托人和承包人提出的意见和要求，监理人应及时提出处置意见。当委托人与承包人之间发生合同争议时，监理人应协助委托人、承包人协商解决。

2) 当委托人与承包人之间的合同争议提交仲裁机构仲裁或人民法院审理时，监理人应提供必要的证明资料。

3) 监理人应在专用条件约定的授权范围内，处理委托人与承包人所签订合同的变更事宜。如果变更超过授权范围，则应以书面形式报委托人批准。在紧急情况下，为了保护财产和人身安全，监理人所发出的指令未能事先报委托人批准时，应在发出指令后的24小时内以书面形式报委托人。

4) 除专用条件另有约定外，监理人发现承包人的人员不能胜任本职工作的，有权要求承包人予以调换。

(4) 提交报告　监理人应按专用条件约定的种类、时间和份数向委托人提交监理与相关服务的报告。

(5) 文件资料　在合同履行期内，监理人应在现场保留工作所用的图样、报告及记录监理工作的相关文件。工程竣工后，应当按照档案管理规定将监理有关文件归档。

（6）使用委托人的财产　监理人无偿使用由委托人派遣的人员和提供的房屋、资料、设备。除专用条件另有约定外，委托人提供的房屋、设备属于委托人的财产，监理人应妥善使用和保管，在合同终止时将这些房屋、设备的清单提交委托人，并按专用条件约定的时间和方式移交。

3. 违约责任

（1）监理人的违约责任　监理人未履行合同义务的，应承担相应的责任。

1）因监理人违反合同约定给委托人造成损失的，监理人应当赔偿委托人损失。赔偿金额的确定方法在专用条件中约定。监理人承担部分赔偿责任的，其承担赔偿金额由双方协商确定。

2）监理人向委托人的索赔不成立时，监理人应赔偿委托人由此发生的费用。

（2）委托人的违约责任　委托人未履行合同义务的，应承担相应的责任。

1）委托人违反合同约定造成监理人损失的，委托人应予以赔偿。

2）委托人向监理人的索赔不成立时，应赔偿监理人由此引起的费用。

3）委托人未能按期支付酬金超过28天的，应按专用条件约定支付逾期付款利息。

（3）除外责任　因非监理人的原因，且监理人无过错，发生工程质量事故、安全事故、工期延误等造成的损失，监理人不承担赔偿责任。因不可抗力导致合同全部或部分不能履行时，双方各自承担它们因此而造成的损失、损害。

4. 合同生效、变更、暂停、解除与终止

（1）生效　除法律另有规定或者专用条件另有约定外，委托人和监理人的法定代表人或其授权代理人在协议书上签字并盖单位章后合同生效。

（2）变更

1）任何一方提出变更请求时，双方经协商一致后可进行变更。

2）除不可抗力外，因非监理人原因导致监理人履行合同期限延长、内容增加时，监理人应当将此情况与可能产生的影响及时通知委托人。增加的监理工作时间、工作内容应视为附加工作。附加工作酬金的确定方法在专用条件中约定。

3）合同生效后，如果实际情况发生变化使得监理人不能完成全部或部分工作时，监理人应立即通知委托人。除不可抗力外，其善后工作以及恢复服务的准备工作应为附加工作，附加工作酬金的确定方法在专用条件中约定。监理人用于恢复服务的准备时间不应超过28天。

4）合同签订后，遇有与工程相关的法律法规、标准颁布或修订的，双方应遵照执行。由此引起监理与相关服务的范围、时间、酬金变化的，双方应通过协商进行相应调整。

5）因非监理人原因造成工程概算投资额或建筑安装工程费增加时，正常工作酬金应做相应调整。调整方法在专用条件中约定。

6）因工程规模、监理范围的变化导致监理人的正常工作量减少时，正常工作酬金应做相应调整。调整方法在专用条件中约定。

（3）暂停与解除　除双方协商一致可以解除合同外，当一方无正当理由未履行合同约定的义务时，另一方可以根据合同约定暂停履行合同，直至解除合同。

（4）终止　以下条件全部满足时，合同即告终止：

1）监理人完成合同约定的全部工作。

2）委托人与监理人结清并支付全部酬金。

8.3 工程造价咨询合同管理

8.3.1 工程造价咨询合同示范文本

《建设工程造价咨询合同（示范文本）》（GF—2015—0212）（以下简称《示范文本》）由"协议书""通用条件""专用条件"和"附录"四部分组成。《示范文本》供合同双方当事人参照使用，可适用于各类建设工程全过程造价咨询服务以及阶段性造价咨询服务的合同订立。合同当事人可结合建设工程具体情况，按照法律法规规定，根据《示范文本》的内容，约定双方具体的权利义务。

1. 协议书

《示范文本》的协议书集中约定了合同当事人基本的合同权利义务。协议书不仅明确了委托人和咨询人，而且明确了双方约定的委托工程造价咨询与相关服务的工程概况（工程名称、工程地点、工程规模、投资金额、资金来源、建设工期或周期、其他）、服务范围及工作内容、服务期限、质量标准、酬金或计取方式、词语定义，双方履行合同的生效条件及合同订立的时间、地点、份数等。

协议书还明确了以下建设工程造价咨询合同的组成文件：

1）中标通知书或委托书（如果有）。
2）投标函及投标函附录或造价咨询服务建议书（如果有）。
3）专用条件及附录。
4）通用条件。
5）其他合同文件。

上述各项合同文件包括合同当事人就该项合同文件所做出的补充和修改，属于同一类内容的文件，应以最新签署的为准。在合同订立及履行过程中形成的与合同有关的文件（包括补充协议）均构成合同文件的组成部分。组成合同的文件彼此应能相互解释、互为说明，除专用条件另有约定外，合同文件的解释顺序按以上序号为准。

2. 通用条件

通用条件是合同当事人根据《民法典》《建筑法》等法律法规的规定，就工程造价咨询的实施及相关事项，对合同当事人的权利义务做出的原则性约定。通用条件既考虑了现行法律法规对工程发承包计价的有关要求，也考虑了工程造价咨询管理的特殊需要。

通用条件涵盖了词语定义、语言、解释顺序与适用法律、委托人的义务、咨询人的义务、违约责任、支付、合同变更、解除与终止、争议解决、其他等方面的约定。

3. 专用条件

专用条件是对通用条件原则性约定的细化、完善、补充、修改或另行约定的条件。合同当事人可以根据不同建设工程的特点及发承包计价的具体情况，通过双方的谈判、协商对相应的专用条件进行修改补充。在使用专用条件时，应注意以下事项：

1）专用条件的编号应与相应的通用条件的编号一致。
2）合同当事人可以通过对专用条件的修改，满足具体工程的特殊要求，避免直接修改通用条件。

3）在专用条件中有横道线的地方，合同当事人可针对相应的通用条件进行细化、完善、补充、修改或另行约定；如无细化、完善、补充、修改或另行约定，则填写"无"或画"/"。

4. 附录

附录包括四部分，即附录 A"服务范围及工作内容、酬金一览表"、附录 B"咨询人提交成果文件一览表"、附录 C"委托人提供资料一览表"、附录 D"委托人提供房屋及设备一览表"。

（1）附录 A　委托人应在附录 A（见表 8-2）中的服务阶段，明确约定服务范围及工作内容，未涉及的服务范围及工作内容可在"其他"项中列明。针对不同的服务阶段（包括决策、设计、发承包、实施、竣工阶段以及其他服务），详细列明了每个阶段中对应的服务范围与工作内容（包括编制、审核、调整）。委托人可以选择各阶段、范围与内容的服务，也可以选择全过程的服务。

表 8-2　服务范围及工作内容、酬金一览表

服务阶段	服务范围及工作内容		酬　金			备注
	服务范围	工作内容	收费基数	收费标准（比例）	酬金数额	
决策阶段	投资估算	□编制□审核□调整				
	经济评价	□编制□审核□调整				
	其他：					
设计阶段	设计概算	□编制□审核□调整				
	施工图预算	□编制□审核□调整				
	其他：					
发承包阶段	工程量清单	□编制□审核□调整				
	最高投标限价	□编制□审核□调整				
	投标报价分析	□编制□审核□调整				
	清标报告	□编制□审核□调整				
	其他：					
⋮						

延展阅读

重庆市工程造价咨询服务收费

《重庆市物价局关于工程造价咨询服务收费标准的通知》（渝价〔2013〕428 号）规定，工程造价咨询服务收费属经营服务性收费，实行政府指导价管理，实行"谁委托谁付费"的自愿服务原则。委托人可自主选择咨询单位，咨询单位不得强制或变相强制

当事人接受服务收费。咨询单位可以根据工作量大小、项目难易程度等具体情况,在表 8-3 规定的标准内向下浮动,但下浮不得超过 20%。

表 8-3 重庆市工程造价咨询服务收费项目及标准

序号	收费项目		计费基数	收费标准				
				500万元以下	501万~1 000万元以内	1 001万~5 000万元以内	5 001万~1亿元以内	1亿元以上
1	工程量清单编制(审核)	建筑、市政、园林	清单量工程造价(%)	0.25	0.20	0.18	0.15	0.12
		安装、装饰、维修	清单量工程造价(%)	0.45	0.40	0.35	0.30	0.25
2	工程量清单组价编制(审核)	建筑、市政、园林	清单量工程造价(%)	0.18	0.15	0.12	0.10	0.08
		安装、装饰、维修	清单量工程造价(%)	0.28	0.24	0.20	0.16	0.12
3	工程量清单及组价编制(审核)	建筑、市政、园林	清单量工程造价(%)	0.40	0.35	0.30	0.25	0.20
		安装、装饰、维修	清单量工程造价(%)	0.70	0.60	0.50	0.40	0.35
4	工程量清单结算编制(审核)	基本收费 建筑、市政、园林	送审工程造价(%)	0.35	0.30	0.25	0.20	0.15
		基本收费 安装、装饰、维修	送审工程造价(%)	0.60	0.50	0.40	0.30	0.25
		审减效益费	审减额(%)	3.50	3.00	2.50	2.00	1.50
5	工程量清单工程造价纠纷鉴定		鉴定工程造价(%)	1.60	1.30	1.10	0.90	0.60
6	工程量清单施工阶段工程造价全过程控制		送审工程造价(%)	1.30	1.10	1.00	0.80	0.60

注:1. 表中"计费基数"是指委托方委托的单位工程造价,"工程造价纠纷鉴定"是指由司法机关委托办理的工程造价纠纷鉴定。
2. 工程结算审核审减效益费的审减额为送审项目的审减额,该审减金额不抵销审增金额。
3. 公路、铁路、水电等土木工程按照本表所对应的收费项目的收费标准的 70% 计收。
4. 收费按累进分档计取,单项委托合同按上述费用计算不足 3 000 元时,按 3 000 元计取。

(2)附录 B 附录 B "咨询人提交成果文件一览表"(见表 8-4)中,根据不同的服务阶段,对咨询成果文件的名称、组成、提交时间、份数与质量标准做出了约定。

表 8-4 咨询人提交成果文件一览表

服务阶段	成果文件名称	成果文件组成	提交时间	份　　数	质量标准
决策阶段					
设计阶段					

（续）

服务阶段	成果文件名称	成果文件组成	提交时间	份　数	质量标准
发承包阶段					
实施阶段					
竣工阶段					
其他服务					

（3）附录C　附录C"委托人提供资料一览表"（见表8-5）中对提供资料的名称、份数、提供时间列出了明细表，这张表在一定程度上保障了咨询人利益，有利于保障咨询成果的出具时间及质量。

表8-5　委托人提供资料一览表

名　称	份　数	提供时间	备　注

（4）附录D　附录D"委托人提供房屋及设备一览表"（见表8-6）中为咨询人提供现场工作条件，对提供房屋及设备的名称、数量、面积、型号及规格、提供时间列出了明细表。

表8-6　委托人提供房屋及设备一览表

名　称	数　量	面积、型号及规格	提供时间

8.3.2　语言、适用法律与词语定义

1. 语言、适用法律

语言一般使用中文书写、解释和说明。如专用条件约定使用两种及以上语言文字时，应

以中文为准。

适用法律是指中华人民共和国法律、行政法规、部门规章以及工程所在地的地方性法规、自治条例、单行条例和地方政府规章等。合同当事人可以在专用条件中约定合同适用的其他规范、规程、定额、技术标准等规范性文件。

2. 词语定义

组成合同的全部文件中的下列名词和用语应具有所赋予的含义：

1）"工程"是指按照合同约定实施造价咨询与其他服务的建设工程。
2）"工程造价"是指工程项目建设过程中预计或实际支出的全部费用。
3）"委托人"是指合同中委托造价咨询与其他服务的一方，及其合法的继承人或受让人。
4）"咨询人"是指合同中提供造价咨询与其他服务的一方，及其合法的继承人。
5）"第三人"是指除委托人、咨询人以外与本咨询业务有关的当事人。
6）"正常工作"是指合同订立时通用条件和专用条件中约定的咨询人的工作。
7）"附加工作"是指咨询人根据合同条件完成的正常工作以外的工作。
8）"项目咨询团队"是指咨询人指派负责履行合同的团队，其团队成员为合同的项目咨询人员。
9）"项目负责人"是指由咨询人的法定代表人书面授权，在授权范围内负责履行合同、主持项目咨询团队工作的负责人。
10）"委托人代表"是指由委托人的法定代表人书面授权，在授权范围内行使委托人权利的人。
11）"酬金"是指咨询人履行合同义务，委托人按照合同约定给付咨询人的金额。
12）"正常工作酬金"是指在协议书中载明的，咨询人完成正常工作，委托人应给付咨询人的酬金。
13）"附加工作酬金"是指咨询人完成附加工作，委托人应给付咨询人的酬金。
14）"书面形式"是指合同书、信件和数据电文（包括电报、电传、传真、电子数据交换和电子邮件）等可以有形地表现所载内容的形式。
15）"不可抗力"是指委托人和咨询人在订立合同时不可预见，在合同履行过程中不可避免并不能克服的自然灾害和社会性突发事件，如地震、海啸、瘟疫、水灾、骚乱、暴动、战争等情形。

8.3.3 双方的义务

通常情况下，工程造价咨询合同专用条件需要约定双方具体的义务，通用条件规定如下：

1. 委托人的义务

（1）提供资料与酬金支付

1）委托人应当在专用条件约定的时间内，按照"委托人提供资料一览表"的约定无偿向咨询人提供与合同咨询业务有关的资料。在合同履行过程中，委托人应及时向咨询人提供最新的与合同咨询业务有关的资料。委托人应对所提供资料的真实性、准确性、合法性与完整性负责。

2）委托人应当按照合同的约定，向咨询人支付酬金。

（2）提供工作条件　委托人应为咨询人完成造价咨询提供必要的条件。

1）委托人需要咨询人派驻项目现场咨询人员的，除专用条件另有约定外，项目咨询人员有权无偿使用附录D中由委托人提供的房屋及设备。

2）委托人应负责与本工程造价咨询业务有关的所有外部关系的协调，为咨询人履行合同提供必要的外部条件。

（3）合理工作时限与答复

1）委托人应当为咨询人完成其咨询工作，设定合理的工作时限。

2）委托人应当在专用条件约定的时间内，就咨询人以书面形式提交并要求做出答复的事宜给予书面答复。逾期未答复的，由此造成的工作延误和损失由委托人承担。

（4）委托人代表　委托人应授权一名代表负责合同的履行。委托人应在双方签订合同7日内，将委托人代表的姓名和权限范围书面告知咨询人。委托人更换委托人代表时，应提前7日书面通知咨询人。

2. 咨询人的义务

（1）项目咨询团队及人员　工程造价咨询作为专业服务，实际提供服务的专业人员对最终的咨询成果有着决定性影响。为了保证咨询成果的质量，通用条件中规定如下：

1）项目咨询团队的主要人员应具有专用条件约定的资格条件，团队人员的数量应符合专用条件的约定。

2）项目负责人。咨询人应以书面形式授权一名项目负责人负责履行合同、主持项目咨询团队工作。采用招标程序签署合同的，项目负责人应当与投标文件载明的一致。

3）在合同履行过程中，咨询人员应保持相对稳定，以保证咨询工作正常进行。咨询人可根据工程进展和工作需要等情形调整项目咨询团队人员。咨询人更换项目负责人时，应提前7日向委托人书面报告，经委托人同意后方可更换。除专用条件另有约定外，咨询人更换项目咨询团队其他咨询人员，应提前3日向委托人书面报告，经委托人同意后以具有相当资格与能力的人员替换。

4）咨询人员有下列情形之一，委托人要求咨询人更换的，咨询人应当更换：

① 存在严重过失行为的。

② 存在违法行为不能履行职责的。

③ 涉嫌犯罪的。

④ 不能胜任岗位职责的。

⑤ 严重违反职业道德的。

⑥ 专用条件约定的其他情形。

（2）咨询人的工作要求　按时按质出具咨询成果，是咨询人的主要合同义务，通用条件中规定如下：

1）咨询人应当按照专用条件约定的时间等要求向委托人提供与工程造价咨询业务有关的资料，包括工程造价咨询企业的资质证书及承担合同业务的团队人员名单及执业（从业）资格证书、咨询工作大纲等，并按合同约定的服务范围和工作内容实施咨询业务。

2）咨询人应当在专用条件约定的时间内，按照专用条件约定的份数、组成向委托人提交咨询成果文件。

咨询人提供造价咨询服务以及出具工程造价咨询成果文件应符合现行国家或行业有关规定、标准、规范的要求。委托人要求的工程造价咨询成果文件质量标准高于现行国家或行业标准的，应在专用条件中约定具体的质量标准，并相应增加服务酬金。

3）咨询人提交的工程造价咨询成果文件，除加盖咨询人单位公章、工程造价咨询企业执业印章外，还必须按要求加盖参加咨询工作人员的执业（从业）资格印章。

4）咨询人应在专用条件约定的时间内，对委托人以书面形式提出的建议或者异议给予书面答复。

5）咨询人从事工程造价咨询活动，应当遵循独立、客观、公正、诚实信用的原则，不得损害社会公共利益和他人的合法权益。

6）咨询人承诺按照法律规定及合同约定，完成合同范围内的建设工程造价咨询服务，不转包承接的造价咨询服务业务。

(3) 咨询人的工作依据

1）咨询人应在专用条件内与委托人协商明确履行合同约定的咨询服务需要适用的技术标准、规范、定额等工作依据，但不得违反国家及工程所在地的强制性标准、规范。

2）咨询人应自行配备上述的技术标准、规范、定额等相关资料。必须由委托人提供的资料，应在"委托人提供资料一览表"中载明。需要委托人协助才能获得的资料，委托人应予以协助。

(4) 使用委托人房屋及设备的返还　项目咨询人员使用委托人提供的房屋及设备的，咨询人应妥善使用和保管，在合同终止时将上述房屋及设备按专用条件约定的时间和方式返还委托人。

8.3.4 合同的变更、解除与终止

合同变更、解除与终止在通用条件中规定如下：

1. 合同变更

1）任何一方以书面形式提出变更请求时，双方经协商一致后可进行变更。

2）除不可抗力外，因非咨询人原因导致咨询人履行合同期限延长、内容增加时，咨询人应当将此情况与可能产生的影响及时通知委托人。增加的工作时间或工作内容应视为附加工作。附加工作酬金的确定方法由双方根据委托的服务范围及工作内容在专用条件中约定。

3）合同履行过程中，遇有与工程相关的法律法规、强制性标准颁布或修订的，双方应遵照执行。非强制性标准、规范、定额等发生变化的，双方协商确定执行依据。由此引起造价咨询的服务范围及内容、服务期限、酬金变化的，双方应通过协商确定。

4）因工程规模、服务范围及工作内容的变化等导致咨询人的工作量增减时，服务酬金应做相应调整，调整方法由双方在专用条件中约定。

2. 合同解除

1）委托人与咨询人协商一致，可以解除合同。

2）有下列情形之一的，合同当事人一方或双方可以解除合同：

① 咨询人将合同约定的工程造价咨询服务工作全部或部分转包给他人，委托人可以解除合同。

② 咨询人提供的造价咨询服务不符合合同约定的要求，经委托人催告仍不能达到合同

约定要求的，委托人可以解除合同。

③ 委托人未按合同约定支付服务酬金，经咨询人催告后，在28天内仍未支付的，咨询人可以解除合同。

④ 因不可抗力致使合同无法履行。

⑤ 因一方违约致使合同无法实际履行或实际履行已无必要。

除上述情形外，双方还可以根据委托的服务范围及工作内容，在专用条件中约定解除合同的其他条件。

3）任何一方提出解除合同的，应提前30天书面通知对方。

4）合同解除后，委托人应按照合同约定向咨询人支付已完成部分的咨询服务酬金。

因不可抗力导致的合同解除，其损失的分担按照合理分担的原则由合同当事人在专用条件中自行约定。除不可抗力外，因非咨询人原因导致的合同解除，其损失由委托人承担。因咨询人自身原因导致的合同解除，按照违约责任处理。

5）合同解除后，合同约定的有关结算、争议解决方式的条款仍然有效。

3. 合同终止

除合同解除外，以下条件全部满足时，合同终止：

1）咨询人完成合同约定的全部工作。

2）委托人与咨询人结清并支付酬金。

3）咨询人将委托人提供的资料交还。

8.3.5 违约责任与争议解决

1. 违约责任

（1）委托人的违约责任

1）委托人不履行合同义务或者履行义务不符合合同约定的，应承担违约责任。双方可在专用条件中约定违约金的计算及支付方法。

2）委托人违反合同约定造成咨询人损失的，委托人应予以赔偿。双方可在专用条件中约定赔偿金额的确定及支付方法。

3）委托人未能按期支付酬金超过14天的，应按下列方法计算并支付逾期付款利息。逾期付款利息＝当期应付款总额×中国人民银行发布的同期贷款基准利率×逾期支付天数（自逾期之日起计算）。双方也可在专用条件中另行约定逾期付款利息的计算及支付方法。

（2）咨询人的违约责任

1）咨询人不履行合同义务或者履行义务不符合合同约定的，应承担违约责任。双方可在专用条件中约定违约金的计算及支付方法。

2）因咨询人违反合同约定给委托人造成损失的，咨询人应当赔偿委托人损失。双方可在专用条件中约定赔偿金额的确定及支付方法。

2. 争议解决

（1）协商　双方应本着诚实信用的原则协商解决合同履行过程中发生的争议。

（2）调解　如果双方不能在14日内或双方商定的其他时间内解决合同争议，则可以将其提交给专用条件约定的或事后达成协议的调解人进行调解。

（3）仲裁或诉讼　双方均有权不经调解直接向专用条件约定的仲裁机构申请仲裁或向

有管辖权的人民法院提起诉讼。

8.3.6 合同其他约定

1. 酬金支付

（1）支付货币　除专用条件另有约定外，酬金均以人民币支付。涉及外币支付的，所采用的货币种类和汇率等在专用条件中约定。

（2）支付申请　咨询人应在合同约定的每次应付款日期前，向委托人提交支付申请书，支付申请书的提交日期由双方在专用条件中约定。支付申请书应当说明当期应付款总额，并列出当期应支付的款项及其金额。

（3）支付酬金　支付酬金包括正常工作酬金、附加工作酬金、合理化建议奖励金额及费用。

（4）有异议部分的支付　委托人对咨询人提交的支付申请书有异议时，应当在收到咨询人提交的支付申请书后 7 日内，以书面形式向咨询人发出异议通知。无异议部分的款项应按期支付，有异议部分的款项按争议解决条款的约定办理。

2. 考察及相关费用

除专用条件另有约定外，咨询人经委托人同意进行考察发生的费用由委托人审核后另行支付。差旅费及相关费用的承担由双方在专用条件中约定。

3. 奖励与保密

1）对于咨询人在服务过程中提出合理化建议，使委托人获得效益的，双方在专用条件中约定奖励金额的确定方法。奖励金额在合理化建议被采纳后，与最近一期的正常工作酬金同期支付。

2）在合同履行期间或专用条件约定的期限内，双方不得泄露对方申明的保密资料，亦不得泄露与实施工程有关的第三人所提供的保密资料。保密事项在专用条件中约定。

4. 联络

1）与合同有关的通知、指示、要求、决定等，均应采用书面形式，并应在专用条件约定的期限内送达接收人和送达地点。

2）委托人和咨询人应在专用条件中约定各自的送达接收人、送达地点、电子邮箱。任何一方指定的接收人或送达地点或电子邮箱发生变动的，应提前 3 天以书面形式通知对方，否则视为未发生变动。

3）委托人和咨询人应当及时签收另一方送至送达地点和指定接收人的往来函件，如确有充分证据证明一方无正当理由拒不签收的，视为认可往来函件的内容。

5. 知识产权

1）除专用条件另有约定外，委托人提供给咨询人的图样、委托人为实施工程自行编制或委托编制的技术规范以及反映委托人要求的或其他类似性质文件的著作权属于委托人，咨询人可以为实现合同目的而复制或者以其他方式使用此类文件，但不能用于与合同无关的其他事项。未经委托人书面同意，咨询人不得为了合同以外的目的而复制或者以其他方式使用上述文件或将之提供给任何第三方。

2）除专用条件另有约定外，咨询人为履行合同约定而编制的成果文件，其著作权属于咨询人。委托人可以为实现合同目的而复制、使用此类文件，但不能擅自修改或用于与合同无关的其他事项。未经咨询人书面同意，委托人不得为了合同以外的目的而复制或者以其他方式使用上述文件或将之提供给任何第三方。

3）双方保证在履行合同过程中不侵犯对方及第三方的知识产权。因咨询人侵犯他人知识产权所引起的责任，由咨询人承担；因委托人提供的基础资料导致侵权的，由委托人承担责任。

4）除专用条件另有约定外，双方均有权在履行合同保密义务并且不损害对方利益的情况下，将履行合同形成的有关成果文件用于企业宣传、申报奖项以及接受上级主管部门的检查。

8.4 国际工程常用合同条件简介

8.4.1 国际工程常用合同条件概述

1. 国际工程合同条件的种类

合同条件也称合同文本，随着国际工程承包事业的不断发展，逐步形成了国际工程施工承包常用的一些标准合同条件。许多国家在土木工程的招标承包业务中，参考国际性的合同条件标准格式，并结合自己的具体情况，制定出本国的标准合同条件。

目前国际上常用的施工合同条件主要有国际咨询工程师联合会（FIDIC）编制的各类合同条件，英国土木工程师学会的"ICE 土木工程施工合同条件""NEC（新工程合同条件）"，英国皇家建筑师学会的"RIBA/JCT 合同条件"，美国建筑师学会的"AIA 合同条件"，美国承包商总会的"AGC 合同条件"，美国工程师合同文件联合会的"EJCDC 合同条件"，美国联邦政府发布的"SF-23A 合同条件"等；其中，以国际咨询工程师联合会编制的"土木工程施工合同条件"、英国土木工程师协会的"ICE 土木工程施工合同条件"和美国建筑师学会的"AIA 合同条件"最为流行。

2. 国际工程合同条件的组成

大部分国际通用的施工合同条件一般都分为两部分：第一部分是"通用条件"；第二部分是"专用条件"。

（1）通用条件 通用条件是指对某一类工程都通用，如 FIDIC 的"土木工程施工合同条件"对于各种类型的土木工程（如房屋建筑、工业厂房、公路、桥梁、水利、港口、铁路等）均适用。

（2）专用条件 专用条件则是针对一个具体的工程项目，根据项目所在国家和地区的法律法规的不同，根据工程项目特点和业主对合同实施的不同要求，而对通用条件进行的具体化、修改和补充。一般在合同条件的专用条件中，有许多建议性的措辞范例，业主与其聘用的咨询工程师有权决定采用这些措辞范例或另行编制自己认为合理的措辞来对通用条件进行修改和补充。凡合同条件第二部分和第一部分不同之处均以第二部分为准。第二部分的条款号与第一部分相同。这样合同条件第一部分和第二部分共同构成一个完整的合同条件。专用条件是通用条件的具体化、修改和补充，如果通用条件与专用条件矛盾，则专用条件的规定优先。

当然，并非所有的国际通用的施工合同条件都采用通用条件和专用条件两部分组成的形式，例如，ICE 合同条件没有独立的第二部分专用条件，而是用其合同条件标准本的第 71 条来表述专用条件的内容。

8.4.2 FIDIC 合同条件简介

1. FIDIC 组织简介

FIDIC 是国际咨询工程师联合会（Federation Internationale Des Ingenieurs Conseils）的法文缩写，中文简称菲迪克。它成立于 1913 年，最初的成员是欧洲境内的法国、比利时等 3 个独立的咨询工程师协会。1949 年，英国土木工程师协会成为正式代表，并于次年以东道主身份在伦敦主办了 FIDIC 代表会议，这次会议意味着当代国际咨询工程师联合会的诞生。1959 年，美国、南非、澳大利亚和加拿大也加入了联合会，FIDIC 从此打破了地域的划分，成为一个真正的国际组织。

FIDIC 总部设在瑞士日内瓦。在全球范围内已经拥有 74 个成员协会，代表了约 150 万名独立从事咨询工作的工程师，FIDIC 每年服务营业额达 1 500 亿美元，每年参与的施工建设费用为 1.5 亿美元。独立性是该组织的特点之一。在创立之初，FIDIC 组织的最重要的职业道德准则之一就是咨询工程师的行为必须独立于承包商、制造商和供应商之外，他必须以独立的身份向委托人提供工程咨询服务，为委托人的利益尽责，并仅以此获得报酬。

2. FIDIC 合同条件的发展历程

1957 年，FIDIC 与国际房屋建筑和公共工程联合会（如今的欧洲国际建筑联合会（FIEC））在英国咨询工程师联合会（ACE）颁布的《土木工程合同文件格式》的基础上出版了《土木工程施工合同条件（国际）》（第 1 版）（俗称红皮书），常称为 FIDIC 条件。该条件分为两部分：第一部分是通用合同条件，第二部分为专用合同条件。

1963 年，首次出版了适用于业主和承包商的机械与设备供应和安装的《电气与机械工程标准合同条件格式》，即黄皮书。

1969 年，红皮书出了第 2 版。这一版增加了第三部分疏浚和填筑工程专用条件。

1977 年，FIDIC 和欧洲国际建筑联合会（Federation Internationale Europeenne dela Construction，FIEC）联合编写了红皮书的第 3 版。

1980 年，黄皮书出了第 2 版。

1987 年，红皮书出了第 4 版。同时出版的还有黄皮书的第 3 版《电气与机械工程合同条件》，分为三个独立的部分：序言、通用条件和专用条件。

1995 年，出版了橘皮书《设计—建造和交钥匙合同条件》。以上的红皮书（1987）、黄皮书（1987）、橘皮书（1995）和《土木工程施工合同—分合同条件》、蓝皮书（《招标程序》）、白皮书（《顾客/咨询工程师模式服务协议》）、《联合承包协议》《咨询服务分包协议》共同构成了 FIDIC 彩虹族系列合同文件。

1999 年，FIDIC 出版了一套 4 本全新的标准合同条件，即《施工合同条件》（新红皮书）、《生产设备和设计—施工合同条件》（新黄皮书）、《设计采购施工（EPC）/交钥匙工程合同条件》（银皮书）和适合于小规模项目的《简明合同格式》（绿皮书）。

2005 年，FIDIC 与世界银行、亚洲开发银行、非洲开发银行、泛美开发银行、加勒比开发银行、北欧开发基金等国际金融机构共同合作编制了多边开发银行统一版《施工合同条件》（2005 年版）。

2010年,FIDIC与多边开发银行对前一版FIDIC《施工合同条件》进行了修改补充,编制了用于多边开发银行提供贷款项目的合同条件——多边开发银行协调版《施工合同条件》(2010年版),2010年版不仅便于多边开发银行及其借款人使用FIDIC合同条件,也便于参与多边开发银行贷款项目的其他各方,如工程咨询机构、承包商等使用。

> **延展阅读**
>
> ### 红、黄、银、绿皮书的适用范围
>
> 《施工合同条件》——红皮书:推荐用于业主或其代表工程师设计的建筑或工程项目。这种合同的通常情况是,由承包商按照业主提供的设计进行工程施工。但该工程可以包含由承包商设计的土木、机械、电气和构筑物的某些部分。
>
> 《生产设备和设计—施工合同条件》——黄皮书:推荐用于电气和(或)机械设备供货和建筑或工程的设计与施工,通常采用总价合同。由承包商按照雇主的要求,设计和提供生产设备和(或)其他工程,可以包括土木、机械、电气和建筑物的任何组合,进行工程总承包。但也可以对部分工程采用单价合同。
>
> 《设计采购施工(EPC)/交钥匙工程合同条件》——银皮书:可适用于以交钥匙方式提供工厂或类似设施的加工或动力设备、基础设施项目或其他类型的开发项目,采用总价合同。在这种合同条件下,项目的最终价格和要求的工期具有更大程度的确定性;由承包商承担项目实施的全部责任,雇主很少介入。即由承包商进行所有的设计、采购和施工,最后提供一个设施配备完整、可以投产运行的项目。
>
> 《简明合同格式》——绿皮书:该文件适用于投资金额较小的建筑或工程项目。根据工程的类型和具体情况,这种合同格式也可用于投资金额较大的工程,特别是较简单的或重复性的或工期短的工程。在此合同格式下,一般都由承包商按照雇主或其代表——工程师提供的设计实施工程,但对于部分或完全由承包商设计的土木、机械、电气和(或)构筑物工程,此合同也同样适用。

3. FIDIC系列合同的优点

由于FIDIC合同条件来源于英国ICE合同条件,所以它同原来属于英联邦国家或地区使用的标准合同条件有很大的相似性。在掌握了FIDIC合同条件之后,就很容易掌握上述国家或地区使用的标准合同条件。FIDIC合同条件的主要精髓是"公平、公正、公开",其主要优点如下:

1)脉络清晰,逻辑性强,承包人和业主之间的风险分担公平合理,不留模棱两可之词,使任何一方都无隙可乘。

2)对承包人和业主的权利义务和工程师职责权限有明确的规定,使合同双方的义务权利界限分明,工程师职责权限清楚,避免合同执行中过多的纠纷和索赔事件发生,并起到相互制约的作用。

3)被大多数国家采用,世界大多数承包人所熟悉,又被世界银行和其他金融机构推

荐，有利于实行国际竞争性招标。世界银行是国际土木工程项目最大的投资金融机构。世界银行极力主张在其参与的项目中使用 FIDIC 合同条件。实际上，世界银行在其"工程采购招标文件样本"中就使用了 FIDIC 合同条件。

4）便于合同管理，对保证工程质量，合理地控制工程费用和工期产生良好的效果。

8.4.3 英国 NEC 合同条件简介

1. ICE 组织简介

ICE 是英国土木工程师学会（The Institution of Civil Engineer）的英文简称。该学会是设于英国的国际性组织，拥有会员 8 万多名，其中 1/5 在英国以外的 140 多个国家和地区。该学会已有 180 年的历史，已成为世界公认的学术中心、资质评定组织及专业代表机构。ICE 在土木工程建设合同方面具有高度的权威性，它编制的土木工程合同条件在土木工程中具有广泛的应用。

2. NEC 合同条件体系

NEC（New Engineering Contract，新工程合同条件）是 ICE 编制的，用来处理设计和施工工程项目的工程标准合同族和项目管理法律框架。历史上 ICE 曾编制了 NCE 合同族、NEC_2 合同族，目前推荐使用的是 NCE_3 标准合同族。NEC 合同包括 6 种主要选项条款（合同形式）、9 项核心条款、15 项次要选项条款，发包人可以从中选择适合自己项目的条款。

（1）6 种主要选项条款 NEC 包含了 6 个主要选项条款，即计价方式选择，不同的主要选项提供各种风险在雇主和承包商之间不同的基本分摊方案。由于风险分摊不一样，每个选项使用不同的向承包商付款的方式。6 种主要选项条款（合同形式）包括：①总价合同；②单价合同；③目标总价合同；④目标单价合同；⑤成本加酬金合同；⑥工程管理合同。

（2）9 项核心条款 NEC 的核心条款包括 9 部分：①总则；②承包人的主要职责；③工期；④检验与缺陷；⑤支付；⑥补偿；⑦权利；⑧风险与保险；⑨争端与终止。关于支付，发包人可根据自己的需求，从上述 6 种合同形式中选择一种。NEC 可以提供总价合同、单价合同、成本加酬金合同、目标成本合同和工程管理合同。因此，NEC 不是某种标准的合同条件，而是内涵广泛的系列合同条件。

（3）15 项次要选项条款 NEC 含有 15 项次要选项，它们包括：①完工保证；②总公司担保；③工程预付款；④结算币种（多币种结算）；⑤部分完工；⑥设计责任；⑦价格波动；⑧保留（留置）；⑨提前完工奖励；⑩工期延误赔偿；⑪工程质量；⑫法律变更；⑬特殊条件；⑭责任赔偿；⑮附加条款。发包人可根据工程的特点、工程要求和计价方式做出选择。

3. NEC 合同的特点

NEC 合同条件与现有的其他标准合同条件相比，具有如下特点：

（1）适用范围广 NEC 合同立足于工程实践，主要条款都用非技术语言编写，避免特殊的专业术语和法律术语；设计责任不是固定地由发包人或者承包人承担，可根据项目的具体情况由发包人或承包人按一定的比例承担责任；6 种工程款支付方式和 15 种次要条款可以根据需要自行选择。在这个意义上讲，NEC 的灵活性体现了自助餐式的合同条件，适用范围广泛，并且可以减少争端。

（2）为项目管理提供动力　随着新的项目采购方式的应用和项目管理模式的发展和变化，现有的合同条件不能为项目的参与各方提供令人满意的内容。NEC 合同强调合作，鼓励业主、设计咨询工程师、承包商、项目经理相互合作，促进对项目进行有效的控制和管理。

（3）简明清晰　NEC 的合同语言简明清晰，避免使用法律的和专业的技术语言，合同语句言简意赅。

8.4.4 美国 AIA 合同条件简介

1. AIA 系列合同条件

美国建筑师学会（AIA）成立于 1857 年，是重要的建筑师专业组织，致力于提高建筑师的专业水平。AIA 出版的系列合同文件在美国建筑业及国际工程承包领域具有较高的权威性。经过多年的发展，AIA 合同文件已经系列化，形成了包括 80 多个独立文件在内的复杂体系，这些文件适用于不同的工程建设管理模式、合同类型以及项目的不同方面，根据文件的不同性质，AIA 文件分为 A、B、C、D、F、G、INT 系列。其中：

1）A 系列是关于业主与承包人之间的合同文件。
2）B 系列是关于业主与建筑师之间的合同文件。
3）C 系列是关于建筑师与提供专业服务的咨询机构之间的合同文件。
4）D 系列是建筑师行业所用的有关文件。
5）F 系列是财务管理报表。
6）G 系列是合同和办公管理中使用的文件和表格。
7）INT 系列是用于国际工程项目的合同文件（为 B 系列的一部分）。

2. AIA 系列合同的特点

1）AIA 合同条件主要用于私营的房屋建筑工程，并专门编制用于小型项目的合同条件。
2）美国建筑师学会作为建筑师的专业社团已经有近 140 年的历史，成员总数达 56 000 名，遍布美国及全世界。AIA 出版的系列合同文件在美国建筑业界及国际工程承包界，特别在美洲地区具有较高的权威性，应用广泛。
3）AIA 系列合同条件的核心是"通用条件"。采用不同的工程项目管理、不同的计价方式时，只需选用不同的"协议书格式"与"通用条件"结合。AIA 合同文件的计价方式主要有总价、成本补偿合同及最高限定价格法。

习题

一、单项选择题

1. 委托监理合同中不属于监理人义务的内容是（　　）。
   A. 负责施工合同的协调管理　　B. 负责外部关系的协调
   C. 认真勤奋地工作　　D. 不得泄露申明的秘密
2. 监理合同示范文本的标准条款规定，当发生（　　）情况时，监理人有权向委托人发出终止合同的通知。
    A. 执行监理业务的时间超过合同内约定的时间
    B. 委托人未批准监理单位调换总监理工程师的要求
    C. 委托人未按监理人提交的支付清单中要求的附加监理酬金付款
    D. 由于委托人资金原因导致被监理的施工暂停 6 个月
  3. 工程造价咨询合同中未明确规定委托人为咨询单位提供车辆。开展咨询工作时，咨询单位使用自备车辆，则在执行造价咨询工作期间的车辆使用费用属于（　　）承担。
    A. 附加工作费用，由委托人　　　　B. 额外工作费用，由委托人
    C. 正常工作酬金范围，由咨询单位　　D. 工程成本，由承包方
  4. 监理合同示范文本规定，因（　　），属于监理服务的额外工作。
    A. 承包方原因，导致施工进度延误，监理单位需延长监理工作的时间
    B. 委托人要求增加的监理工作范围
    C. 委托人原因导致施工合同终止，致使监理业务终止后的善后工作
    D. 承包方原因，使监理工作受到阻碍，而增加的工作内容
  5. 在设计合同中，判定设计人是否按时完成设计任务，计算设计期限的开始时间是（　　）日。
    A. 设计人收到定金　　　　　　　　B. 合同签订
    C. 设计人员勘察现场　　　　　　　D. 场址选择
  6. 设计合同履行期间，因发包人原因要求解除合同。此时已开始设计工作，发包人应根据设计人已完成的实际工作量承担违约责任，原则是（　　）。
    A. 不足一半时，退还发包人已付定金
    B. 不足一半时，按该阶段设计费的一半支付
    C. 不足一半时，按该阶段设计费的全部支付
    D. 超过一半时，按该阶段设计费的一半支付

二、多项选择题
  1. 根据《建设工程造价咨询合同（示范文本）》，合同协议书包括的文件有（　　）。
    A. 中标通知书　　　　　　　　　　B. 造价咨询招标文件
    C. 工程量清单　　　　　　　　　　D. 专用条件及附录
    E. 合同履行中双方达成的书面协议
  2. 委托监理合同中，属于委托人可行使的权利有（　　）。
    A. 工程建设有关协作单位组织协调主持权　　B. 工程施工单位选定权
    C. 工程设计变更审批权　　　　　　D. 工程款支付审核权
    E. 监理人调换总监理工程师批准权
  3. 设计合同中，发包人的责任包括（　　）等。
    A. 对设计依据资料的正确性负责　　B. 保证设计质量
    C. 提出技术设计方案　　　　　　　D. 解决施工中出现的设计问题
    E. 提供必要的现场工作条件
  4. 设计合同履行过程中，发包人要求变更部分委托的设计工作内容，由于设计人不具备相应的设计资质，发包人准备将这部分设计任务转委托给另一设计人。设计合同范本针对此情况的规定包括（　　）。
    A. 发包人与设计人协商并经设计人同意　　B. 设计人对该部分设计未能按时交付承担责任
    C. 该部分设计成果需经设计人审查批准　　D. 设计人不对该部分设计质量承担责任
    E. 设计人必须与发包人选择的另一设计人签订合同

三、思考题
  1. 工程设计合同的主要条款有哪些？

2. 工程监理合同的主要条款有哪些？
3. 工程造价咨询合同的主要条款有哪些？
4. 工程造价咨询合同的当事人双方有哪些权利和义务？
5. 国际工程常用合同条件有哪些？
6. FIDIC 合同条件有哪些版本？

第 9 章
工程索赔与争执解决

学习目标

1. 熟悉工程索赔的概念、起因、分类等基本知识。
2. 熟悉索赔的依据与索赔文件的编写。
3. 掌握索赔程序和索赔处理原则。
4. 掌握工期与费用索赔的计算。
5. 了解合同争执的解决途径。

导入案例

南亚某国水电站项目国际工程索赔案例

南亚某国的水电站工程，装机 3 台，总装机容量 6.9 万 kW，年平均发电量 4.625 亿 kW·h。水电站施工采取国际性竞争招标，最终由中国和一家外国公司共同组成的国际性的承包联营体以最低报价中标，合同价 7 384 万美元，工期 42 个月。合同格式采用 FIDIC 土建工程标准合同条款，附有详尽的施工技术规程和工程量表。设计和施工监理的咨询工程师由欧洲的一家咨询公司担任。

在招标文件中，地质资料说明：6%的隧洞长度通过较好的 A 级岩石，55%的隧洞长度通过尚好的 B 级岩石，在恶劣状态的岩石（D、E、F 级岩石）中的隧洞长度仅占隧洞全长的 12%，其余 27%隧洞长度上是处于中间强度的 C 级岩石。事实上，通过开挖过程中的鉴定，D 级岩石段占隧洞全长的 46%，E 级岩石段占 22%，F 级岩石段占 15%，中间强度的 C 级岩石段占 17%，根本没有遇到 B 级和 A 级岩石。因此，在施工过程中出现塌方 40 余次，塌方量达 340 余 m^3，喷混凝土支护面积达 62 486m^2，共用钢锚杆 25 689 根。水电站厂房位于陡峭山坡脚下，在施工过程中发现山体可能滑坡的重大威胁。因此，出现了频繁的设计变更。调压井旁山体开挖边坡的过程中，先后修改坡度 6 次，使其实际明挖工程量达到标书工程量表的 322%。厂房工程开始后，修改边坡设计 3 次，增加工程量 23 000m^3。

虽然遇到了上述诸多严重困难，但在承包联营体的周密组织管理下，采取了先进的施工技术，使整个水电站工程优质按期地建成，3 台发电机组按计划满负荷地投入运行，获得了业主和世界银行专家团的高度赞扬。

由于勘探设计工作深度不够，招标文件所提供的地质资料很不准确，致使承包联营体陷入严重的困境，面临工期拖延和成本超支的局面，因此向业主和咨询工程师提出了工期索赔和经济亏损索赔。因索赔款额甚大，数额惊人，导致索赔款总额接近于原合同价的款额。合同双方的索赔争议日益升级，无丝毫协商解决的可能。最后，承包联营体遂向巴黎国际商会提出国际仲裁的要求。

国际商会经过征询业主的意见后，接受了仲裁要求。合同双方高价聘请了索赔专家（律师），对峙于国际商会的仲裁庭上开始了马拉松式的索赔论证会及听证会。在将近一年的时间内，索赔争议双方花了不少的人力财力，听证会间断地举行过几次，但仲裁结果仍遥遥无期。最后在第三方的说合下，承包联营体和水电站业主又重新回到了比较现实的谈判上。经过几个回合的谈判，双方议定由业主向承包联营体一次性地支付总索赔款 350 万美元，而宣告索赔争端结束。

这 350 万美元的索赔款额，相当于该合同项目合同额 7 384 万美元的 4.74%。此外，承包联营体还在逐月结算过程中获得了隧洞施工中新增工程量的工程进度款，使承包联营体的工程款实际总收入达 10 560 万美元，为合同额 7 384 万美元的 1.43 倍，加上索赔款，使承包联营体的实际总收入款额为合同额的 1.478 倍。

【评析】 在上述案例中，由于该水电站工程优质按期完成，及时并网发电，并取得显著经济效益，故业主在国际仲裁过程中同意谈判协商解决，最后促成和解。索赔成功的首要条件是承包人认真地按照合同要求实施工程，并努力把工程建设好，使业主和工程师满意。如果承包人认真努力实施工程，使质量合格，进度满足要求，就会为成功索赔打下良好的基础。尤其在施工过程中，承包人克服了各种困难，协助业主和工程师就出现的技术、合同问题提供合理建议，使得工程进展顺利，在这种情况下，承包人提出合理索赔，基本上都能得到合理解决。

承包人如果不善于索赔，以减少自己的损失和争取盈利，就可能无法生存下去。为此，承包人必须不断地提高和具备先进的合同管理尤其是索赔管理水平，否则，稍有不慎就会造成工程亏损。市场竞争越激烈，越要重视合同和索赔管理。

——资料来源：一个不成功的国际工程承包的施工索赔案例. 2018-10-09. 百度文库.
https://wenku.baidu.com/view/74477940423239680l1ca300a6c30c225801f072.html

9.1 工程索赔概述

9.1.1 工程索赔的概念、原因和分类

1. 工程索赔的概念

索赔一词来源于英语"claim"，其原意表示"有权要求"，法律上叫"权利主张"，并没有赔偿的意思。"工程索赔"专指工程建设的施工过程中发承包双方在履行合同时，合同当事人一方因非己方的原因而遭受损失，按合同约定或法律法规规定应由对方承担责任，从而向对方提出经济补偿和（或）工期顺延的要求。

根据《民法典》第五百七十七条的规定，当事人一方不履行合同义务或者履行合同义务不符合约定的，应当承担继续履约、采取补救措施或者赔偿损失等违约责任。这是"索赔"的法律依据。

2. 工程索赔的原因

与其他行业相比，建筑业是一个索赔多发的行业。这是由建筑产品、建筑生产过程、建筑产品市场经营方式决定的。在现代建设工程承包中，特别在国际工程承包中，索赔经常发生，而且索赔额很大。这主要是由以下几方面原因造成的：①合同确定的工期和价格是相对于投标时的合同条件、工程环境和实施方案，即"合同状态"；②由于上述这些内部的和外部的干扰因素引起"合同状态"中某些因素的变化，打破了"合同状态"，造成工期延长和额外费用的增加；③由于这些增量没有包括在原合同工期和价格中，或承包商不能通过原合同价格获得补偿，则产生了索赔要求。

引起工程索赔的主要原因和表现情况如表9-1所示。

表9-1 引起工程索赔的主要原因和表现情况

原因	分类	表现情况
当事人违约	发包人	常常表现为没有按照合同约定履行自己的义务。如未能按合同约定时间提供施工条件、发放图样、指令，未能按合同约定及时和足额支付工程款等
	承包人	表现为未能按照合同约定的质量、期限完工，或不当的行为给发包人造成了其他损失
不可抗力事件	自然事件	主要是不利的自然条件和客观障碍，如火灾、旱灾、地震、风灾、大雪、山崩等
	社会事件	社会原因引起的社会现象，如战争、动乱、政府干预、罢工、禁运、国家政策、法律、法令的变更等
施工条件变化	不利物质条件	承包人的施工现场遇到不可预见的自然物质条件、非自然物质障碍和污染物，包括地下和水文条件
	现场条件不同	现场施工条件与合同约定的情况出入较大，通常表现为地勘资料上的数据错误或与实际地质情况大不相同
合同缺陷		表现为合同文件规定不严谨甚至矛盾、合同中的遗漏或错误。在这种情况下，发包人应当给予解释，如果这种解释将导致成本增加或工期延长，发包人应当给予补偿
工程变更		业主有保留变更工程的权利，主要表现为设计变更、施工方法变更、追加或者取消某项工作、合同规定的其他变更等

3. 工程索赔的分类

工程索赔依据不同的标准可以进行不同的分类，常见的分类如表9-2所示。

表9-2 工程索赔分类

分类角度	分类	分类说明
索赔的合同依据	明示索赔	承包人所提出的索赔要求，在合同文件中有规定的合同条款，承包人据此提出索赔要求，并取得经济补偿
	默示索赔	承包人的索赔要求在合同条款中没有专门的文字叙述，但根据合同的某些条款的含义，可推论出承包人有索赔权

(续)

分类角度	分 类	分类说明
索赔的目的	工期索赔	由于非承包人的责任原因导致工期延误，要求批准顺延合同工期的索赔
	费用索赔	当施工的客观条件改变导致承包人增加开支，要求对超出计划成本的附加开支给予补偿，以挽回不应由其承担的经济损失
索赔的理由	合同内索赔	索赔以合同条文作为依据，发生了合同规定给承包人以补偿的干扰事件，承包人根据合同规定提出索赔要求
	合同外索赔	施工过程中发生的干扰事件的性质已经超出合同范围。在合同中找不出具体的依据，一般必须根据适用于合同关系的法律解决索赔问题
	道义索赔	由于承包人失误（如报价失误、环境调查失误等），或出现承包人应负责的风险而造成承包人重大的损失
索赔的处理方式	单项索赔	针对某一干扰事件提出的。索赔的处理是在合同实施过程中，干扰事件发生时，或发生后立即进行
	综合索赔	又叫一揽子索赔或总索赔，在国际工程中经常采用。一般在竣工前，承包人将施工过程中未解决的单项索赔集中起来，提出一份总索赔报告。合同双方在工程交付前或交付后进行最终谈判，以一揽子方案解决索赔问题

9.1.2 索赔的依据

1. 施工合同及其附件

合同签订的会议纪要或备忘录是解决合同纠纷的一份重要依据。签订施工合同以前合同双方对于中标价格、施工计划、合同条件等问题的讨论纪要文件中，如果对招标文件中的某个合同条款做了修改或解释，则这个纪要就是将来索赔计算的依据。

合同的附件中特别是投标报价文件中，承包人对各主要清单项目的综合单价进行了分析计算，对各主要工程量的施工效率和进度进行了分析，对施工所需的设备和材料列出了数量和价值，所有这些文件都成为正式合同文件的组成部分，也成为施工索赔的基本依据。

2. 招标文件

招标文件是合同文件的基础，包括通用条件、专用条件、施工图、招标工程量清单、工程范围说明、现场水文地质资料等文本，都是招标控制价计算的基础资料。它们不仅是承包商投标报价的依据，也是索赔时计算附加成本的依据。

3. 往来函件

工程各项往来的文件、指令、信函、通知、答复等，如工程师（或业主）的工程变更指令、口头变更确认函、加速施工指令、施工单价变更通知、对承包商问题的书面回答等，这些信函（包括电子邮件、传真资料）都具有与合同文件同等的效力，是工程结算和索赔的依据资料。

4. 会议记录

会议记录如标前会议纪要、施工协调会议纪要、施工进度变更会议纪要、施工技术讨论会议纪要、索赔会议纪要等，对于重要的会议纪要，要建立审阅制度，即由做纪要的一方写好纪要稿后，送交对方传阅核签，如有不同意见，可在纪要稿上修改，也可规定一个核签期限（如 7 天），如纪要稿送出后 7 天内不返回核签意见，即认为同意。这对会议纪要稿的合法性是很必要的。

5. 施工现场记录

施工现场记录主要包括施工日志、施工停水停电记录、施工检查记录、工时记录、质量检查记录、设备或材料使用记录、施工进度记录或者工程照片、录像等。对于重要记录，如质量检查、验收记录，还应有工程师派遣的监理员签名。

6. 现场气象记录

许多的工期拖延索赔与气象条件有关。施工现场应注意记录和收集气象资料，如每月降水量、风力、气温、河水位、河水流量、洪水位、基坑地下水状况等。

7. 工程财务记录

工程财务记录主要有工程进度款每月支付申请表，工人劳动计时卡和工资发放表，设备、材料和零配件采购清单及付款发票、收据，工程开支月报等。在索赔计算工作中，财务凭证十分重要。

8. 国家、省、市有关文件

国家、省、市有关影响工程造价、工期的文件、规定等。国际工程还要注意工程所在国家的政策法令文件，如货币汇兑限制指令、调整工资的决定、税收变更指令、工程仲裁规则等。对于重大的索赔事项，如遇到复杂的法律问题时，承包商还需要聘请律师，专门处理法律方面的问题。

9. 市场信息资料

对于大中型土建工程，一般工期长达数年，对物价变动等报道资料，应系统地收集整理，这对于工程款的调价计算是必不可少的，对索赔也同等重要，如工程所在国官方出版的物价报道、外汇兑换率行情、工人工资调整等。

延展阅读

证据与举证

从法律的角度，工程合同属于民事合同，工程法律关系属于民事法律关系，在此基础上发生的纠纷属民事纠纷，国家公诉机构不介入这种纠纷中。因此发生索赔等纠纷时，保护权益是完全出于自身的需要，举证也不例外。

在民事和经济诉讼中，主张权利者负有举证责任。另外，为了证明己方的观点，必须搜集和保全相关证据。根据我国《民事诉讼法》的规定，民事诉讼证据有以下几种：

（1）书证。凡是用文字、符号、图画在某一物体上表达人的思想，其内容可以证明待证事实的一部分或全部的，称为书证。

（2）物证。凡是用物品的外形、特征、质量等证明待证事实的一部分或全部的，称为物证。

（3）视听资料。凡是利用录像、录音磁带反映出的图像和音响，或以计算机储存的资料来证明待证事实的证据，称为视听资料。

（4）证人证言。诉讼参加人以外的其他人知道本案的有关情况，应由人民法院传唤，到庭所做的陈述，或者向人民法院提交的书面陈述，称为证人证言。

（5）当事人陈述。当事人在诉讼中向人民法院所做的关于案件事实的叙述，称为当事人陈述。

（6）鉴定结论。人民法院审理民事案件，对某些专门性问题，指定具有专业知识的人进行鉴定，从而做出科学的分析，提出结论性的意见，称为鉴定结论。

（7）勘验笔录。人民法院审判人员为了查明案情，对与争议有关的现场或者物品亲自进行勘查检验，进行拍照、测量，将勘验情况和结果制成笔录，称为勘验笔录。

9.1.3 工程索赔文件的编写

工程索赔文件是承包商向业主索赔的正式书面材料，也是业主审核承包商索赔请求的主要依据。工程索赔文件一般由索赔意向通知书、索赔报告书及附件三部分组成。

1. 索赔意向通知书

索赔意向通知书是承包商致业主或其代表的一封简短信函，主要是提出索赔请求。索赔意向通知要在合同规定的时间内提出，简明扼要地说明以下四方面的内容：

1) 索赔事件发生的时间、地点和简单事实情况描述。
2) 索赔事件的发展动态。
3) 索赔依据和理由，可加附件说明。
4) 索赔事件对工程成本和工期产生的不利影响，提出索赔要求。

【例9-1】 某汽车制造厂厂房建设施工土石方工程中，承包商在合同标明有松软石的地方没有遇到松软石，因此工期提前1个月。但在合同中另一个未标明有坚硬岩石的地方遇到了更多的坚硬岩石，开挖工作变得更加困难，由此造成了实际生产率比原计划低得多，经测算影响工期3个月。由于施工速度减慢，使得部分施工任务拖到雨季才进行，按一般公认标准推算，又影响工期2个月。为此，承包商准备提出索赔。

[问题] 请协助承包商拟定一份索赔意向通知书。

答：

索赔意向通知书

致甲方代表（或监理工程师）：

我方希望你方对工程地质条件变化问题引起重视；在合同文件未标明有坚硬岩石的地方遇到了坚硬岩石，致使我方实际生产率降低，而引起进度拖延，并不得不在雨季施工。

上述施工条件变化，造成我方施工现场设计与原设计有很大不同，为此向你方提出工期索赔及费用索赔要求，具体工期索赔及费用索赔依据与计算书在随后的索赔报告中。

承包商：×××
××年××月××日

2. 索赔报告书

索赔报告书的质量和水平，与索赔成败的关系极为密切。对重大的索赔事项，有必要聘请合同专家或技术权威人士担任咨询，并邀请资深的专业人士参与活动，才能保证索赔成功。

索赔报告的具体内容随索赔事项的性质和特点有所不同，但大致由四部分组成。

（1）总论部分 概要叙述引起索赔事件发生的日期和过程，承包商为该事件付出的努力和附加开支，承包商的具体索赔要求，主要包括以下具体内容：

1) 序言。
2) 索赔事项概述。
3) 具体索赔要求：工期延长天数或索赔款额。
4) 报告书编写及审核人员。

（2）论证部分 论证部分是索赔报告关键部分，也是索赔成立的基础。其目的是说明自己有索赔权和索赔理由，立论的基础是索赔的依据，一般包括以下内容：

1) 概述索赔事项的处理过程。
2) 发出索赔通知书的时间。
3) 论证索赔要求的合同条款。
4) 指明所附证据资料的名称及编号，以便于查阅。

（3）索赔款项（或工期）计算部分 索赔款项（或工期）计算部分是索赔报告书的主要部分，如果说论证部分是解决索赔权能否成立，款项则是为解决能得到多少补偿。前者定性，后者定量。

1) 索赔款项计算的主要组成部分是由于索赔事项引起的额外开支的人工费、材料费、设备费、工地管理费、总部管理费、投资利息、税收、利润等。每一项费用开支，应附以相应的证据或单据，并通过详细的论证和计算，使业主和工程师对索赔款的合理性有充分了解，这对索赔要求的迅速解决十分重要。

2) 工期延长计算部分。在索赔报告中计算工期的方法，主要有横道图表法、关键路线法、进度评估法等三种。承包商在索赔报告中，应该对工期延长、实际工期、理论工期等进行详细的论述，说明自己要求工期延长（天数）天数的根据。

（4）证据部分 证据部分通常以索赔报告书附件的形式出现，它包括了该索赔事项所涉及的一切有关证据以及对这些证据的说明。索赔证据资料的范围甚广，可能包括施工过程中所涉及的有关政治、经济、技术、财务、气象等许多方面的资料。对于重大的索赔事项，承包商还应提供直观记录资料，如录像、摄影等。

9.1.4 索赔的要求与成立条件

1. 索赔的要求

承包商提出的索赔，以及索赔的最终解决必须符合表9-3中所列要求。

表9-3 索赔的要求

序 号	要 求	内 容
1	客观性	（1）干扰事件确实存在 （2）干扰事件的影响存在 （3）造成工程拖延，承包商损失 （4）有证据证明

(续)

序号	要求	内容
2	合法性	按合同、法律或惯例规定应予补偿
3	合理性	(1) 索赔要求符合合同要求 (2) 符合实际情况 (3) 索赔值的计算符合以下几方面： 1) 符合合同规定的计算方法和计算基础 2) 符合公认的会计核算原则 3) 符合工程惯例 4) 干扰事件、责任、干扰事件的影响、索赔值之间有关系，索赔要求符合逻辑

2. 索赔的成立条件

承包商提出的索赔要求成立必须同时具备以下四个条件：
1) 与合同比较，已造成了实际的额外费用和（或）工期损失。
2) 造成费用增加和（或）工期损失的原因不是由于承包商的过失。
3) 造成费用增加和（或）工期损失，不应由承包商承担风险。
4) 承包商在事件发生后的规定时限内提出了书面索赔的意向通知和索赔报告。

延展阅读

索赔的意识与成功因素

索赔成功不仅在于事件的实际情况，而且在于能否找到有利于自己的书面证据，能否找到为自己辩护的法律条款或合同条款。但是对于干扰事件造成的损失，承包商只有"索"才可能"赔"，不"索"则一定不"赔"。如果承包商自己不会索赔，没有索赔意识，不重视索赔，不懂索赔或不敢索赔，怕得罪业主，失去合作的机会和影响以后的合作等，业主是不会主动提出赔偿的。因此，索赔完全在于承包商自己的主动性和积极性。

索赔成功的主要因素有：①合同对索赔的补偿范围、条件和办法都有具体约定；②业主、工程师的公平性和管理水平；③承包商的合同管理水平高低情况；④合同双方的关系是否密切等。

9.2 索赔程序与处理原则

9.2.1 承包人索赔程序的规定

《建设工程施工合同（示范文本）》（GF—2017—0201）和《建设工程工程量清单计价规范》（GB 50500—2017）中对承包人索赔的程序和时间的规定如下：

1. 承包人索赔的程序

在合同履行的过程中，承包人根据合同约定认为非承包人原因发生的事件造成了承包人的损失，承包人有权得到追加付款和（或）延长工期的，应按以下程序向监理人提出索赔：

1）承包人应在知道或应当知道索赔事件发生后 28 天内，向监理人递交索赔意向通知书，并说明发生索赔事件的事由和要求，并附必要的记录和证明材料；承包人逾期未发出索赔意向通知书的，丧失索赔的权利。

2）承包人应在发出索赔意向通知书后 28 天内，向监理人正式递交索赔报告；索赔报告应详细说明索赔理由以及要求追加的付款金额和（或）延长的工期，并附必要的记录和证明材料。

3）索赔事件具有持续影响的，承包人应按合理时间间隔继续递交延续索赔通知，说明持续影响的实际情况和记录，列出累计的追加付款金额和（或）工期延长天数。

4）在索赔事件影响结束后 28 天内，承包人应向监理人递交最终索赔报告，说明最终要求索赔的追加付款金额和（或）延长的工期，并应附必要的记录和证明材料。

2. 对承包人索赔的处理程序

发包人收到承包人的索赔通知书后，应及时查验承包人的记录和证明材料。对承包人索赔的处理程序如下：

1）监理人应在收到索赔报告后 14 天内完成审查并报送发包人。监理人对索赔报告存在异议的，有权要求承包人提交全部原始记录副本。

2）发包人应在监理人收到索赔报告或有关索赔的进一步证明材料后的 28 天内，由监理人向承包人出具经发包人签认的索赔处理结果。发包人逾期答复的，则视为认可承包人的索赔要求。

3）承包人接受索赔处理结果的，索赔款项在当期进度款中进行支付；承包人不接受索赔处理结果的，按照合同约定的争议解决方式处理。

3. 承包人提出索赔的期限

承包人索赔的期限可以简单地用图 9-1 表示。

发生索赔事件 →≤28天→ 提交索赔意向 →≤28天→ 递交索赔报告 → 持续 → 索赔影响结束 →≤28天→ 递交最终索赔报告 →≤28天→ 监理人予以答复

图 9-1 承包人索赔期限图

1）承包人在竣工结算审核完毕，接受竣工付款证书后，应被视为已无权再提出在工程接收证书颁发前所发生的任何索赔。

2）承包人保修责任结束时，在提交的最终结清申请单中，只限于提出工程接收证书颁发后发生的索赔。提出索赔的期限自接受最终结清证书时终止。

9.2.2 发包人索赔程序的规定

在《建设工程施工合同（示范文本）》（GF—2017—0201）和建设工程工程量清单计价规范（GB 50500—2013）中对发包人索赔的程序和时间也有其规定。

1. 发包人索赔的程序

1）在合同履行的过程中，发包人根据合同约定，认为有权得到赔付金额和（或）延长缺陷责任期的,监理人应向承包人发出通知并附详细的证明。

2)发包人应在知道或应当知道索赔事件发生后 28 天内通过监理人向承包人提出索赔意向通知书,发包人未在前述 28 天内发出索赔意向通知书的,丧失要求赔付金额和(或)延长缺陷责任期的权利。发包人应在发出索赔意向通知书后 28 天内,通过监理人向承包人正式递交索赔报告。

2. 对发包人索赔的处理程序

承包人收到发包人提交的索赔报告后,应及时审查索赔报告的内容、查验发包人证明材料;对发包人索赔的处理如下:

1)承包人应在收到索赔报告或有关索赔的进一步证明材料后 28 天内,将索赔处理结果答复发包人。如果承包人未在上述期限内做出答复的,则视为对发包人索赔要求的认可。

2)发包人接受索赔处理结果的,可从应支付给承包人的合同价款中扣除赔付的金额或延长缺陷责任期;发包人不接受索赔处理结果的,按合同约定的争议解决方式处理。

9.2.3 索赔的处理原则

工程索赔是极其重要的合同事件,除了索赔的依据和程序之外,一些原则必不可少,这些原则是处理索赔的基本前提。

1. 承包人责任事件的索赔不成立

承包人提出索赔的第一项原则是索赔事件对承包人无责任。无责任包括无直接责任、无间接责任和无推定责任三个方面。从发包人角度,则是承包人的直接责任、间接责任和推定责任不可提出索赔,即索赔不成立。此时增加的费用和工期延长由承包人自行承担,工期的延误必须经过相应的计划调整,满足原有工期计划要求。

(1)直接责任 直接责任是指索赔事件的发生与承包人及其工作人员的行为有明确的因果关系。

(2)间接责任 间接责任是指索赔事件的发生与承包人及其工作人员的行为没有明确的直接关系,但属于承包人的分包单位的责任,不论分包工程是否得到发包人的认可或同意。根据我国相关法律规定,承包人就分包工程向发包人承担连带责任。

(3)推定责任 推定责任比较复杂,既非直接责任,又非间接责任,判定的一个重要原则是"作为一个合格的有经验的工程技术人员与管理人员",可以预见问题而采取相关措施以得到解决。

【例 9-2】 某工程招标文件的参考资料中提供的碎石地点距工地 5km。但在施工时,检查该碎石质量不符合要求,承包商只能从另一距工地 25km 的碎石厂采购。由于碎石的运输距离增大,必然导致承包商的费用增加,承包商经过仔细认真的计算后,在业主指令下达的第 2 天,向业主的造价工程师提交了每吨碎石增加 10 元运输费的要求。

[问题] 该索赔是否成立?并说明理由?

答:不成立。作为一个有经验的承包商可以通过现场踏勘确认招标文件参考资料中提供的采购地点的碎石质量是否合格,若承包商没有通过现场踏勘发现碎石质量问题,在招标答疑中未对碎石质量问题提出异议,则承包商应对其承担相关风险。

2. 发包人责任事件的索赔成立

如果发生发包人责任事件，则承包人可以提出索赔，包括经济补偿和工期补偿。发包人责任也包括直接责任、间接责任和推定责任三个方面。

(1) **直接责任** 直接责任就是根据合同约定，索赔事件应该由发包人负责，索赔事件的发生与发包人有着明确的因果关系。发包人的直接责任经常出现在下列几种情形中：

1) 发包人的错误指令事件。
2) 发包人要求的工程变更事件。
3) 发包人要求增加有关工作事件。

(2) **间接责任** 间接责任就是施工过程中与发包人直接缔约的有关各方的工作不当，导致承包人有关损失或延误。由于这些参与方与承包方没有直接缔约的关系，无法构成索赔，因此要向发包人提出索赔要求。发包人的间接责任经常出现在下列几种情形中：

1) 监理人及发包人委托的其他工程技术指导人员的错误指令事件。
2) 与发包人直接缔约的其他承包人的影响导致承包人蒙受损失的事件。

(3) **推定责任** 推定责任是指因索赔事件的发生导致承包人损失，尽管合同中没有明确规定，但是根据合同的订立原则，应该推定由发包人承担。发包人的推定责任经常出现在下列几种情形中：

1) 提供满足正常施工要求的施工场地。当施工中各种原因导致场地无法满足要求时，发包人有义务恢复现场的施工条件。例如，地质条件所产生的特殊问题，工程地质条件所产生的问题，这些并非发包人的责任造成的，但是发包人有提供正常施工场地的义务，因此发包人应当承担责任。

2) 提供满足正常施工要求的施工条件。市政部门所导致的现场能源或交通中断属于发包人的责任，施工场地内承包人原因引起的水、电、道路交通等出现故障，不属于发包人的责任范围。

【例 9-3】 某承包人（乙方）与某发包人（甲方）签订了某项工业建筑的地基处理与基础工程施工合同。乙方的分项工程首先向监理工程师申请质量验收，质量验收合格后，向造价工程师提出计量申请和支付工程款。工程开工前，乙方提交了施工组织设计并得到批准。在土石方开挖过程中，发生了下列事件：

事件 1：土石方开挖时局部出现与地质报告差异度极大，一些工程地质勘探没有探明的孤石、洞穴、墓穴。

事件 2：地质报告中标明岩层变化、土层分布情况与开挖过程中的实际情况不完全吻合。

事件 3：土石方外运因市政道路交通白天拥堵，乙方只能夜间施工开挖外运。

以上 3 个事件均导致承包人的工期延长和费用增加。

[问题] 请作为甲方的造价工程师判断其索赔是否成立？

答：事件 1 索赔成立。属于甲方责任风险范围，因为需要做出进一步处理才能进行下一步施工。

事件 2 索赔不成立。属于乙方责任风险范围，这种不完全吻合属于正常现象。

事件 3 索赔不成立。属于乙方责任风险范围，只要进入施工现场道路的通行权没有问题，道路交通拥挤发包人不承担责任。

3. 不可抗力事件损失按产权归属各自承担，工期顺延

对于不可抗力的后果，在合同中有两种：一是合理解除合同，二是延期履行合同。究竟如何处理，应视事故原因、性质以及所产生的实际影响程度而定。工程合同一般不采取解除合同的方式，除非在不可抗力的作用下，工程已无继续进行的必要。

1）工期顺延。根据法律相关规定，不可抗力可以顺延工期，包括不可抗力的持续时间和恢复生产所需的必要时间。

2）按产权归属承担不可抗力的经济损失。已建工程的损失、恢复生产的费用、现场的待安装的材料和设备由发包人承担；承包人的施工机械、设备自行承担；人员伤亡发承包双方按各自归属单位承担。

3）延迟履行合同遭遇不可抗力，不免除责任。当事人违约在先，延迟执行合同的义务，正是由于延迟的原因，致使对方在执行合同时遭遇了不可抗力事件。

4）当事人不采取措施，导致损失扩大，应承担责任。不可抗力发生后，各方当事人应该积极采取有效措施，防止事态扩大、损失增加。扩大的损失应该由失误方承担。

4. 多个并列责任事件的索赔界定

工程自身和环境等都是复杂的，所遭遇的意外事件也是复杂的。那么，对两个及其以上的责任事件在某个时间段同时发生，对各方造成的损失，应该如何界定责任、划分损失呢？

（1）连带相关责任事件 有些违约责任事件是相互连带的，具有一定的因果关系，这样的违约或事件的损失应归于先期发生的事件。如果后期事件是先期事件发生导致的，损失是后期事件产生的，只要后期事件产生方采取了积极的措施防止事件扩大，则损失也应归于先期发生的事件。

（2）非连带相关责任事件 多个违约责任事件没有因果关系、各自独立存在，对合同当事人不存在相互促进影响。对于非连带相关责任事件，应按照请求补偿一方的责任、对方的责任、意外（不可抗力）的先后顺序，决定责任承担先后顺序，因为索赔方提出索赔的基本前提是自身没有违约、自身对该事件无责任。

【例 9-4】 承包人（乙方）与发包人（甲方）签订了某高校教师住宅楼工程施工合同。施工过程中，发生了下列事件：

事件 1：由承包人购置并安装的电梯应该 5 月 1 日运抵现场，但直到 10 日才抵达。

事件 2：应由发包人在 5 月 5 日提供的精装修施工图，直到 5 月 15 日才送交承包人。

事件 3：由于政府举行大型活动，临时发出通知决定 5 月 8 日至 20 日禁止施工。

[问题] 以上 3 个事件导致承包人的工期延长，发包人应该给予补偿多少天？

答：事件 1 是乙方责任事件，事件 2 是甲方责任事件，事件 3 是不可抗力。以上 3 个事件并无关联或因果关系，各自独立。各方责任事件进程如表 9-4 所示。

承包人提出索赔时，首先应该排除自己应该承担责任的部分，即"索赔事件是非承包人自身责任造成的"。对承包人的索赔，按照请求补偿一方的责任（乙方责任）、对方的责任（甲方责任）、意外事件（不可抗力）的先后顺序，决定责任承担顺序。由表 9-4 可以看出：

表 9-4　各方责任事件进程

事件＼日期	1日	2日	3日	4日	5日	6日	7日	8日	9日	10日	11日	12日	13日	14日	15日	16日	17日	18日	19日	20日
乙方责任		■	■	■	■	■	■	■	■	■										
甲方责任					■	■	■	■	■	■	■	■	■	■	■					
不可抗力						■	■	■	■	■	■	■	■	■	■	■	■	■	■	■

（1）5月2日至5月5日，属于乙方责任，不予补偿工期。
（2）5月6日至5月10日，乙方责任在先，不予补偿工期。
（3）5月11日至5月15日，甲方责任在先，补偿工期。
（4）5月16日至5月20日，属不可抗力，补偿工期。

9.3　工期索赔与费用索赔

9.3.1　索赔的方式与合同规定

1. 索赔的方式

在《建设工程工程量清单计价规范》（GB 50500—2013）中第9.13条规定了发包人和承包人双方的索赔方式。当某一方有责任时，索赔时均可要求对方支付违约金，这体现了索赔的惩罚性。

1）承包人要求赔偿时，可以选择下列一项或几项方式获得赔偿：
① 延长工期。
② 要求发包人支付实际发生的额外费用。
③ 要求发包人支付合理的预期利润。
④ 要求发包人按合同的约定支付违约金。

2）发包人要求赔偿时，可以选择下列一项或几项方式获得赔偿：
① 延长质量缺陷修复期限。
② 要求承包人支付实际发生的额外费用。
③ 要求承包人按合同的约定支付违约金。

2. 索赔的合同规定

发承包双方应在合同中约定可以索赔的事项及索赔的内容。2017版的《建设工程施工合同（示范文本）》中规定了承包人可向发包人索赔的事项及索赔的内容（见表9-5）。

根据表9-5可以发现不同原因引起索赔的内容（工期、费用、利润）有一定的规律性，总结如下：

1）发包人的违约责任可索赔工期、费用和利润。发包人的违约责任引起的工程延误可以同时索赔工期、费用和利润，除非发生这一事件不引起工期的顺延，就不用提出工期索赔。

表 9-5 2017 版《建设工程施工合同（示范文本）》规定承包人可索赔的条款

序号	原因分类	索赔内容	可索赔条款的主要内容	可补偿的内容		
				工期	费用	利润
1	发包人违约责任	工期索赔 + 费用索赔 + 利润索赔	迟延提供图样	√	√	√
2			迟延提供施工场地	√	√	√
3			发包人提供材料、设备不合格或延迟提供或变更交货地点	√	√	√
4			承包人依据发包人提供的错误资料导致测量放线错误	√	√	√
5			因发包人原因造成工期延误	√	√	√
6			因发包人暂停施工造成工期延误	√	√	√
7			工程暂停后因发包人原因无法按时复工	√	√	√
8			因发包人原因导致承包人工程返工	√	√	√
9			因发包人提供材料、设备不合格造成工程不合格	√	√	√
10			监理人对已经覆盖的隐蔽工程要求重新检查且检查结果合格	√	√	√
11			发包人在工程竣工前提前暂用工程	√	√	√
12			因发包人违约导致承包人暂停施工	√	√	√
13		费用索赔 + 利润索赔	发包人的原因导致试运行失败		√	√
14			工程移交后因发包人原因出现新的缺陷或损坏的修复		√	√
15		费用索赔	发包人要求承包人提前竣工		√	
16			发包人要求向承包人提前交付材料和工程设备		√	
17	发包人应承担的风险	工期索赔	异常恶劣的气候条件导致工期延误	√		
18			因不可抗力造成工期延误	√		
19		费用索赔	提前向承包人提供材料、工程设备		√	
20			工程移交后因发包人原因出现的缺陷修复后的试验和试运行		√	
21			因不可抗力停工期间应监理人要求照管、清理、修复工程		√	
22		工期索赔 + 费用索赔	施工中发现文物、古迹	√	√	
23			监理人指令迟延或错误	√	√	
24			施工中遇到不利物质条件	√	√	
25			发包人更换其提供的不合格材料、工程设备	√	√	

2）客观原因只可索赔工期。在发包人应承担的风险范围中，异常恶劣的气候条件和不可抗力引起的工期延误，只能得到工期补偿。

3）发包人应承担的风险无利润补偿。

4）缺陷责任期的责任导致的索赔只有费用和利润。

9.3.2 工期索赔的处理原则

根据工期索赔事件的复杂性,工期索赔的处理原则可分为以下两类:

1. 单一事件的工期索赔处理原则

工程拖期可以分为"可原谅的拖期"和"不可原谅的拖期"。可原谅的拖期是由于非承包商原因造成的工程拖期,不可原谅的拖期一般是因承包商而造成的工程拖期。

非承包商原因是发包人的违约和发包人应当承担的风险(含客观原因),常见的承包商原因有工效不高、施工方案有误、施工组织未优化、自有施工设备故障、自行负责采购的设备材料不及时等。

工期索赔处理原则如表9-6所示。

表9-6 工期索赔处理原则

索赔原因	是否原谅	责任者	处理原则	索赔结果
非承包商原因	可原谅拖期	发包人责任/风险	可给予工期延长 可补偿经济损失	工期+经济补偿
		客观原因	可给予工期延长 不给予经济补偿	工期
承包商原因	不可原谅拖期	承包商	工期和经济上均不补偿,向业主支付误期损失赔偿费	索赔失败

2. 多事件共同延误的工期索赔处理原则

在实际施工过程中,工期拖期很少是只由一方造成的,往往是两三种原因同时发生(或相互作用)而形成的,故称为"共同延误"。在这种情况下,要具体分析哪一种情况延误是有效的,应依据以下原则:

1)首先判断造成拖期的哪一种原因是最先发生的,即确定"初始延误"者,它应对工程拖期负责。在初始延误发生作用期间,其他并发的延误者不承担拖期责任。

2)如果"初始延误"者是业主,则在业主造成的延误期内,承包商既可得到工期延长,又可得到经济补偿。

3)如果"初始延误"者是客观原因,则在客观因素发生影响的时间段内,承包商可以得到工期延长,但很难得到经济补偿。

9.3.3 工期索赔的计算方法

工期索赔的基本计算方法有网络分析法和比例计算法两种,对"共同延误"事件用横道图分析较为简便,每一种延误责任发生过程单独用一个横道线表示,如表9-4所示。

1. 网络分析法

网络分析法是利用进度计划的网络图,分析其关键线路。在网络分析前先判断和区分非承包商原因事件和承包商原因事件,网络分析法的计算步骤如下:

1)按各工序的计划工作时间计算工期 A。

2)把非承包商原因事件放入网络图中,计算包含非承包商原因事件的工期 B。

3)把全部事件放入网络图中,计算包含双方原因事件的工期 C。

4）承包商可索赔的工期时间 = B - A，C - B > 0 为承包商的误工时间。

如果在网络图中仅看某一个工作的延误是否影响总工期，则按以下方法判断，甲方责任/风险前期下，因非承包商原因的延误时间 T 与延误事件所在工序的总时差 TF 的关系：

1）若 T > TF = 0，即工序为关键工序，T 为总工期改变量，即工期索赔值。

2）若 TF ≥ T > 0，即工序为非关键工序，总工期不改变，无工期索赔值。

3）若 T > TF > 0，即延误时间超过非关键工序总时差，应根据工期改变量讨论对工期的索赔值。第一种情况是当该工作的延误超过总时差的限制而成为关键工作时，可以批准顺延的时间与总时差的差值；第二种情况是当该工作的延误未超过总时差的限制仍为非关键工作时，则不存在工期索赔的问题。

从网络分析法可以看出，超出总时差范围的延误是得到工期补偿的前提。

延展阅读

工期索赔争议的鉴定

根据《建设工程造价鉴定规范》GB/T 51262—2017 关于工期索赔争议，给出了如下的鉴定方法：

1. 开工时间鉴定

当事人对鉴定项目开工时间有争议的，鉴定人应提请委托人决定，委托人要求鉴定人提出意见的，鉴定人应按以下规定确定开工时间：

① 合同中约定了开工时间，但发包人又批准了承包人的开工报告或发出了开工通知，采用发包人批准的开工时间。

② 合同中未约定开工时间，应采用发包人批准的开工时间；没有发包人批准的开工时间，可根据施工日志、验收记录等证据确定开工时间。

③ 合同中约定了开工时间，因承包人原因不能按时开工的，发包人接到承包人延期开工申请且同意的，开工时间相应顺延；发包人不同意延期要求或承包人未在约定时间内提出延期开工要求的，开工时间不予顺延。

④ 因不可抗力或因非承包人原因不能按照合同中约定的开工时间开工的，开工时间相应顺延。

⑤ 证据材料中，均无发包人或承包人推迟开工时间的证据，应采用合同约定的开工时间。

2. 工期鉴定

当事人对鉴定项目工期有争议的，鉴定人应按以下规定确定工期：

① 工程合同中明确约定了工期的，以合同约定工期进行鉴定。

② 工程合同对工期约定不明或没有约定的，应按工程所在地相关专业工程建设主管部门的规定或国家相关工程工期定额进行鉴定。

3. 实际竣工时间鉴定

当事人对鉴定项目实际竣工时间有争议的，鉴定人应提请委托人决定，委托人要求鉴定人提出意见的，鉴定人应按照以下情形分别确定竣工时间：

① 竣工验收合格的，以竣工验收之日为竣工时间。

② 承包人已经提交竣工验收报告，发包人拖延验收的，以承包人提交竣工验收报告之日为竣工时间。

③ 未经竣工验收，发包人擅自使用的，以转移占有鉴定项目之日为竣工时间。

4. 顺延工期鉴定

工期延误责任的归属，鉴定人从专业角度提出建议，由委托人判断确定。当事人对鉴定项目暂停施工、顺延工期有争议的，鉴定人应按以下规定鉴定：

① 因发包人原因暂停施工的，相应顺延工期。

② 因承包人原因暂停施工的，工期不予顺延。

③ 对工程质量发生争议停工待鉴，如工程质量合格承包人无过错，工期顺延。

④ 当事人对鉴定项目因设计变更顺延工期有争议的，鉴定人应参考施工进度计划，判别是否增加了关键线路和关键工作的工程量并足以引起工期变化，如增加了工期，应相应顺延工期；如未增加工期，工期不予顺延。

⑤ 当事人对鉴定项目因工期延误索赔有争议的，鉴定人应按先确定实际工期，再与合同工期对比，以此确定是否延误。

2. 比例计算法

比例计算法简单方便，但有时不符合实际情况，不适用于变更施工顺序、加速施工、删减工程量等事件的索赔。比例计算法的公式如下：

1) 对于已知部分工程延期的时间：

$$工期索赔值 = \frac{受干扰部分工程的合同价}{原合同总价} \times 该受干扰部分工期拖延时间$$

2) 对于已知额外增加工程量的价格：

$$工期索赔值 = \frac{额外增加的工程量的价格}{原合同总价} \times 原合同总工期$$

3. 直接法

如果某干扰事件直接发生在关键线路上，造成总工期的延误，可以直接将该干扰事件的实际干扰时间（延误时间）作为工期索赔值。

9.3.4 索赔费用的构成

常见索赔事件的费用构成可参考表9-7。

表9-7 索赔事件的费用构成

索赔事件	可能的费用项目	说　明
工期延误	人工费增加	包括工资上涨、现场停工、窝工、生产效率降低，不合理使用劳动力等损失
	材料费增加	因工期延长而引起的材料价格上涨

(续)

索赔事件	可能的费用项目	说　　明
工期延误	机械设备费	因延期而引起的设备折旧费、保养费、进出场费或租赁费等
	现场管理费增加	包括现场管理人员的工资、津贴等，现场办公设施，现场日常管理费支出，交通费等
	工期延长的通货膨胀使成本增加	
	相应保险费、保函费增加	
	分包商索赔	分包商因延期向承包商提出的费用索赔
	总部管理费分摊	因延期造成公司总部管理费用增加
	推迟支付引起的兑换率损失	工程延期引起支付延迟
工程加速	人工费增加	因业主指令工程加速造成增加劳动力投入，不经济地使用劳动力，生产效率降低等
	材料费增加	不经济地使用材料，材料提前交货的费用补偿，材料运输费增加
	机械设备费	增加机械投入，不经济地使用机械
	因加速增加现场管理费	应扣除因工期缩短减少的现场管理费
	资金成本增加	费用增加和支出提前引起负现金流量所支付的利息
工程中断	人工费增加	如留守人员工资、人员的遣返和重新招聘费、对人工的赔偿等
	机械设备费	设备停置费、额外的进出场费、租赁机械的费用等
	保函费、保险费、银行手续费	
	贷款利息	
	总部管理费	
	其他额外费用	如停工、复工所产生的额外费用，工地重新整理等费用
工程量增加	费用构成与合同报价相同	合同规定承包商应承担一定比例（如5%、10%）的工程量增加风险，超出部分才予以补偿
		合同规定工程量增加超出一定比例（如15%、20%）可调整单价，否则合同单价不变

　　索赔费用的主要组成部分同建设工程施工合同价的组成部分相似。由于我国关于合同施工价的构成规定与国际惯例不尽一致，所以在索赔费用的组成内容上也有所差异。按照我国现行规定，建筑安装工程合同价一般包括分部分项工程费、措施项目费、其他项目费、规费和税金。而国际上的惯例是将建筑安装工程合同价分为直接费、间接费、利润三部分。

　　从原则上说，凡是承包人有索赔权的工程成本的增加，都可以列入索赔的费用。但是，对于不同原因引起的索赔，可索赔费用的具体内容则有所不同。索赔方应根据索赔事件的性质，分析其具体的费用构成内容。

　　此外，索赔费用的项目构成会随工程所在地国家或地区的不同而不同，即使在同一国家或地区，随着合同条件具体规定的不同，索赔费用的项目构成也会不同。美国工程索赔专家阿德里安（J. J. Adrian）在《工程索赔》一书中列出了四种类型索赔的费用项目构成并进行了分析（见表9-8）。

表 9-8　索赔类型与索赔费用的项目构成

序号	索赔费用项目	索赔类型			
		延误索赔	工程范围变更索赔	加速施工索赔	现场条件变更索赔
1	人工工时增加费	×	√	×	√
2	生产率降低引起人工损失	√	○	√	○
3	人工单价上涨费	√	○	√	○
4	材料用量增加费	×	√	○	○
5	材料单价上涨费	√	√	√	√
6	新增的分包工程量	×	√	×	○
7	新增的分包工程单价上涨费用	√	○	○	√
8	租赁设备费	○	√	√	√
9	自有机械设备使用费	√	√	○	√
10	自有机械台班费率上涨费	○	×	○	○
11	现场管理费（可变）	○	√	√	○
12	现场管理费（固定）	√	×	×	○
13	总部管理费（可变）	○	○	○	○
14	总部管理费（固定）	√	○	×	○
15	融资成本	√	○	○	○
16	利润	○	√	○	√
17	机会利润损失	○	○	○	○

注："√"代表应列入项目；"○"代表有时可列入项目；"×"代表不应列入项目。

索赔费用的要素与工程造价的构成基本类似，归纳起来主要包括的项目如下：

1. 人工费

人工费主要包括生产工人的工资、津贴、加班费、奖金等。对于索赔费用中的人工费部分来说，主要是指完成合同之外的额外工作所花费的人工费用，由于非承包人责任的工效降低所增加的人工费用，超过法定工作时间的加班费用，法定的人工费增长以及非承包人责任造成的工程延误导致的人员窝工费，相应增加的人身保险和各种社会保险支出等。

在以下几种情况下，承包人可以提出人工费索赔：

1）因业主增加额外工程，或因业主或工程师造成工程延误，导致承包人人工单价的上涨和工作时间的延长。

2）工程所在国法律、法规、政策等变化而导致承包人人工费用方面的额外增加，如提高当地雇用工人的工资标准、福利待遇或增加保险费用等。

3）若由于业主或工程师造成的延误或对工程的不合理干扰打乱了承包人的施工计划，致使承包人劳动生产率降低，导致人工工时增加的损失，承包人有权向业主提出生产率降低损失的索赔。

2. 材料费

可索赔的材料费主要包括：

1）由于索赔事项导致材料实际用量超过计划用量而增加的材料费。
2）由于客观原因导致材料价格大幅度上涨。
3）由于非承包人责任工程延误导致的材料价格上涨。
4）由于非承包人原因致使材料运杂费、采购与保管费用的上涨。
5）由于非承包人原因致使使用额外低值易耗品等。

由于承包商管理不善造成的材料损失失效，不能列入索赔款项内。在以下两种情况下，承包人可提出材料费的索赔：

1）由于业主或工程师要求追加额外工作、变更工作性质、改变施工方法等，造成承包人的材料耗用量增加，包括使用数量的增加和材料品种或种类的改变。
2）在工程变更或业主延误时，可能会造成承包人材料库存时间延长、材料采购滞后或采用代用材料等，从而引起材料单位成本的增加。

3. 机械设备费

可索赔的机械设备费主要包括：

1）由于完成额外工作增加的机械设备使用费。
2）由于非承包人责任的工效降低而增加的机械设备闲置、折旧和修理费分摊、租赁费用。
3）由于业主或工程师指令错误或延迟导致机械停工的台班停滞费。在计算台班停滞费时，如系租赁设备，一般按实际台班租金加上每台班分摊的机械进出场费计算；如系承包人自有设备，一般按台班折旧费、人工费与其他费用之和计算，而不能按全部台班费计算，因为台班费中包括了设备使用费。
4）非承包人原因增加的设备保险费、运费及进口关税等。

4. 现场管理费

现场管理费的索赔包括承包人完成合同之外的额外工作以及由于发包人原因导致工期延期期间的现场管理费，包括管理人员工资、办公费、通信费、交通费等。

现场管理费索赔金额的计算公式为

$$现场管理费索赔金额 = 索赔的直接成本费用 \times 现场管理费率$$

其中，现场管理费率的确定可以选用下面的方法：

① 合同百分比法，即管理费比率在合同中规定。
② 行业平均水平法，即采用公开认可的行业标准费率。
③ 原始估价法，即采用投标报价时确定的费率。
④ 历史数据法，即采用以往相似工程的管理费率。

5. 总部管理费

总部管理费的索赔主要指的是由于发包人原因导致工程延期期间所增加的承包人向公司总部提交的管理费，包括总部职工工资、办公大楼折旧、办公用品、财务管理、通信设施以及总部领导人员赴工地检查指导工作等开支。

6. 保险费

因发包人原因导致工程延期时，承包人必须办理工程保险、施工人员意外伤害保险等各项保险的延期手续，对于由此增加的费用，承包人可以提出索赔。

7. 保函手续费

因发包人原因导致工程延期时，承包人必须办理相关履约保函的延期手续，对于由此而增加的手续费，承包人可以提出索赔。

8. 利息

利息又称融资成本或资金成本，是企业取得和使用资金所付出的代价。融资成本主要有两种：额外贷款的利息支出和使用自有资金引起的机会损失。因发包人违约（如发包人拖延或拒绝支付各种工程款、预付款或拖延退还扣留的保证金）或其他合法索赔事项直接引起了额外贷款，承包人有权向发包人就相关利息的支出提出索赔。利息的索赔通常发生于下列情况：

1）业主拖延支付预付款、工程进度款或索赔款等，给承包人造成了较严重的经济损失，承包人因此提出拖延付款的利息索赔。

2）承包人垫资施工的垫资利息。

3）发包人错误扣款的利息。

具体的利率标准，双方可以在合同中明确约定，没有约定或约定不明的，可以按照中国人民银行发布的同期同类贷款利率计算。

9. 利润

一般来说，由于工程范围的变更、发包人提供的文件有缺陷或错误、发包人未能提供施工场地以及因发包人违约导致的合同终止等事件引起的索赔，承包人都可以列入利润。比较特殊的是，对于因发包人原因暂停施工导致的工期延误，承包人有权要求发包人支付合理的利润。索赔利润的计算通常与原报价单中的利润百分率保持一致。

但应注意的是，由于工程量清单中的单价是综合单价，已经包含了人工费、材料费、施工机具使用费、企业管理费、利润以及一定范围内的风险费用，在索赔计算中不应重复计算。同时，由于一些引起索赔的事件，同时也可能是合同中约定的合同价款调整因素（如工程变更、法律法规的变化以及物价波动等），因此，对于已经进行了合同价款调整的索赔事件，承包人在费用索赔计算时，不能重复计算。

10. 分包费用

由于发包人的原因导致分包工程费用增加时，分包人只能向总承包人提出索赔，但分包人的索赔款项应当列入总承包人对发包人的索赔款项中。分包费用索赔指的是分包人的索赔费用，一般也包括与上述费用类似的内容索赔。

9.3.5 索赔费用的计算方法

索赔值的计算没有统一、共同认可的标准方法，但计算方法的选择却对最终索赔金额影响很大，若估算方法选用不合理容易被对方驳回，这就要求索赔人员具备丰富的工程估价经验和索赔经验。

对于索赔事件的费用计算，一般是先计算与索赔事件有关的直接费，如人工费、材料费、机械设备费、分包费等，然后计算应分摊在此事件上的管理费、利润等间接费。每一项费用的具体计算方法基本与工程项目报价计算相似。

1. 基本索赔费用的计算方法

（1）人工费　人工费是可索赔费用中的重要组成部分，其计算公式为

$$C(L) = CL_1 + CL_2 + CL_3$$

式中　$C(L)$——索赔的人工费；

CL_1——人工单价上涨引起的增加费用；

CL_2——人工工时增加引起的费用；

CL_3——劳动生产率降低引起的人工损失费用。

（2）材料费　材料费在工程造价中占据较大比重，也是重要的可索赔费用。材料费索赔包括材料耗用量增加和材料单位成本上涨两个方面。其计算公式为

$$C(M) = CM_1 + CM_2$$

式中　$C(M)$——可索赔的材料费；

CM_1——材料用量增加费；

CM_2——材料单价上涨导致的材料费增加。

（3）机械设备费　机械设备费包括承包人在施工过程中使用自有施工机械所发生的机械使用费，使用外单位施工机械的租赁费，以及按照规定支付的施工机械进出场费用等。索赔机械设备费的计算公式为

$$C(E) = CE_1 + CE_2 + CE_3 + CE_4$$

式中　$C(E)$——可索赔的机械设备费；

CE_1——承包人自有施工机械工作时间额外增加费用；

CE_2——自有机械台班费率上涨费；

CE_3——外来机械租赁费（包括必要的机械进出场费）；

CE_4——机械设备闲置损失费用。

（4）分包费　分包费索赔的计算公式为

$$C(SC) = CS_1 + CS_2$$

式中　$C(SC)$——可索赔的分包费；

CS_1——分包工程增加费用；

CS_2——分包工程增加费用的相应管理费（有时可包含相应利润）。

（5）利息　利息索赔额的计算可按复利计算法计算，具体利率可采用不同标准，主要有以下三种情况：①按承包人在正常情况下的当时银行贷款利率；②按当时的银行透支利率；③按合同双方协议的利率。

（6）利润　索赔利润的款额计算通常与原报价单中的利润百分率保持一致。即在索赔款直接费的基础上，乘以原报价单中的利润率。

2. 管理费索赔的计算方法

在确定索赔事件的直接费后，还应提出应分摊的管理费。由于管理费金额较大，其确认和计算都比较困难和复杂，常常会引起双方争议。管理费属于工程成本的组成部分，包括企业总部管理费和现场管理费。我国现行建筑工程造价构成中，将现场管理费纳入到直接工程费中，企业总部管理费纳入到间接费中，一般的费用索赔中都可以包括现场管理费和总部管理费。

（1）现场管理费　现场管理费的索赔计算方法一般有以下两种情况：

1) 直接成本的现场管理费索赔。对于发生直接成本的索赔事件，其现场管理费索赔额一般等于该索赔事件直接费乘以现场管理费费率，而现场管理费费率等于合同工程的现场管理费总额除以该合同工程直接成本总额。

2) 工程延期的现场管理费索赔。如果某项工程延误索赔不涉及直接费的增加，或由于工期延误时间较长，按直接成本的现场管理费索赔方法计算的金额不足以补偿工期延误所造成的实际现场管理费支出，则可按如下方法计算：用实际（或合同）现场管理费总额除以实际（或合同）工期，得到单位时间现场管理费费率，然后用单位时间现场管理费费率乘以可索赔的延期时间，可得到现场管理费索赔额；对于在可索赔延误时间内发生的变更或其他索赔中已支付的现场管理费，应从中扣除。

(2) 总部管理费 目前常用的总部管理费的计算方法有：①按照投标书中总部管理费的比例（3%~8%）计算；②按照公司总部统一规定的管理费比率计算；③以工程延期的总天数为基础，计算总部管理费的索赔额。对于索赔事件来讲，总部管理费的金额较大，经常会引起双方的争议，故常采用总部管理费分摊的方法。分摊方法的选择甚为重要，主要有以下两种：

1) 总直接费分摊法。总部管理费一般首先在承包人的所有合同工程之间分摊，然后再在每一个合同工程的各个具体项目之间分摊。其分摊因素的确定与现场管理费类似，即可以将总部管理费总额除以承包人企业全部工程的直接成本（或合同价）之和，据此比例即可确定每项直接索赔中应包括的总部管理费。总直接费分摊法是将工程直接费作为比较基础来分摊总部管理费，它简单易行，说服力强，运用面较宽，其计算公式为

单位直接费的总部管理费费率＝总部管理费总额/合同期承包商完成的总直接费×100%

总部管理费索赔额＝单位直接费的总部管理费费率×争议合同直接费

【例9-5】 某工程争议合同的实际直接费为200万元，在争议合同执行期间，承包人同时完成的其他合同的直接费为1 800万元，该阶段承包人总部管理费总额为200万元。
[问题] 总部管理费索赔额是多少？

解：

单位直接费的总部管理费费率＝200万元/(200+1 800)万元×100%＝10%

总部管理费索赔额＝10%×200万元＝20万元

总直接费分摊法的缺点是：如果承包人所承包的各工程的主要费用比例变化太大，误差就会很大。如有的工程材料费、机械费比重大，直接费高，分摊到的管理费就多；反之亦然。此外，如果合同发生延期且无替补工程，则延误期内工程直接费较小，分摊的总部管理费和索赔额都较小，承包人会因此而蒙受经济损失。

2) 日费率分摊法。日费率分摊法又称艾曲利（Eichleay）法，得名于Eichleay公司一桩成功的索赔案例。其基本思路是按合同额分配总部管理费，再用日费率计算应分摊的总部管理费索赔值，其计算公式为

$$争议合同应分摊的总部管理费 = \frac{争议合同额}{合同期承包商完成的合同总额} \times 同期总部管理费总额$$

$$日总部管理费费率 = \frac{争议合同应分摊的总部管理费}{合同履行天数}$$

$$总部管理费索赔额 = 日总部管理费费率 \times 合同延误天数$$

【例 9-6】 某承包人承包工程，合同价为 300 万元，合同履行天数为 120 天，该合同实施过程中因业主原因拖延了 80 天。在这 120 天中，承包人承包其他工程的合同总额为 1 700 万元，总部管理费总额为 100 万元。

[问题] 总部管理费索赔额是多少？

解：

$$争议合同应分摊的总部管理费 = \frac{300\ 万元}{300\ 万元 + 1\ 700\ 万元} \times 100\ 万元 = 15\ 万元$$

$$日总部管理费费率 = \frac{15\ 万元}{120\ 天} = 1\ 250\ 元/天$$

$$总部管理费索赔额 = 1\ 250\ 元/天 \times 80\ 天 = 100\ 000\ 元$$

该方法的优点是简单、实用，易于被人理解，在实际运用中也得到一定程度的认可。其存在的主要问题有：①总部管理费按合同额分摊与按工程分摊结果不同，而后者在会计核算和实际工作中更容易被人理解；②"合同履行天数"中包括了"合同延误天数"，降低了日总部管理费费率及承包人的总部管理费索赔值。

从上可知，总部管理费的分摊标准是灵活的，分摊方法的选用要能反映实际情况，既要合理，又要有利。

3. 综合费用索赔的计算方法

对于由许多单项索赔事件组成的综合费用索赔，可索赔的费用构成往往很多，可能包括直接费用和间接费用，一些基本费用的计算前文已叙述。从总体思路上讲，综合费用索赔主要有以下计算方法：

（1）实际费用法　实际费用法也叫实际成本法，是工程施工索赔中最常用的计价方法，这种方法以承包商为某项索赔工作所支付的实际开支为依据，向业主要求经济赔偿。每一项工程索赔的费用仅限于索赔事项引起的、超过原计划的费用，即额外费用，也就是该施工过程中所发生的额外人工费、材料费和机械设备费，以及相应的管理费。

用实际费用法计价时，在直接费（人工费、材料费、机械设备费等）的额外费用部分的基础上，再加上应得的间接费和利润，即承包商应得的索赔金额。因此，实际费用法客观地反映了承包商的额外开支或损失，为经济索赔提供了精确而合理的证据。

由于实际费用法所依据的是实际发生的成本记录或单据，所以，在施工过程中系统而准确地积累和记录资料是非常重要的。这些记录资料不仅是施工索赔所必不可少的，也是工程项目施工总结的基础依据。

（2）总费用法　总费用法的基本思路是将固定总价合同转化为成本加酬金合同，或索赔值按成本加酬金的方法来计算。它是以承包人的额外增加成本为基础，再加上管理费、利息甚至利润的计算方法。但是，总费用法在工程实践中采用得往往不多，不太容易被业主、仲裁员或律师等所认可，应用该方法时应注意以下几点：

1)工程项目实际发生的总费用应计算准确,合同生成的成本应符合普遍接受的会计原则,若需要分配成本,则分摊方法和基础选择要合理。

2)承包人的报价合理,符合实际情况,不能是采取低价中标策略后过低的标价。

3)合同总成本超支全是其他当事人行为所致,承包人在合同实施过程中没有任何失误,但这在一般工程实践中是不太可能的。

4)因为实际发生的总费用中可能包括了因承包人的原因(如施工组织不善、浪费材料等)而增加的费用,同时投标报价估算的总费用由于想中标而过低。所以这种方法只有在难以按其他方法计算索赔费用时才使用。

5)采用这个方法,往往是由于施工过程受到严重干扰,多个索赔事件混杂在一起,难以准确地进行分项记录和收集资料、证据,也不容易分项计算出具体的损失费用,只能采用总费用法进行索赔。

6)该方法要求必须出具足够的证据,证明其全部费用的合理性,否则其索赔额将不容易被接受。

(3)修正的总费用法 修正的总费用法是对总费用法的改进,即在总费用计算的原则上,去掉一些不合理的因素,使其更合理。修正的内容如下:

1)将计算索赔款的时段局限于受到外界影响的时间,而不是整个施工期。

2)只计算受影响时段内的某项工作所受影响的损失,而不是计算该时段内所有施工工作所受的损失。

3)与该项工作无关的费用不列入总费用中。

4)对承包人投标报价费用重新进行核算;按受影响时段内该项工作的实际单价进行核算,乘以实际完成的该项工作的工作量,得出调整后的报价费用。

按修正后的总费用计算索赔金额的公式如下:

索赔金额=某项工作调整后的实际总费用-该项工作的报价费用(含变更款)

修正的总费用法与总费用法相比,有了实质性的改进,准确地反映出了实际增加的费用。

(4)分项法 分项法是在明确责任的前提下,对每个引起损失的干扰事件和各费用项目单独分析计算索赔值,并提供相应的工程记录、收据、发票等证据资料,最终求和,这样可以在较短时间内分析、核实,确定索赔费用,顺利解决索赔事宜。该方法虽比总费用法复杂、困难,但比较合理、清晰,能反映实际情况,且可为索赔文件的分析、评价及其最终索赔谈判和解决提供方便,是承包人普遍采用的方法。分项法的计算通常分为以下三步:

1)分析每个或每类索赔事件所影响的费用项目,不得有遗漏。这些费用项目通常应与合同报价中的费用项目一致。

2)计算每个费用项目受索赔事件影响后的数值,通过与合同价中的费用值进行比较即可得到该项费用的索赔值。

3)将各费用项目的索赔值汇总,得到总费用索赔值。分项法中索赔费用主要包括该项工程施工过程中所发生的额外人工费、材料费、机械设备费、相应的管理费,以及应得的间接费和利润等。由于分项法所依据的是实际发生的成本记录或单据,所以在施工过程中,对第一手资料的收集整理就显得非常重要。

【例9-7】 某建设项目业主与施工单位签订了可调价格合同，合同中约定：主导施工机械一台为施工单位自有设备，台班单价为800元/台班，折旧费为100元/天，人工日工资单价为40元/工日，窝工费为10元/工日。合同履行后第30天，因场外停电全厂停工2天，造成人工窝工20个工日；合同履行后的第50天，业主指令增加一项新工作，完成该工作需要5天时间，机械5台班，人工20个工日，材料费5 000元。

[问题] 该施工单位可获得的直接工程费补偿额为多少？

解：（1）因场外停电导致的直接工程费索赔额：

人工费＝20 工日×10 元/工日＝200 元

机械设备费＝2 天×100 元/天＝200 元

（2）因业主指令增加新工作导致的直接工程费索赔额：

人工费＝20 工日×40 元/工日＝800 元

材料费＝5 000 元

机械设备费＝5 台班×800 元/台班＝4 000 元

可获得的直接工程费补偿额＝（200+200）元+（800+5 000+4 000）元＝10 200 元

延展阅读

费用索赔争议的鉴定

根据《建设工程造价鉴定规范》（GB/T 51262—2017）关于费用索赔争议，给出了如下的鉴定方法：

1）当事人因索赔发生争议的，鉴定人应根据委托人就索赔事件的成因、损失等做出判断，委托人明确索赔成因、索赔损失、索赔时效均成立的，鉴定人应运用专业知识做出因果关系的判断，给出鉴定意见，供委托人判断。

2）当事人一方提出索赔，对方当事人已经答复但未能达成一致的，应按以下规定进行鉴定：

① 对方当事人以不符合事实为由不同意索赔的，应在厘清证据事实及事件的因果关系的基础上做出鉴定。

② 对方当事人以该索赔事项存在，但认为不存在赔偿或认为索赔过高的，应根据专业判断做出鉴定。

3）当事人对暂停施工索赔费用有争议的，应按以下规定进行鉴定：

① 合同有约定的，按合同约定做出鉴定。

② 因发包人原因引起的暂停施工，费用由发包人承担，包括：已完工程保护费、现场材料设备保管费、施工机具租赁费、现场生产工人与管理人员工资、承包人为复工所需的准备费用等。

③ 因承包人原因引起的暂停施工，费用由承包人承担。

4）遇异常恶劣气候条件，承包人提出增加费用和工期的，按以下规定鉴定：

① 承包人及时通知发包人，发包人同意采取合理措施增加的费用和延误的工期由发包人承担；双方未就具体金额达成一致，通过专业鉴别、判断做出鉴定。

② 承包人及时通知发包人，发包人未及时回复，可从专业角度进行鉴别、判断后做出鉴定。

③ 因发包人删减了工程合同中的某项工作或工程项目，承包人提出应由发包人给予合理的费用及利润补偿，委托人认定该事实成立的，鉴定时，其费用可按相关工程企业管理费的一定比例计算，预期利润按工程项目的报价中利润的一定比例或工程所在地建筑企业统计年报的利润率计算。

④ 当事人对鉴定项目因设计变更顺延工期有争议的，鉴定人应参考施工进度计划判别是否增加了关键线路和关键工作的工程量并足以引起工期变化，如增加了工期，应相应顺延工期；如未增加工期，工期不予顺延。

⑤ 当事人对鉴定项目因工期延误而索赔有争议的，鉴定人应将确定的实际工期，再与合同工期对比，为了确定是否延误而进行鉴定。

9.4 争执解决

9.4.1 合同争执概述

合同争执和索赔是孪生的。合同争执最常见的形式是索赔处理争执；索赔的解决程序直接连接着合同争执的解决程序；在工程合同中，如果不涉及赔偿问题，则任何争执都没有意义。合同争执通常具体表现在，合同当事人双方对合同约定的义务和权利理解不一致，最终导致对合同的履行或不履行的后果和责任的分担产生争执。如对合同索赔要求存在重大分歧，双方不能达成一致；业主否定工程变更，拒绝承包商的额外支付要求；甚至双方对合同的有效性发生争执。

合同争执的解决原则如下：

1）迅速解决争执，使合同争执的解决简单、方便、低成本。

2）公平合理地解决合同争执。

3）符合合同和法律的规定。通常在合同中明确规定争执解决程序条款。这会使合同当事人对合同履行充满信心，减少风险，有利于合同的顺利实施。

4）尽量达到双方都能满意的结果。

9.4.2 工程索赔争执解决的程序

承包商提出索赔，将索赔报告交业主委托的工程师。经工程师检查、审核索赔报告，再交业主审查。如果业主和工程师不提出疑问或反驳意见，也不要求补充或核实证明材料和数据，表示认可，则索赔成功。

如果业主不认可，全部或部分地否定索赔报告，不承认承包商的索赔要求，则会产生索赔争执。在实际工程中，直接地、全部地认可索赔要求的情况是极少的。所以绝大多数索赔都会导致争执，特别是当干扰事件原因比较复杂、索赔额较大的时候。常见的索赔争执解决过程如图 9-2 所示。

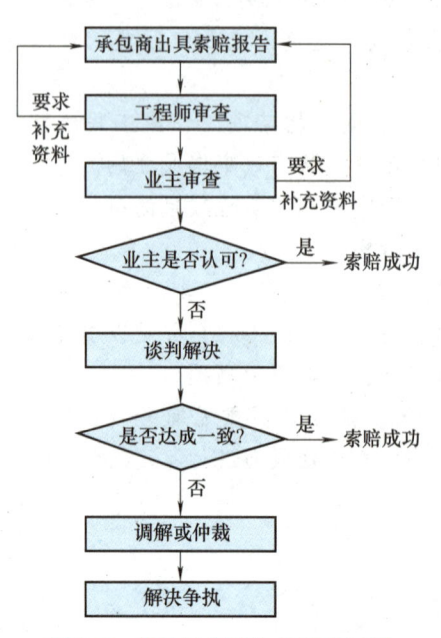

图 9-2 常见的索赔争执解决过程

合同争执的解决是一个复杂、细致的过程。它占用了承包商大量的时间和金钱。对于大的复杂的项目或出现大的索赔争执，有时不得不请索赔专家或委托咨询公司进行索赔管理。这在国际承包工程中是常见的。

争执的解决有各种途径，可以"私了"，也可以"法庭上见"；可双方商讨，也可请他人调解。这完全由合同双方决定，一般受争执的额度、事态的发展情况、双方的索赔要求、实际的期望值、期望的满足程度、双方在处理索赔问题上的策略（灵活性）等因素影响。

9.4.3 合同争执的解决途径

建设工程合同争执解决途径主要有五种：和解、调解、争议评审、仲裁和诉讼。建设工程合同发生争执后，当事人可以通过和解或者调解解决合同争议。当事人不愿和解、调解或者调解不成的，可以根据仲裁协议向仲裁机构申请仲裁。当事人没有订立仲裁协议或者仲裁协议无效的，可以向人民法院起诉。当事人应当履行发生法律效力的法院判决或裁定、仲裁裁决、法院或仲裁调解书；拒不履行的，对方当事人可以请求人民法院执行。

1. 和解

和解的实质即为协商，是指当事人在自愿互谅的基础上，就已经发生的争议进行协商并达成协议，自行解决争议的一种方式。发生合同争议时，当事人应首先考虑通过和解解决争议。合同争议和解解决方式简便易行，能经济、及时地解决纠纷，同时有利于维护合同双方的友好合作关系，使合同能更好地得到履行。关于合同价款的和解，根据《建设工程工程量清单计价规范》（GB 50500—2013）的规定，双方可通过以下方式进行和解：

(1) 协商和解　合同价款争议发生后，发、承包双方任何时候都可以进行协商。协商达成一致的，双方应签订书面和解协议，和解协议对发、承包双方均有约束力。如果协商不能达成一致协议，发包人或承包人都可以按合同约定的其他方式解决争议。

(2) 监理或造价工程师暂定　若发包人和承包人之间就工程质量、进度、价款支付与扣除、工期延期、索赔、价款调整等发生任何法律上、经济上或技术上的争议，首先应根据已签约合同的规定，提交合同约定职责范围内的总监理工程师或造价工程师解决，并抄送另一方。总监理工程师或造价工程师在收到此提交件后 14 天内应将暂定结果通知发包人和承包人。发、承包双方对暂定结果认可的，应以书面形式予以确认，暂定结果成为最终决定。

发、承包双方在收到总监理工程师或造价工程师的暂定结果通知之后的 14 天内，未对暂定结果予以确认也未提出不同意见的，视为发、承包双方已认可该暂定结果。

发、承包双方或一方不同意暂定结果的，应以书面形式向总监理工程师或造价工程师提出，说明自己认为正确的结果，同时抄送另一方。此时，该暂定结果成为争议。在暂定结果不实质影响发、承包双方当事人履约的前提下，发、承包双方应实施该结果，直到其按照发、承包双方认可的争议解决办法被改变为止。

延展阅读

反索赔

反索赔就是反驳、反击或者防止对方提出的索赔，不让对方索赔成功或者全部成功。一般认为，索赔是双向的，业主和承包商都可以向对方提出索赔要求，任何一方也都可以对对方提出的索赔要求进行反驳和反击，这种反击和反驳就是反索赔。

1. 反索赔的类型

反索赔有工期延误反索赔、施工缺陷反索赔、承包商未履行的保险费用反索赔、对超额利润的反索赔、对指定分包商的付款反索赔、业主终止合同或承包商不正当地放弃工程的反索赔等六种类型。

2. 反索赔的作用

(1) 抓住对方的失误，直接向对方提出索赔，以抗衡或平衡对方的索赔要求，以求在最终解决索赔时互相让步或者不支付。

(2) 针对对方索赔报告，进行仔细、认真地研究和分析，找出理由和证据，证明对方的索赔要求或索赔报告不符合实际情况和合同规定，没有合同依据和事实依据，索赔值计算不合理或不准确等问题，反击对方不合理的索赔要求，推卸或减轻自己的责任，使自己不受或少受损失。

2. 调解

调解是指双方当事人以外的第三人应纠纷当事人的请求，依据法律规定或合同约定，对双方当事人进行疏导、劝说，促使他们互相谅解、自愿达成协议解决纠纷的一种途径。关于合同价款的调解，《建设工程工程量清单计价规范》（GB 50500—2013）规定了以下的调解方式：

(1) 管理机构的解释或认定　合同价款争议发生后，发、承包双方可就工程计价依据的争议以书面形式提请工程造价管理机构对争议以书面文件进行解释或认定。工程造价管理机构应在收到申请的 10 个工作日内就发、承包双方提请的争议问题进行解释或认定。发、承包双方或一方在收到工程造价管理机构书面解释或认定后，仍可按照合同约定的争议解决方式提请仲裁或诉讼。除工程造价管理机构的上级管理部门做出了不同的解释或认定，或在仲裁裁决或法院判决中不予采信的外，工程造价管理机构做出的书面解释或认定是最终结果，对发、承包双方均有约束力。

(2) 双方约定争议调解人进行调解　通常按照以下程序进行：

1) 约定调解人。发、承包双方应在合同中约定或在合同签订后共同约定争议调解人，负责双方在合同履行过程中发生争议的调解。合同履行期间，发、承包双方可以协议调换或终止任何调解人，但发包人或承包人都不能单独采取行动。除非双方另有协议，否则在最终结清支付证书生效后，调解人的任期即终止。

2) 争议的提交。如果发、承包双方发生了争议，任何一方可以将该争议以书面形式提交给调解人，并将副本抄送另一方，委托调解人调解。发、承包双方应按照调解人提出的要求，给调解人提供所需要的资料、现场进入权及相应设施。调解人应被视为不是在进行仲裁人的工作。

3) 进行调解。调解人应在收到调解委托后 28 天内，或由调解人建议并经发、承包双方认可的其他期限内，提出调解书。发、承包双方接受调解书的，经双方签字后作为合同的补充文件，对发、承包双方具有约束力，双方都应立即遵照执行。

4) 异议通知。如果发、承包任一方对调解人的调解书有异议，应在收到调解书后 28 天内向另一方发出异议通知，并说明争议的事项和理由。但除非并直到调解书在协商和解或仲裁裁决、诉讼判决中做出修改，或合同已经解除，否则承包人应继续按照合同实施工程。

如果调解人已就争议事项向发、承包双方提交了调解书，而任一方在收到调解书后 28 天内均未发出表示异议的通知，则调解书对发、承包双方均具有约束力。

3. 争议评审

争议评审是新增的解决争执的方式，《建设工工程施工合同（示范文本）》（GF—2013—0201）借鉴了《菲迪克（FIDIC）施工合同条件》（1999 版红皮书），能够有效解决传统争议解决方式的专业性不足和效率低下的问题，提高了争议解决的专业性和效率性，快速定纷止争。《建设工程施工合同（示范文本）》（GF—2017—0201）给出了采取争议评审方式解决争议以及评审规则，并按下列约定执行：

(1) 争议评审小组的确定　合同当事人可以共同选择一名或三名争议评审员，组成争议评审小组。除另有约定外，合同当事人应当自合同签订后 28 天内，或者在争议发生后 14 天内，选定争议评审员。

选择一名争议评审员的，由合同当事人共同确定；选择三名争议评审员的，各自选定一名，第三名成员为首席争议评审员，由合同当事人共同确定或由合同当事人委托已选定的争议评审员共同确定，或由专用条款约定的评审机构指定第三名首席争议评审员。

除另有约定外，评审员报酬由发包人和承包人各承担一半。

(2) 争议评审小组的决定　合同当事人可在任何时间将与合同有关的任何争议共同提

请争议评审小组进行评审。争议评审小组应秉持客观、公正原则，充分听取合同当事人的意见，依据相关法律、规范、标准、案例经验及商业惯例等，自收到争议评审申请报告后 14 天内做出书面决定，并说明理由，合同当事人可以在专用条款中另行约定。

（3）争议评审小组决定的效力　争议评审小组做出的书面决定经合同当事人签字确认后，对双方具有约束力，双方应遵照执行。任何一方当事人不接受争议评审小组决定或不履行争议评审小组决定的，双方可选择采用其他争议解决方式。

4. 仲裁

当争执双方不能通过和解和调解达成一致时，自愿将争议事项按合同仲裁条款的规定采用仲裁方式解决。仲裁作为正规的法律程序，其结果对双方都有约束力。在仲裁中可以对工程师所做的所有指令、决定，签发的证书等进行重新审议。

（1）仲裁方式的选择　在民商事仲裁中，有效的仲裁协议是申请仲裁的前提，没有仲裁协议或仲裁协议无效的，当事人就不能提请仲裁机构仲裁，仲裁机构也不能受理。因此，发、承包双方如果选择仲裁方式解决纠纷，必须在合同中订立有仲裁条款或者以书面形式在纠纷发生前或者纠纷发生后达成了请求仲裁的协议。

仲裁协议方有效，必须同时具备的三项内容：请求仲裁的意思表示、仲裁事项、选定的仲裁委员会。

（2）仲裁裁决的执行　仲裁裁决做出后，当事人应当履行裁决。一方当事人不履行的，另一方当事人可以向被执行人所在地或者被执行财产所在地的中级人民法院申请执行。

（3）关于通过仲裁方式解决合同价款争议　《建设工程工程量清单计价规范》（GB 50500—2013）做出了如下规定：

1）如果发、承包双方的协商和解或调解均未达成一致意见，其中一方已就此争议事项根据合同约定的仲裁协议申请仲裁的，应同时通知另一方。

2）仲裁可在竣工之前或之后进行，但发包人、承包人、调解人各自的义务不得因在工程实施期间进行仲裁而有所改变。当仲裁是在要求仲裁机构要求停止施工的情况下进行时，承包人应对合同工程采取保护措施，由此增加的费用由败诉方承担。

3）若双方通过和解或调解形成的有关暂定、和解协议、调解书已经有约束力的情况下，当发、承包中一方未能遵守时，另一方可在不损害对方任何其他权利的情况下，将未能遵守暂定或不执行和解协议或调解书达成的事项提交仲裁。

5. 诉讼

诉讼是运用司法程序解决争执的一种方式，由法院受理并行使审判权，对合同双方的争执做出强制性判决。在建设工程合同中，发、承包双方在履行合同时发生争议，双方当事人不愿和解、调解或者和解、调解未能达成一致意见，又没有达成仲裁协议或者仲裁协议无效的，可依法向人民法院提起诉讼。

关于建设工程施工合同纠纷的诉讼管辖，根据《最高人民法院关于适用〈中华人民共和国民事诉讼法〉的解释》（法释〔2015〕5 号）的规定，建设工程施工合同纠纷按照不动产纠纷确定管辖。根据《中华人民共和国民事诉讼法》的规定，因不动产纠纷提起的诉讼，由不动产所在地人民法院管辖。因此，因建设工程合同纠纷提起的诉讼，应当由工程所在地人民法院管辖。

延展阅读

合同价款纠纷的处理原则

建设工程合同履行过程中会产生大量的纠纷,有些纠纷并不容易直接适用现有的法律条款予以解决。针对这些纠纷,可以通过相关司法解释的规定进行处理。2002年6月11日,最高人民法院通过了《关于建设工程价款优先受偿权问题的批复》(法释[2002]16号),2004年9月29日,最高人民法院通过了《关于审理建设工程施工合同纠纷案件适用法律问题的解释》(法释([2004]14号)。2018年10月29日,最高人民法院通过了《关于审理建设工程施工合同纠纷案件适用法律问题的解释(二)》(法释[2018]20号)。这些司法解释和批复,不仅为人民法院审理建设工程合同纠纷提供了明确的指导意见,同样为建设工程实践中出现的合同纠纷指明了解决的办法。司法解释中关于施工合同价款纠纷的处理原则和方法,更是可以为发、承包双方在工程合同履行过程中出现的类似纠纷的处理提供极佳的参考。

其中,工程造价纠纷在合同争议纠纷占比最大。工程造价争议解决可依据《建设工程造价鉴定规范》(GB/T51262—2017),此规范以《民事诉讼法》《仲裁法》为法律依据,将工程造价鉴定活动中常见的疑难问题进行归纳总结,针对合同争议、证据欠缺、计量争议、计价争议、工期索赔争议、费用索赔争议、工程签证争议以及合同解除争议这八大焦点问题规定了相应的鉴定方法和处理原则,给工程造价争议解决提供了重要参考。

习题

一、单项选择题

1. 当承包人提出索赔要求后,工程师无权就(　　)做出决定。
   A. 费用索赔　　　　　　　　　B. 要求承包人缩短合同工期
   C. 合同内索赔　　　　　　　　D. 工期延误索赔

2. 在(　　)内规定,当一方向另一方提出的索赔要求不成立时,提出索赔的一方应补偿由于此项索赔导致对方的费用支出。
   A. 设计合同　　B. 监理合同　　C. 施工合同　　D. 物资采购合同

3. 施工合同约定,风力超过8级以上的停工应给予工期顺延。某承包人在5月份一水塔高空作业的施工中遇7级风,按照安全施工管理规定的要求停工5天,为此提出工期索赔的要求。其理由是当地多年气候资料表明5月份没有大风,此次连续大风属于不可预见的情况。该承包人的索赔理由属于(　　)。
   A. 工程变更　　　　　　　　　B. 工程加速索赔
   C. 合同被迫终止索赔　　　　　D. 合同中默示的索赔

4. 施工合同示范文本规定，承包商递交索赔报告 28 天后，工程师未对此索赔要求做出任何表示，则应视为（　　）。
   A. 工程师已拒绝索赔要求   B. 承包人需提交现场记录和补充证据资料
   C. 承包人的索赔要求已成立   D. 需等待发包人批准
5. 工程师直接向分包人发布了错误指令，分包人经承包人确认后实施，但该错误指令导致分包工程返工，为此分包人向承包人提出费用索赔，承包人（　　）。
   A. 以不属于自己的原因拒绝索赔要求
   B. 认为要求合理，先行支付后再向业主索赔
   C. 不予支付，以自己的名义向工程师提交索赔报告
   D. 不予支付，以分包商的名义向工程师提交索赔报告
6. 《建设工程施工合同（示范文本）》规定，工程索赔事件发生后的 28 天内，承包人应向工程师递交（　　）。
   A. 索赔事件发生的原因和证据资料   B. 索赔的依据
   C. 索赔意向通知   D. 索赔报告

二、多项选择题
1. 当承包人提出索赔后，工程师要对其提供的证据进行审查。属于有效的证据包括（　　）。
   A. 工程师书面指令   B. 施工会议纪要
   C. 招标文件中的投标须知   D. 招标阶段发包人对承包人质疑的书面解答
   E. 检查和试验记录
2. 对于施工中发生的不可抗力，施工合同示范文本规定发包人应承担的损失包括（　　）。
   A. 工程所需清理费   B. 承包人施工机械的停工损失
   C. 工程本身的损害   D. 工程损害导致第三方人员伤亡
   E. 由承包人负责采购，运至施工场地用于施工材料的损失
3. 某项目施工过程中，由于空中飞行物坠落给施工造成了重大损害，（　　）应当由发包方承担。
   A. 承包方人员伤亡损失   B. 发包方人员伤亡损失
   C. 承包方施工设备损坏的损失   D. 工程修复费用
   E. 运至施工场地待安装工程设备的损害
4. 以下对索赔的表述中，正确的有（　　）。
   A. 索赔要求的提出不需经对方同意
   B. 索赔依据应在合同中有明确根据
   C. 应在索赔事件发生后的 28 天内递交索赔报告
   D. 工程师的索赔处理决定超过权限时应报发包人批准
   E. 承包人必须执行工程师的索赔处理决定

三、思考题
1. 工程索赔的起因和分类有哪些？
2. 施工过程中，哪些资料可以作为施工索赔的依据？
3. 怎样进行工程索赔文件的编写？
4. 索赔的成立条件是什么？
5. 简述索赔的处理程序与原则。
6. 合同争执的解决通常有哪几种方法？各有什么适用条件和优缺点？

第 10 章
工程合同管理案例分析

> **学习目标**
> 1. 掌握合同争议或纠纷的处理原则。
> 2. 熟悉施工合同条款及其变更估价条款的运用。
> 3. 掌握工程索赔责任判断与计算。
> 4. 熟悉工程签证单的编制与审核。

10.1 合同纠纷的处理

[案例 10-1] 工程造价的鉴定

[背景]

某工业园办公楼工程，地下和地上建筑面积共计 36 740m^2，施工内容包含土建和装饰装修。某施工单位采用低报价策略编制了投标文件并中标。该承包人（乙方）于×年×月×日与发包人（甲方）签订了该工程项目的固定单价合同，工期为 8 个月。双方约定按 1 860 元/m^2 单价一次性包死，合同总价 6834 万元。承包人要求发包人及时支付工程款，否则停止施工；发包人认为承包人不按约定履行合同，施工力量薄弱，导致工期延误，并以工程延误为由通知其解除合同。承包人遂撤场，双方解除合同，后经法院认定，系发包方单方违约解除合同。但对于已完工程的造价确定有争议，提请诉讼，并请当地一家工程造价咨询企业鉴定。工程造价鉴定结论为：

① 依据双方当事人签订的建设工程施工合同和设计施工图等相关资料，标的物合同价格=建筑面积×合同单价=36 740m^2×1 860 元/m^2=6 833.64 万元。

② 依据设计施工图及某省建设工程消耗量定额（2018）等相关资料，标的物施工图预算价格合计为 8 909.89 万元。即合同价与预算价相比，下浮比例为 76.6%。

③ 依据双方当事人签订的《建设工程施工合同》、设计施工图和某省建设工程消耗定额（2018）等相关资料，标的物已完部分工程预算价格为 4065.21 万元。

④ 标的物已完工程项目鉴定价格=4 065.21 万元×76.6%=3 113.95 万元。

承包人认为下浮率太高，以"投标价低于成本价，违反《招标投标法》《民法典》等相关强制性规定"，主张合同无效，应按 4065 万元结算。发包人认为，施工合同是当事人真实意思的反映，没有违反法律和行政法规的强制性规定，合同有效，应按3114万元结算。

[问题]

1. 合同争议引起的工程造价如何鉴定？本案适用哪一条规定？
2. 低于成本价投标的合同是否有效？试说明理由。
3. 本案最终的结算结果应怎样处理？试说明理由。

[分析]

1）低价中标合同有效性。法律禁止投标人以低于成本的报价竞标，目的是规范招投标活动，避免不正当竞争，保证项目质量，维护社会公共利益。如确实存在低于成本价投标，应依法确认中标无效，施工合同也无效。但是成本价是企业的个别成本，招标投标法不妨碍企业通过提高管理水平和经济效益来降低个别成本，以提升自身的市场竞争力。

2）该工程按一次性包死价1 860元/m^2×建筑面积作为固定总价合同，承包人实现合同目的、获取利益的前提是完成全部工程。本案的计价方式贯彻了地下室、结构施工和安装装修三个阶段，即三个形象进度的综合平衡报价。由于我国建筑市场普遍存在地下室和结构施工薄利或亏本、安装装修施工可获得较高利润的现象，本工程合同解除时，承包人完成了结构主体的施工，而安装装修工程尚未施工，如仍以合同约定的1 860元/m^2作为已完工程价款的计价单价，对承包人明显不公平；如按照建筑面积确定造价，则对发包方明显不公平。因此双方约定的计价方式已无法适用。司法实践大致有三种方式：

① 合同价与预算价计算下浮率，再乘以已完工程预算价格。

② 已完施工工期与合同工期的比值再乘以合同总价。要求合同工期和实际施工工期合理、各工期对应的工程量和价款成正比。

③ 依据政府部门发布的定额进行计价。

3）对未完工的工程结算。①在无合同约定的情况下，对未完工程价款按比例折算既不合法又不合理。②未完工程价款按工程定额结算有明确的法律指引。依据《民法典》第五百一十一条及第八百三十条、《建设工程价款结算暂行办法》（财建369号）第11条、《关于审理建设工程施工合同纠纷案件适用法律问题的解释》第16条等相关法律法规的规定，特别是在发包人违约解除合同的情况下，主动适用上述条款更能体现当事人过错和司法判断的价值取向。

[参考答案]

1. 合同争议引起的工程造价鉴定方法：

1）工程合同有效，根据合同约定进行鉴定。

2）工程合同无效，根据鉴定委托人的决定进行鉴定。

3）工程合同计价依据、计价方法约定不明的，应厘清合同履行的事实，如按合同履行的，应向委托人提出按合同进行鉴定；如没有履行，鉴定人提出"参照鉴定项目所在地同时期适用的计价依据、计价方法和签约时的市场价格信息进行鉴定"的建议，按照委托人决定鉴定。

4）工程合同计价依据、计价方法没有约定的，鉴定人提出"参照鉴定项目所在地同时期适用的计价依据、计价方法和签约时的市场价格信息进行鉴定"的建议，按照委托人决定鉴定。

5）工程合同对计价依据、计价方法约定条款前后矛盾的，由委托人决定；委托人不明确的，按不同的约定条款分别鉴定，供委托人判断。

6）当事人分别提出不同的工程合同文本，由委托人决定适用合同文本；委托人不明确的，可按不同的合同文本分别进行鉴定。

本案属于第3）条，合同虽有效，但合同事实是发包人违约，合同双方均未就合同中途解除时如何计付工程款做出相应的约定。

2. 有效。理由是：以鉴定结论为基础推断投标价低于成本价，依据不充分。承包人未能提供投标报价低于企业个别成本的证据材料。发、承包双方签订的施工合同是当事人真实意思的表示，没有违反法律和行政法规强制性规定，合同有效。

3. 本案标的物已完部分工程预算价格为4 065.21万元。发包方违约的未完工程，参照鉴定项目所在地同时期适用的计价依据、计价方法和签约时的市场价格信息进行鉴定。

[案例10-2] 施工合同条款的若干问题

[背景]

某建设单位（甲方）拟建造一栋9 000m² 的办公楼，采用工程量清单计价方式由某施工单位（乙方）承建。甲乙双方签订的施工合同摘要如下：

1. 合同协议书中的部分条款

1）合同工期：计划开工日期2019年3月16日，计划竣工日期2020年3月10日；工期总日历天数330天（扣除春节放假7天）。

2）工程质量：符合甲方规定标准。

3）签约合同价与合同价格形式：人民币（大写）壹仟陆佰捌拾玖万元（¥16 890 000.00元），合同价格形式为总价合同。

其中：安全文明施工费为签约合同价的5%，暂列金额为签约合同价的5%。

4）承包人项目经理：在开工前由承包人采用内部竞聘方式确定。

5）合同文件构成：

本协议书与下列文件一起构成合同文件：①中标通知书；②投标函及投标函附录；③专用合同条款；④通用合同条款；⑤技术标准和要求；⑥图样；⑦已标价工程量清单；⑧其他合同文件。

上述文件互相补充和解释，如有不明确或不一致之处，以合同约定在先者为准。

2. 专用合同条款中有关合同价款的条款

（1）合同价款及其调整 本合同除如下约定外，合同价款不得调整：

1）当工程量清单项目工程量的变化幅度在15%以内时，其综合单价不做调整，执行原有综合单价。

2）当工程量清单项目工程量的变化幅度在15%以外时，合同价款可做调整。

3）当材料价格上涨超过5%、机械设备使用费变化幅度超过10%时，调整相应分项工程价款。

（2）合同价款的支付

1）工程预付款：于开工之日支付合同总价的10%作为预付款。工程实施后，预付款从工程后期进度款中扣回。

2）工程进度款：基础工程完成后，支付合同总价的10%；主体结构三层完成后，支付合同总价的 20%；主体结构全部封顶后，支付合同总价的 20%；工程基本竣工时，支付合同总价的 30%。为确保工程如期竣工，乙方不得因甲方资金的暂时不到位而停工和拖延工期。

3）竣工结算：工程竣工验收后，进行竣工结算。结算时按全部工程造价的 3%扣留工程质量保证金。在保修期（50 年）满后，质量保证金及其利息扣除已支出费用后的剩余部分退还给乙方。

3. 补充协议条款

在上述施工合同协议条款签订后，甲乙双方又接着签订了补充施工合同协议条款。摘要如下：

补 1. 木门窗均用水曲柳板包门窗套。

补 2. 铝合金窗 90 型系列改用 42 型系列某铝合金厂产品。

补 3. 外挑廊均采用 42 型系列某铝合金厂铝合金窗封闭。

[问题]

1. 实行工程量清单计价的工程，适宜采用何种合同类型？本案例采用总价合同方式是否违法？

2. 该合同签订的条款有哪些不妥之处？应如何修改？

3. 合同中未规定的承包人义务，合同实施过程中又必须进行的工程内容，承包人应如何处理？

[分析]

1. 合同协议书条款　本案例为根据《建设工程施工合同（示范文本）》（GF—2017—0201）给出的合同条款及格式主要涉及建设工程施工合同计价方式；合同条款签订中易发生争议的若干问题；施工过程中出现合同未规定的承包人义务，但又必须进行的工程内容，承包人应如何处理，以及根据住房和城乡建设部、财政部颁布的《关于印发建设工程质量保证金管理办法的通知》（建质〔2017〕138 号）的规定，处理工程质量保证金返还问题。

2. 合同价款调整内容　根据《建设工程工程量清单计价规范》（GB 50500—2013）的规定，以下事项（但不限于）发生，发、承包双方应当按照合同约定调整合同价款：①法律法规变化；②工程变更；③项目特征不符；④工程量清单缺项；⑤工程量偏差；⑥计日工；⑦物价变化；⑧暂估价；⑨不可抗力；⑩提前竣工（赶工补偿）；⑪误期赔偿；⑫索赔；⑬现场签证；⑭暂列金额；⑮发、承包双方约定的其他调整事项。

3. 合同价款调整方法　《建设工程工程量清单计价规范》（GB 50500—2013）中有关工程合同价款的调整方法：

1）当工程量清单项目工程量的变化幅度在 15%以外时，该项目单价应予调整。调整的原则为：当工程量增加 15%以上时，其增加部分工程量的综合单价应予调低；当工程量减少 15%以上时，减少后剩余部分工程量的综合单价应予调高。

2）当材料价格变化幅度超过 5%、机械设备使用费变化幅度超过 10%时，可以调整合同价款，调整方法需要在合同中约定。

[参考答案]

1. 根据《建设工程工程量清单计价规范》（GB 50500—2013）的规定，对实行工程量清单计价的工程，宜采用单价合同方式。

采用总价合同方式并不违法，因为《建设工程工程量清单计价规范》（GB 50500—2013）并未强制规定采用单价合同方式。

2. 该合同条款存在的不妥之处及其修改如下：

（1）工期总日历天数约定不妥　应按日历天数约定，不扣除节假日时间。

（2）工程质量标准为甲方规定的质量标准不妥　本工程是办公楼工程，目前对该类工程尚不存在其他可以明示的企业或行业的质量标准。因此，不应以甲方规定的质量标准作为该工程的质量标准，而应以《建筑工程施工质量验收统一标准》（GB 50300—2013）中规定的质量标准作为该工程的质量标准。

（3）安全文明施工费和暂列金额为签约合同价的一定比例不妥　应约定具体金额。

（4）承包人在开工前采用内部竞聘方式确定项目经理不妥　应明确为投标文件中拟定的项目经理。如果项目经理人选发生变动，应征得监理人和（或）甲方同意。

（5）关于调整内容约定外合同价款不得调整不妥　应根据《建设工程工程量清单计价规范》（GB 50500—2013）的规定，全面约定工程价款可以调整的内容。

（6）关于根据工程量变化幅度、材料上涨幅度和机械设备使用费变化幅度调整工程价款的约定不妥　应根据《建设工程工程量清单计价规范》（GB 50500—2013）的规定，全面约定工程价款可以调整的具体方法。

（7）工程预付款预付额度和时间不妥　根据《建设工程工程量清单计价规范》（GB 50500—2013）的规定：

1）包工包料工程的预付款的支付比例不得低于签约合同价（扣除暂列金额）的10%，不宜高于签约合同价（扣除暂列金额）的30%。

2）发包人应在收到支付申请的7天内进行核实后向承包人发出预付款支付证书，并在签发支付证书后7天内向承包人支付预付款。

3）应明确约定工程预付款的起扣点和扣回方式。

（8）工程价款支付条款约定不妥　"基本竣工时间"不明确，应修订为具体明确的时间；"乙方不得因甲方资金的暂时不到位而停工和拖延工期"条款显失公平，应说明甲方资金不到位在什么期限内乙方不得停工和拖延工期，逾期支付的利息如何计算。

（9）工程质量保证金返还时间不妥　根据住房和城乡建设部、财政部颁布的《关于印发建设工程质量保证金管理办法的通知》（建质〔2017〕138号）的规定，在施工合同中双方约定的工程质量保证金保留时间一般为1年，最长不超过2年。

（10）质量保修期（50年）不妥　应按《建设工程质量管理条例》的有关规定进行修改。

（11）补充施工合同协议条款不妥　在补充协议中，不仅要补充工程内容，而且要说明工期和合同价款是否需要调整；若需调整，应如何调整。

3. 首先应及时与甲方协商，确认该部分工程内容是否由乙方完成。如果需要由乙方完成，则应与甲方商签补充合同条款，就该部分工程内容明确双方各自的权利义务，并对工程计划做出相应的调整；如果由其他承包人完成，则乙方要与甲方就该部分工程内容的协作配合条件及相应的费用等问题达成一致意见，以保证工程的顺利进行。

[案例 10-3] 合同计量与变更价款的原则运用

[背景]

某施工单位（乙方）与某建设单位（甲方）按《建设工程施工合同（示范文本）》（GF—2017—0201）签订了某项工业建筑的地基处理与基础工程施工合同。由于工程量无法准确确定，根据施工合同专用条款的规定，按施工图预算方式计价，乙方必须严格按照施工图及施工合同规定的内容及技术要求施工。乙方的分项工程首先向监理人申请质量验收，取得质量验收合格文件后，向工程造价跟踪审计单位提出计量申请和支付工程款。工程开工前，乙方提交了施工组织设计并得到批准。

在施工过程中发生了以下事件：

事件 1. 在工程施工过程中，进行到施工图所规定的处理范围边缘时，乙方在取得在场的监理人认可的情况下，为了使夯击质量得到保证，将夯击范围适当扩大。施工完成后，乙方将扩大范围内的施工工程向工程造价跟踪审计单位提出计量付款的要求。

事件 2. 在基础工程施工过程中，乙方根据监理人的指示，将灌注桩混凝土等级从 C25 提高到 C30。

事件 3. 在开挖土方施工过程中，施工过程中遇到数天季节性大雨后又转为特大暴雨引起山洪暴发，造成现场临时道路、管网和甲乙方施工现场办公用房等设施以及已施工的部分基础被冲坏，施工设备损坏，运进现场的部分材料被冲走，乙方数名施工人员受伤。雨后，乙方用了很多工时进行工程清理和修复作业。为此，乙方按照索赔程序提出了延长工期和费用补偿要求。

事件 4. 在随后的施工中又发现了出土文物，造成承包人部分施工人员和机械窝工，同时，承包人为文物保护付出了一定的措施费。

[问题]

1. 针对事件 1，跟踪审计单位应如何处理？请说明理由。
2. 针对事件 2，跟踪审计单位应如何调整灌注桩清单子目综合单价？
3. 针对事件 3，跟踪审计单位应如何处理？
4. 针对事件 4，承包人应如何处理此事？

[分析]

本案例解答要根据《建设工程工程量清单计价规范》（GB 50500—2013）和《建设工程施工合同（示范文本）》（GF-2017-0201）等文件的有关规定。本案例涉及的知识点有：

1. 工程计量的原则

工程计量的原则包括三个方面：

1）不符合合同文件要求的工程不予计量，即工程必须满足设计图、技术规范等合同文件对其在工程质量上的要求，同时有关的工程质量验收资料齐全、手续完备，满足合同文件对其在工程管理上的要求。

2）按合同文件所规定的方法、范围、内容和单位计量。工程计量的方法、范围、内容和单位受合同文件所约束，其中工程量清单（说明）、技术规范、合同条款均会从不同角度、不同侧面涉及这方面的内容。在计量中要严格遵循这些文件的规定，并且一定要结合起来使用。

3）因承包人原因造成的超出合同工程范围施工或返工的工程量，发包人不予计量。

2. 变更综合单价的确定

变更综合单价估价原则有三种情形，详见本教材 7.4.5 中的第 4 条，具体运用时需注意：

1）有适用综合单价：适用的前提是材料、施工工艺和方法相同，不增加关键线路上的施工时间。

2）类似综合单价：某种材料（或半成品及成品）等级、标准变化的，清单组合子目不变，仅调整不同的材料市场价格之差；或单项目组合内容中某一个（或多个）定额子目发生变化，不影响其他特征及工程内容价格的，仅调整发生变化的定额子目价格。

3）无适用和类似综合单价：已标价工程量清单中没有适用的综合单价，且属当前施行的计价依据缺项内容，承包人应通过市场调查等手段提出单价，并报发包人确定后执行。

3. 本案例还涉及不可抗力和地下文物的处理。不可抗力的索赔原则详见本教材 9.2.3 中的第 3 条。

[参考答案]

1）跟踪审计单位应拒绝。其原因是该部分的工程量超出了施工图的要求，也就超出了工程合同约定的工程范围。对该部分的工程量，监理工程师可以认为是承包人保证施工质量的技术措施，一般在业主没有批准追加相应费用的情况下，技术措施费用应由乙方自己承担。

2）跟踪审计单位应根据类似综合单价调整方法，清单组合子目不变，仅调整混凝土不同等级的材料市场价差。

3）对于天气条件变化引起的索赔应分以下两种情况处理：

① 对于前期的季节性大雨，这是一个有经验的承包人预先能够合理估计的因素，应在合同工期内考虑，由此造成的工期延长和费用损失不能给予补偿。

② 对于后期特大暴雨引起的山洪暴发不能视为一个有经验的承包人预先能够合理估计的因素，应按不可抗力处理由此引起的索赔问题。根据不可抗力的处理原则，被冲坏的现场临时道路、管网和甲方施工现场办公用房等设施以及已施工的部分基础，被冲走的部分材料，工程清理和修复作业等经济损失应由甲方承担；损坏的施工设备、受伤的施工人员以及由此造成的人员窝工和设备闲置、冲坏的乙方施工现场办公用房等经济损失应由乙方承担；工期应予顺延。

4）发现出土文物后，首先应采取妥善的保护措施，防止任何人员移动或损坏文物，立即报告有关政府行政管理部门，并通知监理人；同时，向监理人提出由此增加的费用补偿和顺延工期要求，并提供相应的计算书及其证据。

[案例 10-4] 工程合同纠纷的处理

[背景]

某海滨城市为发展旅游业，经批准某投资公司出资兴建一座五星级大酒店。该项目甲方于 2017 年 1 月 10 日分别与某建筑工程有限公司（乙方）和某装饰工程有限公司（丙方）签订了主体建筑施工合同和装饰工程施工合同。

合同日历工期 12 个月，并于当年 1 月 15 日正式开工，在工程施工进行了 6 个月时，甲方要求乙方将竣工日期提前 2 个月，双方协商修订施工方案后达成协议。

该工程按变更后的合同工期竣工，经验收后投入使用。在该工程投入使用 3 年 1 个月后，乙方因甲方少付工程款起诉至法院。诉称：甲方于该工程验收合格后签发了竣工验收报告，并已开张营业。在结算工程款时，甲方本应付工程总价款 1 600 万元人民币，但只付了 1 400 万元人民币。特请求法庭判决被告支付剩余的 200 万元人民币及拖期的利息。

在庭审中，被告答称：原告主体建筑工程施工有质量问题，如大堂、电梯间门洞、大厅墙面、游泳池等主体施工质量不合格。因此，装修商进行了返工并提出索赔，经监理工程师签字报业主代表认可，赔偿额为人民币 125 万元。此项费用应由原告承担。另外还有其他质量问题，并造成客房、机房设备、设施损失共计人民币 75 万元。因此，共计损失 200 万元人民币，应从总工程款中扣除，故支付乙方主体工程款总额为 1 400 万元人民币。

原告辩称：被告称工程主体不合格不属实，并向法庭呈交了业主及有关方面签字的竣工验收报告及业主致乙方的感谢信等证据。

被告又辩称：竣工验收报告及感谢信，是在原告法定代表人宴请我方时，提出为了企业晋级的情况下，我方代表才签的字。此外，被告代理人又向法庭呈交了业主向装饰工程公司提出的索赔 125 万元（经监理工程师和业主代表签字）的清单 56 件。

原告再辩称：被告代理人发言纯系戏言，怎能将签署竣工验收报告当作儿戏，请求法庭以文字为证。又指出：如果真的存在被告所说的情况，被告应当在装饰工程公司施工前通知我方修理。

原告最后请求法庭关注：从签发竣工验收报告到起诉前，乙方向甲方多次以书面方式提出结算要求。在长达 3 年多的时间里，甲方从未向乙方提出过工程存在质量问题。

[问题]
1. 原、被告之间的合同是否有效？
2. 如果在装修施工时，发现主体工程施工质量有问题，甲方应采取哪些措施？
3. 对于乙方因工程款纠纷的起诉和甲方因工程质量问题的反诉，法院是否应予以保护？
4. 本案工程质量争议引起的工程造价应如何鉴定？

[分析]
该案例主要考核如何依法进行建设工程同纠纷的处理。该案例所涉及的法律法规有《民法典》《建设工程施工合同（示范文本）》（GF-2017-0201）和《建设工程质量管理条例》《建设工程造价鉴定规范》（GB/T 51262—2017）等。涉及的知识点有：

1）诉讼时效。《民法典》第一百八十八条规定："向人民法院请求保护民事权利的诉讼时效期间为 3 年"。

2）工程质量的争议引起的工程造价鉴定。依据《建设工程造价鉴定规范》（GB/T 51262—2017），发包人以工程质量不合格为由，拒绝办理工程结算发生争议的，应按以下规定进行鉴定：

① 已竣工验收合格或已竣工未验收但发包人已投入使用的工程，工程结算按合同约定进行鉴定。

② 已竣工未验收且发包人未投入使用的工程，以及停工、停建工程，应对无争议、有争议的项目分别按合同约定进行鉴定。工程质量的争议应告知发包人申请工程质量鉴定，待委托人分清质量责任后，分别按照工程造价鉴定意见判断。

[参考答案]

1）合同双方当事人符合建设工程施工合同主体资格的要求，双方意思表达真实，合同订立形式与内容合法，所以原告、被告之间的合同有效。

2）如果在装修施工过程中，发现主体工程施工质量有问题，则业主应及时通知承包人进行修理。承包人不派人修理的，业主可委托其他人员修理，修理费用从扣留的保修费用内支付。

3）根据我国《民法典》的规定，向人民法院请求保护民事权利的诉讼时效期为3年，从当事人知道或应当知道权利被侵害时起算。本工程虽然已投入使用3年6个月，但乙方自签发竣工验收报告后至起诉前，多次以书面方式提出结算要求（每次提出要求均导致诉讼时效期中断），所以乙方的诉讼权利应予保护；而甲方在直至庭审前的3年多时间里，一直未就质量问题提出异议，已超过诉讼时效期，所以，甲方的反诉权利不予保护。

4）因甲方的权利不受法律保护，并且发包人已投入使用酒店，工程结算按合同约定进行鉴定。

10.2 工程索赔的处理

[案例10-5] 索赔计算书的编审

[背景]

某建设工程是外资贷款项目，业主与承包商按照FIDIC《土木工程施工合同条件》签订了施工合同。施工合同的专用条件规定，钢材、木材、水泥由业主供货到现场仓库，其他材料由承包商自行采购。

当工程施工至第5层框架柱钢筋绑扎时，因业主提供的钢筋未到，使该项作业从10月3日至10月16日停工（该项作业的总时差为0）。

10月7日至10月9日因市政供电停电、停水使第3层的砌砖停工（该项作业的总时差为4天）。10月14日至10月17日因砂浆搅拌机发生故障使第一层抹灰延迟开工（该项作业的总时差为4天）。

为此，承包商于10月20日向工程师提交了一份索赔意向书，并于10月25日送交了一份工期、费用索赔计算书和索赔依据的详细材料。其计算书的主要内容如下：

1. 工期索赔

（1）框架柱扎筋　　10月3日至10月16日停工　　　　　　计14天
（2）砌砖　　　　　10月7日至10月9日停工　　　　　　　计3天
（3）抹灰　　　　　10月14日至10月17日延迟开工　　　　计4天
　　　　　　　　　　　　　　　　　　总计请求顺延工期：21天

2. 费用索赔

（1）窝工机械设备费：
一台塔吊　　　　　　　　　　　　14天×860元/天＝12 040元
一台混凝土搅拌机　　　　　　　　14天×340元/天＝4 760元
一台砂浆搅拌机　　　　　　　　　7天×120元/天＝840元

小计：17 640 元

（2）窝工人工费：

扎筋　　　　　　　　　　　　（35×120）元/天×14 天＝58 800 元

砌砖　　　　　　　　　　　　（30×120）元/天×3 天＝10 800 元

抹灰　　　　　　　　　　　　（35×120）元/天×4 天＝16 800 元

小计：86 400 元

（3）保函费延期补偿：　　　（15 000 000×10%×6%÷365）元/天×21 天＝5 178.08 元

（4）管理费增加：　　　　　（17 640+86 400+5 178.08）元×15%＝16 382.71 元

（5）利润损失：　　　　　　（17 640+86 400+5 178.08+9 902.71）元×5%＝5 956.04 元

经济索赔合计：　　　　　　79 716.83 元

[问题]

1. 承包商提出的工期索赔是否正确？应予批准的工期索赔为多少天？

2. 假定经双方协商一致，窝工机械设备费索赔按台班单价的60%计；考虑对窝工人工应合理安排工人从事其他作业后的降效损失，窝工人工费索赔按每工日65元计；保函费的计算方式合理；管理费、利润损失不予补偿。试确定费用索赔额。

[分析]

1. 本案考点。该案例主要考核工程索赔成立的条件与索赔责任的划分，工期索赔、费用索赔的计算与审核。分析该案例时，要注意网络计划关键线路，工作的总时差的概念及其对工期的影响，因非承包商原因造成窝工的机械设备费与人工费增加的确定方法。

2. 机械台班费编审。因业主原因造成的施工机械闲置补偿标准要视机械来源确定，如果是承包商的自有机械设备，一般按台班折旧费标准补偿；如果是承包商租赁的机械设备，一般按台班租赁费标准补偿。因机械故障造成的损失应由承包商自行负责，不予补偿。

3. 人工费索赔编审。确定因业主原因造成的承包商人员窝工补偿标准时，可以考虑承包商应该合理安排窝工工人做其他工作，所以只补偿工效差，通常采用人工单价乘以折算系数计算。因承包商自身原因造成的人员窝工和机械闲置，其损失业主不予补偿。

[参考答案]

1. 承包商提出的工期索赔不正确。

框架柱绑扎钢筋停工14天，应予工期补偿。这是由于业主原因造成的，且该项作业位于关键路线上。

砌砖停工，不予工期补偿。因为该项停工虽属于业主原因造成的，但该项作业不在关键路线上，且未超过工作总时差。

抹灰停工，不予工期补偿，因为该项停工属于承包商自身原因造成的。

同意工期补偿：14 天+0+0＝14 天

2. （1）窝工机械设备费：

塔吊1台：14 天×860 元/天×60%＝7 224.00 元

混凝土搅拌机1台：14 天×340 元/天×60%＝2 856.00 元

砂浆搅拌机1台：3 天×120 元/天×60%＝216.00 元

小计：7 224.00 元+2 856.00 元+216.00 元＝10 296.00 元

（2）窝工人工费：

扎筋窝工：(35×65.00)元/天×14 天 = 31 850.00 元

砌砖窝工：(30×65.00)元/天×3 天 = 5 850.00 元

小计：31 850.00 元+5 850.00 元 = 37 700.00 元

（3）保函费补偿：

(15 000 000×10%×6%÷365)元/天×14 天 = 3 452.05 元

费用补偿合计：10 296.00 元+37 700.00 元+3 452.05 元 = 51 448.05 元

[案例10-6] 共同延误多事件索赔

[背景]

某工程项目采用了固定单价施工合同。工程招标文件参考资料中提供的用砂地点距工地4km。但是开工后，检查该砂质量不符合要求，承包商只得从另一距工地20km的供砂地点采购。而在一个关键工作面上又发生了4项临时停工事件：

事件1：5月20日至5月26日承包商的施工设备出现了从未出现过的故障。

事件2：应于5月25日交给承包商的后续图样直到6月10日才交给承包商。

事件3：6月8日至6月12日施工现场下了罕见的特大暴雨。

事件4：6月11日至6月14日该地区的供电全面中断。

[问题]

1. 由于供砂距离的增大，必然引起费用的增加，承包商经过仔细认真计算后，在业主指令下达的第3天，向业主的造价工程师提交了将原用砂单价每吨提高15元人民币的索赔要求。该索赔要求是否成立？为什么？

2. 若承包商对因业主原因造成的窝工损失进行索赔，要求设备窝工损失按台班价格计算，人工窝工损失按日工资标准计算是否合理？如不合理则应该怎样计算？

3. 承包商按规定的索赔程序针对上述4项临时停工事件向业主提出了索赔，试说明每项事件的工期和费用索赔能否成立？为什么？

4. 试计算承包商应得到的工期和费用索赔是多少（如果费用索赔成立，则业主按3万元人民币/天补偿给承包商）？

5. 在业主支付给承包商的工程进度款中是否扣除因设备故障引起的竣工拖期违约损失赔偿金？为什么？

[分析]

1. 本案考点。对该案例的求解首先要弄清楚工程索赔的概念、工程索赔成立的条件、施工进度拖延和费用增加的责任划分与处理原则和方法，以及竣工拖期违约损失赔偿金的处理原则与方法。

2. 干扰事件重叠影响分析。在实际工程中，引起工期拖延的干扰事件的持续时间可能比较长，所以业主责任、承包商责任、非双方责任三类性质的干扰事件有时会相继发生、互相重叠。这种重叠给工期索赔和由此引起的费用索赔的解决带来许多困难，容易引起争执。国际上没有成熟的解决办法和计算方法，人们曾提出不少处理这类问题的准则。

（1）首先发生原则 如图10-1所示，承包商责任的延误事件C、业主责任的延误事件E、非双方责任的延误事件N中，某一个干扰事件先发生，在它结束之前，不考虑在此过程中发生的其他类型的干扰事件的影响。本案例在施工过程中发生前两个干扰事件承包商的施工设备故障从 5 月 20 日到 5 月 26 日，5 月 25 日开始直到 6 月 10 日提供图样。则按照第 3 行第 1 格的图示，从 5 月 20 日到 5 月 26 日，都为承包商责任，工期和费用都不给予补偿，图样提供影响从 5 月 27 日算起到 6 月 10 日，工期和费用都给予补偿。

图 10-1　不同延误责任的管关系

图例：C 为承包商责任的延误。E 为业主责任的延误。N 为非双方责任的延误。
一条线：工期费用都不赔偿。
二条线：工期可以顺延，但费用不赔偿。
三条线：工期可以顺延，费用可以赔偿。

（2）比例分摊原则　在重叠期间按照比例计算分摊到不同的干扰事件上。

（3）主导原因原则　即分析这些干扰事件哪个是主导原因，由主导原因的干扰事件承担责任。

（4）其他　例如我国学者提出对承包商工期从严、费用从宽的原则。

[参考答案]

1. 因供砂距离增大提出的索赔不能被批准，原因如下：
（1）承包商应对自己就招标文件的解释负责。
（2）承包商应对自己报价的正确性与完备性负责。
（3）作为一个有经验的承包商可以通过现场踏勘确认招标文件参考资料中提供的用砂质量是否合格，若承包商没有通过现场踏勘发现用砂质量问题，其相关风险应由承包商承担。

2. 不合理。因为窝工闲置的设备按折旧费或停滞台班费或租赁费计算，不包括运转费部分；人工费损失应考虑这部分工作的工人调做其他工作时工效降低的损失费用；一般用工日单价乘以一个测算的降效系数计算这部分损失，而且只按成本费用计算，不包括利润。

3. 事件 1：工期和费用索赔均不成立，因为设备故障属于承包商应承担的风险。
事件 2：工期和费用索赔均成立，因为延误图样属于业主应承担的风险。
事件 3：特大暴雨属于双方共同的风险，工期索赔成立，机械设备和人工窝工费用索赔不成立。

事件4：工期和费用索赔均成立，因为停电属于业主应当承担的风险。

4. 事件2：5月27日至6月9日，工期索赔14天，费用索赔=14天×3万元/天=42万元。

事件3：6月10日至6月12日，工期索赔3天。

事件4：6月13日至6月14日，工期索赔2天，费用索赔=2天×3万元/天=6万元。

合计：工期索赔19天，费用索赔48万元。

5. 业主不应在支付给承包商的工程进度款中扣除竣工拖期违约损失赔偿金，因为设备故障引起的工程进度拖延不等于竣工工期的延误，如果承包商能够通过施工方案的调整将延误的工期补回，则不会造成工期延误，如果承包商不能通过施工方案的调整将延误的工期补回，则会造成工期延误。所以，工期提前奖励或拖期惩罚款应在竣工时处理。

[案例10-7]　索赔责任事件的判断

[背景]

某厂（甲方）与某建筑公司（乙方）订立了某工程项目施工合同，同时与某降水公司订立了工程降水合同。甲、乙双方规定采用单价合同，每一分项工程的实际工程量增加（或减少）超过招标文件中工程量的10%以上时调整单价；工作B、E、G作业使用同一台施工机械甲（乙方自备），甲台班费为600元/台班，其中，台班折旧费为360元/台班；工作F、H作业使用同一台施工机械乙，乙台班费为400元/台班，其中，台班折旧费为240元/台班。施工网络计划如图10-2（单位：天）所示。

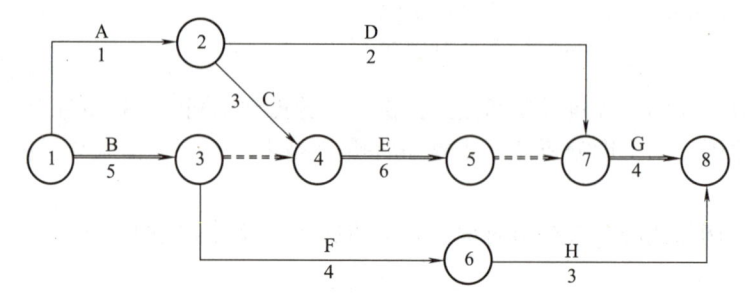

图10-2　施工网络计划

注：箭线上方为工作名称，箭线下方为持续时间，双箭线为关键线路。

甲、乙双方约定8月15日开工。工程施工中发生如下事件：

事件1：降水方案错误，致使工作D推迟2天，乙方人员配合用工5个工日，窝工6个工日。

事件2：8月23日至8月24日，因供电中断停工2天，造成全场性人员窝工36个工日。

事件3：因设计变更，工作E的工程量由招标文件中的300m³增至350m³，超过了15%；合同中该工作的全费用单价为110元/m³，经协商调整后全费用单价为100元/m³。

事件4：为保证施工质量，乙方在施工中将工作B原设计尺寸扩大，增加工程量15m³，该工作全费用单价为128元/m³。

事件5：在工作D、E均完成后，甲方指令增加一项临时工作K，经核准，完成工作K需要1天时间，机械丙1台班（500元/台班）、人工10个工日、材料费2 200元。

[问题]

1. 如果乙方就施工过程中发生的上述5项事件提出索赔要求，则工期和费用索赔能否成立？并说明其原因。

2. 每项事件工期索赔各是多少天？总工期索赔为多少天？

3. 工作E的结算价应为多少？

4. 假设人工工日单价为80元/工日，合同规定：窝工人工费补偿按45元/工日计算；窝工机械设备费补偿按台班折旧费计算；因增加用工所需综合税费为人工费的60%；工作K的综合税费为人工费、材料费、机械设备费之和的25%；人工和机械设备窝工补偿综合税费为10%。试计算除事件3外合理的费用索赔总额。

[分析]

1. 本案考点。本案例考核合同的计价及价格调整方式，索赔的分类，索赔事件的责任划分，工期索赔、费用索赔的计算及应用网络计划技术处理工程索赔的方法。

2. 问题1的解答要求逐项事件说明乙方的工期和（或）费用索赔能否成立，是什么原因造成的，属于谁的责任或风险。其中，自由时差和总时差两者的关系：自由时差总是小于等于总时差。因此总时差为零，自由时差必然为零；自由时差为零，总时差不一定为零。只要本工序的延误时间不超过自由时差，则必然不会超过总时差，即延误时间 $T \leq FF \leq TF$。

3. 问题2的解答要求根据问题1的分析结果确定每项可索赔的工期天数，能够列出计算式的，要求列出计算式计算。

4. 问题3的解答要求理解在单价合同计价方式下，单价调整的方法，并正确列出计算式计算。全费用单价是指完成单位合格产品所需要的人才机费、管理费、规费和税金等全部费用。

5. 问题4要求列出计算式计算，注意索赔费用的取费基数不同。工程造价取费基数有三种：人工费、人工费与机械费之和、人材机费之和，计算窝工费索赔时，也要适当计取现场管理费，因为工期延长必然导致现场管理费用的增加。本案例中给出的人工和机械窝工补偿综合税费包含了部分现场管理费、规费和税金。

[参考答案]

1. 事件1：工期索赔不成立，费用索赔成立，因为降水工程由甲方另行发包，是甲方应承担的风险，费用损失应由甲方承担，但是推迟2天，工作D总时差为8天，剩余总时差为6天，不影响工期。

事件2：工期和费用索赔成立，因为供电中断是甲方应承担的风险，延误时间2天将导致工期延长。

事件3：工期和费用索赔成立，因为设计变更是甲方的责任，由设计变更引起的工程量增加必将导致费用增加和工作E的作业时间延长，且工作E也为关键工作。

事件4：工期和费用索赔不成立，因为保证施工质量的技术措施费已包含在合同价中。

事件5：工期和费用索赔成立，因为甲方指令增加工作是甲方的责任。

2. 事件2：工期索赔2天。

事件3：工期索赔为 $(350-300)\text{m}^3 \div (300\text{m}^3 \div 6\text{天}) = 1$ 天。

事件5：工期索赔1天。

总计索赔工期：4 天。

3. 按原单价结算的工程量：300m³×（1+15%）= 345m³

按新单价结算的工程量：350m³−345m³ = 5m³

总结算价 = 345m³×110 元/m³+5m³×100 元/m³ = 38 450 元

4. 事件 1：6 工日×45 元/工日×（1+10%）+5 工日×80 元/工日×（1+60%）= 937 元

事件 2：（36×45+2×360+2×240）元×（1+10%）= 3 102 元

事件 5：（10×80+1×500+2 200）元×（1+25%）+1 台班×360 元/台班×（1+10%）= 4 771 元

费用索赔总额合计：937 元+3 102 元+4 771 元 = 8 810 元

[案例 10-8] 网路图分析与索赔结合

[背景]

某施工单位（乙方）与某建设单位（甲方）签订了建造无线电发射塔试验基地施工合同。合同工期为 38 天。由于该项目急于投入使用，在合同中规定，工期每提前（或拖后）1 天奖励（或罚款）1 万元。乙方按时提交了施工方案和施工网络进度计划（见图 10-3），并得到甲方代表的批准。

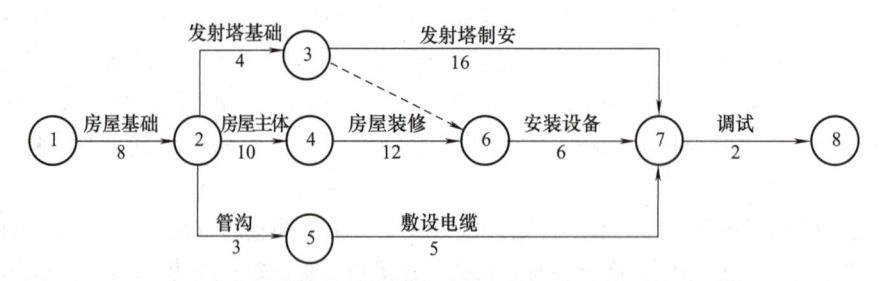

图 10-3 发射塔试验基地工程施工网络进度计划（单位：天）

实际施工过程中发生了如下几项事件：

事件 1：在房屋基坑开挖后，发现局部有软弱下卧层，按甲方代表指示乙方配合地质复查，配合用工为 10 个工日。地质复查后，根据经甲方代表批准的地基处理方案，增加直接费用 4 万元。因地质复查和处理使房屋基础作业时间延长 3 天，人工窝工 15 个工日。

事件 2：在发射塔基础施工时，因发射塔原设计尺寸不当，甲方代表要求拆除已施工的基础，重新定位施工。由此造成增加用工 30 个工日，材料费 1.2 万元，机械台班费 3 000 元，发射塔基础作业时间拖延 2 天。

事件 3：在房屋主体施工中，因施工机械故障，造成人工窝工 8 个工日，该项工作作业时间延长 2 天。

事件 4：在房屋装修施工基本结束时，甲方代表对某项电气暗管的敷设位置是否准确有疑义，要求乙方进行剥离检查。检查结果为某部位的偏差超出了规范允许范围，乙方根据甲方代表的要求进行返工处理，合格后甲方代表予以签字验收。该项返工及覆盖用工 20 个工日，材料费为 1 000 元。因该项电气暗管的重新检验和返工处理使安装设备的开始作业时间推迟了 1 天。

事件 5：在敷设电缆时，因乙方购买的电缆线材质量差，甲方代表令乙方重新购买合格线材。由此造成该项工作多用人工 8 个工日，作业时间延长 4 天，材料损失费为 8 000 元。

事件 6：鉴于该工程工期较紧，经甲方代表同意乙方在安装设备作业过程中采取了加快施工的技术组织措施。使该项工作作业时间缩短 2 天，该项技术组织措施费为 6 000 元。其余各项工作实际作业时间和费用均与原计划相符。

[问题]

1. 在上述事件中，乙方可以就哪些事件向甲方提出工期补偿和费用补偿要求？

2. 该工程的实际施工天数为多少天？可得到的工期补偿为多少天？工期奖励（或罚款）金额为多少？

3. 假设工程所在地人工费标准为 60 元/工日，应由甲方给予补偿的窝工人工费补偿标准为 35 元/工日，该工程综合取费率为直接费的 25%，人员窝工综合取费为窝工人工费的 9.8%。则在该工程结算时，乙方应该得到的索赔款为多少？

[分析]

该案例以实际工程网络计划及其实施过程中发生的若干事件为背景，考核对工程索赔成立的条件，施工进度拖延和费用增加的责任划分与处理原则，利用网络分析法处理工期索赔、工期奖罚的方法。除此之外，增加了建筑安装工程费用计算的简化方法。建筑安装工程费用的计算方法一般是先计算直接费用，然后以直接费用为基数，根据有关规定计算间接费用、利润和税金等。本案例为简化起见，将直接费用以外的间接费用、利润和税金等费用处理成以直接费用为基数的一个综合费率，并给出其中的规费费率和税金率。

[参考答案]

1. 事件 1 可以提出工期补偿和费用补偿要求，因为地质条件变化属于甲方应承担的责任，且该项工作位于关键线路上。

事件 2 可以提出费用补偿要求，不能提出工期补偿要求，因为发射塔设计位置变化是甲方的责任，由此增加的费用应由甲方承担，但该项工作的拖延时间（2 天）没有超出其总时差（8 天）。

事件 3 不能提出工期和费用补偿要求，因为施工机械故障属于乙方应承担的责任。

事件 4 不能提出工期和费用补偿要求，因为乙方应该对自己完成的产品质量负责。甲方代表有权要求乙方对已覆盖的分项工程剥离检查，检查后发现质量不合格的，其费用由乙方承担；工期也不补偿。

事件 5 不能提出工期和费用补偿要求，因为乙方应该对自己购买的材料质量和完成的产品质量负责。

事件 6 不能提出补偿要求，因为通过采取施工技术组织措施使工期提前，可按合同规定的工期奖罚办法处理，因赶工而发生的施工技术组织措施费应由乙方承担。

2. （1）通过对图 10-3 的分析，该工程施工网络进度计划的关键线路为①→②→④→⑥→⑦→⑧，计划工期为 38 天，与合同工期相同，将图 10-3 中所有各项工作的持续时间均以实际持续时间代替，计算结果表明：关键线路不变（仍为①→②→④→⑥→⑦→⑧），实际工期为 42 天。

（2）将图 10-3 中所有由甲方负责的各项工作持续时间延长天数加到原计划工作的持续时间上，计算结果表明：关键线路也不变（仍为①→②→④→⑥→⑦→⑧），工期为 41 天，41 天－38 天＝3 天，所以，该工程可补偿工期天数为 3 天。

（3）工期罚款金额为：[42－(38＋3)]天×1 万元/天＝1 万元

3. 乙方应该得到的索赔补偿有：

由事件 1 引起的索赔款：（10×60+40 000）元×（1+25%）+15×35×（1+9.8%）万元＝51 326.45 元

由事件 2 引起的索赔款：（30×60+12 000+3 000）元×（1+25%）＝21 000 元

所以，乙方应该得到的索赔款为：51 326.45 元+21 000 元＝72 326.45 元

[案例 10-9] 多工序共用一台设备

[背景]

某项目承包商与一开发公司签订了一项施工承包合同。合同工期为 22 天；工期每提前或拖延 1 天，奖励（或罚款）600 元。按发包人要求，承包人在开工前递交了一份施工方案和施工进度计划（见图 10-4）并获批准。

根据图 10-4 所示的计划安排，工作 A、K、Q 要使用同一种施工机械，而承包人可供使用的该种机械设备只有 1 台。在工程施工中，由于开发公司负责提供的材料及设计图原因，致使 C 工作的持续时间延长了 3 天；由于承包商自身机械设备原因使 N 工作的持续时间延长了 2 天。在该工程竣工前 1 天，承包商向开发公司提交了工期和费用索赔申请。

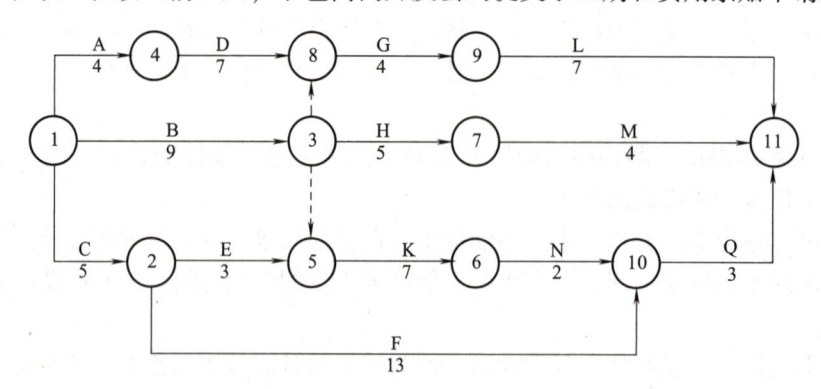

图 10-4 某工程施工网络计划（单位：天）

[问题]

1. 承包人可得到的合理的工期索赔为多少天？
2. 假设该种机械闲置台班费用补偿标准为 500 元/天，则承包人可得到的合理的费用追加额为多少元？

[分析]

1. 本案考点。承包人对 C 工作持续时间延长所引起的工期变化有权要求工期索赔和费用索赔，因为这是由于发包人的原因造成的；但承包人对 N 工作持续时间延长承担完全责任，无权要求由此造成的工期索赔和费用索赔。

2. 双代号网络图中节点法的运用。用节点法快速求总工期、时差，确定关键工作，判断单工作的工期延误。其口诀是：方为早，角为迟；进取大，先小后大；退取小，先大后小；首看方，尾方角，加减工时算完了。口诀的理解可用图 10-5（i 表示前节点；j 表示后节点；d 表示持续时间）表示更为直观。

考点一：多工序共用同一台设备用式（10-1）计算：

$$E = T_{EF} - T_{ES} \qquad (10\text{-}1)$$

式中　E——正常在场时间；
　　　T_{EF}——最后使用设备工序；
　　　T_{ES}——最先使用设备工序。

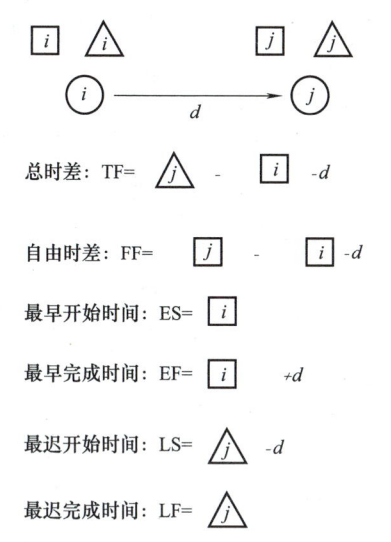

总时差：TF= △j - □i -d

自由时差：FF= □j - □i -d

最早开始时间：ES= □i

最早完成时间：EF= □i +d

最迟开始时间：LS= △j -d

最迟完成时间：LF= △j

图 10-5　双代号网络图节点法计算示意图

考点二：多事件工期索赔：
第一步：按各工作计划工作时间计算计划工期 $T_{计划}$。
第二步：计算非承包人责任延误时间的延误责任工期 $T_{甲}$。
第三步：计算包含各种责任延误时间的实际工期 $T_{实际}$。
最后判断：可索赔时间 = $T_{甲} - T_{计划}$
反索赔时间 = $T_{实际} - T_{甲} > 0$

[参考答案]

1. 第一步：按各工作计划工作时间计算计划工期 $T_{计划}$ = 22 天。

通过对该工程的网络进度计划进行时间参数计算，关键线路为图 10-6（单位：天）中双箭线所示。

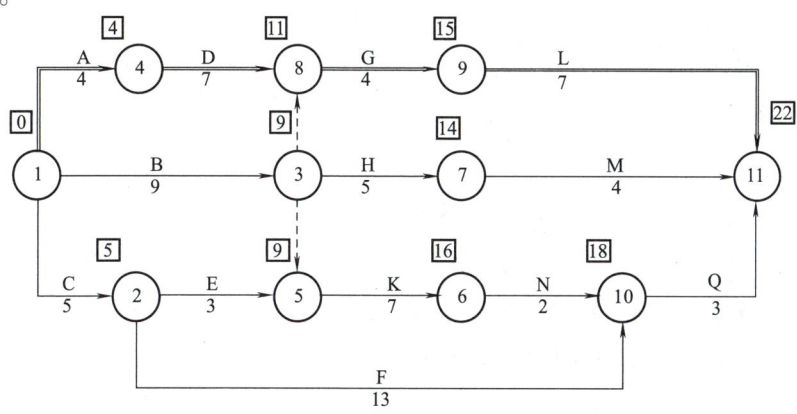

图 10-6　网络计划分析（一）

关键工作为 A、D、G、L，工期为 22 天。由于工作 A、K、Q 要使用同一台机械，而工作 A 的 ES=0，工作 Q 的 EF=21 天，因此，该机械在施工现场的时间为 21 天。其中，该机械的使用时间为 14 天（4+7+3），闲置时间为 21 天−14 天=7 天。

第二步：求甲方责任工期 $T_甲$ = 24 天。

将 C 工作的持续时间改为 8 天，重新计算如图 10-7（单位：天）所示。

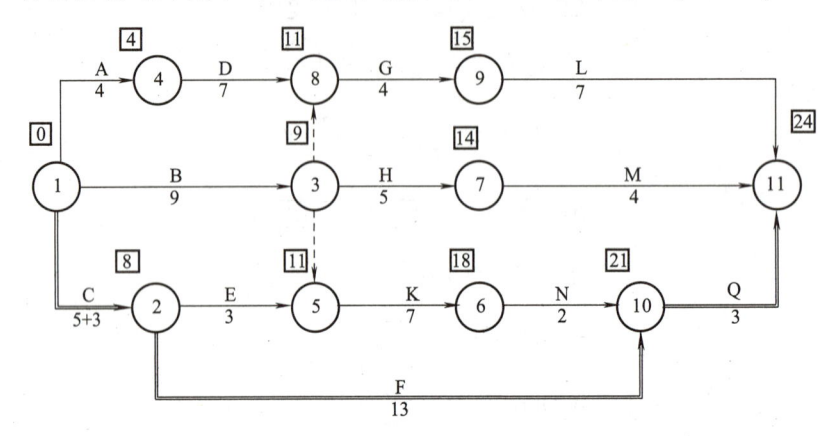

图 10-7 网络计划分析（二）

通过计算得知：关键线路变为图 10-6 中双箭线所示，关键工作为 C、F、Q，工期为 24 天，可索赔时间=$T_甲$−$T_{计划}$=24 天−22 天=2 天，比原计划工期拖长 2 天。合同工期总计 24 天(22+2)。

2. 求实际工期 $T_{实际}$ = 25 天。

通过计算得知：关键线路变为图 10-8（单位：天）中双箭线所示，关键工作为 C、E、K、N、Q，工期为 25 天，反索赔时间=$T_{实际}$−$T_甲$=25 天−24 天=1 天。应罚款天数为 1 天。

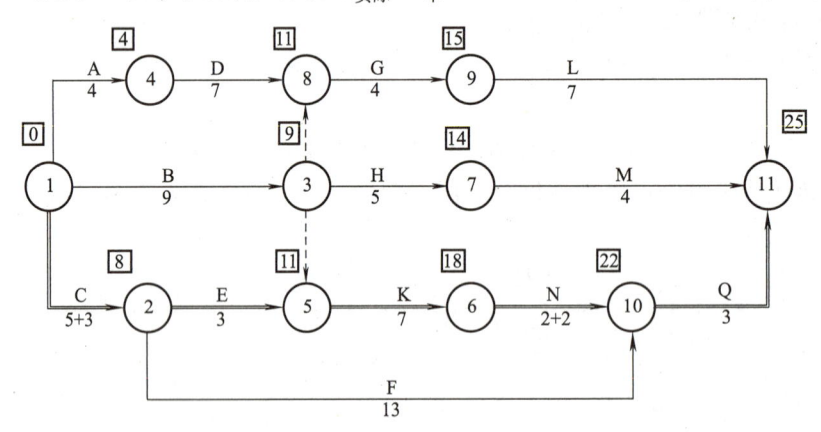

图 10-8 网络计划分析（三）

因工期拖延罚款：1 天×600 元/天=600 元

因机械设备闲置补偿：(24−21)天×500 元/天=1 500 元

费用追加额：1 500 元−600 元=900 元

10.3 工程签证的处理

[案例 10-10] 现场签证单的管理

[背景]

某机场航站楼土建工程现场签证单,如表 10-1 所示。

表 10-1 现场签证单

编号：001　　　　　　　　　　　　　　　　　　　　　　　　　　日期：2021.03.04

工程名称	T4 航站楼土建工程	建设单位	××机场有限公司
签证项目	土石方工程	监理单位	××监理有限责任公司
签证部位	基坑底	施工单位	××建筑安装工程公司

现场签证原因及主要内容（附　工程联络单）：

基坑开挖至设计基底标高（−5m）后，由建设单位、勘察单位、设计单位、监理单位、施工单位共同进行检验，−5m 以下发现地质勘查资料中没有载明的建筑垃圾，根据编号 007 的设计变更通知单，将建筑垃圾清除，用其他部位的原挖方土回填。

具体工程量如下：

1. 清除建筑垃圾（Ⅲ类土）1 500m³。
2. 回填土 1 500m³。
3. 增加建筑垃圾排放量 1 500m³。

签证意见	建设单位	监理单位	施工单位
	业主代表： ××× 2021 年 3 月 4 日	专业监理工程师：××× 总监理工程师：××× 2021 年 3 月 4 日	专业工程师：××× 项目经理：××× 2021 年 3 月 4 日

[问题]

1. 现场签证费用发生争议，应如何进行工程造价鉴定？
2. 现场签证存在瑕疵发生争议，应如何进行工程造价鉴定？
3. 请指出现场签证单中的不妥之处，并说明理由。
4. 试根据下列资料完成现场签证表和现场签证计算书：

乙方提出的施工方案是：反铲挖掘机挖土（Ⅲ类土），自卸汽车运土方（运距 20km 以内）；由于支设钢挡土板（疏撑、钢支撑），该方案得到甲方的批准。甲乙双方认可的工程估价表如表 10-2 所示。

表 10-2 工程估价表　　　　　　　　　　　　　　　　　　　　　　　　　　单位：元

序号	项目名称	单位	直接工程费	人工费	材料费	机械设备使用费
1	挖掘机挖土（Ⅲ类土）自卸汽车运土方（反铲挖掘机，运距 20km 以内）	1 000m³	32 291.90	211.20	—	32 080.70
2	回填土	100m³	1 232.54	1 034.88	—	197.66

该工程采用工程量清单计价，承包单位报价中，企业管理费费率为20%，利润和风险率为18%，规费率为25%（不含弃渣发生的渣场费）（以上三项费用均以人工费和机械费之和为取费基数），该地区渣场费标准为3元/m³，增值税率为9%。

[分析]

1. 根据《建设工程工程量清单计价规范》（GB 50500—2013），现场签证的范围包括：一是完成合同以外的零星项目；二是非承包人责任事件；三是合同工程内容因现场条件、地质水文、发包人要求不一致的情况。

2. 现场签证主要问题。现场签证单是甲乙双方结算的重要依据，现场签证管理应注意的问题主要有：

1）签证内容要明确，为造价调整提供详细的依据。如本案例签证单中清除建筑垃圾（Ⅲ类土）、回填土就缺少具体的施工方案。

2）现场签证宜按照《建设工程工程量清单计价规范》（GB 50500—2013）提供的形式编写，需要建设、监理、施工单位三方共同会签才能生效。

3）现场签证必须注明时间，因为工程造价的计价依据是有时效性的。

4）现场签证单的工程量要有计算过程和必需的图示说明。

不能按上述内容规范签证，往往导致不能顺利依次调整和结算工程造价。

[参考答案]

1. 现场签证费用发生争议，应按如下进行工程造价鉴定：

1）现场签证明确了人工、材料、机械台班数量及其价格的，按签证的数量和价格计算。

2）现场签证只有用工数量没有人工单价的，其人工单价按照工作技术要求比照鉴定项目相应工程人工单价适当上浮计算。

3）现场签证只有材料和机械台班用量而没有价格的，其材料和台班价格按照鉴定项目相应工程材料和台班价格计算。

4）现场签证只有总价款而无明细表述的，按总价款计算。

5）签证的零星工程数量与应予实际完成数量不一致的，应按实际完成工程数量计算。

2. 现场签证存在瑕疵发生争议，应按如下进行工程造价鉴定：

1）现场签证上发包人只签字证明收到，但未表示同意，承包人有证据证明该签证已经完成的，鉴定人可做出鉴定并单列，供委托人判断认定。

2）现场签证既无数量，又无价格，只有工作事项的，由当事人双方协商；协商不成的，鉴定人可根据该事项进行专业分析，给出推断性意见。

3）承包人仅以发包人口头指令完成了某项零星工作，要求费用支付，而对方当事人又不认可，且无物证的，鉴定人应以法律证据缺失，做出否定性鉴定。

3. （1）清除建筑垃圾（Ⅲ类土）1 500m³，内容不具体，没有具体的施工方案，人工开挖还是机械开挖？挖出的土石方如何处理？运距是多少？均没有明确。造价人员无法选择计价依据。

（2）回填土1 500m³，内容不具体，没有具体的施工方案。造价人员无法选择计价依据。

（3）签证单中没有说明变更发生的具体时间。在使用有时效性的计价依据时，容易引起分歧。

(4) 签证单中没有图示说明和工程量计算过程。

(5) 签证单中没有会签单位的签证意见。现场签证一般情况下需要建设、监理、施工单位三方共同会签才能生效，缺少任何一方都属于不规范的签证，不能作为结算的依据。

4. (1) 现场签证表，如表 10-3 所示。

表 10-3 现场签证表

工程名称：T4 航站楼土建工程　　　　标段：　　　　　　　编号：

施 工 单 位	××建筑安装工程公司	日　期	2021.03.14

致：××机场有限公司　　（发包人全称）

根据编号 001 的现场签证单，我方按要求完成此项工作应支付价款金额为（大写）壹拾贰万叁仟捌佰零玖元贰角柒分，（小写）123 809.27 元，请予核准。

附：1. 签证事由及原因：（见现场签证单）
　　2. 附图及计算式：（见现场签证计算书）

　　　　　　　　　　　　　　　　　　　　　　　　　承包人（章）
　　　　　　　　　　　　　　　　　　　　　　　　　承包人代表×××
　　　　　　　　　　　　　　　　　　　　　　　　　日　期　2021.03.14

复核意见： 你方提出的此项签证申请经复核： □不同意此项签证，具体意见见附件。 □同意此项签证，签证金额的计算，由造价工程师复核。 　　　　　　　　　　监理工程师 　　　　　　　　　　日　期	复核意见： □此项签证按承包人中标的计日工单价计算，金额为（大写）　　元，（小写）　　元。 □此项签证因无计日工单价，金额为（大写）　　元，（小写）　　元。 　　　　　　　　　　造价工程师 　　　　　　　　　　日　期

审核意见：
□不同意此项签证。
□同意此项签证，价款与本期进度款同期支付。

　　　　　　　　　　　　　　　　　　　　　　　　　发包人（章）
　　　　　　　　　　　　　　　　　　　　　　　　　发包人代表
　　　　　　　　　　　　　　　　　　　　　　　　　日　期

注：1. 在选择栏中的"□"内做标志"√"。
　　2. 本表一式四份，由承包人在收到发包人（监理人）的口头或书面通知后填写，发包人、监理人、造价咨询人、承包人各存一份。

(2) 现场签证计算书，如图 10-9 所示。

（一）挖土方签证款计算
1. 挖土方综合单价：32 291.90 元÷1 000m³×(1+20%+18%) = 44.56 元/m³
2. 挖土方签证款：(1 500×44.56+32 291.90÷1 000×1 500×25%) 元×(1+9%) = 86 054.91 元
（二）回填土签证款计算
1. 回填土综合单价：1 232.54 元÷100m³×(1+20%+18%) = 17.01 元/m³
2. 回填土签证款：(1 500×17.01+1 232.54÷100×1 500×25%) 元×(1+9%) = 32 849.36 元
（三）渣场费
3 元/m³×1 500m³×(1+9%) = 4 905.00 元
签证款合计：86 054.91 元+32 849.36 元+4 905.00 元 = 123 809.27 元

图 10-9　现场签证计算书

习题

试题一

【背景】 某工业项目发包人采用工程量清单计价方式，与承包人按照《建设工程施工合同（示范文本）》签订了工程施工合同。合同约定：项目的成套生产设备由发包人采购；管理费和利润为人材机费用（人工费、材料费、机械设备费）之和的18%，规费和税金为人材机费用与管理费和利润之和的10%；人工工资标准为80元/工日。窝工补偿标准为50元/工日，施工机械窝工闲置台班补偿标准为正常台班费的60%，工期奖励或罚款为5 000元/天（含税费）。

承包人经发包人同意将设备与管线安装作业分包给某专业分包人，分包合同约定，分包工程进度必须服从总包施工进度的安排，各项费用、费率标准约定与总承包施工合同相同。开工前，承包人编制并得到监理工程师批准的施工网络进度计划如图10-10所示，图中箭线下方括号外数字为工作持续时间（单位：天），括号内数字为每天作业班组工人数（单位：人），所有工作均按最早可能时间安排作业。

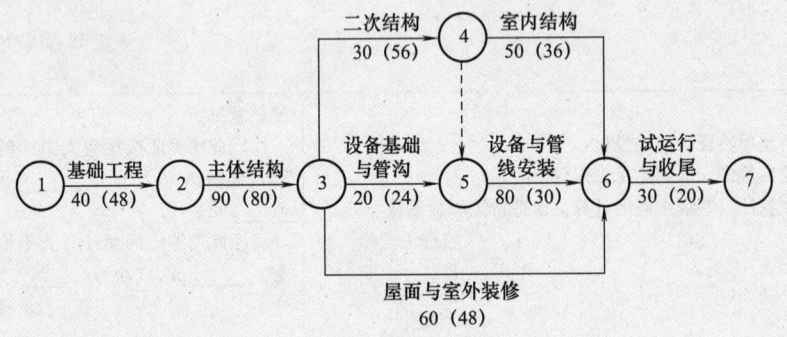

图 10-10 施工网络进度计划

施工过程中发生了如下事件：

事件1：主体结构作业20天后，遇到持续两天的特大暴雨，造成工地堆放的承包人部分周转材料损失费用2 000元；特大暴雨结束后，承包人安排该作业队中20人修复倒塌的模板及支撑，30人进行工程修复和场地清理，其他人在现场停工待命，修复和清理工作持续了1天时间。施工机械A、B持续窝工闲置3个台班（台班费分别为：1 200元/台班、900元/台班）。

事件2：设备基础与管沟完成后，专业分包人对其进行技术复核，发现有部分基础尺寸和地脚螺栓预留孔洞位置偏差过大。经沟通，承包人安排10名工人用了6天时间进行返工处理，发生人材机费用1 260元，使设备基础与管沟工作持续时间增加6天。

事件3：设备与管线安装作业中，因发包人采购成套生产设备的配套附件不全，专业分包人自行决定采购补全，发生采购费用3 500元，并造成作业班组整体停工3天，因受干扰降效增加作业用工60个工日，施工机械C闲置3个台班（台班费为1 600元/台班）。设备与管线安装工作持续时间增加3天。

事件4：为抢工期，经监理工程师同意，承包人将试运行部分工作提前安排，和设备与管线安装搭接作业5天，因搭接作业互相干扰降效使费用增加10 000元。其余各项工作的持续时间和费用没有发生变化。

上述事件后，承包人均在合同规定的时间内向发包人提出索赔，并提交了相关索赔资料。

【问题】
1. 分别说明各事件工期、费用索赔能否成立？简述其理由。
2. 各事件工期索赔分别为多少天？总工期索赔为多少天？实际工期为多少天？
3. 专业分包人可以得到的费用索赔为多少元？专业分包人应该向谁提出索赔？

4. 承包人可以得到的各事件费用索赔为多少元？总费用索赔额为多少元？工期奖励（或罚款）为多少元？

试题二

【背景】 某工业项目，业主采用工程量清单招标方式确定了承包人，并与承包人按照《建设工程施工合同（示范文本）》签订了工程施工合同，施工合同约定：项目生产设备由业主购买；开工日期为6月1日，合同工期为120天；工期每提前（或拖后）1天，奖励（或罚款）1万元（含规费、税金）。

工程项目开工前，承包人编制了施工总进度计划，如图10-11所示（单位：天），并得到监理人的批准。

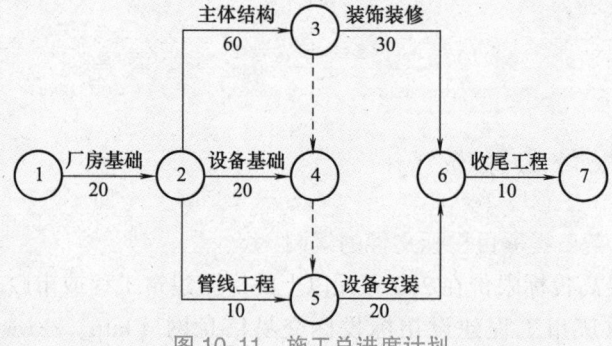

图 10-11 施工总进度计划

工程项目施工过程中，发生了如下事件：

事件1：厂房基础施工时，地基局部存在软弱土层，因等待地基处理方案导致承包人窝工60个工日、机械设备闲置4个台班（台班费为1 200元/台班，台班折旧费为700元/台班）；地基处理产生人材机费用6 000元；基础工程量增加50m^3（综合单价为420元/m^3）。共造成厂房基础作业时间延长6天。

事件2：7月10日~7月11日，用于主体结构的施工机械出现故障；7月12日~7月13日该地区供电全面中断。施工机械故障和供电中断导致主体结构工程停工4天、30名工人窝工4天，一台租赁机械设备闲置4天（每天1个台班，机械设备租赁费为1 500元/天），其他作业未受到影响。

事件3：在装饰装修和设备安装施工过程中，因遭遇台风侵袭，导致进场的部分生产设备和承包商采购的尚未安装的门窗损坏，承包人窝工36个工日。业主调换生产设备费用为1.8万元，承包人重新购置门窗的费用为7 000元，作业时间均延长2天。

事件4：鉴于工期拖延较多，征得监理人同意后，承包人在设备安装作业完成后将收尾工程提前，与装饰装修作业搭接5天，并采取加快措施使收尾工作作业时间缩短2天，发生赶工措施费用8 000元。

【问题】

1. 分别说明承包人能否就上述事件1~事件4向业主提出工期和（或）费用索赔？并说明理由。

2. 承包人在事件1~事件4中得到的工期索赔各为多少天？工期索赔共计多少天？该工程的实际工期为多少天？工期奖励（或罚款）为多少万元？

3. 如果该工程人工工资标准为120元/工日，窝工补偿标准为40元/工日。工程的管理费和利润为人材机费用之和的15%，规费费率和税金率分别为3.5%、3.41%。分别计算承包人在事件1~事件4中得到的费用索赔各为多少元？索赔费用总额为多少元？

附录

附录 A　课程设计任务书

一、设计题目：某工程项目投标文件的编制

1. 工程规模：最高投标限价在 200 万元以上的房屋建筑工程或市政工程。

2. 下载网址：重庆市工程建设招标投标交易信息网（http：//www.cpcb.com.cn）上"招投标资料下载"区及"招标人答疑补遗区"仔细阅读和下载招标文件（含工程量清单）、图样、澄清、修改、补充通知、招标控制价通知等全部内容。

二、招标文件的内容要求

1. 评标方法：单号同学采用经评审的最低投标价法，双号同学采用综合评估法。

2. 评标方式：电子评标。

三、投标文件编制及要求

1. 要求每 6~9 人为一组，学生自行下载一份招标文件，由指导教师审定工程规模和招标文件内容要求后，该招标文件作为该组编写投标文件的依据；在编制投标书之前要认真研究招标文件。

2. 投标文件应包含资格审查部分、投标函部分、投标报价部分、技术部分等四部分内容。

3. 评标记录、评标报告。

四、开标、评标组织

每 12~18 人为一组，由指导教师选定 4~7 份投标文件参加投标；一般由班委作为招标人代表出席开标会；被选中投标书的同学在开标时以投标人的身份出席开标会；而在评标阶段则以书记员、公证员、政府监督部门的身份见证与监督评标的全过程；其他未投标的同学作为评标专家，与招标人代表一同组成评标委员会（单数）参与评标。招标人代表介绍招标项目概况，指定书记员，并组织推荐评标委员会的组长；由评标组长主持开标、评标工作。

五、设计成果

提交设计成果及装订（采用 A4 纸张打印）顺序如下：

1. 课程设计封面（指导教师统一）。

2. 课程设计指导教师评定成绩表。
3. 课程设计任务书（必须在学生签名处手写签字）。
4. 招标文件、评标记录、评标报告等单独装订一册。
5. 投标文件分册统一按招标文件要求装订。

六、成绩评定参考比例

1. 成绩评定考勤、学习态度占30%。
2. 投标文件占60%：资格审查部分（占20%）、投标函部分（占5%）、投标报价部分（占20%）、技术部分（占15%）。投标文件可从有效性、规范性、完整性、精确性等方面进行评分。
3. 开标、评标（态度、角色的投入度）占10%。

附录B 某工程招标文件实例

项目名称：重庆××学院留学生公寓工程
招标编号：DZ-2019-151001

招 标 文 件

招标人：重庆××学院（盖单位公章）
招标代理机构：重庆××建设工程招标代理有限公司（盖单位公章）
编制人：刘 × 资格（章）渝【建】招20060078号
审核人：张 × 资格（章）渝【建】招20080574号

目　录

第一卷 …………………………………………………………………………	281
第一章　招标公告 ………………………………………………………	281
1. 招标条件 …………………………………………………………	281
2. 项目概况与招标范围 ……………………………………………	281
3. 投标人资格要求 …………………………………………………	281
4. 招标文件的获取 …………………………………………………	281
5. 投标文件的递交 …………………………………………………	281
6. 发布公告的媒介 …………………………………………………	281
7. 联系方式 …………………………………………………………	282
第二章　投标人须知 ……………………………………………………	282
投标人须知前附表 ……………………………………………………	282
1. 总则 ………………………………………………………………	294
1.1　项目概况 ……………………………………………………	294
1.2　资金来源和落实情况 ………………………………………	294
1.3　招标范围、计划工期和质量要求 …………………………	294
1.4　投标人资格要求 ……………………………………………	295
1.5　费用承担 ……………………………………………………	295
1.6　保密 …………………………………………………………	295
1.7　语言文字 ……………………………………………………	295
1.8　计量单位 ……………………………………………………	295
1.9　踏勘现场 ……………………………………………………	295
1.10　投标预备会 ………………………………………………	296
1.11　分包 ………………………………………………………	296
1.12　偏离 ………………………………………………………	296
2. 招标文件 …………………………………………………………	296
2.1　招标文件的组成 ……………………………………………	296
2.2　招标文件的澄清 ……………………………………………	296
2.3　招标文件的修改 ……………………………………………	296
3. 投标文件 …………………………………………………………	296
3.1　投标文件的组成 ……………………………………………	296

3.2	投标报价	297
3.3	投标有效期	297
3.4	投标保证金与实力证明金	297
3.5	资格审查资料	297
3.6	备选投标方案	297
3.7	投标文件的编制	297
4. 投标		298
4.1	投标文件的密封和标记	298
4.2	投标文件的递交	298
4.3	投标文件的修改与撤回	298
5. 开标		298
5.1	开标时间和地点	298
5.2	开标程序	298
6. 评标		298
6.1	评标委员会	298
6.2	评标原则	298
6.3	评标	299
7. 合同授予		299
7.1	定标方式	299
7.2	中标公示及中标通知	299
7.3	履约担保	299
7.4	签订合同	299
8. 重新招标和不再招标		299
8.1	重新招标	299
8.2	二次招标和不再招标	299
9. 纪律和监督		299
9.1	对招标人的纪律要求	299
9.2	对投标人的纪律要求	300
9.3	对评标委员会成员的纪律要求	300
9.4	对与评标活动有关的工作人员的纪律要求	300
9.5	投诉	300
10. 需要补充的其他内容		301
第三章 评标办法（综合评估法）		**302**
评标办法前附表		302

1. 评标方法 ·· 304
2. 评审标准 ·· 305
2.1 初步评审标准 ··· 305
2.2 分值构成与评分标准 ·· 305
3. 评标程序 ·· 305
3.1 初步评审 ··· 305
3.2 详细评审 ··· 305
3.3 投标文件的澄清和补正 ··· 306
3.4 评标结果 ··· 306

第四章 合同条款及格式 ·· 307
第一节 通用合同条款 ·· 307
第二节 专用合同条款 ·· 307
第三节 合同附件格式 ·· 321

第五章 工程量清单 ·· 327
第二卷 ··· 327
第六章 图样 ··· 327
第三卷 ··· 327
第七章 技术标准和要求 ·· 327
第四卷 ··· 328
第八章 投标文件格式 ··· 328
一、投标函部分 ·· 328
（一）投标函 ·· 328
（二）投标函附录 ··· 328
（三）法定代表人身份证明及授权委托书 ·· 328
（四）投标保证金及实力证明金 ··· 328
（五）10 项主要工程量清单项目综合单价报价表 ································· 328
二、商务部分 ·· 328
已标价工程量清单 ··· 328
三、资格审查资料 ··· 328
（一）法定代表人身份证明及授权委托书 ·· 328
（二）投标人基本情况表 ··· 328
（三）项目管理机构 ·· 328
（四）信誉要求 ·· 328
（五）其他资料 ·· 328

第一卷

第一章　招标公告

重庆××学院留学生公寓工程招标公告

1. 招标条件

本招标项目重庆××学院留学生公寓工程已由重庆市××区发展和改革委员会以××发改发〔2018〕826号文件批准建设，项目业主为重庆××学院，建设资金来自市级专项资金和区级配套资金，项目出资比例为100%，招标人为重庆××学院。项目已具备招标条件，现对该项目的施工进行公开招标。

2. 项目概况与招标范围

2.1　项目名称：重庆××学院留学生公寓工程。

2.2　建设地点：重庆市永川区红河大道×××号。

2.3　建设规模：该项目总建筑面积14 522.77 m^2。建安费用约为3 021.73万元。

2.4　计划工期：475日历天（具体开、竣工日期以合同约定为准）。

2.5　招标范围：包括基础、主体结构、初装修、给水排水安装、电气部分的强弱电安装、消防设施安装等全部工作内容（具体以设计施工图及图说、工程量清单及说明为准）。

2.6　标段划分：不划分标段。

3. 投标人资格要求

3.1　本次招标要求投标人须同时具备建设行政主管部门颁发的房屋建筑工程施工总承包3级及以上资质；并在人员、设备、资金等方面具有相应的施工能力。

3.2　市外建筑施工企业投标。

市外建筑施工企业参与本项目投标须按照渝建发〔2016〕22号文件执行。

3.3　本次招标不接受联合体投标。

4. 招标文件的获取

4.1　凡有意参加投标者，请于2019年2月16日（北京时间，下同）起，在重庆市工程建设招标投标交易信息网（http：//www.cpcb.com.cn）上"招投标资料下载"区及"招标人答疑补遗区"仔细阅读和下载招标文件（含工程量清单）、图样、澄清、修改、补充通知、招标控制价通知等全部内容。不管下载与否都视为潜在投标人全部知晓有关招投标过程和全部内容。

4.2　招标文件每套售价1 000元，由投标人在递交投标文件时交纳。

5. 投标文件的递交

5.1　投标文件递交时间和地点：2019年3月13日9时30分至10时00分（北京时间），逾期送达或者不按照招标文件要求密封的投标文件，招标人不予受理。

5.2　投标截止和开标时间：2019年3月13日10时00分（北京时间）。

5.3　递交地点：重庆市工程建设招标投标交易中心（重庆市渝中区长江一路58号，具体请登录重庆市工程建设招标投标交易信息网"交易日程安排"区查询或递交投标文件当日见交易中心大厅1楼、2楼电子显示屏）。

5.4　逾期送达的或者未送达指定地点的投标文件，招标人不予受理。

6. 发布公告的媒介

本次招标公告同时在重庆市招标投标综合网（http：//www.cqzb.gov.cn）、重庆市工程建设招标投标交易信息网（http：//www.cpcb.com.cn）、重庆市永川区公共资源交易网（http：//jy.bnzw.gov.cn）和《永川日报》上发布。

7. 联系方式

  招 标 人：重庆××学院
  地   址：重庆市永川区红河大道×××号
  联 系 人：沈老师
  电   话：138×××××××
  招标代理机构：重庆××建设工程招标代理有限公司
  地   址：重庆市渝中区长江一路××号××楼
  联 系 人：余××
  电   话：139×××××××
  传   真：023-×××××××

日期：2019 年 2 月 13 日

第二章 投标人须知

投标人须知前附表

条款号	条款名称	编列内容
1.1.2	招标人	招标人：重庆××学院 地 址：重庆市永川区红河大道×××号 联系人：沈老师 电 话：138×××××××
1.1.3	招标代理机构	招标代理机构：重庆××建设工程招标代理有限公司 地 址：重庆市渝中区长江一路××号××楼 联系人：余×× 电 话：139××××××× 传 真：023-×××××××
1.1.4	项目名称	重庆××学院留学生公寓工程
1.1.5	建设地点	重庆市永川区红河大道×××号
1.1.6	建设规模	该项目居住面积 14 522.77m^2。建安费用约为 3 021.73 万元
1.2.1	资金来源	本招标项目经重庆市永川区发展和改革委员会批准立项。资金来源为市级专项资金和区级配套资金。资金性质为全部国有
1.2.2	出资比例	100%
1.2.3	资金落实情况	已落实
1.3.1	招标范围	包括基础、主体结构、初装修、给水排水安装、电气部分的强电弱电安装、消防设施安装等全部工作内容（具体以设计施工图及图说、工程量清单及说明为准）。招标文件中补充的工程内容、答疑资料、澄清资料、其他补遗资料、工程清单等相关内容视为招标范围内
1.3.2	计划工期	475 日历天 计划开工日期：以合同约定为准 计划竣工日期：以合同约定为准
1.3.3	质量要求	达到国家现行有关施工质量验收规范要求，并达到合格标准

(续)

条款号	条款名称	编列内容
1.4.1	投标人资质条件、能力和信誉	本工程施工招标实行资格后审，投标人应具备以下资格条件： 1. 资质条件、营业执照及安全生产条件 （1）具备建设行政主管部门颁发的房屋建筑工程施工总承包3级及以上资质，市外建筑施工企业投标的还应满足本前附表第1.4.1条第6款要求。 （须提供资质证书复印件并加盖投标单位公章） （2）具备有效的营业执照。 （须提供有效的营业执照复印件并加盖投标单位公章） （3）具备建设行政主管部门颁发的有效的安全生产许可证，企业负责人（外地施工企业为入渝分支机构技术负责人或已纳入"市外建筑施工企业入渝信息库"的负责人员）具备行政主管部门颁发的相应安全生产考核合格证书。 （须提供有效的安全生产许可证和安全生产考核合格证A证复印件并加盖投标单位公章） 2. 信誉要求 近两年无行贿记录。 （提供检察机关出具的2017年1月31日～2019年1月31日内无行贿情况记录证明复印件加盖投标人鲜章，原件备查） 3. 主要管理人员要求 （1）项目经理： ①拟任项目经理必须已在申请人单位注册，具有房屋建筑工程专业一级及以上注册建造师执业资格职称，具备行政主管部门颁发的相应安全生产考核合格证书，并且不能在在建工程担任项目经理。 ②近3年（2014年1月至今）至少承担过在结构形式、使用功能、建设规模相同或相似的已完项目业绩1个（结构形式、使用功能、建设规模相同或相似的项目业绩解释为商住楼、小区住宅楼、写字楼、大型高层办公楼及大型高层公共建筑项目，单项合同建筑面积不少于15 000m²）。 （应提供建造师执业资格注册证、安全生产考核合格证书B证、2017年12月～2019年2月养老保险缴纳证明复印件并加盖投标人单位公章；重庆市内外企业均须提供在投标期间（招标文件发出之日至投标截止之日）项目经理无在建情况承诺复印件并加盖投标人单位鲜章，格式自拟） （2）项目技术负责人： ①拟任项目技术负责人为本单位职工，具有房屋建筑类专业中级及以上职称。 （应提供职称证、2018年12月～2019年2月养老保险缴纳证明复印件并加盖投标人单位公章） ②近3年（2016年1月至今）至少承担过在结构形式、使用功能、建设规模相同或相似的已完项目业绩1个（结构形式、使用功能、建设规模相同或相似的项目业绩解释为商住楼、小区住宅楼、写字楼、大型高层办公楼及大型高层公共建筑项目，单项合同建筑面积不少于15 000m²）。 （3）其他主要管理人员： 拟任项目其他主要管理人员均为本单位职工，须持有有效证件的施工员不少于1人、安全员不少于1人、质量员或质检员不少于1人，材料员不少于1人，造价员或造价工程师不少于1人。 （主要管理人员提供合格的上岗证书（造价员或造价工程师提供造价员证或造价工程师注册证书，专职安全员提供上岗证和安全生产考核合格证书C证）、2018年12月～2019年2月养老保险缴纳证明复印件加盖投标单位鲜章）

（续）

条款号	条款名称	编列内容
1.4.1	投标人资质条件、能力和信誉	以上主要管理人员要求仅作为本次资格审查要求。在施工过程中，主要管理人员数量配备标准不得低于《重庆市房屋建筑与市政基础设施工程现场施工从业人员配备标准》（DBJ 50—157—2013）的规定。 4. 重庆市外施工企业投标还须满足以下要求： （1）市外建筑施工企业： ①已取得重庆市市外建筑施工企业入渝登记备案证明且在有效期内的，备案证继续有效。 （须提供"重庆市市外建筑施工企业入渝登记备案证"复印件加盖投标单位鲜章） ②无重庆市市外建筑施工企业入渝登记备案证或证书过期的，须向市城乡建委进行入渝信息报送。 ［须提供已纳入"市外建筑施工企业入渝信息库"企业信息的网上截图（截图的内容至少应包含网页的表头及主要信息）复印件加盖投标单位鲜章］ （2）市外建筑施工企业主要管理人员： ①"重庆市市外建筑施工企业入渝登记备案证"有效的，其主要管理人员应为证书备案人员，且不得使用正用于其他工程投标或正在其他工程执业的被锁定人员。 （须提供"重庆市市外建筑施工企业入渝登记备案证"、人员无在建承诺书复印件加盖投标单位鲜章，人员拟任岗位应与备案一致） ②"重庆市市外建筑施工企业入渝登记备案证"无效的或新入库的，其主要管理人员应是已纳入"市外建筑施工企业入渝信息库"的人员，且不得使用正用于其他工程投标或正在其他工程执业的被锁定人员。 ［须提供人员信息的网上截图（截图的内容至少应包含网页的表头及主要信息）或入渝人员证明资料、人员无在建承诺书复印件加盖投标单位鲜章，人员拟任岗位应与备案一致］ 备注： （1）投标人须随身携带以上所有复印件的原件备查（资质证书原件、身份证原件、截图文件除外），评标委员会审查时将有可能对有关证明和证件的原件核查。当招标文件规定投标人必须提交投标文件的原件时，须在开标会结束之前将原件一次性提交，若经审查复印件与原件不一致，则投标文件做否决投标处理。 （2）以上条件必须全部满足才能通过资格审查，对资格审查不合格的投标人其投标文件将不再进入下一步评审。 （3）投标人提供的所有资料需保证真实有效。招标人在公示期间或其他时间对投标文件真实性进行核查，若经查实存在造假行为，或投标单位或法人代表有行贿犯罪记录的，一经发现，招标人有权取消中标人的中标资格并投标保证金不退还；已签合同且已退投标保证金的，在履约保证金中扣除投标保证金的相等金额，并且招标人有终止合同的权利。 （4）建设主管部门或业主单位对中标人的项目经理、技术负责人、主要管理人员实行压证制度
1.4.2	是否接受联合体投标	不接受
1.9.1	踏勘现场	不组织 投标人可自行踏勘现场。无论投标人是否踏勘过现场，均被认为在提交投标文件之前已经踏勘现场，对本合同项目的风险和义务已经十分了解，并在其投标文件中已充分考虑了现场和环境条件
1.10.1	投标预备会	不召开

(续)

条款号	条款名称	编列内容
1.10.2	投标人对招标文件提出异议的截止时间	投标人在收到招标文件后，应仔细检查招标文件的所有内容，如有残缺或文字表述不清，图样尺寸标注不明以及存在错、碰、漏、缺、概念模糊和有可能出现歧义或理解上的偏差的内容等应在2019年2月21日10：00前提交异议
1.10.3	招标人对招标文件答疑的截止时间	2019年2月22日17：00前（北京时间），在重庆市工程建设招标投标交易信息网发布答疑
1.11	分包	按国家相关规定执行
2.1	构成招标文件的其他材料	招标人发出的图样、工程量清单、招标最高限价、答疑及补遗书等
2.2.2	投标截止时间	投标文件递交时间：2019年3月13日09时30分至2019年3月13日10时00分（北京时间）。 投标截止时间：2019年3月13日10时00分（北京时间）
2.2.3	招标人对招标文件进行补遗的时间	补遗内容可能影响投标文件编制的，须在投标截止时间15日前发布，发布时间至投标截止时间不足15日的，须相应延后投标截止时间
2.2.4	投标人对招标文件及答疑补遗提出异议的截止时间	投标人对招标文件和答疑补遗有异议的，应当在投标截止时间10日前，以书面形式通知招标人或招标代理机构。招标人应当自收到异议之日起3日内做出答复，并将答复内容以补遗的形式在重庆市工程建设招标投标交易信息网"答疑补遗区"发布。补遗内容可能影响投标文件编制的，须在投标截止时间15日前发布，发布时间至投标截止时间不足15日的，须相应延后投标截止时间
3.1.1	构成投标文件的其他材料	投标人的书面澄清、说明和补正（但不得改变投标文件的实质性内容）
3.2	投标报价	1. 报价方式：工程量清单计价（按《重庆市永川区人民政府办公室关于进一步规范政府投资建设项目工程造价计价原则的通知》（永川府办发〔2015〕142号）和国家税务总局《关于全面推行营业税改增值税试点的通知》（财税〔2016〕36号）规定及其最新税金政策执行。 2. 报价范围：按本须知和第五章"工程量清单"的要求填写相应清单表格。投标人的投标报价应是本章投标人须知前附表第1.3.1项中所述的本工程合同段招标范围内的全部工程的投标报价。 3. 报价原则：本招标工程由投标人以招标文件、合同条件、工程量清单、本次招标范围的施工设计图、地勘报告、现场踏勘、国家技术和经济规范及标准、《建设工程工程量清单计价规范》（GB 50500—2013）及相应的工程量计算规范，《重庆市市政工程计价定额》（CQSZDE—2018）、《重庆市建设工程工程量清单计价规则》（CQJJGZ—2013）、《重庆市建设工程工程量计算规则》（CQJLGZ—2013），《重庆市建筑与装饰工程计价定额》（CQJZZSDE—2018）、《重庆市仿古建筑工程计价定额》（CQFGDE—2018）、《重庆市通用安装工程计价定额》（CQAZDE—2018）、《重庆市园林绿化工程计价定额》（CQYLLHDE—2008）、《重庆市房屋修缮工程计价定额》（CQXSDE—2018）、《重庆市建设工程费用定额》（CQFYDE—2018）及相关配套文件、2018年《重庆市绿色建筑工程计价定额》等国家及地方相关规定为依据，由投标人结合自身实力、市场行情自主合理报价。投标报价应包括完成招标范围内明示或暗示的工程项目的人工费、材料费、机械设备使用费、企业管理费、利润、风险费用、措施费、规费、税金、政策性文件规定的所有费用。投标人应认真填写工程量清单中所列的本合同各工程子目的单价或总价。投标人没有填写单价或总价的工程子目，招标人将认为该子目的价款已包括在工程量清单其他子目的单价和总价中。投标人在工程量清单中多报的子目和单价或总价发包人将不予接受，并将被视为重大偏差，按废标处理。

(续)

条款号	条款名称	编列内容
3.2	投标报价	4. 人工费：本工程人工单价参照且不高于招标文件发布当期（如招标文件发布时间为2018年11月，即采用2018年第12期）重庆市建设工程造价总站主办的《重庆工程造价信息》公布的市场人工指导价，由各投标单位结合市场行情自主测算计入各分部分项综合单价中，中标后价格不调整。 　　如果当期没有公布人工信息价，则参照前一季度公布的人工信息价。 　　5. 材料费：本工程所需的全部材料由各投标单位参照且不高于招标文件发布当期重庆市建设工程造价总站主办的《重庆工程造价信息》公布的信息价，并结合市场行情以及自身实力自主报价，中标后除钢筋、水泥、碎石、河沙、砌体砖、商品砼外，中标人自行承担其他材料价格涨跌风险。 　　5.1 本工程所需材料、设备由中标人采购，但所采购的材料必须符合国家规范标准及设计文件、招标文件要求，并提供相应合格证明资料、质保书，同时须报监理单位和招标人批准同意后方可采购。 　　5.2 本工程材料运输距离、仓储、保管、库损、二次转运等由投标单位根据自身情况及踏勘现场情况自行确定并综合考虑到报价中，不再另行计取。 　　6. 措施项目费：措施项目费清单包括施工组织措施项目清单和施工技术措施项目清单两部分。 　　6.1 施工组织措施项目清单：招标人给出的施工组织措施项目清单仅供投标人参考，投标人在投标报价时可参照招标人给出的施工组织措施项目清单并结合本工程的实际情况和国家及重庆市相关管理规定自行报价。如果漏项或不报价，视为已包含在其他项目清单综合单价内。如中标费率高于规定费率，则按规定费率进行结算。 　　6.2 施工技术措施项目清单：技术措施清单中在本次招标范围内以项计列的项目，由投标人根据现场踏勘情况及本工程的实际情况结合自身施工组织设计，以项为单位自行报价，包干使用，结算时不再调整。技术措施清单中以项目编码、项目名称、项目特征、工程内容、工程量及计量单位列项的项目，投标人必须按招标人给出的施工技术措施项目清单进行报价，不得擅自改变招标人提供的施工技术措施项目清单中的序号、项目编码、项目名称、项目特征、工程内容、工程量及计量单位，否则视为对招标文件不做实质性响应，其投标文件按废标处理。中标后不论何种因素影响，相应的综合单价不做调整，工程量按《建设工程工程量清单计价规范》（GB 50500—2013）规定的计量规则及工程量清单说明按实计量。 　　7. 工程量清单项、量、价 　　7.1 如果招标人提供的工程量清单中的工程量与施工图中的工程量不一致，投标人应于本须知第2.2.1项和第2.2.4项中规定的时间前通知招标人核查，除招标人对工程量清单主动补遗或对投标人质疑做修改外，应以工程量清单中列出的工程量为准。投标人在编制投标报价时不得擅自改变招标人提供的分部分项工程量清单中的序号、项目编码、项目名称、项目特征、工程内容、工程量及计量单位，否则视为对招标文件不做实质性响应，其投标文件按废标处理；若评标时未发现的修改，在实施时将按有利于招标人的原则进行修正。 　　7.2 工程量清单中给出的工程量是估算量或暂定量，是为投标报价确定的共同的基础，不能作为最终结算的依据。实际工程量应是按《建设工程工程量清单计价规范》（GB 50500—2013）及其配套的计量规范约定的计量规则计算的实际合格工程量。 　　7.2.1 特别说明：招标人有权根据自身的计划安排调整工程量，投标人应无条件接受。投标人自行考虑招标人可能调整工程量造成的风险并纳入投标报价中，因工程量增减造成的损失由投标人自行承担。

(续)

条款号	条款名称	编列内容
3.2	投标报价	7.3 本工程各分部分项工程量清单子项不论其对应的项目特征和工作内容是否描述完整,都将被认为已包括《建设工程工程量清单计价规范》(GB 50500—2013)中相应项目编码和项目名称及施工图、相关规范、标准、政策性文件、规定、限制和禁止使用通告等所有工程内容及完成此工作内容而必需的各种主要、辅助工作;其综合单价应包括完成该子项所需的人工费、材料费、机械设备使用费、管理费、利润、风险费用等除安全文明施工费、措施费、规费、税金外的所有费用以及合同文件中明示或暗示的应由中标人承担的所有责任、义务、一般风险及相应的费用,中标后招标人不对综合单价进行调整。除材料调差外,在本次招标工程量清单范围内的中标综合单价不调整,变更部分详见工程结算原则。 7.3.1 特殊情况:本工程平基土石方、机械旋挖桩价格按《关于进一步规范政府投资建设项目工程造价计价原则的通知》(永川府发〔2015〕142号)规定执行,投标人在公布的最高限价内进行报价,其执行市场价部分项目为全费用综合单价(但允许调整的材料价差除外),包括:人工费、材料费、机械设备使用费、措施费、管理费、利润、风险费、环卫费、规费、安全文明施工费及税金(增值税)等完成该项工程的所有费用,结算时费用不再重复计取,投标报价时投标人应根据工程量清单中项目特征描述的综合单价所包括内容来具体填报。 7.4 招标文件及相关补遗文件规定了暂定材料单价或暂列金额项目或专业工程暂定价、安全文明施工费,投标人必须按规定的暂定价格进行报价,投标人不得修改,否则视为对招标文件不做实质性响应,其投标文件按废标处理;若评标时未发现的修改,在实施时将按有利于招标人的原则进行修正。 7.5 投标人必须严格按招标人提供的工程量清单格式内所有项目进行报价;不得出现漏项或增项,施工组织措施费除外,否则视为对招标文件不做实质性响应,其投标文件按废标处理。报价空白或报价为零,则视为该子项的价款已包括在工程量清单其他子目的单价和合价中,中标后必须完成该子项工作内容,招标人不对该子项进行结算与支付。施工过程中,因招标人原因需要对报价空白或报价为零的项目减少实施工程量或不予实施时,招标人将按工程结算原则中工程变更办法计算出该项的综合单价以及相应的规费、安全文明施工费用、措施费和税金,并据此从结算价中扣除。 7.6 本工程量清单中"项目特征及主要工程内容"描述不作为投标报价的唯一依据,投标人应根据分部分项工程量清单计价表中"项目特征和主要工程内容"的描述结合招标文件中的投标人须知、通用合同条款、专用合同条款、技术标准和要求、施工设计图和对现场的勘察情况等一起阅读和理解并确定报价。 7.7 投标人的报价中各单位工程项目名称、项目特征或工程内容相同清单项的综合单价必须相同,否则结算时按就低原则处理。 8. 安全文明施工费: 8.1 根据《关于印发〈重庆市建设工程安全文明施工费计取及使用管理规定〉的通知》(渝建发〔2014〕25号)及渝建发〔2016〕35号文件规定,安全文明施工费由安全施工费、文明施工费、环境保护费及临时设施费组成。 8.2 本工程安全文明施工费由招标人根据《建设工程工程量清单计价规范》(GB 50500—2013)、《重庆市建设工程工程量清单计价规则》(CQJJGZ—2013)、《关于印发〈重庆市建设工程安全文明施工费计取及使用管理规定〉的通知》(渝建发〔2014〕25号)及渝建发〔2016〕35号文件、《关于调整工程费用计算程序及工程计价表格的通知》(渝建价发〔2014〕6号)的相关规定和费用标准单列计算,安全文明施工费用暂定金额为 713 536.74 元,投标函及工程量清单报价中的安全文明施工费用必须按暂定金额填报,不得浮动,否则视为对招标文件不做实质性响应,其投标文件按废标处理。

（续）

条款号	条款名称	编列内容
3.2	投标报价	9. 规费及税金： 　9.1　规费：按相关规定执行。 　9.2　税金：按《重庆市城乡建设委员会关于建筑业营业税改征增值税调整建设工程计价依据的通知》（渝建发〔2016〕35 号）规定执行，按增值税一般计税方法编制预算。 10. 本工程最高限价中计价材料和未计价材料均按不含进项税计入。 11. 根据渝建〔2015〕420 号文件规定，"从 2016 年 1 月 1 日起，我市新开工的房屋建筑工程和市政基础设施工程的质量检测业务应由工程项目建设单位委托，委托单位不是建设单位的质量检测报告不得作为竣工验收资料"，本次招标工程投标限价中不再计取检验试验费用。 12. 每一项目只允许有一个报价。任何有选择的报价将不予接受。 13. 本工程招标总价和分部分项工程量清单均设有招标控制价，总价招标控制价为：30 217 381.17 元，分部分项工程量清单招标控制价详见工程量清单表，投标总报价及分部分项工程量清单报价均不得超过或等于招标控制价，否则按废标处理
3.3.1	投标有效期	90 日历天（从提交投标文件截止日起计算）
3.4	投标保证金与实力证明金	一、投标保证金的缴纳与退还： （一）投标保证金： 1. 投标保证金交款形式及要求：投标人从企业的基本账户（开户行）在投标截止时间 3 个小时前通过转账支票直接划付或以电汇方式直接划付至下面指定的投标保证金账户，否则，投标保证金无效。投标人自行考虑汇入时间风险，如同城汇入、异地汇入、跨行汇入的时间要求（具体到账情况均以市交易中心所展示的银行到账信息为准）。 2. 投标保证金的金额：60 万元整（人民币）。 3. 投标保证金账户及账号（任选其一）： 投标保证金账户及账号 项目编码：500113201702150010×××× 项目名称：重庆××学院留学生公寓工程 投标保证金专用账户（1） 户名：重庆建设工程交易所集团股份有限公司 开户行：招商银行股份有限公司重庆分行营业部 投标保证金账号：523904808710809×××× 投标保证金专用账户（2） 户名：重庆建设工程交易所集团股份有限公司 开户行：中国建设银行股份有限公司重庆×××支行 投标保证金账号：50050100414100000213-×××× 重庆建设工程交易所集团股份有限公司工程建设招标投标交易分中心制 4. 投标人必须在付款凭证备注栏中注明是"重庆××学院留学生公寓工程"（可简称）。 5. 投标保证金有效期与投标有效期一致。 6. 投标人在开标前必须到重庆市工程建设招标投标交易中心对基本账户进行登记，否则，投标保证金无效。"投标单位银行基本账户登记表"在重庆市工程建设招标投标交易信息网（www.cpcb.com.cn）下载。 （二）投标保证金的退还： 1. 招标人应当在法定时间内确定中标人，向中标人发出中标通知书，并抄送市交易中心，同时书面通知市交易中心向除中标候选人以外的其他投标人退还投标保证金。市交易中心应于 5 日内退还。

（续）

条款号	条款名称	编列内容
3.4	投标保证金与实力证明金	2. 招标人应在法定时间内和中标人签订合同，并同时书面通知市交易中心向中标人和其他中标候选人退还投标保证金。市交易中心应于5日内退还。 二、实力证明金的缴纳和退还： （一）实力证明金的缴纳： 1. 实力证明金的金额：<u>604</u>万元整（人民币）。 2. 提交时间：于2019年3月10日10时00分截止。 3. 交易中心实力证明金专户：重庆市永川区行政服务和公共资源交易中心 开户行：中国工商银行××支行营业部（或中国工商银行××支行会计科） 账号：310008202921900×××× 注：<u>投标人应在（法定假日除外）开标前一天的12时00分前，手持基本账户开户许可证复印件（盖投标单位鲜章）、进账单前往重庆市永川区行政服务和公共资源交易中心财务科办理"实力证明金"到账证明材料，投标人自行考虑转账时间风险，否则，投标实力证明金无效。</u> （二）实力证明金的退还： 实力证明金的退还：中标结果公示结束后，5个工作日内退还中标候选人以外投标人的实力证明金；中标通知书在区交易中心备案后5个工作日内退还未中标候选人的实力证明金；中标单位凭合同备案和交纳的履约保证金到账证明办理实力证明金的退还
3.5	资格审查资料	本须知第1.4.1项和第3.5.1~3.5.5项规定提供的资料必须提供原件查验
3.5.2	近年财务状况的年份要求	近3年（2017~2019年）每年度财务状况良好，不亏损。 注：须提供有效的经会计师事务所或审计机构审计的财务会计报表（包括现金流量表、利润表、资产负债表和财务情况说明书）等资料复印件，并且必须与原件一致
3.5.3	近年完成的类似项目的年份要求	近3年（2017年1月至今）至少承担过在结构形式、使用功能、建设规模相同或相似的已完项目业绩1个（结构形式、使用功能、建设规模相同或相似的项目业绩解释为商住楼、小区住宅楼、写字楼、大型高层办公楼及大型高层公共建筑项目，单项合同建筑面积不少于15 000m^2）。 注：须提供该项目的中标通知书、建设工程施工合同和竣工验收意见书等资料复印件，并且必须与原件一致
3.5.5	提交检察机关出具的两年内无行贿记录证明	指<u>2017</u>年<u>1</u>月<u>31</u>日起至<u>2019</u>年<u>1</u>月<u>31</u>日
3.6	是否允许递交备选投标方案	不允许
3.7.3	签字盖章要求	按本章投标人须知第3.7.3款执行，否则做废标处理
3.7.4	投标文件的份数	1. 投标函部分：一式二份（正本一份，副本一份）。 2. 商务部分：一式二份（正本一份，副本一份）。 3. 资格审查资料：一式二份（正本一份，副本一份）。 4. 电子文件：所有投标资料电子版壹套（提供电子U盘一个）。 注： ①综合单价分析表在投标时不需打印纸质件，招标结束后，由中标人按招标人规定份数打印提供，且保证打印的纸质件同投标时电子版一致。 ②招标结束后，中标人须向招标人提供与投标文件一致的全套副本（含综合单价分析表）5份，以便存档备查

（续）

条款号	条款名称	编列内容
3.7.5	装订要求	1. 本工程应将投标函部分、商务部分、资格审查资料各自分别装订成册。 2. 装订 （1）投标函部分的装订要求 应按照第八章规定格式装订成册。 （2）商务部分的装订要求 应按照第八章规定格式装订成册。 （3）资格审查资料的装订要求 应按照第八章规定格式装订成册。 （4）电子U盘单独封装
4.1.1	投标文件的密封	1. 投标文件袋使用"投标函部分"袋、"商务部分"袋、"资格审查资料"袋以及"投标文件"大袋。 2. 投标函部分装入"投标函部分"袋中，密封并在袋上封口处加盖投标人单位章。 3. 商务部分装入"商务部分"袋中，密封并在袋上封口处加盖投标人单位章。 4. "投标函部分""商务部分"等小袋装入"投标文件"大袋中，密封并在大袋上封口处加盖投标人单位章，同时"投标文件"大袋应按本表第4.1.2项的规定写明相应内容。 5. "资格审查资料"单独封装，密封并在袋上封口处加盖投标人单位章，同时应按本表第4.1.2项的规定写明相应内容。 6. 电子文件：所有投标资料电子版壹套（U盘一个）单独封装，并加盖投标人公章，装入"投标函部分"袋中。 7. 如果"投标文件"大袋和"资格审查资料"袋未按上述规定封装，招标人或招标代理机构应当拒绝接收。 注："投标函部分"袋、"商务部分"袋只为方便投标文件分装，不作为判定密封合格与否的条件。但为了方便开标，请各投标人主动配合，按要求分装
4.1.2	封套上写明	应在"投标文件"大袋和"资格审查资料"封套上写明如下内容： 招标人名称：重庆××学院 招标人的地址：重庆市永川区红河大道×××号 重庆××学院留学生公寓工程投标文件 投标人名称：_____（加盖投标人单位公章） 在 2019 年 3 月 13 日 10 时 00 分前不得开启
4.2.2	递交投标文件地点	重庆市工程建设招标投标交易中心开标室（重庆市渝中区长江一路58号），具体请登录重庆市工程建设招标投标交易信息网查询或开标当日见交易中心大厅电子显示屏，请各投标人按时、按规定地点递交投标文件，若因递交地址错误或时间延迟未能按要求递交的，后果由投标人自行负责
4.2.3	是否退还投标文件	否
5.1	开标时间和地点	开标时间：同投标截止时间 开标地点：重庆市工程建设招标投标交易中心（具体请登录重庆市工程建设招标投标交易信息网查询或开标当日见交易中心大厅电子显示屏）
5.2	开标程序	主持人按下列程序进行开标： 1. 宣布开标纪律。 2. 宣布开标人、唱标人、记录人、监标人等有关人员姓名。

（续）

条款号	条款名称	编列内容
5.2	开标程序	3. 公布在投标截止时间前递交投标文件的投标人名称，并点名确认投标人是否派人到场；未到开标现场的投标人代表或经核验身份材料不合格的，视为默认开标结果且无异议权。 （1）法定代表人参加开标会议的，核验法定代表人本人身份证（原件）、法定代表人身份证明书（原件）。 （2）授权代理人参加开标会议的，核验授权代理人本人身份证（原件）、法定代表人身份证明书（原件）、授权委托书（原件），以确认其身份合法有效。 4. 密封情况检查：投标人或者其推选的代表检查各投标文件的密封情况并确认。 5. 投标保证金和实力证明金缴款情况： （1）展示投标保证金缴纳情况。投标保证金缴款情况表上没有显示投标人缴款信息而其已递交投标文件的，当场退还其投标文件。 （2）核验实力证明金缴纳情况，须提供"重庆市永川区行政服务和公共资源交易中心"认可的实力证明金到账资料；无"重庆市永川区行政服务和公共资源交易中心"出具的实力证明金缴纳凭据而已递交投标文件的，当场退还其投标文件。 （3）投标保证金来款账号与银行基本账户账号不一致、实力证明金缴纳凭据信息不全或有误的，或逾期提交的，记录在案交由评标委员会评审。 6. 设有招标最高限价的，公布招标最高限价。 7. 开启投标文件顺序：随机开启。按照宣布的开标顺序当众开标，开启资格审查资料袋、投标文件大袋及投标函部分袋、商务部分袋，公布投标人名称、投标报价、质量目标、工期、项目经理及其他内容，并记录在案。 8. 查询企业是否受到重庆市建设行政主管部门暂停投标资格且是否在处罚期内的情况、企业诚信综合评价分；项目经理禁标情况、在建项目情况，并记录在案。 9. 投标人代表、招标人代表、监标人、记录人等有关人员在开标记录上签字确认；投标人代表在签字确认时，须按本前附表第1.4.1条规定，一次性提交本项目所有有关资料的原件。 10. 开标结束后，所有投标人须保持通信畅通并在开标现场等待，不得离开。投标文件需要澄清说明的，以电话通知投标人算起，投标人应在15~20分钟内书面确认。否则，因投标人自行离开而造成的未能及时提供有关资料等情形，所有责任由投标人自行承担
6.1.1	评标委员会的组建	1. 评标委员会构成：共5人。 2. 评标专家确定方式：在重庆市综合评标专家库中随机抽取5人
7.1	是否授权评标委员会确定中标人	否，推荐经评审得分由高到低排名前三名为中标候选人
7.1.2	公示期的造假及行贿记录查询	招标人在公示期间或其他时间对投标文件真实性进行核查，若经查实存在造假行为，或投标单位或法人代表有行贿犯罪记录的，一经发现，招标人有权取消中标人的中标资格并投标保证金不退还
7.3.1	履约保证金	履约保证金的递交形式：转账或电汇。 履约保证金的递交金额：中标合同金额的10%。 履约保证金的递交时间：中标人应在中标通知书发出后10日内向永川区行政服务和公共资源交易中心缴纳，中标人将履约保证金交纳的银行进账凭证原件和复印件到永川区行政服务和公共资源交易中心出具到账证明。招标人凭区交易中心出具的履约保证金到账证明以及招标文件的相关规定，方可与中标人签订合同。中标人可申请将实力证明金转为履约保证金。投标人须在投标函中明确注明在中标通知书发出后10日内向永川区行政服务和公共资源交易中心缴纳履约保证金，否则按废标处理。

(续)

条款号	条款名称	编列内容
7.3.1	履约保证金	履约保证金的退还：在工程竣工验收合格后一次性退还（不计息）。 交易中心履约保证金账户：重庆市永川区行政服务和公共资源交易中心，开户行：中国工商银行××支行营业部（或中国工商银行××支行会计科），账号：310008202921900 ××××。 注：实力证明金可书面向区交易中心申请转为履约保证金
8.1	重新招标	1. 按投标人须知第 8.1（1）项执行。 2. 按投标人须知第 8.1（2）项执行。 3. 按投标人须知第 8.1（3）项执行。 4. 按投标人须知第 8.1（4）项执行
8.2	二次招标和不再招标	重新招标后投标人仍少于 3 个，按法定程序开标和评标，确定中标人。经评审无合格投标人，属于必须审批或核准的工程建设项目，经原审批或核准部门批准后不再进行招标
10		需要补充的其他内容
10.1	工程结算原则	1. 结算原则：本工程平基土石方、机械旋挖桩价格按《关于进一步规范政府投资建设项目工程造价计价原则的通知》（永川府发〔2015〕142 号）规定执行。结算总价＝分部分项工程量清单结算价+措施费（除安全文明施工费）+其他项目清单实际发生额（如有）+安全文明施工费+规费+税金+合同约定其他费用。 注：执行市场价部分项目的全费用综合单价中已包括费用部分在结算时费用不再重复计取，如措施费、规费、安全文明措施费及税金（增值税）等，即执行市场价部分结算总价＝中标综合单价×实际完成工程量。 主要材料（仅限：钢筋、水泥、碎石、河沙、砌体砖、商品砼）调整方式如下：以招标文件发布当期（如招标文件发布时间为 2018 年 11 月，即采用 2018 年第 12 期）重庆市建设工程造价总站主办的《重庆工程造价信息》公布的信息价为基价，以施工期间（开工日—交工日）《重庆工程造价信息》公布的主要材料信息价的算术平均值与基价相比，变化幅度在±5%以内（含±5%）时不调整，变化幅度超过±5%时，对且仅对超过部分进行调差（调整方法为：以投标价为基数加上施工期间（开工日—交工日）《重庆工程造价信息》公布的主要材料信息价的算术平均值与基价相比的变化值）。 2. 分部分项工程量清单结算价 ① 以中标人投标报价时的分部分项工程量清单中子项综合单价乘以实际完成合格工程量。 子项工程量：工程量计量以建设单位、监理单位、承包单位三方以竣工图、施工图和有效签证资料（签字且盖章）作为计量依据。按《建设工程工程量清单计价规范》（GB 50500—2013）、《重庆市建设工程工程量计算规则》（CQJLGZ—2013）、《房屋建筑与装饰工程工程量计算规范》（GB 50854—2013）等规定的计量规则计算的实际合格工程量执行。 子项综合单价：子项综合单价均以中标人投标报价时的分部分项工程量清单中子项综合单价为结算依据。某一子项的合价报价小于所报综合单价与工程量清单量的相乘所得合价，则结算时以该子项合价报价除以相应子项工程量清单量所得的单价为相应子项的结算单价。如中标总价小于各工程量清单报价之和，则结算单价按中标总价与工程量清单报价之和相比的同比例进行下浮。如两种情形均存在，则先按中标总价与工程量清单报价之和相比的同比例下浮该子项总价，再用下浮后的合价报价除以相应子项工程量清单量所得的单价为相应子项的结算单价，即投标人投标报价中有误差或歧义，均按有利于招标人的方式进行计算。

（续）

条款号	条款名称	编列内容
10.1	工程结算原则	② 工程变更、招标工程量清单漏项或新增项目价款结算办法： 工程变更的工作程序严格按重庆市永川区政府投资建设项目管理（永川府发〔2014〕49 号、永川府发〔2015〕142 号等）的相关规定执行。设计变更、施工变更及合同范围外的零星工程等均属于工程变更范围，在工程结算时根据监理工程师和发包人共同确认的竣工图和工程变更进行调整。工程变更结算计价原则如下： A. 中标价工程量清单中有相同于变更工程项目的，采用该项目的单价。 B. 中标价工程量清单中有类似于变更工程项目的，参照类似项目的单价对工程变更引起的差异部分进行调整（是否属类似项目由招标人核定）。 C. 中标价工程量清单中没有相同于也没有类似于变更工程项目的，由承包人以招标文件、合同条件、工程量清单、本次招标范围的设计图、国家技术和经济规范及标准、《建设工程工程量清单计价规范》（GB 50500—2013)、《重庆市建设工程工程量清单计价规则》（CQQDGZ—2013)、《重庆市市政工程计价定额》（CQSZDE—2018)、《重庆市建筑与装饰工程计价定额》（CQJZZSDE—2018)、《重庆市建设工程费用定额》（CQFYDE—2018)、《重庆市系列工程计价定额》（2018）以及相关配套文件等为依据进行编制，经发包人按程序审批确认后执行。其中人工费、材料费、机械设备使用费单价按中标单价采用的价格编制；中标价中没有的材料价格，则参照变更当月《重庆工程造价信息》（如变更当月为 2018 年 11 月，则采用 2018 年第 12 期）（如果当期没有公布人工信息价，则参照前一季度公布的人工信息价）公布的信息价并结合市场行情（不高于信息价），按中标价与最高限价之比同比例下浮后编制作为结算单价；变更当月《重庆工程造价信息》也没有的材料价格，由发包人和监理单位认质核价，由承包人报发包人按程序审批后，按中标价与最高限价之比同比例下浮后编制作为结算单价。 3. 措施费： ① 施工组织措施项目费：施工组织措施项目费按中标费率结算，如中标费率高于规定费率，则按规定费率进行结算。 ② 施工技术措施项目费：技术措施清单中在本次招标范围内以项计列的项目，无论因设计变更或施工工艺变化等任何因素而引起实际措施费的变化，均按投标时施工技术措施项目费的报价作为结算价。技术措施清单中以项目编码、项目名称、项目特征、工程内容、工程量及计量单位列项的项目，综合单价不做调整，工程量按《建设工程工程量清单计价规范》（GB 50500—2013）规定的计量规则及工程量清单说明按实计量。 4. 安全文明施工费：按渝建发〔2014〕25 号文件及渝建发〔2016〕35 号文件执行。 5. 规费：按中标费率结算，若承包人的投标报价中规费费率高于规定费率，则以规定费率结算。 6. 税金：按《重庆市城乡建设委员会关于建筑业营业税改征增值税调整建设工程计价依据的通知》（渝建发〔2016〕35 号）规定及其最新税金政策执行。 7. 其他项目清单结算价： ① 本工程材料、设备采用暂估价格报价的，在施工过程中，使用前由中标人报价，经招标人和监理人审核同意后方可采购使用。结算时只对招标人核定单价与暂估单价的价差部分进行调整（调整的数量根据工程结算实体数量确定，不计算损耗），该价差除税金外不再计取其他任何费用。 ② 本工程采用专业工程暂估价或暂列金额报价的，中标后，由招标人按照本招标文件合同条款约定确定供应商或分包人。结算时，只对专项供应合同结算价或专项分包合同结算价与暂估价的差额部分进行调整，该差额除税金外不再计取其他任何费用。

（续）

条款号	条款名称	编列内容
10.1	工程结算原则	③暂列金额：暂列金额发生时，按招标人及监理审批同意的施工组织方案实施，以招标人、中标人、监理人三方有效签证资料计量并按实结算。其综合单价按前述第2条中"②工程变更、招标工程量清单漏项或新增项目价款结算办法"工程变更结算计价原则计算。 8. 合同约定的其他费用：工程违约金等。 9. 本工程最终结算金额以永川区政府指定的审计部门审定结果为准。 10. 中标人必须按上述规定编制工程结算，编制工程结算必须仔细认真，中标人在办理结算时应准确核有关工程量并报出总造价，若审减率在±5%以内，由招标人支付基本审计费及效益审核费；若审减率超过±5%，超出部分的效益审核费由中标人支付 [注：审减率=（送审总造价−审定总造价）/送审总造价×100%]
10.2	招标人代理服务费	本项目招标代理服务费为人民币叁万元整，在招标工作完成后7日内，由招标人一次性向招标代理机构支付
10.3	综合交易服务费	本工程综合交易服务费按重庆市物价局相关文件规定的收费标准执行。在本工程中标通知书发出后3个工作日内一次性缴至重庆市工程建设招标投标交易中心（招标人缴纳交易服务费金额的30%，中标人缴纳交易服务费金额的70%）。综合交易服务费已包含在投标报价中，招标人不再另行支付
10.4	工程款支付方式	按照财建〔2004〕369号文件执行。具体付款方式详见合同条款
10.5	投诉和质疑	投标人认为招标文件内容违法或不当的，应当在递交投标文件的截止时间前提出异议或投诉；认为开标活动违法或不当的，应在开标现场提出书面异议；认为评标结果不公正的，应在公示期内提出异议或投诉
10.6	投标人提供虚假资料	投标人须按招标文件要求提交与资格审查有关的资料，且提交的资格审查资料应真实、可靠，招标人可通过多种方式予以核查，发现提供虚假资料或业绩的，招标人有权取消其投标资格和中标资格；给招标人造成经济损失的，依法承担赔偿责任

注：本须知前附表与须知正文不一致的，以本须知前附表为准。

1. 总则

1.1 项目概况

1.1.1 根据《中华人民共和国招标投标法》等有关法律、法规和规章的规定，本招标项目已具备招标条件，现对本标段施工进行招标。

1.1.2 本招标项目招标人：见投标人须知前附表。

1.1.3 本标段招标代理机构：见投标人须知前附表。

1.1.4 本招标项目名称：见投标人须知前附表。

1.1.5 本标段建设地点：见投标人须知前附表。

1.1.6 本标段建设规模：见投标人须知前附表。

1.2 资金来源和落实情况

1.2.1 本招标项目的资金来源：见投标人须知前附表。

1.2.2 本招标项目的出资比例：见投标人须知前附表。

1.2.3 本招标项目的资金落实情况：见投标人须知前附表。

1.3 招标范围、计划工期和质量要求

1.3.1 本次招标范围：见投标人须知前附表。

1.3.2 本标段的计划工期：见投标人须知前附表。

1.3.3 本标段的质量要求：见投标人须知前附表。

1.4 投标人资格要求

1.4.1 投标人应具备承担本标段施工的资质条件、能力和信誉。

（1）资质条件、营业执照及安全生产条件：见投标人须知前附表。

（2）信誉要求：见投标人须知前附表。

（3）项目经理资格：见投标人须知前附表。

（4）其他要求：见投标人须知前附表。

1.4.2 投标人须知前附表规定接受联合体投标的，除应符合本章第1.4.1项和投标人须知前附表的要求外，还应遵守以下规定：

（1）联合体各方应按招标文件提供的格式签订联合体协议书，明确联合体牵头人和各方权利义务。

（2）由同一专业的单位组成的联合体，按照资质等级较低的单位确定资质等级。

（3）联合体各方不得再以自己名义单独或参加其他联合体在同一标段中投标。

1.4.3 投标人不得存在下列情形之一：

（1）与招标人存在利害关系可能影响招标公正性的法人、其他组织或者个人。

（2）为本标段前期准备提供设计或咨询服务的，但设计施工总承包的除外。

（3）为本标段的监理人。

（4）为本标段的代建人。

（5）为本标段提供招标代理服务的。

（6）与本标段的监理人或代建人或招标代理机构同为一个法定代表人的。

（7）与本标段的监理人或代建人或招标代理机构相互控股或参股的。

（8）与本标段的监理人或代建人或招标代理机构相互任职或工作的。

（9）被责令停业的。

（10）被暂停或取消投标资格的。

（11）财产被接管或冻结的。

（12）单位负责人为同一人或者存在控股、管理关系的不同单位，不得在同一标段中同时投标。

1.5 费用承担

投标人准备和参加投标活动发生的费用自理。

1.6 保密

参与招标投标活动的各方应对招标文件和投标文件中的商业和技术等秘密保密，违者应对由此造成的后果承担法律责任。

1.7 语言文字

除专用术语外，与招标投标有关的语言均使用中文。必要时专用术语应附有中文注释。

1.8 计量单位

所有计量均采用中华人民共和国法定计量单位。

1.9 踏勘现场

1.9.1 投标人须知前附表规定组织踏勘现场的，招标人按投标人须知前附表规定的时间、地点组织投标人踏勘项目现场。

1.9.2 投标人踏勘现场发生的费用自理。

1.9.3 除招标人的原因外，投标人自行负责在踏勘现场中所发生的人员伤亡和财产损失。

1.9.4 招标人在踏勘现场中介绍的工程场地和相关的周边环境情况，供投标人在编制投标文件时参考，招标人不对投标人据此做出的判断和决策负责。

1.10　投标预备会

不召开

1.11　分包

按国家相关规定执行。

1.12　偏离

投标人须知前附表允许投标文件偏离招标文件某些要求的，偏离应当符合招标文件规定的偏离范围和幅度。

2. 招标文件

2.1　招标文件的组成

本招标文件包括：

（1）招标公告。

（2）投标人须知。

（3）评标办法。

（4）合同条款及格式。

（5）工程量清单。

（6）图样。

（7）技术标准和要求。

（8）投标文件格式。

（9）投标人须知前附表规定的其他材料。

根据本章第 1.10 款、第 2.2 款和第 2.3 款对招标文件所做的澄清、修改，构成招标文件的组成部分。

2.2　招标文件的澄清

2.2.1　投标人应仔细阅读和检查招标文件的全部内容。如发现缺页或附件不全，应及时向招标人提出，以便补齐。如有疑问，应在投标人须知前附表规定的时间前在重庆市工程建设招标投标交易信息网"投标人质疑区"提交异议，要求招标人对招标文件予以澄清。

2.2.2　招标文件的澄清将在投标人须知前附表规定的投标截止时间 15 天前在重庆市工程建设招标投标交易信息网"招标人答疑补遗区"发布，但不指明澄清问题的来源。如果澄清发出的时间距投标截止时间不足 15 天，相应延长投标截止时间。

2.2.3　招标人对招标文件的补遗内容可能影响投标文件编制的，须在投标截止时间 15 日前发布，发布时间至投标截止时间不足 15 日的，须相应延后投标截止时间。

2.2.4　投标人对招标文件和答疑补遗仍有疑问的，可于投标截止时间 10 日前，以书面形式通知招标人或招标代理机构。招标人应将答复以补遗的形式在重庆市工程建设招标投标交易信息网"答疑补遗区"发布。补遗内容可能影响投标文件编制的，须在投标截止时间 15 日前发布，发布时间至投标截止时间不足 15 日的，须相应延后投标截止时间。

2.3　招标文件的修改

按照本章 2.2 招标文件的澄清相关内容及方式执行。

3. 投标文件

3.1　投标文件的组成

3.1.1　投标文件应包括下列内容：

（1）投标函及投标函附录。

（2）法定代表人身份证明或附有法定代表人身份证明的授权委托书。

（3）投标保证金及实力证明金。

（4）已标价工程量清单。

（5）项目管理机构。

（6）资格审查资料。
（7）投标人须知前附表规定的其他材料。

3.1.2 投标人须知前附表规定不接受联合体投标的，或投标人没有组成联合体的，投标文件不包括本章第3.1.1（3）目所指的联合体协议书。

3.2 投标报价

3.2.1 投标人应按第五章"工程量清单"的要求填写相应表格。

3.2.2 投标人在投标截止时间前修改投标函中的投标总报价，应同时修改第五章"工程量清单"中的相应报价。此修改须符合本章第4.3款的有关要求。

3.3 投标有效期

3.3.1 在投标人须知前附表规定的投标有效期内，投标人不得要求撤销或修改其投标文件。

3.3.2 出现特殊情况需要延长投标有效期的，招标人以书面形式通知所有投标人延长投标有效期。投标人同意延长的，应相应延长其投标保证金的有效期，但不得要求或被允许修改或撤销其投标文件；投标人拒绝延长的，其投标失效，但投标人有权收回其投标保证金。

3.4 投标保证金与实力证明金

3.4.1 投标人在递交投标文件的同时，应按投标人须知前附表规定的金额、担保形式和第八章"投标文件格式"规定的投标保证金格式递交投标保证金、实力证明金，并作为其投标文件的组成部分。联合体投标的，其投标保证金及实力证明金由牵头人递交，并应符合投标人须知前附表的规定。

3.4.2 投标人不按本章第3.4.1项要求提交投标保证金、实力证明金的，其投标文件做废标处理。

3.4.3 投标保证金、实力证明金退还：见投标人须知前附表。

3.4.4 有下列情形之一的，投标保证金、实力证明金将不予退还：
（1）投标人在规定的投标有效期内撤销或修改其投标文件。
（2）中标人在收到中标通知书后，无正当理由拒签合同协议书或未按招标文件规定提交履约担保。
（3）违反本章第9.2条对投标人的纪律要求的。
（4）法律法规和本招标文件规定的其他情形。

3.5 资格审查资料

投标人须随身携带以上所有复印件的原件备查（资质原件、身份证原件、截图文件除外），评标委员会审查时将有可能对有关证明和证件的原件核查。当招标文件规定投标人必须提交投标文件的原件时，须在开标会结束之前将原件一次性提交，若经审查复印件与原件不一致，则投标文件做废标处理。

3.5.1 "投标人基本情况表"应附投标人营业执照、资质证书副本和安全生产许可证、"三类人员"相应的安全生产考核合格证书等材料的复印件。

3.5.2 "项目管理机构表"应附项目管理机构人员相应证书等材料的复印件，原件备查。

3.5.3 信誉要求：提供项目所在地检察机关出具的近两年（指2017年1月31日~2019年1月31日）无行贿记录证明复印件，原件备查。

3.6 备选投标方案

除投标人须知前附表另有规定外，投标人不得递交备选投标方案。允许投标人递交备选投标方案的，只有中标人所递交的备选投标方案方可予以考虑。评标委员会认为中标人的备选投标方案优于其按照招标文件要求编制的投标方案的，招标人可以接受该备选投标方案。

3.7 投标文件的编制

3.7.1 投标文件应按第八章"投标文件格式"进行编写，如有必要，可以增加附页，作为投标文件的组成部分。其中，投标函附录在满足招标文件实质性要求的基础上，可以提出比招标文件要求更有利于招标人的承诺。

3.7.2 投标文件应当对招标文件有关工期、投标有效期、质量要求、技术标准和要求、招标范围等实质性内容做出响应。

3.7.3 投标文件应用不褪色的材料书写或打印，并由投标人的法定代表人或其委托代理人签字或盖章、盖单位章。委托代理人签字或盖章的，投标文件应附法定代表人签署的授权委托书。投标文件应尽量避免涂改、行间插字或删除。如果出现上述情况，改动之处应加盖单位章或由投标人的法定代表人或其授权的代理人签字确认。签字或盖章的具体要求见投标人须知前附表。

3.7.4 投标文件的份数见投标人须知前附表。正本和副本的封面上应清楚地标记"正本"或"副本"的字样，正本和副本封面均须加盖单位章（鲜章），否则做废标处理。当副本和正本不一致时，以正本为准。

3.7.5 投标文件的正本与副本应分别装订成册，并编制目录，具体装订要求见投标人须知前附表规定。

4. 投标

4.1 投标文件的密封和标记

4.1.1 投标文件的正本与副本密封见投标人须知前附表。

4.1.2 投标文件的封套上应写明的内容见投标人须知前附表。

4.1.3 未按本章第4.1.1项或第4.1.2项要求密封和加写标记的投标文件，招标人不予受理。

4.2 投标文件的递交

4.2.1 投标人应在本章第2.2.2项规定的投标截止时间前递交投标文件。

4.2.2 投标人递交投标文件的地点：见投标人须知前附表。

4.2.3 除投标人须知前附表另有规定外，投标人所递交的投标文件不予退还。

4.2.4 招标人收到投标文件后，向投标人出具签收凭证。

4.2.5 逾期送达的或者未送达指定地点的投标文件，招标人不予受理。

4.3 投标文件的修改与撤回

4.3.1 在本章第2.2.2项规定的投标截止时间前，投标人可以修改或撤回已递交的投标文件，但应以书面形式通知招标人。

4.3.2 投标人修改或撤回已递交投标文件的书面通知应按照本章第3.7.3项的要求签字或盖章。招标人收到书面通知后，向投标人出具签收凭证。

4.3.3 修改的内容为投标文件的组成部分。修改的投标文件应按照本章第3条、第4条规定进行编制、密封、标记和递交，并标明"修改"字样。

5. 开标

5.1 开标时间和地点

招标人在本章第2.2.2项规定的投标截止时间（开标时间）和投标人须知前附表规定的地点公开开标，并邀请所有投标人的法定代表人或其委托代理人准时参加。

5.2 开标程序

详见投标人须知前附表第5.2项开标程序。

6. 评标

6.1 评标委员会

6.1.1 评标由招标人依据法律法规和相关规范性文件组建的评标委员会负责。

6.1.2 评标委员会成员有下列情形之一的，应当回避：
（1）招标人或投标人的主要负责人的近亲属。
（2）项目主管部门或者行政监督部门的人员。
（3）与投标人有利害关系，可能影响对投标公正评审的。
（4）曾因在招标、评标以及其他与招标投标有关活动中从事违法行为而受过行政处罚或刑事处罚的。

6.2 评标原则

评标活动应遵循公平、公正、科学和择优的原则。

6.3 评标

评标委员会按照第三章"评标办法"规定的方法、评审因素、标准和程序对投标文件进行评审。第三章"评标办法"没有规定的方法、评审因素和标准,不得作为评标依据。

7. 合同授予

7.1 定标方式

国有资金占控股或者主导地位的依法必须进行招标的项目,招标人应当确定排名第一的中标候选人为中标人。排名第一的中标候选人放弃中标、因不可抗力不能履行合同、不按照招标文件要求提交履约保证金,或者被查实存在影响中标结果的违法行为等情形,不符合中标条件的,招标人可以按照评标委员会提出的中标候选人名单排序依次确定其他中标候选人为中标人,也可以重新招标。

评标委员会推荐中标候选人的人数见投标人须知前附表。

7.2 中标公示及中标通知

招标人在收到评标报告之日起 3 日内公示中标候选人,公示期不得少于 3 日。自中标公示发布之日起 48 小时内,招标人须先到当地检察机关查询前三名中标候选人有无行贿记录,报建设行政主管部门监督机构备案,并纳入招投标存档资料档案目录;若经招标人查询发现中标候选人有行贿事实的,取消其中标资格。

在本章第 3.3 款规定的投标有效期内,且未有投标人的异议与投诉,招标人以书面形式向中标人发出中标通知书。

7.3 履约担保

7.3.1 在签订合同前,中标人应按投标人须知前附表规定的金额、担保形式和招标文件第四章"合同条款及格式"规定的履约担保格式向招标人提交履约担保。联合体中标的,其履约担保由牵头人递交,并应符合投标人须知前附表规定的金额、担保形式和招标文件第四章"合同条款及格式"规定的履约担保格式要求。

7.3.2 中标人不能按本章第 7.3.1 项要求提交履约担保的,视为放弃中标,其投标保证金不予退还,给招标人造成的损失超过投标保证金数额的,中标人还应当对超过部分予以赔偿。

7.4 签订合同

7.4.1 招标人和中标人应当自中标通知书发出之日起 30 天内,根据招标文件和中标人的投标文件订立书面合同。中标人无正当理由拒签合同的,招标人取消其中标资格,其投标保证金不予退还;给招标人造成的损失超过投标保证金数额的,中标人还应当对超过部分予以赔偿。

7.4.2 发出中标通知书后,招标人无正当理由拒签合同的,招标人向中标人退还投标保证金;给中标人造成损失的,还应当赔偿损失。

8. 重新招标和不再招标

8.1 重新招标

有下列情形之一的,招标人将重新招标:
(1)投标截止时间止,投标人少于 3 个的。
(2)经评标委员会评审后否决所有投标的。
(3)经评审后,如合格的投标人少于 3 个,且明显缺乏竞争的,评标委员会可以否决全部投标,招标人将重新组织招标。
(4)法律法规规定的其他情形。

8.2 二次招标和不再招标

重新招标后投标人仍少于 3 个,按法定程序开标和评标,确定中标人。经评审无合格投标人,属于必须审批或核准的工程建设项目,经原审批或核准部门批准后不再进行招标。

9. 纪律和监督

9.1 对招标人的纪律要求

招标人不得泄露招标投标活动中应当保密的情况和资料,不得与投标人串通损害国家利益、社会公共利益或者他人合法权益，禁止招标人与投标人串通投标。

有下列情形之一的，属于招标人与投标人串通投标：

（1）招标人在开标前开启投标文件并将有关信息泄露给其他投标人。

（2）招标人直接或者间接向投标人泄露标底、评标委员会成员等信息。

（3）招标人明示或者暗示投标人压低或者抬高投标报价。

（4）招标人授意投标人撤换、修改投标文件。

（5）招标人明示或者暗示投标人为特定投标人中标提供方便。

（6）招标人与投标人为谋求特定投标人中标而采取的其他串通行为。

9.2 对投标人的纪律要求

投标人不得相互串通投标或者与招标人串通投标，不得向招标人或者评标委员会成员行贿谋取中标，不得以他人名义投标或者以其他方式弄虚作假骗取中标；投标人不得以任何方式干扰、影响评标工作。

有下列情形之一的，属于投标人相互串通投标：

（1）投标人之间协商投标报价等投标文件的实质性内容。

（2）投标人之间约定中标人。

（3）投标人之间约定部分投标人放弃投标或者中标。

（4）属于同一集团、协会、商会等组织成员的投标人按照该组织要求协同投标。

（5）投标人之间为谋取中标或者排斥特定投标人而采取的其他联合行动。

有下列情形之一的，视为投标人相互串通投标：

（1）不同投标人的投标文件由同一单位或者个人编制。

（2）不同投标人委托同一单位或者个人办理投标事宜。

（3）不同投标人的投标文件载明的项目管理成员为同一人。

（4）不同投标人的投标文件异常一致或者投标报价呈规律性差异。

（5）不同投标人的投标文件相互混装。

（6）不同投标人的投标保证金从同一单位或者个人的账户转出。

使用通过受让或者租借等方式获取的资格、资质证书投标的，属于以他人名义投标。

投标人有下列情形之一的，属于以其他方式弄虚作假的行为：

（一）使用伪造、变造的许可证件。

（二）提供虚假的财务状况或者业绩。

（三）提供虚假的项目负责人或者主要技术人员简历、劳动关系证明。

（四）提供虚假的信用状况。

（五）其他弄虚作假的行为。

9.3 对评标委员会成员的纪律要求

评标委员会成员不得收受他人的财物或者其他好处，不得向他人透露对投标文件的评审和比较、中标候选人的推荐情况以及评标有关的其他情况。在评标活动中，评标委员会成员不得擅离职守，影响评标程序正常进行，不得使用第三章"评标办法"没有规定的评审因素和标准进行评标。

9.4 对与评标活动有关的工作人员的纪律要求

与评标活动有关的工作人员不得收受他人的财物或者其他好处，不得向他人透露对投标文件的评审和比较、中标候选人的推荐情况以及与评标有关的其他情况。在评标活动中，与评标活动有关的工作人员不得擅离职守，影响评标程序正常进行。

9.5 投诉

投标人和其他利害关系人认为本次招标活动违反法律、法规和规章规定的，有权向有关行政监督部门投诉。

10. 需要补充的其他内容

需要补充的其他内容：见投标人须知前附表。

附表一：开标记录表

_____（项目名称）____施工开标记录表

开标时间：_____年___月__日__时__分

序号	投标人	密封情况	投标保证金及 实力证明金	投标报价	质量目标	工期	项目经理	备注	签名
招标控制价									

招标人代表：_____ 唱标人：_____ 记录人：_____ 监督人：_____

___年___月___日

附表二：问题澄清通知

问题澄清通知

编号：_____

_____（投标人名称）：

_____（项目名称）_____施工招标的评标委员会，对你方的投标文件进行了仔细的审查，现需你方对下列问题以书面形式予以澄清：

1.

2.

⋮

请将上述问题的澄清于_____年__月__日__时前递交至_____（详细地址）或传真至_____（传真号码）。采用传真方式的，应在___年__月__日__时前将原件递交至_____（详细地址）。

评标委员会：_____（签字）

___年___月___日

附表三：问题的澄清

问题的澄清

编号：_____

_____（项目名称）_____施工招标评标委员会：

问题澄清通知（编号：____）已收悉，现澄清如下：
1.
2.
⋮

投标人：_____（盖单位章）

法定代表人或其委托代理人：_____（签字或盖章）

___年___月___日

附表四：中标通知书

重庆市建设工程中标通知书

中标单位：

我单位拟建的_____于___年__月__日开标，经评标委员会评定，确定你单位为中标人，中标额为￥___元（其中含安全文明施工费￥___元）。中标工程范围：___，工程规模为___，中标工期__日历天，工程质量达到国家施工验收规范标准。项目经理由___担任。

你单位收到中标通知书后，在___日内到我单位签订承发包合同。

特此通知。

招标人：_____（盖单位章）

法定代表人：_____（签字或盖章）

联系人：_____

联系电话：_____

签发日期：_____年__月__日

第三章 评标办法（综合评估法）

评标办法前附表

条款号		评审因素	评审标准
2.1.1	形式评审	投标人名称	与营业执照、资质证书、安全生产许可证一致
		投标函签字盖章	法定代表人或其委托代理人签字或盖章、单位章符合要求
		投标文件格式	符合第八章"投标文件格式"的要求，字迹清晰可辨。 1. 投标函附录的所有数据均符合招标文件的规定。 2. 投标文件附表齐全完整，内容均按规定填写。 3. 按规定提供了拟投入的主要人员的证件复印件，证件清晰可辨、有效。 4. 投标文件的编制符合第二章第3.7款的规定
		报价唯一	只能有一个有效报价，在招标文件没有规定的情况下，不得提交选择性报价
		投标文件的签署	投标文件上法定代表人或其授权代理人的签字或盖章齐全
		委托代理人	投标人法定代表人的委托代理人有法定代表人签署的授权委托书，且其授权委托书符合招标文件规定的格式

（续）

条　款　号	评审因素	评审标准
2.1.2　资格评审	营业执照	具备有效的营业执照
	安全生产条件	符合第二章"投标人须知"第1.4.1项规定
	资质等级	符合第二章"投标人须知"第1.4.1项规定
	信誉要求	符合第二章"投标人须知"第1.4.1项规定
	项目经理资格	符合第二章"投标人须知"第1.4.1项规定
	主要管理人员	符合第二章"投标人须知"第1.4.1项规定
	其他要求	符合第二章"投标人须知"第1.4.1项规定
2.1.3　响应性评审	投标报价	投标报价不得高于招标人公布的招标控制价
	投标内容	符合第二章"投标人须知"第1.3.1项规定
	工期	符合第二章"投标人须知"第1.3.2项规定
	工程质量	符合第二章"投标人须知"第1.3.3项规定
	投标有效期	符合第二章"投标人须知"第3.3.1项规定
	投标保证金、实力证明金	符合第二章投标人须知前附表第3.4项规定，并符合下列要求： 1. 投标保证金、实力证明金为无条件担保。 2. 投标保证金、实力证明金的受益人名称与招标人规定的受益人一致。 3. 投标保证金、实力证明金的金额符合招标文件规定的金额。 4. 投标保证金、实力证明金有效期为投标有效期
	权利义务	符合第四章"合同条款及格式"规定，投标文件不应附有招标人不能接受的条件
	已标价工程量清单	符合第五章"工程量清单"给出的范围及数量，且投标报价不得高于招标人公布的招标控制价
	技术标准和要求	符合第七章"技术标准和要求"规定，且投标文件中载明的主要施工技术和方法及质量检验标准符合国家规范、规程和强制性标准
	实质性要求	符合招标文件中规定的其他实质性要求
2.2.1	分值构成 （总分100分）	1. 投标报价90分 （1）投标总报价60分。 （2）主要清单项目10项，总分30分，开标时，从招标人公布的10项主要清单项目进行评分，每一项主要清单项目综合单价3分。 2. 企业诚信综合评价10分
2.2.2	评标基准价计算方法	投标总报价	所有通过初步评审合格的投标人（招标人设有最高限价的，则投标总报价和主要清单项目投标报价高于相应最高限价的除外），取最高限价（含）到最高限价下浮20%（含）区间内的投标总报价的算术平均值作为投标总报价的评标基准价。 以上计算取小数点后两位，第三位四舍五入
		主要清单项目	所有通过初步评审合格的投标人（招标人设有最高限价的，则投标总报价和主要清单项目投标报价高于相应最高限价的除外），取最高限价（含）到最高限价下浮20%（含）区间内的同一主要清单项目综合单价报价的算术平均值作为该项综合单价的评标基准价。 以上计算取小数点后两位，第三位四舍五入

（续）

条 款 号	评审因素	评审标准
2.2.3	偏差率计算公式	偏差率=100%×(投标人报价-评标基准价 P_2/P_1)/评标基准价 P_1 偏差率计算保留小数点后两位，小数点后第三位四舍五入
	允许偏差范围	投标总报价：-10%~+3%。 主要清单项目：-10%~+3%。
2.2.4（1）	投标报价评分标准	投标总报价 60分
		主要清单项目综合单价 30分
3	评标程序	1. 按本章评标办法第3.1款进行初步评审，并按照本章第2.2.2项计算方法计算评标基准价。 2. 对通过初步评审合格的投标人的投标文件，按本章评标办法第3.2~3.4款规定的程序进行评审，并按本章第2.2.4款规定的评分标准，确定得分最高的前三名投标人（按得分高低排序）为中标候选人。 3. 经评审后，合格的投标人少于三个时，如果评委会裁定仍具有竞争性的，按照规定程序进行评审，推荐一名或二名中标候选人；如果评委会裁定明显缺乏竞争的，可以否决全部投标，招标人将重新组织招标
3.2.1（1）	投标报价得分（A）	投标总报价	投标总报价的偏差在允许偏差范围外的，得0分；投标总报价偏差在允许范围内的（含上、下限值），得本附表第2.2.1项规定分值的满分60分。在此基础上，投标总报价与评标准基价相比，每增加1%扣1分，每减少1%扣0.5分，扣完为止。 按插入法计算得分。 在偏差范围内，未参与评标基准价计算的投标报价，仍应参加计算相应分值。 以上计算取小数点后两位，第三位四舍五入

条 款 号	评审因素	评审标准
3.2.1（1）	投标报价得分（A） 主要清单项目综合单价	1. 主要清单项目综合单价超出规定偏差范围的，得0分，在允许偏差范围内的（含上、下限值），每项得本附表第2.2.1项规定分值的满分3分，在此基础上，每增加1%扣0.3分，每减少1%扣0.2分，扣完为止。 投标人清单单价超过招标人公布单价限价处理方式：按废标处理。 2. 同理计算出各投标人所报主要清单项目综合单价报价的得分。 按插入法计算得分。 以上计算取小数点后两位，第三位四舍五入
3.2.1（2）	企业诚信综合评价得分（B）	计算公式：某一投标人的企业诚信综合评价得分/参加此项目投标的投标人中企业诚信综合评价分最高值×10×100% 以上计算取小数点后两位，第三位四舍五入。企业诚信综合评价分以投标截止时间市工程建设招投标交易中心网站上公布的分值为准，具体分值在开标时查询并按上述计算方法直接计算出企业诚信综合评价得分交评标委员会
3.2.3	投标人得分	投标人得分=A+B

1. **评标方法**

本次评标采用综合评估法。评标委员会按照本章第2.2款规定的评分标准进行打分，按得分由高到低顺序推荐中标候选人，或根据招标人授权直接确定中标人。综合评分相等时，以投标报价低的优先；投标报价也相等的，由招标人自行确定。

2. 评审标准

2.1 初步评审标准

2.1.1 形式评审标准：见评标办法前附表。

2.1.2 资格评审标准：见评标办法前附表。

2.1.3 响应性评审标准：见评标办法前附表。

2.2 分值构成与评分标准

2.2.1 分值构成

（1）投标报价：见评标办法前附表。

（2）企业诚信综合评价：见评标办法前附表。

2.2.2 评标基准价计算

评标基准价计算方法：见评标办法前附表。

2.2.3 投标报价的偏差率计算

投标报价的偏差率计算公式：见评标办法前附表。

2.2.4 评分标准

（1）投标报价评分标准：见评标办法前附表。

（2）企业诚信综合评价评分标准：见评标办法前附表。

3. 评标程序

3.1 初步评审

3.1.1 评标委员会可以要求投标人提交第二章"投标人须知"第1.4.1项和第3.5.1~3.5.5项规定的有关证明和证件的原件，以便核验。评标委员会依据本章第2.1款规定的标准对投标文件进行初步评审。有一项不符合评审标准的，做废标处理。

3.1.2 投标人有以下情形之一的，其投标作废标处理：

（1）第二章"投标人须知"第1.4.3项规定的任何一种情形的。

（2）串通投标或弄虚作假或有其他违法行为的。

（3）不按评标委员会要求澄清、说明或补正的。

（4）本招标文件约定的其他情形。

3.1.3 投标报价有算术错误的，评标委员会按以下原则对投标报价进行修正，修正的价格经投标人书面确认后具有约束力。投标人不接受修正价格的，其投标作废标处理。

（1）投标文件中的大写金额与小写金额不一致的，以大写金额为准。

（2）总价金额与依据单价计算出的结果不一致的，以单价金额为准，修正总价，但单价金额小数点有明显错误的除外。

3.2 详细评审

3.2.1 评标委员会按本章第2.2款规定的量化因素和分值进行打分，并计算出综合评估得分。

（1）按本章第2.2.4（1）目规定的评审因素和分值对投标报价计算出得分 A。

（2）按本章第2.2.4（2）目规定的评审因素和分值对企业诚信综合评价计算出得分 B。

3.2.2 评分分值计算保留小数点后两位，小数点后第三位四舍五入。

3.2.3 投标人得分 $=A+B$。

3.2.4 评标委员会发现投标人的报价明显低于其他投标报价，或者在设有标底时明显低于标底，使得其投标报价可能低于其个别成本的，应当要求该投标人做出书面说明并提供相应的证明材料。投标人不能合理说明或者不能提供相应证明材料的，由评标委员会认定该投标人以低于成本报价竞标，其投标作废标处理。

3.3 投标文件的澄清和补正

3.3.1 在评标过程中,评标委员会可以书面形式要求投标人对所提交投标文件中不明确的内容进行书面澄清或说明,或者对细微偏差进行补正。评标委员会不接受投标人主动提出的澄清、说明或补正。

3.3.2 澄清、说明和补正不得改变投标文件的实质性内容(算术性错误修正的除外)。投标人的书面澄清、说明和补正属于投标文件的组成部分。

3.3.3 评标委员会对投标人提交的澄清、说明或补正有疑问的,可以要求投标人进一步澄清、说明或补正,直至满足评标委员会的要求。

3.4 评标结果

3.4.1 除第二章"投标人须知"前附表授权直接确定中标人外,评标委员会按照得分由高到低的顺序推荐中标候选人。

3.4.2 评标委员会完成评标后,应当向招标人提交书面评标报告。

附件 A: 废标条件

附件 A: 综合评估法废标情况一览表

招标文件章节号	条款名称	废标条件
第二章 3.2	投标报价	投标人在工程量清单中多报的子目和单价或总价发包人将不予接受,并将被视为重大偏差,按废标处理
		技术措施清单中以项目编码、项目名称、项目特征、工程内容、工程量及计量单位列项的项目,投标人必须按招标人给出的施工技术措施项目清单进行报价,不得擅自改变招标人提供的施工技术措施项目清单中的序号、项目编码、项目名称、项目特征、工程内容、工程量及计量单位,否则视为对招标文件不做实质性响应,其投标文件按废标处理
		投标人在编制投标报价时不得擅自改变招标人提供的分部分项工程量清单中的序号、项目编码、项目名称、项目特征、工程内容、工程量及计量单位,否则视为对招标文件不做实质性响应,其投标文件按废标处理
		招标文件及相关补遗文件规定了暂定材料单价或暂列金额项目或专业工程暂定价、安全文明施工费,投标人必须按规定的暂定价格进行报价,投标人不得修改,否则视为对招标文件不做实质性响应,其投标文件按废标处理
		投标人必须严格按招标人提供的工程量清单格式内所有项目进行报价;不得出现漏项或增项,否则视为对招标文件不做实质性响应,其投标文件按废标处理
		投标函及工程量清单报价中的安全文明施工费必须按照招标人给出的暂定金额填报,否则视为对招标文件不做实质性响应,其投标文件按废标处理
		投标人投标报价、10项主要分部分项工程量清单综合单价均不得超过最高限价,否则其投标文件按废标处理
		评标委员会发现投标人的报价明显低于其他投标报价,或者在设有标底时明显低于标底,使得其投标报价可能低于其个别成本的,应当要求该投标人做出书面说明并提供相应的证明材料。投标人不能合理说明或者不能提供相应证明材料的,由评标委员会认定该投标人以低于成本报价竞标,其投标文件按废标处理
第二章 3.4	投标保证金及实力证明金	投标人在递交投标文件的同时,应按投标人须知前附表规定的金额、担保形式和第八章"投标文件格式"规定的投标保证金格式递交投标保证金,并作为其投标文件的组成部分
第二章 3.7.3	签字盖章要求	按第二章"投标人须知"第3.7.3款执行,否则按废标处理

(续)

招标文件章节号	条款名称	废标条件
第三章 3.1	初步评审	评标委员会依据本章第 2.1 款规定的标准对投标文件进行初步评审。有一项不符合评审标准的，按废标处理
		投标人有以下情形之一的，其投标按废标处理： (1) 第二章"投标人须知"第 1.4.3 项规定的任何一种情形的。 (2) 串通投标或弄虚作假或有其他违法行为的。 (3) 不按评标委员会要求澄清、说明或补正的。 (4) 本招标文件约定的其他情形
		投标报价有算术错误的，评标委员会按招标文件规定的原则对投标报价进行修正，修正的价格经投标人书面确认后具有约束力。投标人不接受修正价格的，其投标按废标处理
其他	招标人必须明确	

注：一览表废标条件之外的，评标委员会不得判为重大偏差。

第四章　合同条款及格式

第一节　通用合同条款

采用中华人民共和国《标准施工招标文件》第四章第一节的《通用合同条款》。

第二节　专用合同条款

1. 一般约定

1.1 词语定义

1.1.2　合同当事人和人员

1.1.2.2　发包人：<u>重庆××学院</u>

1.1.2.6　监理人：_____

1.1.2.8　发包人代表：指发包人指定的派驻施工场地（现场）的全权代表。

　　姓　　名：_____
　　职　　称：_____
　　联系电话：_____
　　电子信箱：_____
　　通信地址：_____

1.1.2.9　专业分包人：指根据合同条款第 15.8.1 项的约定，由发包人和承包人以招标方式选择的分包人。

1.1.2.10　专项供应商：指根据合同条款第 15.8.1 项的约定，由发包人和承包人以招标方式选择的供应商。

1.1.2.11　独立承包人：指与发包人直接订立工程承包合同，负责实施与工程有关的其他工作的当事人。

1.1.3　工程和设备

1.1.3.2　永久工程：<u>伸压变电工程，不含变电设备安装</u>

1.1.3.3　临时工程：<u>施工供水工程、施工照明工程</u>

1.1.3.4　单位工程：指具有相对独立的设计文件，能够独立组织施工并能形成独立使用功能的永久工程的组成部分。

1.1.3.10　永久占地：　按施工图

1.1.3.11　临时占地：　按施工图

1.1.4　日期

1.1.4.5　缺陷责任期期限：24个月。

1.1.4.8　保修期：是根据现行有关法律规定，在合同通用条款第19.7款中约定的由承包人负责对合同约定的保修范围内发生的质量问题履行保修义务并对造成的损失承担赔偿责任的期限。

1.1.6　其他

1.1.6.2　材料：指构成或将构成永久工程组成部分的各类物品（工程设备除外），包括合同中可能约定的承包人仅负责供应的材料。

1.1.6.3　争议评审组：是由发包人和承包人共同聘请的人员组成的独立、公正的第三方临时性组织，一般由一名或者三名合同管理和（或）工程管理专家组成。争议评审组负责对发包人和（或）承包人提请进行评审的本合同项下的争议进行评审并在规定的期限内给出评审意见，合同双方在规定的期限内均未对评审意见提出异议时，评审意见对合同双方有最终约束力。发包人和承包人应当分别与接受聘请的争议评审专家签订聘用协议，就评审的争议范围、评审意见效力等必要事项做出约定。

1.1.6.4　除另有特别指明外，专用合同条款中使用的措辞"合同条款"指通用合同条款。

1.4　合同文件的优先顺序

合同文件的优先解释顺序如下：

（1）合同协议书。

（2）中标通知书。

（3）投标函及投标函附录。

（4）专用合同条款。

（5）通用合同条款。

（6）图样。

（7）已标价工程量清单。

（8）技术标准和要求。

图样与技术标准和要求之间有矛盾或者不一致的，以其中要求较严格的标准为准。

合同双方在合同履行过程中签订的补充协议亦构成合同文件的组成部分，其解释顺序视其内容与其他合同文件的相互关系而定。

1.5　合同协议书

合同生效的条件：在承包人提交履约保证金后，双方签字盖章生效。

1.6　图样和承包人文件

1.6.1　图样的提供

（1）发包人按照合同条款本项的约定向承包人提供图样。承包人需要增加图样套数的，发包人应代为复制，复制费用由承包人承担。

（2）在监理人批准合同条款第10.1款约定的合同进度计划或者合同条款第10.2款约定的合同进度计划修改后7天内，承包人应当根据合同进度计划和本项约定的图样提供期限和数量，编制或者修改图样供应计划并报送监理人，其中应当载明承包人对各区段最新版本图样（包括合同专用条款第1.6.3项约定的图样修改图）的最迟需求时间，监理人应当在收到图样供应计划后7天内批复或提出修改意见，否则该图样供应计划视为得到批准。经监理人批准的最新的图样供应计划对合同双方有合同约束力，作为发包人或者监理人向承包人提供图样的主要依据。发包人或者监理人不按图样供应计划提供图样而导致承包人费用增加和（或）工期延误的，由发包人承担赔偿责任。承包人未按照本目约定的时间向监理人提交图样供应计划，致使发包人或者监理人未能在合理的时间内提供相应图样或者承包人未按照图样供应计划组织施工所造成的费用增加和（或）工期延误由承包人承担。

(3) 发包人提供图样的期限：开工 7 天前。

(4) 发包人提供图样的数量：2 套。

1.6.2 承包人提供的文件

(1) 除专用合同条款第 4.1.10 (1) 目约定的由承包人提供的设计文件外，本项约定的其他应由承包人提供的文件，包括必要的加工图和大样图，均不是合同计量与支付的依据文件。由承包人提供的文件范围：施工方案、进度计划、质量保证措施等。

(2) 承包人提供文件的期限：合同签订后 3 天内。

(3) 承包人提供文件的数量：向发包人提供一式两份。

(4) 监理人批复承包人提供文件的期限：收到承包人提供的文件后 3 天内。

(5) 其他约定：另行约定。

1.6.3 图样的修改

监理人应当按照合同专用条款第 1.6.1 (2) 目约定的有合同约束力的图样供应计划，签发图样修改图给承包人。

1.7 联络

1.7.2 联络来往函件的送达和接收

(1) 联络来往信函的送达期限：合同约定了发出期限的，送达期限为合同约定的发出期限后的 24 小时内；合同约定了通知、提供或者报送期限的，通知、提供或者报送期限即为送达期限。

(2) 发包人指定的接收地点：__按发包人要求__。

(3) 发包人指定的接收人为：__按发包人要求__。

(4) 监理人指定的接收地点：__按监理人要求__。

(5) 监理人指定的接收人为：__按监理人要求__。

(6) 承包人指定的接收人为合同协议书中载明的承包人项目经理本人或者项目经理的授权代表。承包人应在收到开工通知后 7 天内，按照合同条款第 4.5.4 项的约定，将授权代表其接收来往信函的项目经理的授权代表姓名和授权范围通知监理人。除合同另有约定外，承包人施工场地管理机构的办公地点即为承包人指定的接收地点。

(7) 发包人（包括监理人）和承包人中任何一方指定的接收人或者接收地点发生变动，应当在实际变动前提前至少一个工作日以书面方式通知另一方。发包人（包括监理人）和承包人应当确保其各自指定的接收人在法定的和（或）符合合同约定的工作时间内始终工作在指定的接收地点，指定接收人离开工作岗位而无法及时签收来往信函构成拒不签收。

(8) 发包人（包括监理人）和承包人中任何一方均应当及时签收另一方送达其指定接收地点的来往信函，拒不签收的，送达信函的一方可以采用挂号或者公证方式送达，由此所造成的直接的和间接的费用增加（包括被迫采用特殊送达方式所发生的费用）和（或）延误的工期由拒绝签收一方承担。

2. 发包人义务

2.1 发出开工通知：取得开工许可证后由监理人以书面形式明确。

2.3 提供施工场地

施工场地应当在监理人发出的开工通知中载明的开工日期前 5 天具备施工条件并移交给承包人。发包人最迟应当在移交施工场地的同时向承包人提供施工场地内地下管线和地下设施等有关资料，并保证资料的真实、准确和完整。

2.5 组织设计交底

发包人应当在合同条款第 11.1.1 项约定的开工日期前组织设计人向承包人进行合同工程总体设计交底（包括图纸会审）。发包人还应按照合同进度计划中载明的阶段性设计交底时间组织和安排阶段工程设计交底（包括图纸会审）。承包人可以书面方式通过监理人向发包人申请增加紧急的设计交底，发包人在认为确有必要且条件许可时，应当尽快组织这类设计交底。

2.8 其他义务

（1）发包人向承包人提供支付担保的金额、方式和提交时间：＿＿／＿＿。

（2）按有关规定及时办理工程质量监督手续。

（3）根据建设行政主管部门和（或）城市建设档案管理机构的规定，收集、整理、立卷、归档工程资料，并按规定时间向建设行政主管部门或者城市建设档案管理机构移交规定的工程档案。

（4）批准和确认：按合同约定应当由监理人或者发包人回复、批复、批准、确认或提出修改意见的承包人的要求、请求、申请和报批等，自监理人或者发包人指定的接收人收到承包人发出的相应要求、请求、申请和报批之日起，如果监理人或者发包人在合同约定的期限内未予回复、批复、批准、确认或提出修改意见的，视为监理人和发包人已经同意、确认或者批准。

（5）发包人应当履行合同约定的其他义务以及下述义务：＿＿／＿＿。

（6）处理施工用水、电现场接口：由发包人负责提供水、电接口，承包人负责接入。线路接入至施工红线 1km 范围以内的相关费用由承包人承担。

3. 监理人

3.1 监理人的职责和权力

3.1.1 须经发包人批准行使的权力：＿＿＿＿／＿＿＿＿。

不管通用合同条款第 3.1.1 项如何约定，监理人履行须经发包人批准行使的权力时，应当向承包人出示其行使该权力已经取得发包人批准的文件或者其他合法有效的证明。

3.3 监理人员

3.3.4 总监理工程师不应将合同条款第 3.5 款约定应由总监理工程师做出决定的权力授权或者委托给其他监理人员。

3.4 监理人的指示

3.4.4 除通用合同条款已有的专门约定外，承包人只能从总监理工程师或按合同条款第 3.3.1 项授权的监理人员处取得指示，发包人应当通过监理人向承包人发出指示。

3.6 监理人的宽恕

监理人或者发包人就承包人对合同约定的任何责任和义务的某种违约行为的宽恕，不影响监理人和发包人在此后的任何时间严格按合同约定处理承包人的其他违约行为，也不意味发包人放弃合同约定的发包人与上述违约有关的任何权利和赔偿要求。

4. 承包人

4.1 承包人的一般义务

4.1.3 除专用合同条款第 5.2 款约定由发包人提供的材料和工程设备和专用合同条款第 6.2 款约定由发包人提供的施工设备和临时设施外，承包人应负责提供为完成合同工作所需的劳务、材料、施工设备、工程设备和其他物品，并按合同约定负责临时设施的设计、建造、运行、维护、管理和拆除。

4.1.8 为他人提供方便

（1）承包人应当对在施工场地或者附近实施与合同工程有关的其他工作的独立承包人履行管理、协调、配合、照管和服务义务，由此发生的费用被认为已经包括在承包人的签约合同价（投标总报价）中，具体工作内容和要求包括：＿＿＿＿／＿＿＿＿。

（2）承包人还应按监理人指示为独立承包人以外的他人在施工场地或者附近实施与合同工程有关的其他工作提供可能的条件，可能发生费用由监理人按合同条款第 3.5 款商定或者确定。

4.1.10 其他义务

（1）根据发包人委托，在其设计资质等级和业务允许的范围内，完成施工图设计或与工程配套的设计，经监理人确认后使用，发包人承担由此发生的费用和合理利润。由承包人负责完成的设计文件属于合同条款第1.6.2项约定的承包人提供的文件，承包人应按照专用合同条款第1.6.2项约定的期限和数量提交，由此发生的费用被认为已经包括在承包人的签约合同价（投标总报价）中。由承包人承担的施工图设计或与工程配套的设计工作内容：_____/_____。

（2）承包人应履行合同约定的其他义务以及下述义务：_____/_____。

（3）承包人须自备发电机等设备，若停水停电在72小时内，则不算工期延误，相关费用由承包人自行承担；

4.2　履约保证金

4.2.1　履约保证金的格式和金额

履约担保的金额为<u>中标价10%的履约保证金</u>。提交方式为：在中标后十个工作日内和签订合同前永川区行政服务和公共资源交易中心缴纳。

4.2.2　履约保证金的有效期

履约保证金的有效期应当自本合同生效之日起至发包人签认并由监理人向承包人出具工程接收证书之日止。

4.2.3　履约保证金的退还

在工程竣工验收合格后一次性退还（中标人持招标人出具的退还证明到永川区交易中心办理退还）。

4.2.4　通知义务

不管履约保证金条款中如何约定，发包人根据担保条款提出索赔或兑现要求28天前，应通知承包人并说明导致此类索赔或兑现的违约性质或原因。相应地，不管专用合同条款第2.8（1）目约定的支付担保条款中如何约定，承包人根据担保条款提出索赔或兑现要求28天前，也应通知发包人并说明导致此类索赔或兑现的违约性质或原因。但是，本项约定的通知不应理解为是在任何意义上寻求承包人或者发包人的同意。

4.3　转包及分包

本工程不得转包，一经发现，发包人按有关规定严肃查处；主体工程不得分包，应由承包人独立完成，非主体、非关键性工作分包给第三人的需报经监理、发包人审核同意后执行。

4.5　承包人项目经理

4.5.1　承包人项目经理必须与承包人投标时所承诺的人员一致，并在根据通用合同条款第11.1.1项确定的开工日期前到任。未经发包人书面许可，承包人不得更换项目经理。承包人项目经理的姓名、职称、身份证号、执业资格证书号、注册证书号、执业印章号、安全生产考核合格证书号等细节资料应当在合同协议书中载明。

4.11　不利物质条件

4.11.1　不利物质条件的范围：<u>按通用合同条款执行。</u>

5.　材料和工程设备

5.1　承包人提供的材料和工程设备

5.1.1　除专用合同条款第5.2款约定由发包人提供的材料和工程设备外，由承包人提供的材料和工程设备均由承包人负责采购、运输和保管。但是，发包人在工程量清单中给定暂估价的材料和工程设备，包括从暂列金额开支的材料和工程设备，其中属于依法必须招标的范围并达到规定的规模标准的，以及虽不属于依法必须招标的范围但合同中约定采用招标方式采购的，应当按专用合同条款第15.8.1项的约定，由发包人和承包人以招标方式确定专项供应商。承包人负责提供的主要材料和工程设备清单见合同附件二"承包人提供的材料和工程设备一览表"。

5.1.2　承包人将由其提供的材料和工程设备的供货人及品种、规格、数量和供货时间等报送监理人、发包人审批的期限：<u>材料进场前3天内。</u>

5.2　发包人提供的材料和工程设备：<u>不采用。</u>

6. 施工设备和临时设施

6.1 承包人提供的施工设备和临时设施

6.1.2 发包人承担修建临时设施的费用的范围：<u>工程所需的临时设施及费用纳入投标总报价中，不另计取</u>。

需要发包人办理申请手续和承担相关费用的临时占地：<u>临时设施用地手续的办理及费用，以及安全标志、标牌、宣传等费用均纳入投标总报价中，不另计取费用</u>。

6.2 发包人提供的施工设备和临时设施

发包人提供的施工设备和临时设施：<u>　　　／　　　</u>。

发包人提供的施工设备和临时设施的运行、维护、拆除、清运费用的承担人：<u>　／　</u>。

6.4 施工设备和临时设施专用于合同工程

6.4.1 除为专用合同条款第4.1.8项约定的其他独立承包人和监理人指示的他人提供条件外，承包人运入施工场地的所有施工设备以及在施工场地建设的临时设施仅限于用于合同工程。

7. 交通运输

7.1 道路通行权和场外设施

取得道路通行权、场外设施修建权的办理人：<u>承包人</u>，其相关费用由承包人承担。

7.2 场内施工道路

7.2.1 施工所需的场内临时道路和交通设施的修建、维护、养护和管理人：<u>承包人</u>，相关费用由<u>承包人</u>承担。

7.2.2 发包人和监理人有权无偿使用承包人修建的临时道路和交通设施，不需要交纳任何费用。

7.4 超大件和超重件的运输

运输超大件或超重件所需的道路和桥梁临时加固改造等费用的承担人：<u>承包人</u>。

8. 测量放线

8.1 施工控制网

8.1.1 发包人通过监理人提供测量基准点、基准线和水准点及其书面资料的期限：<u>开工前三日</u>。

承包人测设施工控制网的要求：<u>按通知执行</u>。

承包人将施工控制网资料报送监理人审批的期限：<u>发出开工通知后三天</u>。

9. 施工安全、治安保卫和环境保护

9.1 发包人的施工安全责任

增加下列项：

9.1.4 发包人应按照《重庆市建设工程安全生产监督管理办法》（渝建发〔2008〕177号）、《重庆市房屋建筑和市政基础设施工程现场文明施工标准》（渝建发〔2008〕169号）等相关规定履行好发包人的施工安全责任。

9.1.5 施工现场发生任何与承包人有关的一切事故，均由承包人负责并承担一切费用。

9.2 承包人的施工安全责任

增加下列项：

9.2.8 承包人应按照《重庆市建设工程安全生产监督管理办法》（渝建发〔2008〕177号）等相关规定履行好承包人的施工安全责任。

9.3 治安保卫

9.3.1 现场治安管理机构或联防组织的组建：<u>由承包人负责</u>。

9.3.3 施工场地治安管理计划和突发治安事件紧急预案的编制：<u>由承包人负责</u>。

9.4 环境保护

（1）承包人应按照相关规定履行好施工扬尘控制、文明施工等责任。如违反规定，发包人有权对承包

人处以 2 万元/次的罚款，且因此给发包人造成的一切损失由承包人全部承担。

（2）承包人需办理的有关施工场地交通、环卫和施工噪声管理等手续，应符合国家相关规定，并自行承担其费用。

（3）对施工中的地上地下建筑物（构筑物）管线、电力设施等应按有关规定加强监控测量和保护，相应的费用或因保护不当造成的损失及法律责任由承包人承担。承包人的施工机械设备进场前，应做好清洁、保养和维护工作。出场车辆应有专人打扫、清洗。有密封要求的按规定必须达到。

（4）承包人在施工期间必须保证周边单位的正常工作及居民的正常生活，尽量减少粉尘、噪声、振动等污染的扰民。保证周围建（构）筑物、地下及地上管线、地下人防等设施安全。

（5）做到进入现场的施工和作业人员统一着装，配证上岗，文明施工。按规定做好施工区域封闭及场地硬化工作，施工围墙（围挡）等维护设施应安全、美观、耐久，非施工相关人员不许入内。

10. 进度计划

10.1 合同进度计划

承包人编制施工组织设计的内容：<u>应采用文字并结合图表形式说明施工方法；拟投入工程的主要施工设备情况、拟配备工程的试验和检测仪器设备情况、劳动力计划等；结合工程特点提出切实可行的工程质量、安全生产、文明施工、工程进度、技术组织措施，同时应对关键工序、复杂环节重点提出相应技术措施，如冬雨季施工技术、减少噪声、降低环境污染、地下管线及其他地上地下设施的保护加固措施等按发包人要求提供</u>。

承包人报送施工进度计划和施工组织设计的期限：<u>开工前 7 天</u>。

监理人和发包人批复施工进度计划和施工组织设计的期限：<u>收到施工组织设计等文件后，5 天内审查确认</u>。

10.2 合同进度计划的修订

（1）承包人报送修订合同进度计划申请报告和相关资料的期限：<u>另行约定</u>。

（2）监理人批复修订合同进度计划申请报告的期限：<u>收到之日起 7 日内</u>。

（3）监理人批复修订合同进度计划的期限：<u>收到之日起 7 日内</u>。

11. 开工和竣工

11.3 发包人的工期延误

（7）因发包人原因不能按照监理人发出的开工通知中载明的开工日期开工。

（8）延期支付工程款不作为工期延误原因。

11.4 异常恶劣的气候条件

异常恶劣的气候条件的范围：<u>50 年一遇的自然灾害（如台风、雪灾、洪水、高温）</u>。

11.5 承包人的工期延误

11.5.1 由承包人原因造成的逾期竣工违约金的计算方法：<u>按 5 000 元/天计算违约金</u>。

11.5.2 逾期竣工违约金的限额：<u>最高不超过合同价款的 5%，承包人逾期误工违约金已达到合同价款的 5%而未竣工时，发包人有权解除合同，一切损失及后果由承包人承担</u>。

11.6 工期提前

提前竣工的奖励办法：<u>　　　／　　　</u>。

12. 暂停施工

12.1 承包人暂停施工的责任

承包人承担暂停施工责任的其他情形：法律法规约定的由承包人承担暂停施工责任的其他情形

12.2 发包人暂停施工的责任

由于发包人原因引起的暂停施工（必须以发包人确认的书面文字资料为准）造成工期延误的，承包人有权要求发包人延长工期，但不得要求费用索赔。

13. 工程质量

13.2 承包人的质量管理

13.2.1 承包人向监理人提交工程质量保证措施文件的期限：<u>合同签订后 5 天内</u>。

监理人审批工程质量保证措施文件的期限：<u>收到文件后 3 天内</u>。

13.3 承包人的质量检查

承包人向监理人报送工程质量报表的期限：<u>相应材料、工程设备使用，或相应工程部位和施工工艺实施 3 天前</u>。

承包人向监理人报送工程质量报表的要求：<u>按现行相关规范编制</u>。

监理人审查工程质量报表的期限：<u>承包人提交文件后 7 天内</u>。

13.4 监理人的质量检查

承包人应当为监理人的检查和检验提供方便，监理人可以进行察看和查阅施工原始记录的其他地方包括：<u>　　　／　　　</u>。

13.5 工程隐蔽部位覆盖前的检查

13.5.1 监理人对工程隐蔽部位进行检查的期限：<u>承包人自检合格，并提出检查申请后 48 小时内</u>。

13.7 质量争议

发包人和承包人对工程质量有争议的，除可按合同条款第 24 条办理外，监理人可提请合同双方委托有相应资质的工程质量检测机构进行鉴定，所需费用及因此造成的损失，由责任人承担，双方均有责任，由双方根据其责任分别承担。经检测，质量确有缺陷的，已竣工验收或已竣工未验收但实际投入使用的工程，其处理按工程保修书的约定执行；已竣工未验收且未实际投入使用的工程以及停工、停建的工程，根据检测结果确定解决方案，或按工程质量监督机构的处理决定执行。

15. 变更

15.1 变更的范围和内容

应当进行变更的其他情形：<u>　　　／　　　</u>。

发包人违背通用合同条款第 15.1 (1) 目的约定，将被取消的合同中的工作转由发包人或其他人实施的，承包人可向监理人发出通知，要求发包人采取有效措施纠正违约行为，发包人在监理人收到承包人通知后 28 天内仍不纠正违约行为的，应当赔偿承包人损失（包括合理的利润）并承担此引起的其他责任。承包人应当按通用合同条款第 23.1.1 (1) 目的约定，在上述 28 天期限到期后的 28 天内，向监理人递交索赔意向通知书，并按通用合同条款第 23.1.1 (2) 目的约定，及时向监理人递交正式索赔通知书，说明有权得到的损失赔偿金额并附必要的记录和证明材料。发包人支付给承包人的损失赔偿金额应当包括被取消工作的合同价值中所包含的承包人管理费、利润以及相应的税金和规费。

15.3 变更程序

变更程序按永川府发〔2014〕49 号文件执行。未经业主、设计人、监理单位共同确认及未按业主相关程序报批的设计变更所带来的一切经济及法律责任，均由承包人承担。

15.3.2 变更估价

（1）承包人提交变更报价书的期限：<u>按通用条款执行</u>。

（3）监理人商定或确定变更价格的期限：<u>按通用条款执行</u>。

（4）收到变更指示后，如承包人未在规定的期限内提交变更报价书的，监理人可自行决定是否调整合同价款以及如果监理人决定调整合同价款时，相应调整的具体金额。

15.4 变更的估价原则

15.4.6 设计变更、工程量清单新增（漏项）项目结算价款计算办法：在项目实施过程中因设计变更涉及工程量调整的或出现新增（漏项）工程量清单项的项目，由承包方在发生后向发包方提出，经甲方及相关部门审核同意后，可进行设计变更价款调整，上述情况均以发包方提供的施工设计图为基准进行比较，变更涉及调整价格的调整方法如下：

因设计变更引起的工程量增加或招标范围外新增加工程项目按照永川府发〔2014〕49号文件和相关文件审批程序报批，经批准后实施。设计变更和招标范围以外增加工程量引起的变更项目结算原则：

A. 中标价工程量清单中有相同于变更工程项目的，采用该项目的单价。

B. 中标价工程量清单中有类似于变更工程项目的，参照类似项目的单价对工程变更引起的差异部分进行调整（是否属类似项目由招标人核定）。

C. 中标价工程量清单中没有相同于也没有类似于变更工程项目的，由承包人以招标文件、合同条件、工程量清单、本次招标范围的设计图、国家技术和经济规范及标准、《建设工程工程量清单计价规范》（GB 50500—2013）、《重庆市建设工程工程量清单计价规则》（CQQDGZ—2013）、《重庆市市政道路工程计价定额》（CQSZDE—2008）、《重庆市建筑工程计价定额》（CQJZDE—2008）、《重庆市建设工程费用定额》（CQFYDE—2008）等为依据进行编制，经发包人按程序审批确认后执行。其中人工费、材料费、机械设备使用费单价按中标单价采用的价格编制；中标单价中没有的价格，则参照变更当月《重庆工程造价信息》（如变更当月为2018年11月，则采用2018年第12期）（如果当期没有公布人工信息价，则参照前一季度公布的人工信息价）公布的信息价并结合市场行情（不高于信息价），按中标价与最高限价之比同比例下浮后编制作为结算单价；变更当月《重庆工程造价信息》也没有的材料价格，由发包人和监理单位认质核价，由承包人报发包人按程序审批后，按中标价与最高限价之比同比例下浮后编制作为结算单价。

15.5　承包人的合理化建议

15.5.2　对承包人提出合理化建议的奖励方法：<u>不采用</u>。

15.8　暂估价

15.8.1　发包人、承包人在采用招标方式选择供应商或分包人时的权利与义务：<u>发包人在工程量清单中给定暂估价的材料、工程设备和专业工程属于依法必须招标的范围并达到规定的规模标准的，发包人按相关规定及程序依法招标，承包人有建议权，对该范围项目的中标人承包人不得向其收取任何配合费及管理费；承包人应服从发包人对本项目的总体协调与管理。</u>

15.8.3　不属于依法必须招标的暂估价工程最终价格的估价人：<u>发包人</u>。

16. 价格调整

16.1　物价波动引起的价格调整：

主要材料（仅限：钢筋、水泥、碎石、河沙、砌体砖、商品砼），调整方式如下：以招标文件发布当期（如招标文件发布时间为2018年11月，即采用2018年第12期）重庆市建设工程造价总站主办的《重庆工程造价信息》公布的信息价为基价，以施工期间（开工日—交工日）《重庆工程造价信息》公布的主要材料信息价的算术平均值与基价相比，变化幅度在±5%以内（含±5%）时不调整，变化幅度超过±5%时，对且仅对超过部分进行调差（调整方法为：以投标价为基数加上施工期间（开工日—交工日）《重庆工程造价信息》公布的主要材料信息价的算术平均值与基价相比的变化值）。

17. 计量与支付

17.1　计量

17.1.2　计量方法

工程量计算规则执行国家标准《房屋建筑与装饰工程工程量计算规范》（GB 50854—2013）、《通用安装工程工程量计算规范》（GB 50856—2013）、《重庆市建设工程工程量计算规则》（CQJLGZ—2013）规定的或其适用的修订版本。除合同另有约定外，承包人实际完成的工程量按约定的工程量计算规则和有合同约束力的图样进行计量。

17.1.3　计量周期

（1）本合同的计量周期为月，每月25日为当月计量截止日期（不含当日）和下月计量起始日期（含当日）。

17.3 工程进度付款（具体支付比例及方式视发包人融资情况确定）

（1）工程进度款：

① 本工程按进度支付工程款，每月 25 日前，承包人向发包人提交经发包人、监理人审核的合格工程量对应造价的有效预算书及相关资料，经招标人审核后，按审核产值的 70%支付（不含增量部分，且无条件保障支付农民工工资），如因中标人原因造成施工进度滞后，则付款时间顺延。

② 工程完工并验收合格后，并在 30 日历天内提交相关工程竣工资料（包括竣工结算资料）经业主审核后支付至审核产值的 85%。

③ 经永川区指定的审计部门完成审计后 15 个工作日内，支付至审定结算价款的 95%；剩余的 5%作为质保金，地基基础工程和主体结构工程为设计文件规定的该工程合理使用年限；屋面防水工程、有防水要求的卫生间、房间和外墙面的防渗漏为 5 年；装修工程为 2 年；电气管线、给水排水管道、设备安装工程为 2 年；供热与供冷系统为 1 个采暖期、供冷期；在质保期满后 30 日内一次性无息支付。

（2）工程款的支付应在达到支付条件时先由乙方提交支付申请，经甲方审批同意，乙方按甲方要求提交相关资料及发票后，甲方按约定支付工程款；若乙方未按照前述要求提供申请、相关资料及发票，不视为甲方支付违约。

（3）每次付款前，承包人须按有关规定提供增值税专用发票，且不得发生拖欠农民工工资行为。

17.4 质量保证金

17.4.1 质量保证金的金额或比例：<u>工程结算价款的 5%</u>

质量保证金的扣留方法：装修、电气管线、给水排水管线、设备安装部分在<u>缺陷责任期（2 年）</u>满后 30 日内一次性退还质保金的 95%，质保金不计息；屋面防水工程部分在缺陷责任期（5 年）满并符合质保要求、验收合格后 30 日内一次性退还剩余质保金，质保金不计息。

17.5 竣工结算

17.5.1 竣工付款申请单

承包人提交竣工付款申请单的份数：<u>四份</u>。

承包人提交竣工付款申请单的期限：<u>竣工报告批准后，承包人应在 60 天内以书面方式向业主代表提出结算报告以及完整的结算资料，申请办理竣工结算。</u>

竣工付款申请单的内容：<u>如竣工结算合同总价、已支付的工程价款、应扣回的预付款、应扣留的质量保证金、应支付的竣工付款金额等。</u>

承包人未按本项约定的期限和内容提交竣工付款申请单或者未按通用合同条款第 17.5.1（2）目的约定提交修正后的竣工付款申请单，经监理人催促后 14 天内仍未提交或者没有明确答复的，监理人和发包人有权根据已有资料进行审查，审查确定的竣工结算合同总价和竣工付款金额视同是经承包人认可的工程竣工结算合同总价和竣工付款金额。

17.5.2 竣工付款证书及支付时间：

17.5.2（2） 竣工付款：按专用合同条款 17.3 办理。

17.5.4 竣工结算的价格原则：

结算总价＝分部分项工程量清单结算价+措施费（除安全文明施工费外）+分部分项工程量清单新增或变更等引起的增(减)子项结算价+安全文明施工费+规费+税金+合同约定的其他费用

各部分的结算原则如下：

（1）结算原则：结算总价＝分部分项工程量清单结算价+措施费（除安全文明施工费）+其他项目清单实际发生额（如有）+安全文明施工费+规费+税金+合同约定其他费用

注：执行市场价部分项目的全费用综合单价中已包括费用部分在结算时费用不再重复计取，如措施费、规费、安全文明措施费及税金（增值税）等，即执行市场价部分结算总价＝中标综合单价×实际完成工程量。

主要材料（仅限：钢筋、水泥、商品混凝土、碎石、河沙、砌体砖）调整方式如下：以招标文件发布当期（如招标文件发布时间为 2018 年 11 月，即采用 2018 年第 12 期）重庆市建设工程造价总站主办的《重庆工程造价信息》公布的信息价为基价，以施工期间（开工日—交工日）《重庆工程造价信息》公布的主要材料信息价的算术平均值与基价相比，变化幅度在±5%以内（含±5%）时不调整，变化幅度超过±5%时，对且仅对超过部分进行调差。

（2）分部分项工程量清单结算价

① 以中标人投标报价时的分部分项工程量清单中子项综合单价乘以实际完成合格工程量。

子项工程量：工程量计量以建设单位、监理单位、承包单位三方以竣工图、施工图和有效签证资料（签字且盖章）作为计量依据。按《建设工程工程量清单计价规范》（GB 50500—2013）、《重庆市建设工程工程量计算规则》（CQJLGZ—2013）、《房屋建筑与装饰工程工程量计算规范》（GB 50854—2013）等规定的计量规则计算的实际合格工程量执行。

子项综合单价：除因主要材料调差及工程量变更价格调整引起的变化外，子项综合单价均以中标人投标报价时的分部分项工程量清单中子项综合单价为结算依据。某一子项的合价报价小于所报综合单价与工程量清单量的相乘所得合价，则结算时以该子项合价报价除以相应子项工程量清单量所得的单价为相应子项的结算单价。如中标总价小于各工程量清单报价之和，则结算单价按中标总价与工程量清单报价之和相比的同比例进行下浮。如两种情形均存在，则先按中标总价与工程量清单报价之和相比的同比例下浮该子项总价，再用下浮后的合价报价除以相应子项工程量清单量所得的单价为相应子项的结算单价，即投标人投标报价中有误差或歧义的，均按有利于招标人的方式进行计算。

② 工程变更、招标工程量清单漏项或新增项目价款结算办法：

工程变更的工作程序严格按重庆市永川区政府投资建设项目管理（永川府发〔2014〕49 号、永川府发〔2015〕142 号等）的相关规定执行。设计变更、施工变更及合同范围外的零星工程等均属于工程变更范围，在工程结算时根据监理工程师和发包人共同确认的竣工图和工程变更进行调整。工程变更结算计价原则如下：

A. 中标价工程量清单中有相同于变更工程项目的，采用该项目的单价。

B. 中标价工程量清单中有类似于变更工程项目的，参照类似项目的单价对工程变更引起的差异部分进行调整（是否属类似项目由招标人核定）。

C. 中标价工程量清单中没有相同也没有类似于变更工程项目的，由承包人以招标文件、合同条件、工程量清单、本次招标范围的设计图、国家技术和经济规范及标准、《建设工程工程量清单计价规范》（GB 50500—2013）、《重庆市建设工程工程量清单计价规则》（CQQDGZ—2013）、《重庆市市政工程计价定额》（CQSZDE—2018）、《重庆市建筑与装饰工程计价定额》（CQJZZSDE—2018）、《重庆市建设工程费用定额》（CQFYDE—2018）等为依据进行编制，经发包人按程序审批确认后执行。其中人工费、材料费、机械设备使用费单价按中标单价采用的价格编制；中标单价中没有的材料价格，则参照变更当月《重庆工程造价信息》（如变更当月为 2018 年 11 月，则采用 2018 年第 12 期）（如果当期没有公布人工信息价，则参照前一季度公布的人工信息价）公布的信息价并结合市场行情（不高于信息价），按中标价与最高限价之比同比例下浮后编制作为结算单价；变更当月《重庆工程造价信息》也没有的材料价格，由发包人和监理单位认质核价，由承包人报发包人按程序审批后，按中标价与最高限价之比同比例下浮后编制作为结算单价。

（3）措施费：

① 施工组织措施项目费：施工组织措施项目按中标费率结算，如中标费率高于规定费率，则按规定费率进行结算。

② 施工技术措施项目费：技术措施清单中在本次招标范围内以项计列的项目，无论因设计变更或施工工艺变化等任何因素而引起实际措施费的变化，均按投标时施工技术措施项目费的报价作为结算价。技术措施清单中以项目编码、项目名称、项目特征、工程内容、工程量及计量单位列项的项目，综合单价不做调整，工程量按《建设工程工程量清单计价规范》（GB 50500—2013）规定的计量规则及工程量清单说明

按实计量。

（4）安全文明施工费：按渝建发〔2014〕25号文件及渝建发〔2016〕35号文件执行。

（5）规费：按中标费率结算，若承包人的投标报价中规费费率高于规定费率，则以规定费率结算。

（6）税金：按《重庆市城乡建设委员会关于建筑业营业税改征增值税调整建设工程计价依据的通知》（渝建发〔2016〕35号）及其最新税金政策规定执行。

（7）其他项目清单结算价：

① 本工程材料、设备采用暂估价格报价的，在施工过程中，使用前由中标人报价，经招标人和监理人审核同意后方可采购使用。结算时只对招标人核定单价与暂估单价的价差部分进行调整（调整的数量根据工程结算实体数量确定，不计算损耗），该价差除税金外不再计取其他任何费用。

② 本工程采用专业工程暂估价或暂列金额报价的，中标后，由招标人按照本招标文件合同条款约定确定供应商或分包人。结算时，只对专项供应合同结算价或专项分包合同结算价与暂估价的差额部分进行调整，该差额除税金外不再计取其他任何费用。

③ 暂列金额：暂列金额发生时，按招标人及监理审批同意的施工组织方案实施，以招标人、中标人、监理人三方有效签证资料计量并按实结算。其综合单价按前述第（2）条中"②工程变更、招标工程量清单漏项或新增项目价款结算办法"工程变更结算计价原则计算。

（8）主要材料调差按前述3.2"投标报价"及10.1"工程结算原则"中约定执行。

（9）合同约定的其他费用：工程违约金等。

（10）本工程最终结算金额以永川区政府指定的审计部门审定结果为准。

（11）中标人必须按上述规定编制工程结算，编制工程结算必须仔细认真，中标人在办理结算时应准确审核有关工程量并报出总造价，若审减率在±5%以内，由招标人支付效益审核费；若审减率超过±5%，超出部分的效益审核费由中标人支付。

[注：审减率=(送审总造价-审定总造价)/送审总造价×100%]

17.6 最终结清

17.6.1 最终结清申请单

承包人提交最终结清申请单的份数：<u>四份</u>。

承包人提交最终结清申请单的期限：<u>缺陷责任期终止证书签发后30日内</u>。

18. 竣工验收

18.2 竣工验收申请报告

(2) 承包人负责整理和提交的竣工验收资料应当符合工程所在地建设行政主管部门和（或）城市建设档案管理机构有关施工资料的要求，具体内容包括：<u>按相关规范规程执行</u>。

竣工验收资料的份数：<u>陆份</u>。

竣工验收资料的费用支付方式：<u>由承包人自行承担</u>。

18.3 验收

18.3.5 经验收合格的工程，实际竣工日期为承包人按照专用合同条款第18.2款提交竣工验收申请报告或按照本款重新提交竣工验收申请报告的日期（以两者中时间在后者为准）。

18.5 施工期运行

18.5.1 需要施工期运行的单位工程或设备安装工程：<u>本条款不采用</u>。

18.6 试运行

18.6.1 工程及工程设备试运行的组织与费用承担：本条款不采用。

18.7 竣工清场

18.7.1 监理人颁发（出具）工程接收证书后，承包人负责按照通用合同条款本项约定的要求对施工场地进行清理并承担相关费用，直至监理人检验合格为止。

18.8 施工队伍的撤离

竣工清场并经业主和监理人验收后 5 天内除经业主和监理人同意需在缺陷责任期内继续工作和使用的人员、施工设备和临时工程外，其余的人员、施工设备和临时工程均应撤离施工场地或拆除。缺陷责任期满时，承包人的人员和施工设备应全部撤离施工场地。

缺陷责任期满时，承包人可以继续在施工场地保留的人员和施工设备以及最终撤离的期限：<u>以业主确定为准。</u>

19. 缺陷责任与保修责任

19.7 保修责任

（1）工程质量保修范围：<u>按相关法律法规执行。</u>

（2）工程质量保修期限：<u>按相关法律法规执行。</u>

（3）工程质量保修责任：<u>按相关法律法规执行。</u>

质量保修书是竣工验收申请报告的组成内容。承包人应当按照有关法律法规规定和合同所附的格式出具质量保修书，质量保修书的主要内容应当与本款上述约定内容一致。承包人在递交合同条款第 18.2 款约定的竣工验收报告的同时，将质量保修书一并报送监理人。

20. 保险

20.1 工程保险

投保人：<u>承包人</u>

投保内容：<u>承包人应依法为其履行合同所雇用的全部人员投保工伤保险，并承担所需费用。</u>

保险金额、保险费率和保险期限：<u>保险金额、保险费率按相关部门要求为准，保险期为整个工程建设期内。</u>

20.3 建筑工程、安装工程一切险：<u>按相关建设管理规定执行，费用按实结算。</u>

20.4 第三者责任险

第三者责任险的保险费率：<u>按相关建设管理规定执行。</u>

第三者责任险的保险金额：<u>按相关建设管理规定执行，费用按实结算。</u>

20.5 其他保险

需要投保其他内容、保险金额、费率及期限等：<u>按相关建设管理规定执行。</u>

20.6 对各项保险的一般要求

20.6.1 保险凭证

承包人向发包人提交各项保险生效的证据和保险单副本的期限：<u>正式下达开工令前。</u>

20.6.4 保险金不足的补偿

保险金不足以补偿损失时，承包人和发包人负责补偿的责任分摊：<u>　　／　　</u>。

21. 不可抗力

21.1 不可抗力的确认

21.1.1 通用合同条款第 21.1.1 项约定的不可抗力以外的其他情形：<u>　　／　　</u>。

不可抗力的等级范围约定：<u>　按通用合同条款执行。</u>

21.3 不可抗力后果及其处理

21.3.1 不可抗力造成损害的责任

不可抗力导致的人员伤亡、财产损失、费用增加和（或）工期延误等后果，由合同双方按通用合同条款第 21.3.1 项约定的原则承担。

24. 争议的解决

24.1 争议的解决方式

争议的解决方式：<u>双方协商，协商不成，向项目所在地人民法院起诉。</u>

25. 补充条款

（1）如果因承包人的原因工程质量达不到合同协议书第四条约定的质量标准，承包人在通用合同条款第 22.1.2（2）目约定的指定期限内不进行整改或经整改后仍不能达到要求的，发包人有权单方解除合同，并按通用合同条款第 22.1.3 项、第 22.1.4 项和第 22.1.5 项的约定进行处理，同时不退还承包人全部履约保证金，承包人无条件撤出施工场地，并承担由此给发包人造成的全部经济损失。承包人在收到发包人解除合同通知 14 天内，向发包人交齐全部工程资料、图样等并撤出施工场地，承包人撤出施工场地应遵守通用合同条款第 18.7.1 项的约定，撤场费用由承包人承担。

（2）承包人违反国家和重庆市安全生产、文明施工、环保及环卫有关规定的，除按相关规定进行处罚外，每发现一次或一处，发包人有权对承包人处以 5 000 元违约金，且监理人和发包人有权对承包方的项目责任人处以 5 000 元/次的违约金，同时承包人必须按监理人或发包人的要求立即进行整改直至合格。

（3）承包人向监理人和发包人提供的所有工程资料和数据必须真实可靠。经检查发现承包人有弄虚作假的，每发现一次，发包人有权对承包人处以 5 000 元违约金，且监理人和发包人有权对承包方的项目责任人处以 5 000 元的违约金。

（4）承包人在工程验收中采用欺骗手段或弄虚作假的，每发现一次，发包人有权对承包人处以 5 万元的违约金，且监理人和发包人有权对承包方的项目责任人处以 5 000 元的违约金。

（5）承包人将本工程转包；或同意第三者挂靠承揽本工程；或未经发包人同意进行分包的，发包人有权不退还其全部履约保证金，承包人应承担由此产生的全部法律责任。承包人必须立即在 10 日内进行改正，否则发包人有权单方解除合同，并按通用合同条款第 22.1.3 项、第 22.1.4 项和第 22.1.5 项的约定进行处理，同时承包人无条件撤出施工场地，并承担由此给发包人造成的全部经济损失。承包人在收到发包人解除合同通知 14 天内，向发包人交齐全部工程资料、图样等并撤出施工场地，承包人撤出施工场地应遵守通用合同条款第 18.7.1 项的约定，撤场费用由承包人承担。

（6）承包人如拖欠农民工工资，导致涉及单位或个人向业主、建设主管部门或其他机构信访或上访的，经业主核实后，业主可直接向劳务分包单位支付农民工工资，并在应支付的进度款中扣除。同时，以上情况每出现一次，发包人处承包人 5 万元的违约金。

其中：

① 承包人的所有劳务用工，必须签订劳务合同。
② 承包人须根据人员实际增减情况，每月向监理人和发包人提供人员名单花名册。
③ 承包人须按月进度支付农民工工资，不得拖欠农民工工资。每拖欠一次，则处罚 10 万元违约金。同时，承包人负责本工程施工合同履约期间的信访维稳工作，若发生 3 次以上信访事件或因此停工 10 日以上的，除处罚违约金外，发包人有权解除施工合同；已竣工的，暂不办理验收；已验收的，暂不办理结算；已结算的，暂不进行评审或审计；已评审或审计的，暂不支付工程款。直至信访维稳事项处理完结。

（7）在施工过程中因承包人自身原因停工 10 日以上，视为承包人不履行合同，发包人有权单方解除合同，承包人在接到发包人通知后 3 日内自行清退出场，履约保证金不予退还，按所完成的合格的工程量发包人有权单方确定按 50%计取。

（8）签订合同后，为保证工程在合同工期内完成，若因承包人不服从发包人及监理方对质量、安全、工期等的管理，招标人有权在履约金中扣除相应金额作为违约金，每次按 5 000 元计违约金。

（9）承包人在投标时确定的项目负责人、项目经理、项目技术负责人和项目组成班子承包人不得随意更改，如需更改必须征得发包人同意，否则发包人按承包人履约保证金的 20%处以违约处罚金。更换人员同样承担违约责任（不可抗力因素除外）。

① 经发包人同意承包人更换主要施工管理人员的违约责任：项目经理违约金人民币 5 万元/次，技术负责人违约金人民币 3 万元/次，其他管理人员违约金人民币 1 万元/次。

② 承包人擅自更换主要施工管理人员的违约责任：项目经理违约金人民币 20 万元/次，技术负责人违约金人民币 15 万元/次，其他管理人员违约金人民币 10 万元/次。且上报至永川区建设主管部门，拉入永

川区黑名单。

（10）项目经理及技术负责人每次工作例会不能无故缺席，每月到现场办公时间不得少于本月施工时间的25%，若违反上述约定，处以5 000元/天·人的罚款。

（11）承包人拒不执行发包人或监理人合理指令的，每发生一次处1万元的违约金，累计达3次以上的，发包人有权单方面解除施工合同而不承担任何责任。

（12）施工过程中应保证车辆通行，承包人应安排专人对交通进行指挥及疏导，相关费用已包含在投标报价中，不再另行支付。

第三节　合同附件格式

附件一：合同协议书

合同协议书
编号：××

发包人（全称）：<u>重庆××学院</u>
承包人（全称）：_____

根据《中华人民共和国合同法》《中华人民共和国建筑法》《中华人民共和国招标投标法》及有关法律规定，遵循平等、自愿、公平和诚实信用的原则，双方就<u>重庆××学院留学生公寓</u>工程施工及有关事项协商一致，共同达成如下协议：

一、工程概况

1. 工程名称：<u>重庆××学院留学生公寓工程</u>。
2. 工程地点：<u>永川区红河大道×××号</u>。
3. 工程立项批准文号：<u>永川发改发〔2018〕826号</u>。
4. 资金来源：<u>市级专项资金和区级配套资金</u>。
5. 工程内容：_____。
群体工程应附《承包人承揽工程项目一览表》。
6. 工程承包范围：_____。

二、合同工期

计划开工日期：____年____月____日。
计划竣工日期：____年____月____日。
工期总日历天数：____天。工期总日历天数与根据前述计划开竣工日期计算的工期天数不一致的，以工期总日历天数为准。

三、质量标准

工程质量必须符合现行国家有关工程施工质量验收规范和标准的要求，满足相关职能监督部门验收要求，并达到合格标准。

四、签约合同价与合同价格形式

1. 签约合同价为：
人民币（大写）_____（¥_____元）。
其中：
（1）安全文明施工费：
人民币（大写）_____（¥_____元）。
（2）材料和工程设备暂估价金额：
人民币（大写）_____（¥_____元）。
（3）专业工程暂估价金额：
人民币（大写）_____（¥_____元）。

（4）暂列金额：
人民币（大写）_____（¥_____元）。
2. 合同价格形式：_____。
3. 工程变更增加或减少工程价款时应纳入合同价，合同暂定金额相应调整。

五、项目经理
承包人项目经理：_____。

六、合同文件构成
本协议书与下列文件一起构成合同文件：
（1）中标通知书。
（2）专用合同条款及其附件、工程量清单或预算书。
（3）通用合同条款。
（4）招标文件及发布的补遗。
（5）投标函及附录。
（6）技术标准和要求。
（7）图样。
（8）其他合同文件。

在合同订立及履行过程中形成的与合同有关的文件均构成合同文件组成部分。合同签订及履行中，招标文件（含资审文件、答疑书、补遗书）和评标期间及合同谈判中发包人、承包人有关工程的洽商、变更等书面协议或文件，往来公函，审定的设计成果文件，以及工程质量保修协议书、安全生产协议书、廉政协议书、承包人有关人员、设备投入的承诺及投标文件中的施工组织设计，发包人下发的相关管理办法、通知、会议纪要等视为本合同的组成部分。

上述各项合同文件包括合同当事人就该项合同文件所做出的补充和修改，属于同一类内容的文件，应以最新签署的为准。专用合同条款及其附件须经合同当事人签字或盖章。

七、承诺
1. 发包人承诺按照法律规定履行项目审批手续、筹集工程建设资金并按照合同约定的期限和方式支付合同价款。
2. 承包人承诺按照法律规定及合同约定组织完成工程施工，确保工程质量和安全，不进行转包及违法分包，并在缺陷责任期及保修期内承担相应的工程维修责任。
3. 发包人和承包人通过招投标形式签订合同的，双方理解并承诺不再就同一工程另行签订与合同实质性内容相背离的协议。

八、词语含义
本协议书中词语含义与第二部分通用合同条款中赋予的含义相同。

九、签订时间
本合同于_____年_____月_____日签订。

十、签订地点
本合同在_____签订。

十一、补充协议
合同未尽事宜，合同当事人另行签订补充协议，补充协议是合同的组成部分。

十二、合同生效
本合同自承包人缴纳履约保证金，双方签字盖章后生效。

十三、合同份数
本合同一式_____份，均具有同等法律效力，发包人执_____份，承包人执_____份。

本协议书正本贰份，合同双方各执壹份，副本壹拾份，发包人执伍份，承包人执伍份。副本与正本具有同等法律效力。

发包人：（公章）　　　　　　　　　承包人：（公章）

法定代表人或其委托代理人：　　　　法定代表人或其委托代理人：
（签字）　　　　　　　　　　　　　（签字）

组织机构代码：_____	组织机构代码：_____
地　　　址：_____	地　　　址：_____
邮 政 编 码：_____	邮 政 编 码：_____
法 定 代 表 人：_____	法 定 代 表 人：_____
委 托 代 理 人：_____	委 托 代 理 人：_____
经 办 人：_____	经 办 人：_____
电　　　话：_____	电　　　话：_____
传　　　真：_____	传　　　真：_____
电 子 信 箱：_____	电 子 信 箱：_____
开 户 银 行：_____	开 户 银 行：_____
账　　　号：_____	账　　　号：_____

附件二：工程质量保修书

工程质量保修书

发包人（全称）：<u>重庆××学院</u>
承包人（全称）：_____

发包人、承包人根据《中华人民共和国建筑法》《建设工程质量管理条例》和《房屋建筑工程质量保修办法》，经协商一致，对_____（工程名称）签订工程质量保修书。

一、工程质量保修范围和内容

1. 承包人在质量保修期内，按照有关法律、法规、规章的管理规定和双方约定，承担本工程质量保修责任。

质量保修范围为工程承包范围，设计施工图中明确的工程，包括：按国家规范及设计要求完成招标范围内的所有工作：同招标范围。

2. 凡属承包方原因造成的各部位的质量问题或其他缺陷及由于承包方维修造成业主的相关损失，均属于承包方保修责任范围；不属于承包方责任的，但是经由双方协商由承包方施工的，承包方应配合维修，费用由责任方承担。

二、质量保修期

质量保修期为叁年。从工程竣工验收合格之日开始算起。

三、质量保修责任

1. 属于保修范围、内容的项目，承包人应当在接到保修通知之日起 7 天内派人保修。承包人不在约定期限内派人保修的，发包人可以委托他人修理，费用在质保金中直接予以扣除，质保金不足时由承包人负责。

2. 发生紧急抢修事故的，承包人在接到事故通知后，应当立即到达事故现场抢修。

3. 质量保修完成后，由发包人组织验收。

四、保修费用

保修费用由责任方承担。

五、其他

双方约定的其他统筹质量保修事项：

本工程质量保修书，由施工合同发包人、承包人双方在竣工验收前共同签署，作为施工合同附件，其有效期至保修期满。

发 包 人（公章）：　　　　　　　　承 包 人（公章）：
法定代表人（签字）：　　　　　　　法定代表人（签字）：
　　　　　　　　　　　　　　　　　　　　　　　签订日期：　　　年 月 日

附件三：建设承发包安全管理协议

建设承发包安全管理协议

发包人：　　　　　　　　　　　（以下简称甲方）

承包人：　　　　　　　　　　　（以下简称乙方）

甲方将本建设工程项目发包给乙方。为贯彻"安全第一、预防为主"的方针，根据中华人民共和国国务院令第393号《建设工程安全生产管理条例》、国务院令第397号的规定，明确双方的安全生产责任，确保施工安全，在签订建设工程施工合同的同时，签订本协议。

一、承包工程项目：

1. 工程名称：＿＿＿＿＿＿＿＿＿＿＿＿＿＿
2. 工程地址：＿＿＿＿＿＿＿＿＿＿＿＿＿＿
3. 承包范围：同招标范围。
4. 承包方式：施工总承包。

二、工程期限：＿＿＿＿＿＿＿＿＿＿＿＿＿

三、协议内容：＿＿＿＿＿＿＿＿＿＿＿＿＿

1. 甲方安全职责：

（1）甲方不得对乙方提出不符合建设工程安全生产法律、法规和强制性规定的要求，不得压缩合同约定的工期。

（2）甲方不得明示或暗示乙方购买、租赁、使用不符合安全施工要求的安全防护用具、机械设备、施工机具及配件、消防设施和器材。

（3）甲方承担建设工程安全作业环境及安全施工措施所需费用（此费用已计入承包人投标总价中）。

2. 乙方职责：

（1）乙方应当自行与有关部门联系查看施工现场及毗邻区域内的供水、排水、供电、供气、供热、通信、广播电视等地下管线资料，气象和水文观测资料，相邻建筑物和构筑物、地下工程的有关资料，并采取相应措施保护设施安全（此费用已计入投标总价中）。

（2）乙方主要负责人依法对本单位的安全生产工作全面负责。乙方应当建立健全安全生产责任制度和安全生产教育培训制度，制定安全生产规章制度和操作规程，保证本单位安全生产条件所需资金的投入，对所承担的建设工程进行定期和专项安全检查，并做好安全检查记录。

（3）乙方的项目负责人应当由取得相应执业资格的人员担任，对建设工程项目的安全施工负责，落实安全生产责任制度、安全生产规章制度和操作规程，确保安全生产、文明施工费用的有效使用，并根据工程的特点组织制定安全施工措施，消除安全事故隐患，及时如实报告生产安全事故。

（4）乙方在预算中的安全作业环境及安全施工措施所需费用，应当专款专用，用于施工安全防护用具及设施的采购和更新、安全施工措施的落实、安全生产条件的改善等，不得挪作他用。

（5）乙方应设立安全生产管理机构，指定专职安全生产管理人员。专职安全生产管理人员负责对安全生产进行现场监督检查。发现安全事故隐患，应当及时向项目负责人和安全生产管理机构报告；对违章指挥、违章操作的，应当立即制止。

（6）建设工程施工前，乙方负责项目管理的技术人员应当对有关安全施工的技术要求向施工作业班组、作业人员做出详细说明，并由双方签字确认。

（7）乙方在施工期间必须严格执行和遵守安全生产、防火管理、防爆制度的各项规定，在施工现场建立消防安全责任制度，易燃、易爆场所严禁吸烟及动用明火，电焊、气割作业应按规定办理动火审批手续，提供安全防护用具和安全防护服装，并接受甲方的督促、检查和指导。

（8）乙方的管理人员和作业人员应进行过相应的安全生产教育培训和执证上岗。

（9）乙方采购、租赁的安全防护用具、机械设备、施工机具及配件，应当具有生产（制造）许可证、产品合格证，并在进入施工现场时查验。

（10）乙方应当在施工现场出入口处、临时用电设施、脚手架、基坑边沿、爆破物处等危险部位，设置明显的安全警示标志。安全警示标志必须符合国家标准。施工现场设置的安全防护设施、安全标志和警告牌，不得擅自拆除、变动。如确实需要拆除、变动的，必须经现场监理和施工负责人的同意，并采取必要、可靠的安全措施后方能拆除。擅自拆除所造成的后果，均由乙方负责。

（11）乙方应根据施工合同的要求，在编制的施工组织设计中编制安全技术措施和施工现场临时用电方案，经乙方技术负责人签字、总监理工程师审批签字后按其实施。

乙方应当根据不同施工阶段和周围环境及季节、气候的变化，在施工现场采取相应的安全施工措施，但该安全施工措施在实施前必须经监理工程师审批同意。

（12）乙方的特种作业必须执行国家《特种作业人员安全技术培训考核管理规定》，经省、市、地区的特种作业安全技术考核站培训考核后持证上岗，并按规定定期审证，进入本市施工的外省市特种作业人员还须经本市有关特种作业考核站进行审证确认；中、小型机械的操作人员必须按规定做到"定机定人"和有证操作；起重吊装作业人员必须遵守"十不吊"规定，严禁违章、无证操作；严禁不懂电器、机械设备的人，擅自操作使用电器、机械设备。

3. 甲、乙双方必须认真贯彻国家、重庆市和上级劳动保护、安全生产主管部门颁发的有关安全生产、消防工作的方针、政策，严格执行有关劳动保护法规、条例、规定。

4. 贯彻谁施工谁负责安全的原则，乙方对其施工现场、施工过程中发生的安全责任事故负全责，并独立承担由此造成的民事法律责任。甲、乙方人员在施工期间造成伤亡、火警、火灾、机械等重大事故（包括乙方责任造成甲方人员、他方人员、行人伤亡等），乙方应采取措施进行紧急抢救伤员和保护现场，甲方给予协助。发生生产安全事故，乙方按照国家有关伤亡事故报告和调查处理的规定，及时、如实地向负责安全生产监督管理的部门、建设行政主管部门或者其他有关部门报告；特种设备发生事故的，还同时向特种设备安全监督管理部门报告。

5. 本协议如遇有同国家和本市的有关法规不符，应按国家和本市的有关规定执行。

6. 本协议经立协双方签字、盖章有效，作为合同正本的附件一式捌份，甲方五份，乙方三份。

7. 本协议同工程合同正本同日生效，甲、乙双方必须严格执行，由于违反本协议而造成伤亡事故，由违约方承担一切经济损失。

甲方： 乙方：

法定代表人： 法定代表人：

经办人： 经办人：

签订时间： 年 月 日 签订时间： 年 月 日

附件四：廉政合同

廉 政 合 同

为做好工程建设中的党风廉政建设和预防职务犯罪工作，保证工程建设高效优质，保证建设资金的安全和有效使用以及投资效益，建设工程的项目业主_____（以下简称甲方）与_____（以下简称乙方），根据工程建设、廉政建设的有关规定，特订立如下合同：

第一条 甲、乙双方共同的责任和义务

（一）严格遵守党和国家有关法律法规和规定。

（二）严格执行_____工程施工合同文件，自觉按合同办事。

（三）双方的业务活动坚持公开、公正、诚信、透明的原则（除法律认定的商业秘密和合同文件另有规定之外），不得损害国家和集体利益，不得违反工程建设管理规章制度。

（四）建立健全廉政制度，开展廉政教育，设立廉政告示牌，公布举报电话，监督并认真查处违法、违纪行为。

（五）发现对方在业务活动中有违反廉政规定的行为，有及时提醒对方纠正的权利和义务。

（六）发现对方严重违反本合同义务条款的行为，有向其上级有关部门举报、建议给予处理并要求告知处理结果的权利。

第二条 甲方的义务

（一）甲方及其工作人员不得索要或接受乙方的礼金、有价证券和贵重物品，不得在乙方报销个人支付的费用等。

（二）甲方工作人员不得参加乙方安排的可能对公正执行公务有影响的宴请和高消费娱乐活动；不得接受乙方提供的高档通信工具、交通工具和高档办公用品等。

（三）甲方及其工作人员不得要求或者接受乙方为其住房装修、婚丧嫁娶活动、出境旅游等提供方便。

（四）甲方工作人员的配偶、子女不得从事与甲方工程有关的材料设备供应、工程分包、劳务等经济活动。

（五）甲方及其工作人员不得以任何理由向乙方推荐分包单位。

第三条 乙方的义务

（一）乙方不得向甲方及其工作人员行贿或馈赠礼金、有价证券、贵重礼品。

（二）乙方不得为甲方及其工作人员报销应由个人支付的任何费用。

（三）乙方不得以任何理由邀请甲方工作人员外出旅游或安排甲方工作人员参加高档消费及高消费娱乐活动。

（四）乙方不得为甲方单位和个人购置或提供高档通信工具、交通工具和高档办公用品等。

（五）乙方及其工作人员应严格按监理规程办事，不得为谋取私利进行非法行贿，私下串通，损害甲方利益。同时必须履行向甲方承诺的上述其他廉政义务。

（六）乙方如果发现甲方工作人员有违反廉政规定的行为，应向甲方组织或上级单位举报。甲方不得找任何借口对乙方进行报复。甲方对举报属实并严格遵守廉政合同及建设监理合同的乙方，若后续工程采用邀请招标时，在同等条件下给予承接后续工程的优先邀请投标权。

（七）履约保证金中的2%作为廉政保证金，经国家审计后，无任何违规违纪情况后退还。

第四条 违约责任

（一）甲方及其工作人员违反本合同第一、二条，按管理权限，依据有关规定给予党纪、政纪或组织处理；涉嫌犯罪的，移交司法机关追究刑事责任；给乙方单位造成经济损失的，应予依法赔偿。

（二）乙方及其工作人员违反本合同第一、三条，按管理权限，依据有关规定给予党纪、政纪或组织处理；给甲方单位造成经济损失的，应依法或依有关合同的约定予以赔偿；情节严重的，甲方可建议建设主管部门给予乙方2~5年内不得进入相应建设市场的处罚。

第五条 本合同有效期为甲、乙双方签署合同之日起至该工程项目竣工验收后止。

第六条　本合同作为＿＿＿＿＿＿＿＿＿＿＿＿＿＿＿＿＿＿＿＿＿＿＿＿＿＿＿合同的附件，与施工合同具有同等的法律效力，经合同双方签署立即生效。

甲方单位：（盖章）　　　　　　　　乙方单位：（盖章）
法定代表人：　　　　　　　　　　　法定代表人：
经办人：　　　　　　　　　　　　　经办人：
地址：　　　　　　　　　　　　　　地址：
电话：　　　　　　　　　　　　　　电话：

附件五：履约保证金格式

履约保证金

＿＿＿＿＿＿＿（发包人名称）：

鉴于＿＿＿＿＿（发包人名称，以下简称发包人）接受＿＿＿＿（承包人名称，以下称承包人）于＿＿＿＿年＿月＿日参加＿＿＿＿＿＿（项目名称）施工的投标。我方愿意无条件地、不可撤销地就承包人履行与你方订立的合同，向你方提供担保。

1. 担保金额人民币（大写）＿＿＿＿＿＿元（￥＿＿＿＿＿＿）。
2. 担保有效期自发包人与承包人签订的合同生效之日起至发包人签发工程接收证书之日止。
3. 在本担保有效期内，因承包人违反合同约定的义务给你方造成经济损失时，我方在收到你方以书面形式提出的在担保金额内的赔偿要求后，在 7 天内无条件支付。
4. 发包人和承包人按《通用合同条款》第 15 条变更合同时，我方承担本担保规定的义务不变。

担　保　人：＿＿＿＿＿＿＿＿＿（盖单位公章）
法定代表人或其委托代理人：＿＿＿＿＿＿（签字）
地址：＿＿＿＿＿＿＿＿
邮政编码：＿＿＿＿＿＿＿＿＿＿＿
电话：＿＿＿＿＿＿＿＿
传真：＿＿＿＿＿＿＿＿＿＿
　　　　　　　　　　　＿＿＿＿年＿＿＿月＿＿＿日

第五章　工程量清单

请投标人自行在重庆市工程建设招标投标交易信息网（http：//www.cpcb.com.cn）上下载。

第二卷

第六章　图样

本工程的设计施工图请投标人自行在重庆市工程建设招标投标交易信息网（http://www.cpcb.com.cn）上下载。

第三卷

第七章　技术标准和要求

除非合同文件中另有特别注明，本工程使用中华人民共和国现行有效的国家规范、规程和标准。设计图和其他设计文件中的有关文字说明是本工程技术规范的组成部分。对于设计新技术、新工艺和新材料的工作，相应厂家使用说明或操作说明等内容，或适用的国外同类标准的内容也是本工程技术规范的组成部分。

本合同文件中约定的任何由承包人应予遵照执行的国家规范、规程和标准都指其各自的最新版本。如果在构成工程规范和技术说明的任何内容和现行国家规范、规程和标准包括它们适用的修改之间出现相互矛盾之处或不一致处，承包人应书面请求业主和监理工程师予以澄清；除非业主和监理工程师有特别指示，承包商应按照本工程规范和技术说明以及相关国家规范、规程和标准的最新版本；或把最新版本的要求当作对承包人工作的最起码要求，而执行更高的标准。

第四卷

第八章　投标文件格式

目　录

一、投标函部分

（一）投标函

（二）投标函附录

（三）法定代表人身份证明及授权委托书

（四）投标保证金及实力证明金

（五）10 项主要工程量清单项目综合单价报价表

二、商务部分

已标价工程量清单

三、资格审查资料

（一）法定代表人身份证明及授权委托书

（二）投标人基本情况表

（三）项目管理机构

（四）信誉要求

（五）其他资料

一、投标函部分

_____（项目名称）_____施工招标

投　标　文　件

投标函部分

投标人：_____（盖单位章）

法定代表人或其委托代理人：_____（签字或盖章）

_____年___月___日

目 录

（一）投标函
（二）投标函附录
（三）法定代表人身份证明及授权委托书
（四）投标保证金及实力证明金
（五）10 项主要工程量清单项目综合单价报价表

（一）投标函

_____（招标人名称）：

1. 我方已仔细研究了_____（项目名称）_____施工招标文件的全部内容，愿意以人民币（大写）_____（￥__）的投标总报价，其中安全文明施工费暂定金额为人民币____万元，该工程项目经理为_____，工期_____日历天，按合同约定实施和完成承包工程，修补工程中的任何缺陷，工程质量达到_____。

2. 我方承诺在投标有效期内不修改、撤销投标文件。

3. 随同本投标函提交投标保证金和实力证明金一份，投标保证金金额为人民币（大写）____万元（￥_____）。实力证明金金额为人民币（大写）_____万元（￥____）。

4. 如我方中标：
（1）我方承诺在收到中标通知书后，在中标通知书规定的期限内与你方签订合同。
（2）随同本投标函递交的投标函附录属于合同文件的组成部分。
（3）我方承诺按照招标文件规定向你方递交履约担保。
（4）我方承诺在合同约定的期限内完成并移交全部合同工程。

5. 我方在此声明，所递交的投标文件及有关资料内容完整、真实和准确，且不存在第二章"投标人须知"第 1.4.3 项规定的任何一种情形。同时我方承诺接受招标文件及附件、答疑及补遗通知中所有的内容。

6. _____（其他补充说明）。

     投　标　人：_____（盖单位章）
     法定代表人或其委托代理人：_____（签字或盖章）
     地址：_____
     网址：_____
     电话：_____
     传真：_____
     邮政编码：_____
            ____年_月_日

（二）投标函附录

序号	条款名称	合同条款号	约定内容	备注
1	项目经理		姓名：_____	
2	工期		天数：_____日历天	
3	缺陷责任期		_____	
⋮	⋮	⋮	⋮	⋮

（三）法定代表人身份证明及授权委托书

法定代表人身份证明

投标人名称：_____

单位性质：_____

地址：_____

成立时间：_____年_____月_____日

经营期限：_____

姓名：_____性别：_____年龄：_____职务：_____

系_____（投标人名称）的法定代表人。

  特此证明。

法定代表人身份证复印件（正面）	法定代表人身份证复印件（反面）

投标人：_____（盖单位章）

___年__月__日

注：法定代表人身份证明需按上述格式填写完整，不可缺少内容。在此基础上增加内容的不影响其有效性。

授权委托书

  本人_____（姓名）系_____（投标人名称）的法定代表人，现委托_____（姓名）为我方代理人。代理人根据授权，以我方名义签署、澄清、说明、补正、递交、撤回、修改_____（项目名称）_____施工（分包）投标文件、签订合同和处理有关事宜，其法律后果由我方承担。

  委托期限：_____。

  代理人无转委托权。

法定代表人身份证复印件 （正面复印）	委托代理人身份证复印件 （正面复印）
法定代表人身份证复印件 （反面复印）	委托代理人身份证复印件 （反面复印）

投 标 人：＿＿＿＿＿＿＿＿＿＿＿＿＿＿＿＿（盖单位章）

法定代表人：＿＿＿＿＿＿＿＿＿＿（签字或盖章）

身份证号码：＿＿＿＿＿＿＿＿＿＿＿＿＿

委托代理人：＿＿＿＿＿＿＿＿＿＿（签字或盖章）

身份证号码：＿＿＿＿＿＿＿＿＿＿＿＿＿

＿＿＿＿＿年＿＿＿＿月＿＿＿＿日

注：1. 法定代表人参加投标活动并签署文件的不需要授权委托书，只需提供法定代表人身份证明；非法定代表人参加投标活动及签署文件的除提供法定代表人身份证明外还须提供授权委托书。

2. 法定代表人身份证明及授权委托书原件装入投标文件一并递交。另外，须准备一份授权委托书原件在开标现场出具。

（四）投标保证金及实力证明金

1. 投标保证金：银行转账凭证。

2. 实力证明金：经"重庆市永川区行政服务和公共资源交易中心"认可的实力证明金到账资料。

3. 基本账户开户许可证。

以上资料复印件加盖投标单位鲜章。

（五）10 项主要工程量清单项目综合单价报价表

序号	项目编码	项目名称	计量单位	工程量	综合单价招标控制价/元	综合单价报价
1	030411004002	线槽配线	m	1 206.00	16.81	
2	030411004004	线槽配线	m	1 723.50	12.06	
3	010401005001	烧结页岩空心砖墙	m^3	279.66	338.47	
4	010502001002	C60 矩形柱	m^3	307.48	892.17	
5	010902001003	3mm 聚酯胎防水卷材	m^2	787.39	78.19	
6	011201001001	内墙面一般抹灰	m^2	6 797.97	18.25	
7	010101002003	平基土石方	m^3	4485.60	80.00	
8	010504001003	C30 混凝土墙	m^3	343.79	841.32	
9	011001003002	保温隔热外墙面	m^2	6 528.24	120.26	
10	010515001003	现浇 HRB400 钢筋	t	201.340	4 208.46	

投标单位：＿＿＿＿＿＿＿＿＿＿＿＿＿＿（盖章）

法定代表人或委托代理人：＿＿＿＿＿＿＿（签字或盖章）

日期：＿＿＿＿年＿＿＿月＿＿＿日

二、商务部分

＿＿＿＿＿＿＿＿＿＿＿＿＿＿（项目名称）＿＿＿＿施工招标

投 标 文 件

商务部分

投标人：＿＿＿＿＿＿＿＿＿＿（盖单位章）

法定代表人或其委托代理人：＿＿＿＿＿＿＿（签字或盖章）

＿＿＿＿＿年＿＿＿月＿＿＿日

目　录

[目录由投标人自行编制]

已标价工程量清单

三、资格审查资料

_____（项目名称）_____施工招标

投　标　文　件

资格审查资料

投标人：_____（盖单位章）

法定代表人或其委托代理人：_____（签字或盖章）

_____年___月___日

目　录

（一）法定代表人身份证明及授权委托书
（二）投标人基本情况表
（三）项目管理机构
（四）信誉要求
（五）其他资料

（一）法定代表人身份证明及授权委托书

法定代表人身份证明

投标人名称：_____
单位性质：_____
地址：_____
成立时间：_____年_____月_____日
经营期限：_____
姓名：_____性别：_____年龄：_____职务：_____
系_____（投标人名称）的法定代表人。
　　特此证明。

法定代表人身份证复印件（正面）	法定代表人身份证复印件（反面）

投标人：_____（盖单位章）
_____年__月__日

授权委托书

本人＿＿＿＿＿＿（姓名）系＿＿＿＿＿＿（投标人名称）的法定代表人，现委托＿＿＿＿＿＿（姓名）为我方代理人。代理人根据授权，以我方名义签署、澄清、说明、补正、递交、撤回、修改＿＿＿＿＿＿（项目名称）＿＿＿＿＿施工投标文件、签订合同和处理有关事宜，其法律后果由我方承担。

委托期限：＿＿＿。

代理人无转委托权。

法定代表人身份证复印件 （正面复印）	委托代理人身份证复印件 （正面复印）
法定代表人身份证复印件 （反面复印）	委托代理人身份证复印件 （反面复印）

投　标　人：＿＿＿＿＿＿＿（盖单位章）
法定代表人：＿＿＿＿＿＿（签字或盖章）
身份证号码：＿＿＿＿＿＿＿
委托代理人：＿＿＿＿＿＿（签字或盖章）
身份证号码：＿＿＿＿＿＿＿

＿＿＿＿年＿＿月＿＿日

（二）投标人基本情况表

投标人名称						
注册地址				邮政编码		
联系方式	联系人			电话		
	传真			网址		
组织结构						
法定代表人	姓名		技术职称		电话	
技术负责人	姓名		技术职称		电话	
成立时间			员工总人数：			
企业资质等级			其中	项目经理		
营业执照号				高级职称人员		
注册资金				中级职称人员		
开户银行				初级职称人员		
账号				技工		
经营范围						
备注						

附：

1. 营业执照。

2. 企业资质证书。

3. 安全生产许可证。

4. 市外建筑企业须按"投标人须知前附表"第1.4.1条第6款要求提交相应证明材料（含企业和主要管理人员的入渝证明信息）。

以上资料复印件加盖投标单位鲜章。

(三) 项目管理机构

项目管理机构组成表

职务	姓名	职称	执业或职业资格证明					备注
			证书名称	级别	证号	专业	养老保险	

主要人员简历表

1. 项目经理

姓名		年 龄		学历	
职称		职 务		拟在本合同任职	
毕业学校		年毕业于 学校 专业			
主要工作经历					
时间	参加过的类似项目		担任职务	发包人及联系电话	

附：建造师执业资格注册证、职称证、安全生产考核合格证书 B 证、养老保险缴纳证明、无在建情况承诺复印件并加盖投标人单位公章。

2. 技术负责人

姓名		年 龄		学历	
职称		职 务		拟在本合同任职	
毕业学校		年毕业于 学校 专业			
主要工作经历					
时间	参加过的类似项目		担任职务	发包人及联系电话	

附：技术负责人职称证、养老保险缴纳证明复印件并加盖投标人单位公章。

3. 其他主要管理人员

姓名		年 龄		学历	
职称		职 务		拟在本合同任职	
毕业学校		年毕业于　学校　专业			
主要工作经历					
时间	参加过的类似项目		担任职务		发包人及联系电话

附：主要管理人员提供合格的上岗证书（造价员或造价工程师提供造价员证或造价工程师注册证书，专职安全员提供上岗证和安全生产考核合格证书 C 证）、养老保险缴纳证明复印件加盖投标人单位鲜章。

（四）信誉要求

检察机关出具的近两年内无行贿记录证明

（五）其他资料

参 考 文 献

[1] 毛林繁,李帅峰. 招标投标法条文辨析及案例分析[M]. 北京:中国建筑工业出版社,2013.
[2] 李显冬.《中华人民共和国招标投标法》实施条例条文理解与案例适用[M]. 北京:中国法制出版社,2013.
[3] 全国造价工程师执业资格考试培训教材编审委员会. 工程造价案例分析[M]. 北京:中国城市出版社,2014.
[4] 中华人民共和国住房和城乡建设部. 房屋建筑和市政工程标准施工招标资格预审文件(2010年版)[M]. 北京:中国建筑工业出版社,2010.
[5] 中华人民共和国住房和城乡建设部. 房屋建筑和市政工程标准施工招标文件(2010年版)[M]. 北京:中国建筑工业出版社,2010.
[6] 中华人民共和国住房和城乡建设部. 建设工程工程量清单计价规范:GB 50500—2013[S]. 北京:中国计划出版社,2013.
[7] 逄宗展,谭敬慧.《建设工程施工合同(示范文本)》(GF—2013—0201)使用指南[M]. 北京:中国建筑工业出版社,2013.
[8] 何佰洲,刘禹,等. 工程建设合同与合同管理[M]. 4版. 大连:东北财经大学出版社,2013.
[9] 刘力,钱雅丽,等. 工程建设合同与合同管理[M]. 2版. 北京:机械工业出版社,2014.
[10] 刘伊生. 建设工程招投标与合同管理[M]. 2版. 北京:北京交通大学出版社,2014.
[11] 中国建设监理协会. 建设工程合同管理[M]. 北京:中国建筑工业出版社,2014.
[12] 成虎. 工程合同管理[M]. 2版. 北京:中国建筑工业出版社,2016.
[13] 李志生. 建设工程招投标实务与案例分析[M]. 2版. 北京:机械工业出版社,2015.
[14] 宋春岩. 建设工程招投标与合同管理[M]. 3版. 北京:北京大学出版社,2016.
[15] 武育秦,景星蓉. 建设工程招投标与合同管理[M]. 北京:中国建筑工业出版社,2016.
[16] 何佰洲,宿辉. 建设工程施工合同(示范文本)条文注释与应用指南[M]. 北京:中国建筑工业出版社,2013.
[17] 沈中友. 工程招投标与合同管理[M]. 2版. 武汉:武汉理工大学出版社,2014.
[18] 沈中友. 建筑工程工程量清单编制与实例[M]. 北京:机械工业出版社,2014.
[19] 沈中友. 工程量清单计价实务[M]. 北京:中国电力出版社,2016.
[20] 沈中友. 房屋建筑与装饰工程工程量清单项目特征描述指南[M]. 北京:中国建筑工业出版社,2015.
[21] 沈中友. 工程造价专业导论[M]. 北京:中国电力出版社,2016.